Mean Curvature Flow- Time Evolution of Submanifolds

平均曲率流
―部分多様体の時間発展―

小池直之 著

共立出版

まえがき

平面を2つの領域に分ける曲線,および空間を2つの領域に分ける曲面は界面とよばれる.界面という用語は,2つの領域に別々の物質(例えば,水と油)があり,それらの物質を分ける境界面という意味合いで用いられる.平面,空間とは,正確には各々,ユークリッド平面,3次元ユークリッド空間とよばれる平坦な(つまり,曲率0の)空間のことである.界面は時間の経過とともに動く.その動きの法則を記述する方程式は界面運動方程式とよばれる.界面運動方程式の与え方は一意ではない.界面の内側,外側の物理的状態によらない界面の形状のみに依存する界面運動方程式の代表例として,平均曲率流方程式 (mean curvature flow equation) が知られており,平均曲率流方程式の解を与える界面の1パラメーター族は平均曲率流とよばれる.

平均曲率流の研究方法として,等高面法 (level set method) によるアプローチ,フェイズフィールド法 (phase field method) によるアプローチ,はめ込み写像の時間発展として取り扱うアプローチの3つが挙げられる.等高面法とフェイズフィールド法は,解析学分野のアプローチである.一方,はめ込み写像の時間発展として取り扱う方法は,微分幾何学分野のアプローチである.

今まで,解析学の視点から書かれた平均曲率流に関する解説書(和書)はいくつか出版されているが,微分幾何学の視点から書かれた平均曲率流に関する本格的な解説書(和書)は出版されていない.このような状況のもと,本書は,微分幾何学の視点から平均曲率流を学ぶ方々の教科書として位置づけられることを目指して執筆した.また,第2章を熟読することにより,大学3年生で学ぶ微分幾何学の基礎知識および発展的知識を身に付けることができる.本書では,数多くの図(正確には本質を押さえた高次元の世界の略図)を用いることにより,視覚的に概念および定理等の内容の把握を促すように工夫している.

一般に,界面は,一般次元の平坦とは限らない曲率をもつリーマン多様体とよばれる空間内の1次元低い部分多様体(これは余次元1の部分多様体,あるいは超曲面とよばれる)として定義することができる.上述の等高面法とフ

ェイズフィールド法では，余次元1の部分多様体の流れしか扱えないのに比べ，はめ込み写像の発展として取り扱う方法では，余次元2以上の部分多様体の流れも扱うことができるという利点がある．以下，平均曲率流をはめ込み写像の発展として取り扱うアプローチが近年注目されている理由を2つ挙げたい．

一つ目は，理論物理学におけるミラー対称性の数学的研究において，Calabi-Yau 多様体内の特殊ラグランジュ部分多様体 (special Lagrangian submanifold) の存在性を示すことが重要であり，その存在性証明のために，ラグランジュ平均曲率流が用いられるがゆえである．詳しく述べると，「初期データとしてどのようなラグランジュ部分多様体を選ぶと（ラグランジュ）平均曲率流に沿って特殊ラグランジュ部分多様体に収束するのか」という問題を解決することにより，特殊ラグランジュ部分多様体の存在性が示されるという研究手法である．ラグランジュ平均曲率流は，外の空間の次元の半分次元の部分多様体の流れであり，それゆえ，はめ込み写像の発展として取り扱う方法で研究される．

二つ目は，リッチ流との関わりに起因する．はめ込み写像はそのグラフと同一視することにより，ベクトルバンドルの切断として捉えることができ，はめ込み写像の発展として捉える平均曲率流の研究は，より一般にベクトルバンドルの切断の同種の流れの研究として包括的に取り扱うことができる．ミレニアム問題の1つであったポアンカレ予想（より一般に，Thurston の幾何化予想）の解決に用いられたリッチ流 (Ricci flow) はリーマン計量の時間発展であり，これもベクトルバンドルの切断の同種の発展として捉えることができ，それゆえ，平均曲率流とリッチ流の研究は相互に密接に関係し合う．

本書の構成は次のとおりである．第1章では，上述の平均曲率流の3つのアプローチの解説，および，平均曲率流とリッチ流のこれまでの研究経緯等について述べる．

第2章では，平均曲率流をはめ込み写像の発展として研究する上で基礎知識となる微分幾何学における基本的概念，および事実について述べる．特に，リーマン部分多様体論について詳しく述べる．リーマン部分多様体論とは，3次元ユークリッド空間内の曲面論の一般次元版の理論であり，しかも，外の空間は一般の平坦とは限らない曲率をもつ空間（＝リーマン多様体）でよいこ

とを注意しておく．

第3章では，平均曲率流をはめ込み写像の時間発展として学ぶ上で基礎となる概念，および事実について述べる．

第4章では，ユークリッド空間内の超曲面を発する平均曲率流が3つのタイプに類別されることを述べ，各々のタイプの平均曲率流に関する基本的事実を紹介する．

第5章では，主に，ユークリッド空間内の強凸閉超曲面を発する平均曲率流，およびリスケールされた平均曲率流に関する重要な事実を証明する（5.1-5.10節）．最後の5.11節では，有界曲率をもつリーマン多様体内のある種の強凸閉超曲面を発する平均曲率流に関する重要な事実を述べる．

第6章では，体積を保存する平均曲率流と表面積を保存する平均曲率流について述べる．これらの流れに沿って初期閉超曲面がある閉超曲面に収束する場合，それらの流れの性質から，その極限として現れる閉超曲面が等周問題 (isoperimetric problem) の解（つまり，等周不等式の等号を成立させる閉超曲面）を与えることが期待される．それゆえ，これらの流れは等周問題の研究において強力な武器となる．

第7章では，余次元1の平均曲率流の一般概念である曲率関数 $\mathcal{F}$ を用いて定義される $\mathcal{F}$-曲率流 ($\mathcal{F}$-curvature flow) の概念，および，体積を保存する平均曲率流と表面積を保存する平均曲率流の一般概念である，混在体積を保存する $\mathcal{F}$-曲率流について述べる．特に，$\mathcal{F}$-曲率流の基本的な例の1つである逆平均曲率流を用いて，一般相対性理論における（リーマン）Penrose 予想に関する重要な事実が示されることを紹介する．

第8章では，主に，理論物理学におけるミラー対称性と関係のある Calabi-Yau 多様体内のラグランジュ平均曲率流について述べる．最後の節で，概 Calabi-Yau 多様体内の一般化されたラグランジュ平均曲率流について解説する．

第9章では，2003年に G. Perelman ([Pe2]) がポアンカレ予想，より一般に Thurston の幾何化予想を手術付きリッチ流を用いてどのように解決したのかについて解説する．

第10章では，手術付きリッチ流の平均曲率流サイドの概念として，手術付き平均曲率流の概念がユークリッド空間内のある種の閉超曲面に対し定義され

ることを述べる．

　最後に，本書の編集にあたりいろいろとお世話になりました髙橋萌子さんをはじめ共立出版編集部の皆様方と，本書の執筆のきっかけをつくってくださった共立出版営業部の當山臣人さんに感謝の意を表します．

　2019 年 3 月

小池直之

目　次

まえがき　　i

第 1 章　バックグラウンド　　1
1.1　平均曲率流とは ……………………………………………………… 1
1.2　平均曲率流への 3 つのアプローチ ………………………………… 4
1.3　体積汎関数の勾配流としての平均曲率流 ………………………… 9
1.4　平均曲率流とリッチ流 ……………………………………………… 10

第 2 章　微分幾何学における基礎概念および事実　　15
2.1　多様体論における基礎概念 ………………………………………… 15
2.2　テンソル場・微分形式・リーマン計量 …………………………… 29
2.3　ストークスの定理 …………………………………………………… 34
2.4　リーマン接続・曲率テンソル場 …………………………………… 40
2.5　平行移動・測地線・指数写像 ……………………………………… 47
2.6　測地変分とヤコビ場 ………………………………………………… 51
2.7　Myers の定理・球面定理 …………………………………………… 54
2.8　実ベクトルバンドルの接続と曲率テンソル場 …………………… 55
2.9　概複素構造・複素構造・ケーラー構造 …………………………… 58
2.10　リーマン部分多様体 ………………………………………………… 62
2.11　ガウスの方程式・コダッチの方程式・リッチの方程式 ………… 69
2.12　主曲率・主曲率ベクトル・全臍性・強凸性 ……………………… 71
2.13　体積汎関数の変分公式 ……………………………………………… 73
2.14　リー群・リー代数・リー変換群・対称空間 ……………………… 76
2.15　アダマール多様体の理想境界とホロ球面 ………………………… 93
2.16　管状超曲面（チューブ） …………………………………………… 96
2.17　ラグランジュ部分多様体 …………………………………………… 99

第3章 平均曲率流 103

- 3.1 平均曲率流方程式の解の短時間における存在性および一意性定理 ……… 103
- 3.2 平均曲率流に沿う基本的な幾何学量の発展 ……… 109
- 3.3 最大値の原理 ……… 126
- 3.4 ヘルダー空間・ソボレフ空間・Ascoli-Arzelá の定理 ……… 133
- 3.5 部分多様体に対するソボレフ不等式 ……… 142
- 3.6 基本的な積分不等式（ヘルダー不等式，補間不等式等） ……… 145
- 3.7 微分作用素の線形化 ……… 148

第4章 ユークリッド空間内の超曲面を発する平均曲率流 151

- 4.1 平均曲率流の類別 ……… 151
- 4.2 I 型の特異点を生ずる平均曲率流と自己相似解 ……… 154
- 4.3 II 型の平均曲率流とトランスレーティングソリトン ……… 163

第5章 強凸閉超曲面を発する平均曲率流 171

- 5.1 ユークリッド空間内の強凸閉超曲面を発する平均曲率流 ……… 171
- 5.2 強凸性保存性 ……… 173
- 5.3 全臍的はめ込みを発する平均曲率流への漸近性 ……… 174
- 5.4 平均曲率のグラジエント評価 ……… 188
- 5.5 $\|\overline{\nabla}^k \mathcal{A}\|$ の評価 ……… 193
- 5.6 $\|\mathcal{A}\|$ の非有界性 ……… 197
- 5.7 平均曲率の最大値と最小値の比率の収束性 ……… 201
- 5.8 崩壊定理の証明 ……… 203
- 5.9 リスケールされた平均曲率流に関する基本的事実 ……… 205
- 5.10 収束定理の証明 ……… 209
- 5.11 有界曲率をもつリーマン多様体内の強凸閉超曲面を発する平均曲率流 ……… 220

第 6 章　保存則をもつ平均曲率流　　225
- 6.1　保存則をもつ平均曲率流 ……………………………………… 226
- 6.2　保存則をもつ平均曲率流に沿う基本的な幾何学量の発展 ………… 228
- 6.3　ユークリッド空間内の強凸閉超曲面を発する体積を保存する平均曲率流 ……………………………………………………… 233
- 6.4　双曲空間内の強ホロ凸閉超曲面を発する体積を保存する平均曲率流 ……………………………………………………… 244
- 6.5　管状超曲面を発するノイマン条件を満たす体積を保存する平均曲率流 I ……………………………………………………… 252
- 6.6　管状超曲面を発するノイマン条件を満たす体積を保存する平均曲率流 II ……………………………………………………… 266

第 7 章　曲率関数の定める曲率流　　271
- 7.1　曲率流 ……………………………………………………… 271
- 7.2　曲率流に沿う基本的な幾何学量の発展 ………………………… 275
- 7.3　Penrose 予想と逆平均曲率流 …………………………………… 283

第 8 章　ラグランジュ平均曲率流　　291
- 8.1　Calabi-Yau 多様体と特殊ラグランジュ部分多様体 ……………… 291
- 8.2　平均曲率流に沿うラグランジュ性保存性定理 …………………… 294
- 8.3　Thomas-Yau 予想 ………………………………………… 307
- 8.4　概 Calabi-Yau 多様体内の一般化されたラグランジュ平均曲率流 … 311

第 9 章　手術付きリッチ流を用いた幾何化予想の解決　　319
- 9.1　Gromov-Hausdorff 収束と Hamilton 収束 ……………………… 319
- 9.2　Hamilton のコンパクト性定理と Perelman の非局所崩壊性定理 … 325
- 9.3　古代 κ 解とリッチソリトン ……………………………… 331
- 9.4　曲率が爆発する部分の近傍の構造 ……………………………… 336
- 9.5　ネック，および半ネックの手術 ………………………………… 338
- 9.6　手術付きリッチ流の構成と幾何化予想の解決 …………………… 341

第 10 章　外在的手術付き平均曲率流　　345

10.1　超曲面ネック ·· 345

10.2　超曲面ネックの外在的手術 ·· 347

10.3　2凸閉超曲面を発する外在的手術付き平均曲率流 ···················· 348

参考文献　　351
索　　引　　359

1 バックグラウンド
CHAPTER

　この章では，はじめに，平均曲率流とは部分多様体の時間発展でどのような挙動をするものであるかを，2 次元ユークリッド空間内の曲線の場合，3 次元ユークリッド空間内の曲面の場合を例に挙げて解説する．

　次に，平均曲率流の 3 つの研究方法である「等高面法による研究」，「フェイズフィールド法を用いた幾何学的測度論的研究」，および「はめ込み写像の発展として取り扱う研究」について紹介する．また，平均曲率流が部分多様体の自然な時間発展であることを認識してもらうために，平均曲率流が，ある閉多様体 (= 境界のないコンパクト多様体) から，ある完備リーマン多様体へのはめ込み写像全体のなす空間上の体積汎関数の (-1) 倍の勾配流として捉えられることを説明する．

　最後に，平均曲率流とポアンカレ予想（より一般に，Thurston の幾何化予想）の解決に用いられたリッチ流との類似性について述べ，さらに，その予想の解決において構成された手術付きリッチ流 (Ricci flow with surgeries) の構成法，および，その流れを用いて幾何化予想が解決された経緯を説明する．また，手術付きリッチ流に相当する平均曲率流サイドの概念として，2009 年に G. Huisken と C. Sinestrari によりユークリッド空間内のある種の超曲面を発する手術付き平均曲率流 (mean curvature flow with surgeires) という概念が定義されたことを述べる．

1.1 平均曲率流とは

　ユークリッド空間をはじめとする一般のリーマン多様体 $\widetilde{M}$ を 2 つの領域に隔てる界面である，余次元 1 のリーマン部分多様体（つまり，リーマン超曲面）の運動法則を記述する方程式は，界面運動方程式とよばれる．界面の内

2   第1章 バックグラウンド

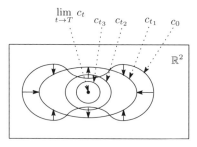

図 1.1.1　曲線を発する平均曲率流 I
$t \to T$ のとき，c_t は 1 点へ崩壊する．

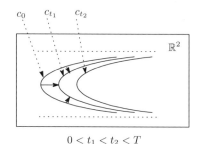

図 1.1.2　曲線を発する平均曲率流 II

側，外側の物理的状態によらない界面の形状のみに依存する，いわゆる界面支配モデルの代表例として平均曲率流が知られている．より一般に，$\widetilde{M}$ 内の（リーマン超曲面に限らず）一般余次元のリーマン部分多様体に対し，平均曲率流が定義される．

平均曲率流の定義を大雑把に述べると，平均曲率流とは，$\widetilde{M}$ 内のリーマン部分多様体の 1 パラメーター族 $\{M_t\}_{t \in [0,T)}$ で，時間 t の経過とともに M_t がその平均曲率ベクトル場 H_t の方向へ流れていくようなもののことである．例えば，ユークリッド平面 $\mathbb{R}^2$ 内の曲線の場合を考えてみる．$\{c_t\}_{t \in [0,T)}$ を $\mathbb{R}^2$ 内の曲線の族とし，各 $p \in c_0$ に対し，

$$\alpha_p : [0, T) \to \mathbb{R}^2; \alpha_p(0) = p, \alpha_p(t) \in c_t, \alpha_p'(t) \in T^\perp_{\alpha_p(t)} c_t$$

を満たす曲線 $\alpha_p : [0, T) \to \mathbb{R}^2$ を考え，はめ込み写像 $f_t : c_0 \hookrightarrow \mathbb{R}^2$ を

1.1 平均曲率流とは

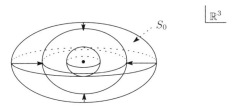

図 1.1.3 曲面を発する平均曲率流 I
$T \to T$ のとき，S_t は 1 点へ崩壊する．

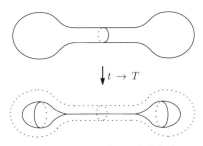

図 1.1.4 曲面を発する平均曲率流 II

$$f_t(p) := \alpha_p(t) \quad (p \in c_0)$$

によって定義する．ここで，$T^{\perp}_{\alpha_p(t)} c_t$ は，c_t の $\alpha_p(t)$ における法空間を表す．c_t の平均曲率ベクトル場は，c_t の曲率を κ_t，単位法ベクトル場を $\mathbf{n}_t$ として，$\kappa_t \mathbf{n}_t$ によって与えられる．それゆえ，

$$\frac{\partial f_t}{\partial t} = \kappa_t \mathbf{n}_t$$

が成り立つとき，$\{f_t\}_{t \in [0,T)}$ は平均曲率流を与えることになる．

次に，3 次元ユークリッド空間 $\mathbb{R}^3$ 内の曲面の場合を考えてみる．$\{S_t\}_{t \in [0,T)}$ を空間 $\mathbb{R}^3$ 内の曲面の族とし，各 $p \in S_0$ に対し，

$$\alpha_p : [0,T) \to \mathbb{R}^3 ; \alpha_p(0) = p, \alpha_p(t) \in S_t, \alpha'_p(t) \in T^{\perp}_{\alpha_p(t)} S_t$$

を満たす曲線 $\alpha_p : [0,T) \to \mathbb{R}^3$ を考え，埋め込み $f_t : S_0 \hookrightarrow \mathbb{R}^3$ を

$$f_t(p) := \alpha_p(t) \quad (p \in S_0)$$

によって定義する．S_t の平均曲率ベクトル場 H_t は，S_t の単位法ベクトルを $\mathbf{N}_t, -\mathbf{N}_t$ に対する平均曲率を $\mathcal{H}_t$ として，$H_t = -\mathcal{H}_t \mathbf{N}_t$ によって与えられる．それゆえ，

$$\frac{\partial f_t}{\partial t} = -\mathcal{H}_t \mathbf{N}_t$$

が成り立つとき，$\{f_t\}_{t \in [0,T)}$ は平均曲率流を与えることになる．

1.2 平均曲率流への3つのアプローチ

この節では，平均曲率流への次の3つのアプローチについて紹介する：

(1) **等高面法（レベルセット法）** による研究
(2) **フェイズフィールド法**を用いた**幾何学的測度論**的研究
(3) はめ込み写像の発展として取り扱う研究

最初に，等高面法による平均曲率流の研究について紹介する．この方法は，リーマン多様体 $\widetilde{M}$ 上の関数族 $\{u_t\}_{t \in [0,\infty)}$ で，そのある値 0 に対する等高面（レベルセット）の族 $\{u_t^{-1}(0)\}_{t \in [0,T)}$ が $\widetilde{M}$ 内の（余次元 1 の）平均曲率流を与えるようなものを研究するという方法である．ここで，T はある正の数，または $T = \infty$ である．

$\{u_t\}_{t \in [0,T)}$ が

$$\frac{\partial u_t}{\partial t} = \|\operatorname{grad} u_t\| \cdot \operatorname{div}\left(\frac{\operatorname{grad} u_t}{\|\operatorname{grad} u_t\|}\right) \tag{1.2.1}$$

を満たしているならば，$\{M_t := u_t^{-1}(0)\}_{t \in [0,T)}$ は $\widetilde{M}$ 内の（余次元 1 の）平均曲率流を与えることが示される．実際，$\operatorname{grad} u_t \neq 0$ のとき，$p \in u_0^{-1}(0)$ に対し $\frac{1}{\|(\operatorname{grad} u_t)_p\|}\left(\frac{\partial u_t}{\partial t}\right)_p$ は，$c_p : [0,T) \to \widetilde{M}$ を $c_p(0) = p$, $c_p(t) \in u_t^{-1}(0)$, $c_p'(t) \in \operatorname{Span}\{(N_t)_p\}$ $(t \in [0,T))$ を満たす曲線として，$c_p'(t)$ のノルム $\|c_p'(t)\|$ を表す．ここで，N_t は，$u_t^{-1}(0)$ の単位法ベクトル場を表す．一方，$\left(\operatorname{div}\left(\frac{\operatorname{grad} u_t}{\|\operatorname{grad} u_t\|}\right)\right)_{c_p(t)}$ は，$u_t^{-1}(0)$ の $c_p(t)$ における平均曲率を表すので，$\{u_t\}_{t \in [0,T)}$ が式 (1.2.1) を満たすならば，$u_t^{-1}(0)$ は時間 t の経過とともにその平均曲率ベクトル場方向へ流れていくことになる．

このように，平均曲率流の研究は，偏微分方程式 (1.2.1) の研究に還元され

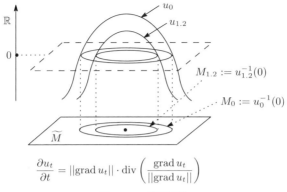

図 1.2.1　等高面法

る．$\widetilde{M}$ 上の各一様連続関数 φ で $\varphi^{-1}(0)$ が閉超曲面になるようなものに対し，φ を初期データにもつ式 (1.2.1) の C^∞ 級の時間大域解の存在性と一意性は，次のような手順で示される．

まず，式 (1.2.1) に対し，**粘性解** (**viscosity solution**) とよばれる弱解が定義され，$u_0 = \varphi$ となる式 (1.2.1) の粘性解が時間大域的に一意に存在することを示す．次に，その**弱解**の正則性 (regularity)，つまり，その弱解が C^∞ 級の解 (= **古典解** (classical solution)) であることを示す．その結果，φ を初期データにもつ式 (1.2.1) の C^∞ 級の**時間大域解**の存在性と一意性が示される．この研究方法を本格的に学びたい方は，[CGG1], [CGG2], [ES1], [ES2], [ES3], [ES4], [Gi] 等を参照のこと．

次に，平均曲率流のフェイズフィールド法を用いた幾何学的測度論的研究について紹介する．これは，リーマン多様体 $\widetilde{M}$ 内の平均曲率流を $\widetilde{M}$ 上の測度の発展として研究する方法であり，その測度の族は **Brakke の意味の平均曲率流**になり，その測度の台 (support) の族が平均曲率流を与えることになる．

以下，この研究方法について詳しく述べることにする．$\dim \widetilde{M} = n+1$ とする．まず，**Allen-Cahn 方程式**

$$\frac{\partial u_t}{\partial t} = \Delta u_t - \frac{1}{\varepsilon^2} u_t (1 - u_t^2) \qquad (1.2.2)$$

を考える．ここで，ε は十分小さな正の数である．この解を u_t^ε として，$\widetilde{M}$ 上の測度 μ_t^ε を

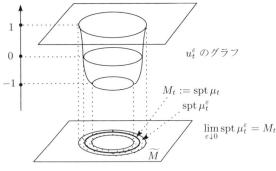

図 1.2.2　フェイズフィールド法

$$\mu_t^\varepsilon := \varepsilon \left(\frac{1}{2} \|\mathrm{grad}\, u_t^\varepsilon\|^2 + \frac{1}{4\varepsilon^2}(1-(u_t^\varepsilon)^2)^2 \right) dv_{\widetilde{M}} \quad (t \in [0,\infty))$$

によって定義する．ここで，$dv_{\widetilde{M}}$ は $\widetilde{M}$ のリーマン体積要素（= リーマン測度）を表す．このとき，$\lim_{i \to \infty} \varepsilon_i = 0$ かつ，測度の列 $\{\mu_t^{\varepsilon_i}\}_{i=1}^\infty$ がある測度 μ_t に収束するような数列 $\{\varepsilon_i\}_{i=1}^\infty$ の存在を示すことができる．ここで，μ_t は，$dv_{\widetilde{M}}$ に付随して定義される n 次元ハウスドルフ測度に相当する測度（これを $dv_{\widetilde{M}}^n$ と表す）の関数倍として与えられることを注意しておく．さらに，測度の族 $\{\mu_t\}_{t \in [0,\infty)}$ は，下記に述べる Brakke の意味の平均曲率流を与えることが示される．μ_t の台 $M_t := \mathrm{spt}\, \mu_t$ の族 $\{M_t\}_{t \in [0,T)}$ がほとんどすべての時間 t, ほとんどすべての M_t 内の点 p に対し，(p,t) の時空内での近傍上で C^∞ 級の平均曲率流を与えること（正則性）が示される．

ここで，Brakke の意味の平均曲率流とは，どのようなものであるか説明する．$\{M_t\}_{t \in [0,T)}$ を $\widetilde{M}$ 内の C^∞ 級超曲面の C^∞ 級の族とする．もし，$\{M_t\}_{t \in [0,T)}$ が $\widetilde{M}$ 内の平均曲率流であるならば，任意のコンパクトな台をもつ C^1 級の非負値関数 $\phi \in C(\widetilde{M} \times [0,\infty))$ に対し，次の等式が成り立つ：

$$\frac{d}{dt}\left(\int_{M_t} \phi\, dv_{M_t} \right) = \int_{M_t} \left(\mathrm{grad}\, \phi \cdot H_t - |H_t|^2 \phi + \frac{\partial \phi}{\partial t} \right) dv_{M_t}.$$

ここで，H_t は M_t の平均曲率ベクトル場を表し，dv_{M_t} は M_t 上の誘導計量のリーマン体積要素を表す．この等式は，一般の超曲面の C^∞ 級の族に対し成り立つ，いわゆる輸送等式とよばれる等式から直接導かれる．逆に，任意のコンパクトな台をもつ C^1 級の非負値関数 $\phi \in C(\widetilde{M} \times [0,\infty))$ と任意の $0 \leq$

$t_1 < t_2 < T$ に対し,

$$\int_{M_t} \phi \, dv_{M_t} \bigg|_{t_1}^{t_2} \leq \int_{t_1}^{t_2} \int_{M_t} \left(\text{grad}\, \phi \cdot H_t - |H_t|^2 \phi + \frac{\partial \phi}{\partial t} \right) dv_{M_t} dt \qquad (1.2.3)$$

が成り立つならば, $\{M_t\}_{t \in [0,T)}$ は平均曲率流になる. 測度の族 $\{\mu_t\}_{t \in [0,T)}$ を $d\mu_t = dv_{\widetilde{M}}^n \lfloor_{M_t} (:= \rho_t dv_{\widetilde{M}}^n)$ によって定義する. ここで, ρ_t は次式によって定義される $\widetilde{M}$ 上の関数を表す:

$$\rho_t(p) := \begin{cases} 1 & (p \in M_t) \\ 0 & (p \notin M_t). \end{cases}$$

このとき, 式 (1.2.3) は次のように記述される:

$$\int_{\widetilde{M}} \phi \, d\mu_t \bigg|_{t_1}^{t_2} \leq \int_{t_1}^{t_2} \int_{\widetilde{M}} \left(\text{grad}\, \phi \cdot H_t - |H_t|^2 \phi + \frac{\partial \phi}{\partial t} \right) d\mu_t dt. \qquad (1.2.4)$$

この事実に基づき, Brakke の意味で平均曲率流が次のように定義される. $\widetilde{M}$ 上の測度の族 $\{\mu_t\}_{0 \leq t < \infty}$ が次の 3 条件を満たすとき, $\{\mu_t\}_{0 \leq t < \infty}$ を Brakke の意味の平均曲率流という.

(i) ほとんどすべての時刻 t に対し, $dv_{\widetilde{M}}^n$ に関して可測な可算修正可能集合 M_t と $dv_{\widetilde{M}}^n$ 可測関数 $\theta_t : M_t \to \mathbb{N}$ が存在して, $d\mu_t = \theta_t dv_{\widetilde{M}}^n \lfloor_{M_t}$ が成り立つ.

(ii) ほとんどすべての時刻 t に対し, μ_t に対する一般化された平均曲率ベクトル場 H_{μ_t} が存在して, 任意のコンパクト集合 $K \subset \widetilde{M}$ と任意の $T < \infty$ に対し,

$$\int_0^T \int_K \|H_{\mu_t}\|^2 d\mu_t dt < \infty$$

が成り立つ (一般化された平均曲率ベクトル場の定義に関しては, [Bra] を参照のこと).

(iii) 任意のコンパクトな台をもつ C^1 級の非負値関数 $\phi \in C(\widetilde{M} \times [0, \infty))$ と任意の $0 \leq t_1 < t_2 < \infty$ に対し,

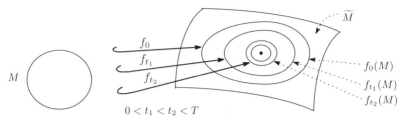

図 1.2.3 　はめ込み写像の発展としての平均曲率流 I

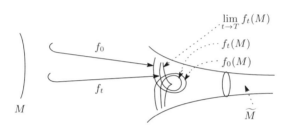

図 1.2.4 　はめ込み写像の発展としての平均曲率流 II

$$\int_{\widetilde{M}}\phi d\mu_t\bigg|_{t_1}^{t_2} \leq \int_{t_1}^{t_2}\int_{\widetilde{M}}\left(\mathrm{grad}\,\phi\cdot H_{\mu_t} - |H_{\mu_t}|^2\phi + \frac{\partial\phi}{\partial t}\right)d\mu_t dt$$

が成り立つ．

この研究方法について本格的に学びたい方は，[Bra]，[KaTo]，[MT]，[TaTo]，[To] 等を参照のこと．

次に，平均曲率流をはめ込み写像の時間発展として取り扱う微分幾何学的研究について紹介する．この研究方法は，1984 年あたりから G. Huisken をはじめとする著名な幾何解析の研究者によって本格的に創始された．この研究方法では，ある n 次元多様体 M とある $m\,(>n)$ 次元完備リーマン多様体 $(\widetilde{M},\widetilde{g})$ を固定し，M から $\widetilde{M}$ の C^∞ 級はめ込み写像の C^∞ 族 $\{f_t\}_{t\in[0,T)}$ を考える．$F:M\times[0,T)\to\widetilde{M}$ を $F(p,t):=f_t(p)((p,t)\in M\times[0,T))$ によって定義する．g_t を f_t による誘導計量，つまり $g_t:=f_t^*\widetilde{g}$ とし，H_t を f_t の平均曲率ベクトル場とする（はめ込み写像の平均曲率ベクトル場の定義について

は，次章を参照のこと）．f_t が埋め込みであるとき，$M_t := f_t(M)$ とおく．族 $\{f_t\}_{t\in[0,T)}$ が

$$\frac{\partial F}{\partial t} = H_t \tag{1.2.5}$$

を満たすとき，$\{f_t\}_{t\in[0,T)}$ を**平均曲率流** (mean curvature flow) とよぶ．特に，f_t が埋め込みであるとき，$\{f_t\}_{t\in[0,T)}$ よりもむしろ $\{M_t\}_{t\in[0,T)}$ を平均曲率流とよぶ．f_t は，そのグラフはめ込み

$$G(f_t) : M \hookrightarrow M \times \widetilde{M} \underset{\text{def}}{\Longleftrightarrow} G(f_t)(p) := (p, f_t(p)) \quad (p \in M)$$

と同一視することにより，M 上の自明なファイバーバンドル $M \times \widetilde{M} \to M$ の切断とみなすことができる．特に，$\widetilde{M}$ が m 次元ユークリッド空間 $\mathbb{R}^m$ の場合，f_t は M 上の自明なベクトルバンドル $M \times \mathbb{R}^m \to M$ の切断とみなすことができる．このように，平均曲率流方程式 (1.2.5) はベクトルバンドルの切断の発展方程式とみなせる．

1.3　体積汎関数の勾配流としての平均曲率流

$(\widetilde{M}, \widetilde{g})$ を m 次元完備リーマン多様体とし，M を n 次元閉部分多様体とする．M から $\widetilde{M}$ への C^∞ 級はめ込み写像の全体 $\mathrm{Imm}^\infty(M, \widetilde{M})$ を考える．一般には，$\mathrm{Imm}^\infty(M, \widetilde{M})$ には無限次元多様体の構造が入らないが，M がコンパクトである場合には**無限次元フレシェ多様体** (infinite dimensional Fréchet manifold) とよばれる構造が入る．汎関数 $\mathrm{Vol} : \mathrm{Imm}^\infty(M, \widetilde{M}) \to \mathbb{R}$ を

$$\mathrm{Vol}(f) := \int_M dv_{f^*\widetilde{g}} \quad (f \in \mathrm{Imm}^\infty(M, \widetilde{M}))$$

($dv_{f^*\widetilde{g}} : f$ による誘導計量 $f^*\widetilde{g}$ の体積要素)

によって定義する．この汎関数 Vol を**体積汎関数** (volume functional) とよぶ．$d\mathrm{Vol}_f : T_f \mathrm{Imm}^\infty(M, \widetilde{M}) \to T_{\mathrm{Vol}(f)}\mathbb{R} = \mathbb{R}$ を Vol の f における微分とする．Vol の**勾配ベクトル場** (gradient vector field) grad Vol が

10　第 1 章　バックグラウンド

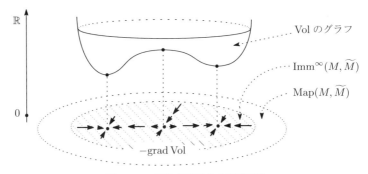

図 1.3.1　平均曲率流と体積汎関数

$$dVol_f(V) = \int_M \widetilde{g}((\text{grad Vol})_f, V) dv_{f^*\widetilde{g}}$$

$$(f \in \text{Imm}^\infty(M, \widetilde{M}), V \in T_f\text{Imm}^\infty(M, \widetilde{M}))$$

を満たす $\text{Imm}^\infty(M, \widetilde{M})$ 上のベクトル場として定義される．ここで，$T_f\text{Imm}^\infty(M, \widetilde{M})$ は，$\text{Imm}^\infty(M, \widetilde{M})$ の f における接空間を表す．$(\text{grad Vol})_f$ は f の平均曲率ベクトル場 H の $-\dfrac{1}{n}$ 倍と一致することが示され（定理 2.13.1 を参照），それゆえ，式 (1.2.5) は

$$\frac{\partial F}{\partial t} = -(\text{grad Vol})_{f_t} \quad (t \in [0, T))$$

と書き換えられることがわかる．つまり，平均曲率流は $-\text{Vol}$ の**勾配流 (gradient flow)** であることが示される．

この事実から，はめ込まれたリーマン部分多様体 $f(M)$ を発する平均曲率流は無限時間 ($T = \infty$) で極小部分多様体（= 体積汎関数の臨界点）に収束するか，または，有限時間 ($T < \infty$) で特異空間に崩壊するかのいずれかであることが推測される（図 1.3.1 参照）．ここで，極小部分多様体への収束性は C^∞ 収束性等を意味する．

1.4　平均曲率流とリッチ流

2000 年 5 月 24 日にアメリカにあるクレイ研究所によって発表された 7 つのミレニアム懸賞問題のうち，唯一解決されているのが，次のポアンカレ予想

（これは位相幾何学の分野の問題）がある．

ポアンカレ予想 (Poincaré conjecture)　3次元閉多様体で3次元球面 S^3 とホモトピー同値なものは，S^3 に同相である．

ポアンカレ予想を次元に関して一般化した次の主張は，高次元ポアンカレ予想とよばれる：

$n\ (\geq 3)$ 次元閉多様体で n 次元球面 S^n とホモトピー同値なものは，S^n に同相である．

$n \geq 4$ の場合は早期に解決されていた．$n \geq 5$ の場合は，1960年，Smale ([Sma]) によって微分位相幾何学的手法により解決され，$n = 4$ の場合は，1982年，Freedman ([Fr]) によって野生的トポロジーとよばれる位相幾何学的手法により解決された．両氏とも，その業績によりフィールズ賞を受賞している．

いずれの場合も証明において鍵となるのが，S^n にはめ込まれたある2次元ディスク D の**自己交差の解消**である．$n \geq 5$ の場合は，$\mathrm{codim}\, D = 5 - 2 = 3 > 2 = \dim D$ であることから，D の自己交差を解消することができる．$n = 4$ の場合は，$\mathrm{codim}\, D = 4 - 2 = 2 = \dim D$ なので，D の自己交差を解消することは困難であるが，Freedman は，**Casson ハンドル**とよばれる D を厚化粧したハンドルを考えることにより D の自己交差を解消した．3次元の場合，つまりポアンカレ予想は，Hamilton により提唱された Hamilton プログラムに沿って，1982年以降の Hamilton によるリッチ流の研究をベースとして，2003年に微分幾何学者の Perelman により微分幾何学的手法で解決された．その解決方法によれば，より一般に，Thurston の幾何化予想が解決される．そのため，ここで，Thurston の幾何化予想について述べることにする．

Thurston の幾何化予想　向き付け可能な3次元閉多様体は，有限回の球面分解とトーラス分解により，8種の幾何構造をもつ部分に分解される．

注意　8種の幾何構造をもつ部分とは，次の8つの3次元リーマン等質空間をその等長変換群の離散部分群で割ってえられる商多様体のことである：

(i) $\mathbb{E}^3$ (3次元ユークリッド空間)

(ii) S^3 (3次元球面)

(iii) H^3 (3次元双曲空間)

(iv) $S^2 \times \mathbb{E}^1$ (2次元球面 S^2 と $\mathbb{E}^1$ の積リーマン多様体)

(v) $H^2 \times \mathbb{E}^1$ (双曲平面 H^2 と $\mathbb{E}^1$ の積リーマン多様体)

(vi) $\widetilde{\mathrm{SL}}(2,\mathbb{R})$ (特殊線形群の普遍被覆)

(vii) Nil (対角成分が1であるような3次上三角行列全体のなすベキ零リー群)

(viii) Sol (2次上三角行列全体のなす可解リー群)

ここで (vi), (vii), (viii) は各々, ある左不変計量を備えた3次元リー群であることを注意しておく.

この予想は, Hamilton によるリッチ流を用いた研究結果をベースとして, 最終的には Perelman によって解決された. この予想解決までの経緯について述べることにする.

1982年, Hamilton ([Ham1]) は, リッチ流の概念を導入した. リッチ流は, 次のような発展方程式を満たすある閉多様体 M 上のリーマン計量の C^∞ 族 $\{g_t\}_{t \in [0,T)}$ として定義される:

$$\frac{\partial g}{\partial t} = -2\mathrm{Ric}_{g_t} \qquad (1.4.1)$$

ここで, Ric_{g_t} は g_t のリッチテンソル場を表す. Ric_{g_t} は, ある非線形2階偏微分作用素 $\mathcal{D}: \Gamma^\infty(T^{(0,2)}M) \to \Gamma^\infty(T^{(0,2)}M)$ を用いて $\mathcal{D}(g_t)$ と表されるので, 式 (1.4.1) は, 非線形2階偏微分方程式である. 式 (1.4.1) は**リッチ流方程式 (Ricci flow equation)** とよばれる. ここで, $T^{(0,2)}M$ は, M の2次共変テンソルバンドルを表し, $\Gamma^\infty(T^{(0,2)}M)$ は, $T^{(0,2)}M$ の C^∞ 級切断全体のなす空間を表す. 一般に, リッチ流 $\{g_t\}_{t \in [0,T)}$ に対し, (M, g_t) の体積 $\mathrm{Vol}(M, g_t)$ は時間 t の経過とともに変動する.

Hamilton ([Ham1]) は, (M, g_t) の体積 $\mathrm{Vol}(M, g_t)$ が時間 t の経過とともに変動しないような族 $\{g_t\}_{t \in [0,T)}$ を解にもつように**リスケールされたリッチ流方程式 (rescaled Ricci flow equation)** を定義し, M が3次元の場合に, M 上のリーマン計量 g が正のリッチ曲率をもつリーマン計量 ($\mathrm{Ric}_g > 0$) で

あるならば，g を発する修正されたリッチ流方程式の解 $\{g_t\}_{t\in[0,T)}$ は無限時間まで存在し（つまり，$T=\infty$），$t\to\infty$ のとき，g_t は一定の正の断面曲率をもつ計量に C^∞ 位相に関して収束することを示した．その結果，M が単連結である場合，球面定理（2.7 節の定理 2.7.3 を参照）により M は 3 次元球面 S^3 に C^∞ 同型であることが示される．つまり，3 次元単連結閉多様体が正のリッチ曲率をもつリーマン計量を許容するならば，それは S^3 に C^∞ 同型であることが示される．一方，g が一般のリーマン計量（M は向き付け可能な 3 次元閉多様体とする）の場合，g を発するリッチ流 $\{g_t\}_{t\in[0,T)}$ は有限時間で M のある部分で崩壊する可能性がある．

そこで，Hamilton は次のようなプログラムを考えた．有限時間 T で崩壊する場合，その崩壊する部分の各近傍の構造を調べ，その各近傍内にある適切な圧縮不可能な 2 次元球面に沿って崩壊する部分の近傍を取り除き，標準キャップとよばれる 3 次元球体 B^3 に C^∞ 同型なリーマン多様体をその球面に沿って貼り付けるという手術を施す．このように手術された閉リーマン多様体を $(M_2, g^2_{T_2})$ と表す．便宜上，元の閉多様体 M を M_1，g_t を $(g^1)_t$，T を T_1 と表し，崩壊しない部分で定義される g_t の極限計量 g_T を $(g^1)_{T_1}$ と表す．ここで，M_2 は連結とは限らないことを注意しておく．(M_2, g^2) の連結成分の 1 つを改めて (M_2, g^2) と表す．g^2 を発するリッチ流を $\{g^2_t\}_{t\in[T_1, T_1+T_2)}$ と表す．再び，このリッチ流に対し，上述のような手術を施す．以下，この操作を繰り返すことにより，リッチ流の列 $(M_i, \{g^i_t\}_{t\in[T_{i-1},T_i)})$ $(i=1,2,\ldots)$ がえられる．各手術を適切に施していくことにより，有限回の手術で無限時間まで達することを示す．つまり，その回数を k として k 回目の手術後の各連結成分を発するリッチ流が無限時間まで定義されること $(T_k=\infty)$ を示す．さらに，k 回目の手術後の各連結成分が，その連結成分内のいくつかの圧縮不可能なトーラスに沿って，いくつかの完備体積有限双曲多様体とグラフ多様体に分解されるようなものになるようにとることができることを示す．また，グラフ多様体はいくつかの圧縮不可能なトーラスに沿って，いくつかのザイフェルト多様体に分解されることが知られている．その結果，元の向き付け可能な 3 次元閉多様体 M が球面分解とトーラス分解をを有限回行うことにより，いくつかの双曲多様体といくつかのザイフェルト多様体に分解されることが示される．これらの事実，およびザイフェルト多様体の分類定理から，Thurston の

幾何化予想が解決される．

1.2 節で述べた平均曲率流方程式 (1.2.5) ($\widetilde{M} = \mathbb{R}^m$ の場合) と上述のリッチ流方程式 (1.4.1) は，ともにベクトルバンドルの切断の非線形弱放物型偏微分方程式であり，リッチ流の研究は，ユークリッド空間内のはめ込み写像の発展としての平均曲率流の研究に応用することができる．1984 年以降，G. Huisken は，R. S. Hamilton によるリッチ流の研究をモチベーションとして，ユークリッド空間内のはめ込み写像の発展としての平均曲率流の研究，さらに，一般のリーマン多様体内のはめ込み写像の発展としての平均曲率流の研究を精力的に行った ([Hu1-4], [HuSi1,2] 等を参照)．その後現在に至るまで，G. Huisken, C. Sinestrari, B. Andrews, V. Miquel, E. Cabezas-Rivas, J. A. McCoy をはじめとする微分幾何学者により，平均曲率流，保存則をもつ平均曲率流，逆平均曲率流，体積を保存する平均曲率流，表面積を保存する平均曲率流，さらに一般に，これらの流れを例として含む一般の曲率流，保存則をもつ曲率流の研究が精力的に行われている ([An1-5], [AB], [AM], [CM1-3], [CS], [Hu1-5], [HI1,2], [HuSi1,2], [Mc], [Pi1-4], [PiSi1,2], [Ko7], [KS] 等を参照)．また，手術付きリッチ流に相当する平均曲率流サイドの代表的な研究として，2009 年の G. Huisken と C. Sinestrari ([HuSi2]) による研究が挙げられるので参照されたい．彼等は，$\mathbb{E}^{n+1}$ ($n \geq 3$) 内の 2 凸閉超曲面とよばれる超曲面を発する手術付き平均曲率流の概念を定義し，ある追加条件下で，有限回の手術の後，その流れに沿って各連結成分（手術するごとに連結成分が増えていく可能性がある）が球面流（球面を発するリッチ流）またはシリンダー流（シリンダーを発するリッチ流）に漸近していくことを示している．

2 微分幾何学における基礎概念およびの事実
CHAPTER

　この章では，はめ込み写像の発展として平均曲率流を研究する上で必要となる，微分幾何学における基礎概念および基本的事実について述べる．この章における各補題，命題，および定理の証明は省略することにして，結果のみを述べることにする．各補題，命題，および定理の証明については，[服部], [松島], [松本], [村上], [落合], [酒井], [野水], [加須栄], [西川], [doC], [KoNo] 等を参照のこと．

　以下，"C^r 級"の r は 0 以上の整数，∞ または ω を表し，C^ω 級は実解析的であることを意味するものとする．

2.1　多様体論における基礎概念

　この節において，多様体論における基礎概念，および基本的結果について述べることにする．

　M をパラコンパクトなハウスドルフ空間とする．族 $\mathcal{D} := \{(U_\lambda, \varphi_\lambda) \mid \lambda \in \Lambda\}$ で次の 3 条件を満たすものを M の $\boldsymbol{C^r}$ **構造** ($\boldsymbol{C^r}$**-structure**) とよび，組 $(M, \mathcal{D})$ を n 次元 $\boldsymbol{C^r}$ **多様体** ($\boldsymbol{C^r}$**-manifold**) とよぶ：

(i)　$\{U_\lambda \mid \lambda \in \Lambda\}$ は M の開被覆である．
(ii)　各 $\lambda \in \Lambda$ に対し，φ_λ は U_λ から $\mathbb{R}^n$ のある開集合への同相写像である．
(iii)　$U_\lambda \cap U_\mu \neq \emptyset$ のとき，$\varphi_\mu \circ \varphi_\lambda^{-1} : \varphi_\lambda(U_\lambda \cap U_\mu) \to \varphi_\mu(U_\lambda \cap U_\mu)$ は C^r 同型写像である．

　また，各 $(U_\lambda, \varphi_\lambda)$ を**局所チャート** (local chart)，各 U_λ を**局所座標近傍** (local coordinate neighborhood)，各 φ_λ を**局所座標** (local coordinate)

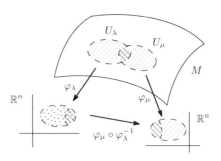

図 2.1.1　多様体

とよぶ．多様体 $(M, \mathcal{D})$ $(\mathcal{D} = \{(U_\lambda, \varphi_\lambda) \,|\, \lambda \in \Lambda\})$ に対し，M の開集合 V と V から $\mathbb{R}^n$ のある開集合への同相写像 ψ の組 (V, ψ) で，$V \cap U_\lambda \neq \emptyset$ となる各 λ に対し，

$$\psi \circ \varphi_\lambda^{-1} : \varphi_\lambda(V \cap U_\lambda) \to \psi(V \cap U_\lambda)$$

が C^r 同型写像になるようなものを **$\mathcal{D}$ と両立する局所チャート**とよぶ．$\mathcal{D}$ と両立する局所チャートの全体 $\widehat{\mathcal{D}}$ は，1 つの M の C^r 構造を与える．このように極大化した C^r 構造のみを C^r 構造とよぶこともある．

例 2.1.1. n 次元アフィン空間 $\mathbb{R}^n$ は，$\mathcal{D} := \{(\mathbb{R}^n, \mathrm{id}_{\mathbb{R}^n})\}$ を C^ω 構造としてもつ．ここで，n 次元アフィン空間とは，n 次元ベクトル空間 $\mathbb{R}^n$ に付随して定められる点の集まりの空間のことである．

例 2.1.2. 半径 r の n 次元球面

$$S^n[r] := \left\{ (x_1, \ldots, x_{n+1}) \,\middle|\, \sum_{i=1}^{n+1} x_i^2 = r^2 \right\} \quad (r > 0)$$

は，$\mathbb{R}^{n+1}$ の部分位相空間としてハウスドルフ空間になる．$\mathcal{D}$ を次のように定義する：

$$\mathcal{D} := \{(U_i^+, \varphi_i^+) \,|\, i = 1, \ldots, n+1\} \cup \{(U_i^-, \varphi_i^-) \,|\, i = 1, \ldots, n+1\}$$

$$\begin{pmatrix} U_i^+ := \{(x_1, \ldots, x_{n+1}) \in S^n(r) \,|\, x_i > 0\}, \\ U_i^- := \{(x_1, \ldots, x_{n+1}) \in S^n(r) \,|\, x_i < 0\}, \\ \varphi_i^\pm \underset{\text{def}}{\Longleftrightarrow} \varphi_i^\pm(x_1, \ldots, x_{n+1}) := (x_1, \ldots, \widehat{x_i}, \ldots, x_{n+1}) \end{pmatrix}.$$

これは,$S^n(r)$ の C^ω 構造になる.ここで,$\widehat{x_i}$ は,x_i をとり去ることを意味する.$V := S^n[r] \setminus \{(0, \ldots, 0, r)\}$ とし,$\psi: V \to \mathbb{R}^n$ を次式によって定義する:

$$\psi(x_1, \ldots, x_{n+1}) := \frac{1}{r - x_{n+1}}(x_1, \ldots, x_n).$$

このとき,(V, ψ) は上述の C^ω 構造 $\mathcal{D}$ と両立する局所チャートになる.

例 2.1.3.

(i) $G_k(V)$ を n 次元実ベクトル空間 V の k 次元部分ベクトル空間全体のなす空間とする.ここで,k は 1 以上 $n-1$ 以下のある自然数とする.$G_k(V)$ は,ある自然に定義される C^ω 構造のもと,$k(n-k)$ 次元 C^ω 多様体になり,これは k 次元部分空間のなす**実グラスマン多様体** (real Grassmann manifold) とよばれる.特に,$G_1(V)$ は**実射影空間** (real projective space) とよばれ,$\mathbb{R}P^n$ と表される.

(ii) $G_k(V)$ を n 次元複素ベクトル空間 V の k 次元部分ベクトル空間全体のなす空間とする.ここで,k は 1 以上 $n-1$ 以下のある自然数とする.$G_k(V)$ は,ある自然に定義される C^ω 構造のもと,$2k(n-k)$ 次元 C^ω 多様体になり,これは k 次元部分空間のなす**複素グラスマン多様体** (complex Grassmann manifold) とよばれる.特に,$G_1(V)$ は**複素射影空間** (complex projective space) とよばれ,$\mathbb{C}P^n$ と表される.

$(M, \mathcal{D}_M)$ $(\mathcal{D}_M = \{(U_\lambda, \varphi_\lambda) \,|\, \lambda \in \Lambda\})$ を m 次元 C^r 多様体,$(N, \mathcal{D}_N)$ $(\mathcal{D}_N = \{(V_\mu, \psi_\mu) \,|\, \mu \in \mathcal{M}\})$ を n 次元 C^r 多様体とし,$\mathcal{D}_M \times \mathcal{D}_N$ を

$$\mathcal{D}_M \times \mathcal{D}_N := \{(U_\lambda \times V_\mu, \varphi_\lambda \times \psi_\mu) \,|\, (\lambda, \mu) \in \Lambda \times \mathcal{M}\}$$

によって定義する.これは,積位相空間 $M \times N$ の C^r 構造になり,$\varphi_\lambda \times \psi_\mu$ は $U_\lambda \times V_\mu$ から $\mathbb{R}^m \times \mathbb{R}^n = \mathbb{R}^{m+n}$ のある開集合への同相写像なので,$(M \times$

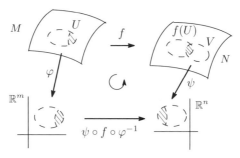

図 2.1.2 C^r 写像

$N, \mathcal{D}_M \times \mathcal{D}_N)$ は $(m+n)$ 次元 C^r 多様体になる．$(M \times N, \mathcal{D}_M \times \mathcal{D}_N)$ を $(M, \mathcal{D}_M)$ と $(N, \mathcal{D}_N)$ の**積多様体** (product manifold) という．

$(M, \mathcal{D})$ $(\mathcal{D} = \{(U_\lambda, \varphi_\lambda) \,|\, \lambda \in \Lambda\})$ を n 次元 C^r 多様体とし，W を M の開集合とする．このとき，$\mathcal{D}|_W := \{(U_\lambda \cap W, \varphi_\lambda|_{U_\lambda \cap W}) \,|\, \lambda \in \Lambda \text{ s.t. } U_\lambda \cap W \neq \emptyset\}$ は，M の部分位相空間 W の C^r 構造になり，$(W, \mathcal{D}|_W)$ は M の**開部分多様体** (open submanifold) とよばれる．

次に，多様体間の写像の微分可能性を定義する．M, N を C^∞ 多様体，f を M から N への写像とする．点 $p \; (\in M)$ のまわりの (M の) 局所チャート (U, φ) と点 $f(p)$ のまわりの (N の) 局所チャート (V, ψ) に対し，$\psi \circ f \circ \varphi^{-1} : \varphi(U \cap f^{-1}(V)) \to \psi(f(U) \cap V)$ が点 $\varphi(p)$ で C^r 級であるとき，f は **p で C^r 級である**という．f が M の各点で C^r 級であるとき，f を **C^r 写像** (**C^r-map**) という．ここで，上述の定義は well-defined である．つまり，点 $p \; (\in M)$ のまわりの (M の) ある局所チャート (U, φ) と点 $f(p)$ のまわりの (N の) ある局所チャート (V, ψ) に対し $\psi \circ f \circ \varphi^{-1}$ が点 $\varphi(p)$ で C^r 級であるならば，点 $p \; (\in M)$ のまわりの (M の) 他の局所チャート (U', φ') と点 $f(p)$ のまわりの (N の) 他の局所チャート (V', ψ') に対し $\psi' \circ f \circ \varphi'^{-1}$ も点 $\varphi'(p)$ で C^r 級になることが容易に示される．

M から N への全単射 f で，f, f^{-1} がともに C^r 写像であるようなものを，M から N への **C^r 同型写像** (**C^r-isomorphism**)，または，**C^r 微分同相写像** (**C^r-diffeomorphism**) とよぶ．また，M から N への C^r 同型写像が存在するとき，M と N は **C^r 同型** (**C^r-isomorphic**) である，または，**C^r 微分同相** (**C^r-diffeomorphic**) であるという．2 つの多様体が C^r 同型である

とき，それらは C^r 多様体として本質的に同じものとみなされる．

次に，多様体の接ベクトルの概念を定義する．開区間 (a,b)（または，閉区間 $[a,b]$）から C^∞ 多様体 M への C^r 写像を M 上の **C^r 曲線** (C^r-curve) という．ここで，閉区間 $[a,b]$ から M への C^r 写像とは，$[a,b]$ を含むある開区間 $(a-\varepsilon, b+\varepsilon)$ から M への C^r 写像の $[a,b]$ への制限を意味する．ここで，ε は正の数を表す．$\mathcal{C} := \{(c, t_0) \,|\, c : M$ 上の C^1 曲線, $t_0 : c$ の定義域内の 1 点$\}$ における同値関係 $\sim$ を次のように定義する：

$$(c_1, t_1) \sim (c_2, t_2) \underset{\mathrm{def}}{\Longleftrightarrow} \begin{cases} \bullet \ c_1(t_1) = c_2(t_2), \\ \bullet \ c_1(t_1) = c_2(t_2) \text{ のまわりの局所チャート } (U, \varphi = (x_1, \ldots, x_n)) \text{ に対し，} \\ \quad \left. \dfrac{d(\varphi \circ c_1)}{dt} \right|_{t=t_1} = \left. \dfrac{d(\varphi \circ c_2)}{dt} \right|_{t=t_2}. \end{cases}$$

ここで，$\left. \dfrac{d(\varphi \circ c_i)}{dt} \right|_{t=t_i}$ $(i = 1, 2)$ は $\varphi \circ c_i$ を $\mathbb{R}^n$ に値をとるベクトル値関数とみて微分したもの，つまり

$$\left(\left. \frac{d(x_1 \circ c_i)}{dt} \right|_{t=t_i}, \ldots, \left. \frac{d(x_n \circ c_i)}{dt} \right|_{t=t_i} \right)$$

を表す．$\sim$ に関する (c, t_0) の属する同値類を $c'(t_0)$, $\left. \dfrac{dc}{dt} \right|_{t=t_0}$, または $\left. \dfrac{d}{dt} \right|_{t=t_0} c(t)$ と表し，c の t_0 における**接ベクトル** (tangent vector)，または，**速度ベクトル** (velocity vector) という．ここで，

$$\left. \frac{d(\varphi \circ c_1)}{dt} \right|_{t=t_1} = \left. \frac{d(\varphi \circ c_2)}{dt} \right|_{t=t_2} \underset{\mathrm{def}}{\Longleftrightarrow} \left. \frac{d(x_i \circ c_1)}{dt} \right|_{t=t_1} = \left. \frac{d(x_i \circ c_2)}{dt} \right|_{t=t_2}$$
$$(i = 1, \ldots, n)$$

であることを注意しておく．

$c_1(t_1) = c_2(t_2)$ のまわりの 2 つの局所チャート $(U, \varphi = (x_1, \ldots, x_n))$ と $(V, \psi = (y_1, \ldots, y_n))$ に対し，

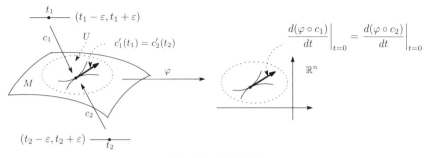

図 2.1.3 接ベクトル

$$\left.\frac{d(\varphi \circ c_1)}{dt}\right|_{t=t_1} = \left.\frac{d(\varphi \circ c_2)}{dt}\right|_{t=t_2}$$

と

$$\left.\frac{d(\psi \circ c_1)}{dt}\right|_{t=t_1} = \left.\frac{d(\psi \circ c_2)}{dt}\right|_{t=t_2}$$

は同値であることが容易に示される.$T_pM := \{c'(t_0) \,|\, (c,t_0) \in \mathcal{C} \text{ s.t. } c(t_0) = p\}$ を M の点 p における**接空間** (tangent space) といい,この元を M の点 p における**接ベクトル** (tangent vector) という. T_pM における和,実数倍は次のように定義される. $(U, \varphi = (x_1, \ldots, x_n))$ を p のまわりの局所チャートで,$\varphi(p) = (0, \ldots, 0)$ となるものとする. $\boldsymbol{v}_1, \boldsymbol{v}_2 \in T_pM$ に対し,和 $\boldsymbol{v}_1 + \boldsymbol{v}_2$ を,$\boldsymbol{v}_i = c_i'(0)$ $(i=1,2)$ として

$$\boldsymbol{v}_1 + \boldsymbol{v}_2 := \bar{c}'(0) \qquad \left(\bar{c}(t) := \varphi^{-1}(\varphi(c_1(t)) + \varphi(c_2(t))) \right)$$

によって定義する.また,$\boldsymbol{v} \in T_pM$ と $a \in \mathbb{R}$ に対し,$a\boldsymbol{v}$ を $\boldsymbol{v} = c'(0)$ として

$$a\boldsymbol{v} := \hat{c}'(0) \qquad \left(\hat{c}(t) := \varphi^{-1}(a\varphi(c(t))) \right)$$

によって定義する.この実数倍と和の定義は,(U, φ) のとり方によらず定まること,さらに,この和と実数倍のもとに,T_pM がベクトル空間になることが容易に示される. M の局所チャート $(U, \varphi = (x_1, \ldots, x_n))$ に対し,$\left(\dfrac{\partial}{\partial x_i}\right)_p (\in T_pM)$ を,$c_i(t) := \varphi^{-1}(x_1(p), \ldots, x_i(p) + t, \ldots, x_n(p))$ として $\left(\dfrac{\partial}{\partial x_i}\right)_p := c_i'(0)$ によって定義する.このとき,$\left(\left(\dfrac{\partial}{\partial x_1}\right)_p, \ldots, \left(\dfrac{\partial}{\partial x_n}\right)_p \right)$ は

T_pM の基底になる．この基底を (U,φ) の p における**座標基底** (coordinate basis)，または，**自然基底** (natural basis) という．次の関係式が成り立つ：

$$c'(t_0) = \sum_{i=1}^{n} \frac{dx_i(c(t))}{dt}\bigg|_{t=t_0} \left(\frac{\partial}{\partial x_i}\right)_{c(t_0)} \quad (2.1.1)$$

$$(V, \psi = (y_1, \ldots, y_n))$$

を p のまわりのもう一つの局所チャートとするとき，次の関係式が成り立つ：

$$\left(\frac{\partial}{\partial x_i}\right)_p = \sum_{j=1}^{n} \frac{\partial(y_j \circ \varphi^{-1})}{\partial x_i}\bigg|_{\varphi(p)} \left(\frac{\partial}{\partial y_j}\right)_p . \quad (2.1.2)$$

$C^\infty(p)$ を，p の近傍上の C^∞ 関数全体からなる集合とする．$\boldsymbol{v}\, (= c'(t_0)) \in T_pM$ と $f \in C^\infty(p)$ に対し，$\boldsymbol{v}(f)$ を

$$\boldsymbol{v}(f) := \frac{df(c(t))}{dt}\bigg|_{t=t_0}$$

によって定義する．この値 $\boldsymbol{v}(f)$ を f の $\boldsymbol{v}$ に関する**方向微分** (directional derivative) という．この値は，$c'(t_0) = \boldsymbol{v}$ となる曲線 c のとり方によらないことが示される．方向微分に関して，次の (i)-(iii) が成り立つ：

(i) f が p のある近傍で一定であるならば，$\boldsymbol{v}(f) = 0$ となる．
(ii) $\boldsymbol{v}(af_1 + bf_2) = a\boldsymbol{v}(f_1) + b\boldsymbol{v}(f_2)$ $\quad (a, b \in \mathbb{R},\ f_1, f_2 \in C^\infty(p))$.
(iii) $\boldsymbol{v}(f_1 f_2) = f_1(p)\boldsymbol{v}(f_2) + \boldsymbol{v}(f_1)f_2(p)$ $\quad (f_1, f_2 \in C^\infty(p))$.

$C^\infty(p)$ から $\mathbb{R}$ への写像 $\hat{\boldsymbol{v}}$ で，上述の条件 (i)-(iii) を満たすようなものの全体を $\mathcal{T}_pM$ と表す．各 $\boldsymbol{v} \in T_pM$ に対し，$\hat{\boldsymbol{v}}(f) := \boldsymbol{v}(f)\, (f \in C^\infty(p))$ によって定義される $\hat{\boldsymbol{v}} \in \mathcal{T}_pM$ を対応させることにより，T_pM と $\mathcal{T}_pM$ の間の 1 対 1 対応がえられる．上述の 1 対 1 対応のもとに，T_pM と $\mathcal{T}_pM$ を同一視することにより，$\mathcal{T}_pM$ の各元を M の点 p における接ベクトルとよび，$\mathcal{T}_pM$ を M の点 p における接空間とよぶこともある．

次に，多様体間の写像の微分について説明することにする．f を m 次元 C^∞ 多様体 M から n 次元 C^∞ 多様体 N への C^r 写像 $(r \geq 1)$ とする．$p \in M$ に対し，$df_p : T_pM \to T_{f(p)}N$ を

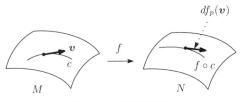

図 2.1.4 写像の微分

$$df_p(\boldsymbol{v}) := (f \circ c)'(t_0) \quad (\boldsymbol{v} = c'(t_0) \in T_pM)$$

によって定義する．df_p を **f の p における微分**という．この定義は well-defined であること，つまり，$c'(t_0) = \boldsymbol{v}$ となる曲線 c のとり方によらないことが示される．以下，df_p を f_{*p} と表すこともある．

df_p は線形写像であり，$(U, \varphi = (x_1, \ldots, x_m))$ を p のまわりの M の局所チャートとし，$(V, \psi = (y_1, \ldots, y_n))$ を $f(p)$ のまわりの N の局所チャートとするとき，次式が成り立つことが示される：

$$df_p\left(\left(\frac{\partial}{\partial x_i}\right)_p\right) = \sum_{j=1}^n \frac{\partial(y_j \circ f \circ \varphi^{-1})}{\partial x_i}(\varphi(p)) \left(\frac{\partial}{\partial y_j}\right)_{f(p)}. \tag{2.1.3}$$

つまり，df_p の基底 $\left(\frac{\partial}{\partial x_1}\right)_p, \ldots, \left(\frac{\partial}{\partial x_m}\right)_p$ と，基底 $\left(\frac{\partial}{\partial y_1}\right)_{f(p)}, \ldots, \left(\frac{\partial}{\partial y_n}\right)_{f(p)}$ に関する表現行列は，$\frac{\partial(y_j \circ f \circ \varphi^{-1})}{\partial x_i}(\varphi(p))$ を (i, j) 成分とする (m, n) 型行列となる．この表現行列を df_p の (U, φ) と (V, ψ) に関する**ヤコビ行列** (Jacobi matrix) といい，$Jf_p^{\varphi, \psi}$ と表すことにする．

V を n 次元実ベクトル空間とし，$(\boldsymbol{e}_1, \ldots, \boldsymbol{e}_n)$ を V の基底，$(\omega_1, \ldots, \omega_n)$ を $(\boldsymbol{e}_1, \ldots, \boldsymbol{e}_n)$ の双対基底とする．写像 $\varphi : V \to \mathbb{R}^n$ を $\varphi := (\omega_1, \ldots, \omega_n)$ によって定義する．ここで，$\boldsymbol{v} = \sum_{i=1}^n v_i \boldsymbol{e}_i \ (v_i \in \mathbb{R})$ とすると $\varphi(\boldsymbol{v}) = (v_1, \ldots, v_n)$ となることを注意しておく．V に φ が同相写像になるように位相を与える．この位相は明らかにハウスドルフ位相であり，$\mathcal{D} := \{(V, \varphi)\}$ はこのハウスドルフ空間 V の C^ω 構造になる．この C^ω 多様体 $(V, \mathcal{D})$ の点 $\boldsymbol{v} \in V$ を任意にとる．各 $\boldsymbol{w} \in V$ に対し，$c_{\boldsymbol{w}}$ を $c_{\boldsymbol{w}}(t) := \boldsymbol{v} + t\boldsymbol{w}$ によって定義される V 上の C^ω 曲線として，$c_{\boldsymbol{w}}'(0) \ (\in T_{\boldsymbol{v}}V)$ を対応させる対応は，V から $T_{\boldsymbol{v}}V$ への線形

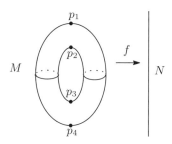

図 2.1.5 臨界点
$p_1, \ldots, p_4$ は f の臨界点である.

同型写像を与える．この対応により，各接空間 $T_v V$ は V と同一視される．特に，$\mathbb{R}$ の各接空間 $T_t \mathbb{R}$ は $\mathbb{R}$ と同一視される．

C^∞ 多様体 M 上の C^r 関数 f $(r \geq 1)$ の p $(\in M)$ における微分 $df_p : T_p M \to T_{f(p)} \mathbb{R}$ は，$T_{f(p)} \mathbb{R}$ と $\mathbb{R}$ の同一視のもと，$T_p M$ 上の線形関数，つまり，$T_p M$ の双対空間 $T_p^* M$ の元とみなされる．M の局所チャート $(U, \varphi = (x_1, \ldots, x_n))$ に対し，x_i は U 上の C^∞ 関数なので，$(dx_i)_p$ は $T_p^* U = T_p^* M$ の元とみなされる．また $((dx_1)_p, \ldots, (dx_n)_p)$ は，$\left(\left(\dfrac{\partial}{\partial x_1}\right)_p, \ldots, \left(\dfrac{\partial}{\partial x_n}\right)_p\right)$ の双対基底であることが容易に示される．C^r 関数 $f : M \to \mathbb{R}$ $(r \geq 1)$ と p のまわりの局所チャート $(U, \varphi = (x_1, \ldots, x_n))$ に対し，

$$df_p = \sum_{i=1}^n \left(\frac{\partial (f \circ \varphi^{-1})}{\partial x_i}\right)(\varphi(p))(dx_i)_p \tag{2.1.4}$$

が成り立つこと，また，C^r 関数 $f : M \to \mathbb{R}$ $(r \geq 1)$ と $\boldsymbol{v} \in T_p M$ に対し，$df_p(\boldsymbol{v}) = \boldsymbol{v}(f)$ が成り立つことも容易に示される．

次に，多様体の写像の臨界点，正則点を説明することにする．$f : M \to N$ を C^r 写像 $(r \geq 1)$ とし，$p \in M$ とする．df_p が全射でない（つまり，rank $df_p < \dim N$）とき，p を f の**臨界点** (critical point) といい，df_p が全射であるとき，p を f の**正則点** (regular point) という．また，$f^{-1}(q)$ が臨界点を含むとき，q を f の**臨界値** (critical value) といい，$f^{-1}(q)$ が臨界点を含まないとき，q を f の**正則値** (regular value) という．特に，f が M 上の C^r 関数 $(r \geq 1)$ のとき，$p \in M$ が f の臨界点であることと $df_p = 0$ が同値に

なる.

各点 $p \in M$ に対し df_p が単射であるとき,f を C^r **はめ込み写像** (**immersion**) といい,さらに,f が単射であり f が M から N の部分位相空間 $f(M)$ への同相写像になるとき,f を C^r **埋め込み写像** (**embedding**) という.一方,各点 $p \in M$ に対し,df_p が全射(つまり,M の各点が f の正則点)であるとき,f を C^r **沈めこみ写像** (**submersion**) という.陰関数定理-全射型を用いて次の事実が示される.

定理 2.1.1. M を m 次元 C^∞ 多様体,N を $n\ (< m)$ 次元 C^∞ 多様体とし,$f : M \to N$ を C^r 写像 $(r \geq 1)$ とする.このとき,f の正則値 q に対し,$L := f^{-1}(q)$ は,M の $(m-n)$ 次元 C^r 部分多様体になる(つまり,L から M への包含写像は C^r 埋め込み写像になる).また,$T_pL = \operatorname{Ker} df_p\ (p \in L)$ が成り立つ.

次に,多様体上のベクトル場について説明する.M の各点 $p \in M$ に対し,T_pM の元 $\boldsymbol{X}_p$ を対応させる対応 $\boldsymbol{X}$ を M 上の(**接**)**ベクトル場** ((**tangent**) **vector field**) という.各局所チャート $(U, \varphi = (x_1, \ldots, x_n))$ に対し,

$$\boldsymbol{X}_p = \sum_{i=1}^n X_i(p) \left(\frac{\partial}{\partial x_i}\right)_p \quad (p \in U)$$

によって定義される U 上の関数 X_i たちが C^r 級であるとき,$\boldsymbol{X}$ を $\boldsymbol{C^r}$ **ベクトル場** ($\boldsymbol{C^r}$-**vector field**) という.

$r \geq 1$ とする.M 上の C^r ベクトル場 $\boldsymbol{X}$ と C^r 級関数 f に対し,$\boldsymbol{X}(f)$ を

$$\boldsymbol{X}(f)(p) := \boldsymbol{X}_p(f) \quad (p \in M)$$

によって定義する.$\boldsymbol{X}(f)$ は M 上の C^{r-1} 級関数になる.$\boldsymbol{X}(f)$ を f の $\boldsymbol{X}$ に関する**方向微分** (**directional derivative**) という.2.1 節で述べた $\boldsymbol{v}(f)$ の性質から,このベクトル場に関する方向微分について,次の (i), (ii) が成り立つ:

(i) $\boldsymbol{X}(af_1 + bf_2) = a\boldsymbol{X}(f_1) + b\boldsymbol{X}(f_2) \quad (a, b \in \mathbb{R},\ f_1, f_2 \in C^\infty(M))$.

(ii) $\boldsymbol{X}(f_1 f_2) = f_1 \boldsymbol{X}(f_2) + \boldsymbol{X}(f_1) f_2 \quad (f_1, f_2 \in C^\infty(M))$.

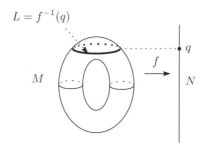

図 2.1.6 正則値の等高面
$L = f^{-1}(q)$ は，M の C^r 部分多様体である．

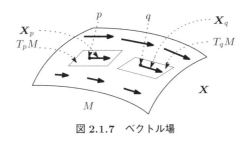

図 2.1.7 ベクトル場

これらの性質は，$\boldsymbol{X}: f \mapsto \boldsymbol{X}(f)\ (f \in C^\infty(M))$ が 1 階の微分作用素であることを表す．

次に，接ベクトルバンドルの定義を述べることにする．まず，一般の実ベクトルバンドルの定義を述べる．E, M を C^r 多様体とし，$\pi: E \to M$ を上への C^r 沈めこみ写像とする．このとき，各 $p \in M$ に対し，$\pi^{-1}(p)$ は E の部分多様体になる．$E_p := \pi^{-1}(p)$ とおく．次の 2 条件が成り立つとき，$\pi: E \to M$ を M 上の階数 k の C^r 級**実ベクトルバンドル** (real vector bundle) という：

(i) 各 $E_p\ (p \in M)$ に実ベクトル空間の構造が与えられている．

(ii) M の各点 p_0 に対し，p_0 の近傍 U と C^r 同型写像 $\varphi: \pi^{-1}(U) \to U \times \mathbb{R}^k$ で，各点 $p \in U$ に対し，$\varphi|_{E_p}$ が E_p から $\{p\} \times \mathbb{R}^k$ への線形同型写像になるようなものが存在する（局所自明性）．

E_p は E の p 上の**ファイバー** (fiber) とよばれる．同様に，次の 2 条件が成り立つとき，$\pi: E \to M$ を M 上の階数 k の C^r 級**複素ベクトルバンドル**

(**complex vector bundle**) という：

(i) 各 E_p $(p \in M)$ に複素ベクトル空間の構造が与えられている．

(ii) M の各点 p_0 に対し，p_0 の近傍 U と C^r 同型写像 $\varphi : \pi^{-1}(U) \to U \times \mathbb{C}^k$ で，各点 $p \in U$ に対し $\varphi|_{E_p}$ が E_p から $\{p\} \times \mathbb{C}^k$ への（複素）線形同型写像になるようなものが存在する．

複素ベクトルバンドルの概念は 2.9 節，および第 8 章で用いられる．M の接ベクトルバンドルは，次のように定義される．M の次元を n とする．$TM := \coprod_{p \in M} T_p M$ とし，$\pi : TM \to M$ を TM の各元 $\boldsymbol{v}$ に対し，$\boldsymbol{v} \in T_p M$ となる p（これは，$\boldsymbol{v}$ に対しただ 1 つ存在する）を対応させることにより定義する．M の C^∞ 構造を $\mathcal{D}$ とする．各 $(U, \varphi = (x_1, \ldots, x_n)) \in \mathcal{D}$ に対し $\widetilde{U} := \pi^{-1}(U)$ とし，また，$\widetilde{\varphi} : \widetilde{U} \to \mathbb{R}^{2n}$ を

$$\widetilde{\varphi}(\boldsymbol{v}) := (x_1(\pi(\boldsymbol{v})), \ldots, x_n(\pi(\boldsymbol{v})), v_1, \ldots, v_n) \quad (\boldsymbol{v} \in \widetilde{U})$$

$$\left(\boldsymbol{v} = \sum_{i=1}^n v_i \left(\frac{\partial}{\partial x_i} \right)_{\pi(\boldsymbol{v})} \right)$$

によって定義する．このとき，TM に，$\widetilde{U}$ たちを開集合とし $\widetilde{\varphi}$ たちを $\mathbb{R}^{2n}$ のある開集合への同相写像とするような位相が一意的に決まり（この位相はハウスドルフ位相になる），$\widetilde{\mathcal{D}} := \{(\widetilde{U}, \widetilde{\varphi}) \mid (U, \varphi) \in \mathcal{D}\}$ は，このハウスドルフ空間 TM の C^∞ 構造になる．また，$\pi : (TM, \widetilde{\mathcal{D}}) \to (M, \mathcal{D})$ は C^∞ 写像になり，さらに，階数 n の C^∞ 級実ベクトルバンドルになる．これを M の**接ベクトルバンドル** (**tangent vector bundle**) という．M 上のベクトル場 $\boldsymbol{X}$ は，M から TM への写像とみなされる．このとき，$\pi \circ \boldsymbol{X} = \mathrm{id}_M$ が成り立つ．一般に，ベクトルバンドル $\pi_E : E \to M$ に対し，C^r 写像 $\sigma : M \to E$ で $\pi_E \circ \sigma = \mathrm{id}_M$ を満たすようなものは E の $\boldsymbol{C^r}$ **切断** (**cross section of class $\boldsymbol{C^r}$**) とよばれる．E の C^r 切断全体のなす空間は $\Gamma^r_{\mathrm{loc}}(E)$ で表され，特に E の C^∞ 切断全体のなす空間は $\Gamma^\infty(E)$ で表される．

命題 2.1.2. $\boldsymbol{X}$ が C^r ベクトル場ならば，$\boldsymbol{X} : M \to TM$ は C^r 写像である．逆も成り立つ．

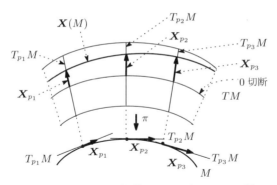

図 2.1.8 ベクトル場と接ベクトルバンドルの切断

次に，1パラメーター変換群，より一般に，局所1パラメーター変換群の定義を述べる．M の C^r 同型写像の1パラメーター族 $\{\phi_t \mid t \in \mathbb{R}\}$ で，次の2条件を満たすものを M の C^r 級の **1パラメーター変換群** (one-parameter transformation group) という．

(i) 任意の $t_1, t_2 \in \mathbb{R}$ に対し，$\phi_{t_1} \circ \phi_{t_2} = \phi_{t_1+t_2}$ が成り立ち，また，$\phi_0 = \mathrm{id}_M$ である．

(ii) $\phi(p,t) := \phi_t(p)\, ((p,t) \in M \times \mathbb{R})$ によって定義される写像 $\phi : M \times \mathbb{R} \to M$ は C^r 級である．

I を 0 を含む開区間とする．各 $t \in I$ に対し，M の開集合 U_t から M のある開集合への C^r 同型写像 ϕ_t の1パラメーター族 $\{\phi_t \mid t \in I\}$ で次の2条件を満たすものを M の C^r 級の **局所1パラメーター変換群** (local one-parameter transformation group) という．

(i) 任意の $t_1, t_2 \in I$ s.t. $t_1 + t_2 \in I$ に対し，$\phi_{t_1} \circ \phi_{t_2} = \phi_{t_1+t_2}$ が両辺が定義される開集合上で成り立ち，また，$U_0 = M$ で $\phi_0 = \mathrm{id}_M$ である．

(ii) $\phi(p,t) := \phi_t(p)\, ((p,t) \in \coprod_{t \in I}(U_t \times \{t\}))$ によって定義される写像 $\phi : \coprod_{t \in I}(U_t \times \{t\}) \to M$ は，多様体 $M \times \mathbb{R}$ の開部分多様体 $\coprod_{t \in I}(U_t \times \{t\})$ から多様体 M への写像として C^r 級である．

$\{\phi_t \mid t \in I\}$ を M の C^r 級の局所1パラメーター変換群とする $(r \geq 1)$．M

の各点 p に対し，$c_p(t) := \phi_t(p)$ とする．このとき，M 上のベクトル場 $\boldsymbol{X}$ が $\boldsymbol{X}_p := c_p'(0)$ によって定義される．このベクトル場 $\boldsymbol{X}$ を，$\{\phi_t \mid t \in I\}$ に**付随するベクトル場**という．

命題 2.1.3. C^r 級の局所 1 パラメーター変換群に付随するベクトル場は，C^{r-1} ベクトル場である ($r \geq 1$)．

C^r ベクトル場 $\boldsymbol{X}$ に対し，C^{r+1} 曲線 $c : I \to M$ で $c'(t) = \boldsymbol{X}_{c(t)}$ ($t \in I$) となるようなものを $\boldsymbol{X}$ の**積分曲線** (integral curve) という．$\boldsymbol{X}$ を M 上の C^r ベクトル場とする ($r \geq 1$)．このとき，各 $p \in M$ に対し，$\boldsymbol{X}$ の積分曲線 $c : (-\varepsilon, \varepsilon) \to M$ で $c(0) = p$ となるようなものがただ 1 つ存在する．ここで，ε は十分小さな正の定数とする．$\boldsymbol{X}$ を M 上の C^r ベクトル場とする ($r \geq 1$)．$c_p : I_p \to M$ を，$c_p(0) = p$ となる $\boldsymbol{X}$ の最大の（つまり，延長不可能な）積分曲線とし，$U_t := \{p \in M \mid t \in I_p\}$，$I := \bigcup_{p \in M} I_p$ とする．各 $t \in I$ に対し，$\phi_t : U_t \to M$ を $\phi_t(p) := c_p(t)$ ($p \in U_t$) によって定義する．このとき $\{\phi_t \mid t \in I\}$ は，C^{r+1} 級の局所 1 パラメーター変換群になる．これを $\boldsymbol{X}$ に**付随する局所 1 パラメーター変換群**という．

命題 2.1.4. C^r ベクトル場に付随する局所 1 パラメーター変換群は，C^{r+1} 級の局所 1 パラメーター変換群になる．

C^r 級ベクトル場 $\boldsymbol{X}$ ($r \geq 1$) に付随する局所 1 パラメーター変換群が 1 パラメーター変換群としてとれるとき，$\boldsymbol{X}$ は**完備である** (complete) という．

命題 2.1.5. 閉多様体上の C^r ベクトル場 ($r \geq 1$) はすべて完備である．

$\boldsymbol{X}, \boldsymbol{Y}$ を M 上の C^∞ 級ベクトル場とし，$\{\phi_t \mid t \in I\}$ を $\boldsymbol{X}$ に付随する C^∞ 級の局所 1 パラメーター変換群とする．このとき，M 上の C^∞ 級ベクトル場 $\mathcal{L}_{\boldsymbol{X}} \boldsymbol{Y}$ を

$$(\mathcal{L}_{\boldsymbol{X}} \boldsymbol{Y})_p := \lim_{t \to 0} \frac{1}{t}((d\phi_t)_p^{-1}(\boldsymbol{Y}_{\phi_t(p)}) - \boldsymbol{Y}_p) \quad (p \in M)$$

によって定義する．この C^∞ 級ベクトル場 $\mathcal{L}_{\boldsymbol{X}} \boldsymbol{Y}$ は，$\boldsymbol{Y}$ の $\boldsymbol{X}$ に関する**リー微分** (Lie derivative) とよばれる．また，$\mathcal{L}_{\boldsymbol{X}} \boldsymbol{Y}$ は $[\boldsymbol{X}, \boldsymbol{Y}]$ とも表され，$\boldsymbol{X}$

と Y のブラケット積 (bracket product) ともよばれる．ブラケット積については次の事実が成り立つ．

命題 2.1.6. M 上の C^∞ 関数 f に対し，$[X,Y](f) = X(Y(f))-Y(X(f))$ が成り立つ．

2.2 テンソル場・微分形式・リーマン計量

M を n 次元 C^∞ 多様体とし，V を n 次元（実）ベクトル空間，V^* を V の双対空間とする．$(V^*)^k \times V^l$ から $\mathbb{R}$ への多重線形写像を V 上の (k,l) 次テンソル (tensor) といい，特に $(0,l)$ 次テンソルを l 次**共変テンソル** (covariant tensor)，$(k,0)$ 次テンソルを k 次**反変テンソル** (contravariant tensor) という．ここで $(1,l)$ 次テンソルは，V^l から V への多重線形写像とみなされることを注意しておく．V 上の (k,l) 次テンソルの全体は，自然な和と実数倍のもとにベクトル空間になる．このベクトル空間は，V 上の (k,l) 次**テンソル積空間**とよばれ，$T^{(k,l)}V$ と表される．$(e_1,\ldots,e_n)$ を V の基底，$(\omega_1,\ldots,\omega_n)$ を $(e_1,\ldots,e_n)$ の双対基底として，(k,l) 次テンソル $e_{i_1} \otimes \cdots \otimes e_{i_k} \otimes \omega_{j_1} \otimes \cdots \otimes \omega_{j_l}$ を

$$(e_{i_1} \otimes \cdots \otimes e_{i_k} \otimes \omega_{j_1} \otimes \cdots \otimes \omega_{j_l})(\mu_1,\ldots,\mu_k,v_1,\ldots,v_l)$$
$$:= \mu_1(e_{i_1})\cdots\mu_k(e_{i_k})\omega_{j_1}(v_1)\cdots\omega_{j_l}(v_l)$$
$$(v_1,\ldots,v_l \in V,\ \mu_1,\ldots,\mu_k \in V^*)$$

によって定義する．このとき，$(e_{i_1}\otimes\cdots\otimes e_{i_k}\otimes\omega_{j_1}\otimes\cdots\otimes\omega_{j_l})_{1\le i_1,\ldots,i_k,j_1,\ldots,j_l\le n}$ は，$T^{(k,l)}(V)$ の基底を与える．それゆえ，$T^{(k,l)}(V)$ の次元は n^{k+l} となる．S を V 上の l 次共変テンソルとする．S が

$$S(v_{\sigma(1)},\ldots,v_{\sigma(l)}) = S(v_1,\ldots,v_l) \quad (v_1,\ldots,v_l \in V,\ \sigma \in \mathcal{S}_l)$$

を満たすとき，S は**対称的** (symmetric) であるという．ここで，$\mathcal{S}_l$ は l 文字の置換全体を表す．また，S が

$$S(v_{\sigma(1)},\ldots,v_{\sigma(l)}) = \mathrm{sgn}(\sigma)\,S(v_1,\ldots,v_l) \quad (v_1,\ldots,v_l \in V,\ \sigma \in \mathcal{S}_l)$$

を満たすとき，S は**交代的** (alternative) であるという．ここで，$\mathrm{sgn}(\sigma)$ は

σ の符号を表す. V 上の $(1,l)$ 次テンソルの対称性, 交代性も同様に定義される. 交代的 l 次共変テンソルの全体は $T^{(0,l)}(V)$ の部分ベクトル空間をなし, V^* 上の **l 次外積空間**とよばれ, $\wedge^l(V^*)$ と表される. $\omega_{i_1} \otimes \cdots \otimes \omega_{i_l}$ の交代化 $\mathrm{Alt}(\omega_{i_1} \otimes \cdots \otimes \omega_{i_l})$ は

$$\mathrm{Alt}(\omega_{i_1} \otimes \cdots \otimes \omega_{i_l})(\boldsymbol{v}_1, \ldots, \boldsymbol{v}_l)$$
$$:= \sum_{\sigma \in \mathcal{S}_l} \mathrm{sgn}(\sigma)(\omega_{i_1} \otimes \cdots \otimes \omega_{i_l})(\boldsymbol{v}_{\sigma(1)}, \ldots, \boldsymbol{v}_{\sigma(l)})$$
$$(\boldsymbol{v}_1, \ldots, \boldsymbol{v}_l \in V)$$

によって定義され, これは $\omega_{i_1} \wedge \cdots \wedge \omega_{i_l}$ と表される. $(\omega_{i_1} \wedge \cdots \wedge \omega_{i_l})_{1 \le i_1 < \cdots < i_l \le n}$ は $\wedge^l(V^*)$ の基底を与える. それゆえ, $\wedge^l(V^*)$ の次元は ${}_nC_l$ となる.

M の各点 $p \in M$ に対し, T_pM 上の (k,l) 次共変テンソル S_p を対応させる対応 S を M 上の (k,l) 次**テンソル場** (tensor field) という. 特に, $(0,l)$ 次テンソル場を l 次**共変テンソル場** (covariant tensor field) といい, $(k,0)$ 次テンソル場を k 次**反変テンソル場** (contravariant tensor field) という. 各局所チャート $(U, \varphi = (x_1, \ldots, x_n))$ に対し,

$$S_p = \sum_{1 \le i_1, \ldots, i_k, j_1, \ldots, j_l \le n} S^{i_1 \cdots i_k}_{j_1 \cdots j_l}(p) \left(\frac{\partial}{\partial x_{i_1}}\right)_p \otimes \cdots \otimes \left(\frac{\partial}{\partial x_{i_k}}\right)_p \otimes (dx_{j_1})_p \otimes \cdots$$
$$\otimes (dx_{j_l})_p$$
$$\left(\Leftrightarrow S^{i_1 \cdots i_k}_{j_1 \cdots j_l}(p) := S_p\left((dx_{i_1})_p, \ldots, (dx_{i_k})_p, \left(\frac{\partial}{\partial x_{j_1}}\right)_p, \ldots, \left(\frac{\partial}{\partial x_{j_l}}\right)_p\right)\right)$$
$$(p \in U)$$

によって定義される U 上の関数 $S^{i_1 \cdots i_k}_{j_1 \cdots j_l}$ たちが C^r 級であるとき, **S は C^r 級**であるという. 特に, S が $(1,l)$ 次テンソル S の場合, S_p は $(T_pM)^l$ から T_pM への多重線形写像とみなされるので, 次式が成り立つ:

$$S_p\left(\left(\frac{\partial}{\partial x_{i_1}}\right)_p, \ldots, \left(\frac{\partial}{\partial x_{i_l}}\right)_p\right) = \sum_{j=1}^n S^j_{i_1 \cdots i_l}(p) \left(\frac{\partial}{\partial x_j}\right)_p \qquad (p \in U).$$

2.2 テンソル場・微分形式・リーマン計量

$T^{(k,l)}(TM) := \coprod_{p \in M} T^{(k,l)}(T_pM)$ とし, $\pi : T^{(k,l)}(TM) \to M$ を $T^{(k,l)}(TM)$ の各元 S に対し, $S \in T^{(k,l)}(T_pM)$ となる p (これは, S に対しただ 1 つ存在する) を対応させることにより定義する. M の C^∞ 構造を $\mathcal{D}$ とする. 各 $(U, \varphi = (x_1, \ldots, x_n)) \in \mathcal{D}$ に対し, $\widetilde{U} := \pi^{-1}(U)$ とし, また $\widetilde{\varphi} : \widetilde{U} \to \mathbb{R}^{n+n^{k+l}}$ を

$$\widetilde{\varphi}(S) := (x_1(\pi(S)), \ldots, x_n(\pi(S)), (S^{i_1 \cdots i_k}_{j_1 \cdots j_l})_{1 \le i_1, \ldots, i_k, j_1, \ldots, j_l \le n}) \quad (S \in \widetilde{U})$$

$$\left(S = \sum_{1 \le i_1, \ldots, i_k, j_1, \ldots, j_l \le n} S^{i_1 \cdots i_k}_{j_1 \cdots j_l} \left(\frac{\partial}{\partial x_{i_1}} \right)_{\pi(S)} \otimes \cdots \otimes \left(\frac{\partial}{\partial x_{i_k}} \right)_{\pi(S)} \right.$$

$$\left. \otimes (dx_{j_1})_{\pi(S)} \otimes \cdots \otimes (dx_{j_l})_{\pi(S)} \right)$$

によって定義する. このとき, $T^{(k,l)}(TM)$ に, $\widetilde{U}$ たちを開集合とし $\widetilde{\varphi}$ たちを同相写像とするような位相が一意的に決まり (この位相はハウスドルフ位相になる). $\widetilde{\mathcal{D}} := \{(\widetilde{U}, \widetilde{\varphi}) \,|\, (U, \varphi) \in \mathcal{D}\}$ は, このハウスドルフ空間 M の C^∞ 構造になる. また, $\pi : (T^{(k,l)}M, \widetilde{\mathcal{D}}) \to (M, \mathcal{D})$ は C^∞ 写像になり, さらに階数 n^{k+l} の C^∞ 級実ベクトルバンドルになる. これを M の (k,l) 次**テンソルバンドル** (**tensor product bundle**) という. 明らかに, M 上の C^r 級の (k,l) 次テンソル場は $T^{(k,l)}(TM)$ の C^r 切断とみなされる.

M 上の k 次共変テンソル場 ω で各 $p \in M$ に対し ω_p が交代的であるようなものを k 次**微分形式** (**differential form**) という. $\wedge^k(T^*M) := \coprod_{p \in M} \wedge^k(T_p^*M)$ とし, $\pi : \wedge^k(T^*M) \to M$ を $\wedge^k(T^*M)$ の各元 ω に対し, $\omega \in \wedge^k(T_p^*M)$ となる p (これは, ω に対しただ 1 つ存在する) を対応させることにより定義する. M の C^∞ 構造を $\mathcal{D}$ とする. 各 $(U, \varphi = (x_1, \ldots, x_n)) \in \mathcal{D}$ に対し, $\widetilde{U} := \pi^{-1}(U)$ とし, また $\widetilde{\varphi} : \widetilde{U} \to \mathbb{R}^{n + {}_nC_k}$ を

$$\widetilde{\varphi}(\omega) := (x_1(\pi(\omega)), \ldots, x_n(\pi(\omega)), (\omega_{i_1, \ldots, i_k})_{1 \le i_1 < \cdots < i_k \le n}) \quad (\omega \in \widetilde{U})$$

$$\left(\omega = \sum_{1 \le i_1 < \cdots < i_k \le n} \omega_{i_1, \ldots, i_k} (dx_{i_1})_{\pi(\omega)} \wedge \cdots \wedge (dx_{i_k})_{\pi(\omega)} \right)$$

によって定義する. このとき, $\wedge^k(T^*M)$ に, $\widetilde{U}$ たちを開集合とし $\widetilde{\varphi}$ たちを同相写像とするような位相が一意的に決まり (この位相はハウスドルフ位相にな

る), $\widetilde{\mathcal{D}} := \{(\widetilde{U}, \widetilde{\varphi}) \mid (U, \varphi) \in \mathcal{D}\}$ は,このハウスドルフ空間 $\wedge^k(T^*M)$ の C^∞ 構造になる.また,$\pi : (\wedge^k(T^*M), \widetilde{\mathcal{D}}) \to (M, \mathcal{D})$ は C^∞ 写像になり,さらに階数 $_nC_k$ の C^∞ 級実ベクトルバンドルになる.これを M の k 次**外積バンドル** (exterior product bundle) という.明らかに,M 上の C^r 級の k 次微分形式は $\wedge^k(T^*M)$ の C^r 切断とみなされる.

M 上の対称な C^r 級の 2 次共変テンソル場 g で,次の条件を満たすものを M の C^r 級**リーマン計量** (Riemannian metric) という:

"各 $p \in M$ に対し g_p は正定値である.つまり $g_p(\boldsymbol{v}, \boldsymbol{v}) \geq 0$ ($\forall \boldsymbol{v} \in T_pM$) であり,等号成立は $\boldsymbol{v} = \boldsymbol{0}$ のときのみである."

より一般に,M 上の対称な C^r 級の 2 次共変テンソル場 g で,次の条件を満たすものを M の C^r 級**擬リーマン計量** (pseudo-Riemannian metric) という:

"各 $p \in M$ に対し g_p は非退化である.つまり $g_p(\boldsymbol{v}, \boldsymbol{w}) = 0$ ($\forall \boldsymbol{w} \in T_pM$) $\Longrightarrow \boldsymbol{v} = \boldsymbol{0}$."

一般に,n 次元実ベクトル空間 V 上の対称な 2 次共変テンソル S に対し,

$$S(\boldsymbol{e}_i, \boldsymbol{e}_j) = \varepsilon_i \delta_{ij} \quad (1 \leq i, j \leq n)$$

($\varepsilon_i = +, -$ または 0, δ_{ij}:クロネッカーデルタ) となるような V の基底 $(\boldsymbol{e}_1, \ldots, \boldsymbol{e}_n)$ が存在する.$\nu := \sharp\{i \mid \varepsilon_i = -\}$,$k := \sharp\{i \mid \varepsilon_i = 0\}$ とおく.ν, k は S に対し一意に決まり,各々 S の**指数** (index),**退化次数** (nullity) とよばれる.退化次数が 0 であることと,S が非退化であることは同値である.S が非退化であるとき,S を**非退化内積** (non-degenerate inner product) といい,上述の基底 $(\boldsymbol{e}_1, \ldots, \boldsymbol{e}_n)$ を V の S に関する**正規直交基底** (orthonormal basis) という.

M が連結であるとする.このとき,M の C^r 級擬リーマン計量 g に対し,g_p の指数は p ($\in M$) によらず一定であることが容易に示される.この一定の指数を g の**指数**という.特に,指数 1 の C^r 級擬リーマン計量は C^r 級**ローレンツ計量** (Lorentzian metric) とよばれる.

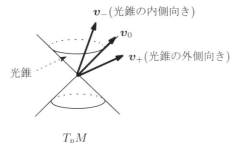

図 2.2.1 ローレンツ計量
$g_p(\bm{v}_-, \bm{v}_-) < 0$, $g_p(\bm{v}_0, \bm{v}_0) = 0$, $g_p(\bm{v}_+, \bm{v}_+) > 0$.

注意 アインシュタインの一般相対性理論 (general relativity) とは,「光の速さ不変の原理」と「等価原理」に基づいて作り上げた重力場理論 (gravitational field theory) である. この理論で取り扱われる時空は 4 次元ローレンツ多様体である.

$p, q \in M$ に対し, $\mathcal{C}(M; p, q)$ を, p を始点, q を終点とするような $[0, 1]$ を定義域とする区分的に C^1 級の曲線全体からなる集合とする. つまり,

$$\mathcal{C}(M; p, q) := \{c : [0, 1] \to M \mid c : \text{区分的に } C^1 \text{ 級}, \ c(0) = p, c(1) = q\}$$

とする. $c \in \mathcal{C}(M; p, q)$ に対し, c の長さ $L(c)$ が

$$L(c) := \sum_{i=0}^{k-1} \int_{t_i}^{t_{i+1}} \sqrt{g_{c(t)}(c'(t), c'(t))} dt$$

によって定義される. ここで, $0 = t_0 < t_1 < \cdots < t_{k-1} < t_k = 1$ は, c の各制限 $c|_{[t_i, t_{i+1}]}$ $(i = 0, 1, \ldots, k-1)$ が C^∞ 曲線であるような $[0, 1]$ の分割を表す. 写像 $d_g : M \times M \to \mathbb{R}$ を

$$d_g(p, q) := \inf\{L(c) \mid c \in \mathcal{C}(M; p, q)\} \quad (p, q \in M)$$

によって定義する. この関数 d_g は M の距離関数を与えることが示され, (M, g) の**リーマン距離関数** (**Riemannian distance function**) とよばれる. また, d_g の定める (距離) 位相が多様体 M の元の位相と一致することが示される. $\sup_{p, q \in M} d_g(p, q) < \infty$ であるとき, この上限を (M, g) の**直径** (**diame-**

ter) といい,$\mathrm{diam}(M,g)$ と表す.

2.3 ストークスの定理

最初に,ベクトル空間の向き,さらに多様体の向きを定義する.V を n 次元実ベクトル空間とし,$\mathcal{F}(V)$ を V の枠(= フレーム)(つまり,V の基底)の全体とする.$\mathcal{F}(V)$ における同値関係 $\sim$ を

$$(v_1,\ldots,v_n) \sim (w_1,\ldots,w_n) \underset{\mathrm{def}}{\iff} v_i = \sum_{j=1}^n a_{ij} w_j \text{ として, } \det(a_{ij}) > 0$$

によって定義する.このとき,商集合 $\mathcal{F}(V)/\sim$ は 2 点集合になる.$\mathcal{F}(V)/\sim$ の各元を V の**向き** (orientation) という.V の一方の向きを O と表すとき,V のもう一方の向きは $-O$ と表され,O の**逆の向き** (reverse orientation) とよばれる.

M を n 次元連結 C^∞ 多様体とする.各点 $p \in M$ に対し,$\mathcal{F}(T_pM)/\sim$ の元 O_p を対応させる対応 O で次の条件を満たすものを M の**向き**とよぶ:

各点 $p_0 \in M$ に対して,p_0 のまわりの局所チャート $(U,\varphi = (x_1,\ldots,x_n))$ で,

$$\left[\left(\left(\frac{\partial}{\partial x_1}\right)_p,\ldots,\left(\frac{\partial}{\partial x_n}\right)_p\right)\right] = O_p \quad (\forall p \in U)$$

となるようなものが存在する.

一般に,M は向きをもつとは限らない.M が向きをもつとき,M は**向き付け可能** (orientable) であるといい,M が向きをもたないとき,M は**向き付け不可能** (non-orientable) であるという.M は向き付け可能であるとき,M と M の向き O の組 (M,O) を**向き付けられた多様体** (oriented manifold) という.向き付けられた多様体 (M,O) に対し,M の局所チャート $(U,\varphi = (x_1,\ldots,x_n))$ で

$$\left[\left(\left(\frac{\partial}{\partial x_1}\right)_p,\ldots,\left(\frac{\partial}{\partial x_n}\right)_p\right)\right] = O_p \quad (\forall p \in U)$$

となるようなものを,(M,O) の**正の局所チャート** (**positive local chart**) という.

命題 2.3.1. M を第2可算公理を満たす n 次元 C^∞ 多様体とする.このとき,M が向き付け可能であることと,M 上の至る所 0 でない(C^∞ 級の)n 次微分形式が存在することは同値である.

次に,リーマン体積要素を定義する.(M,g,O) を向き付けられた n 次元リーマン多様体とする.M の各正の局所チャート $(U,\varphi=(x_1,\ldots,x_n))$ に対し,U 上の C^∞ 級の n 次微分形式 $\omega_{(U,\varphi)}$ を

$$\omega_{(U,\varphi)} := \sqrt{\det(g_{ij})}dx_1 \wedge \cdots \wedge dx_n$$

によって定義する.ここで,g_{ij} は $g\left(\frac{\partial}{\partial x_i},\frac{\partial}{\partial x_j}\right)$ を表す.M の2つの正の局所チャート (U,φ) と (V,ψ) に対し,$U\cap V \neq \emptyset$ のとき,$U\cap V$ 上で $\omega_{(U,\varphi)} = \omega_{(V,\psi)}$ が成り立つ.よって,$\omega_{(U,\varphi)}$ らを貼り合わせて M 上の C^∞ 級の n 次微分形式がえられる.これを dv_g と表し,g の**リーマン体積要素** (**Riemannian volume element**)(または,単に**体積要素** (**volume element**))とよぶ.

次に,外微分作用素を定義する.M を n 次元 C^∞ 多様体とし,M 上の C^∞ 級の k 次微分形式の全体を $\Omega_k(M)$ と表す($k=1,\ldots,n$).ここで,M 上の C^∞ 級の 0 次微分形式は M 上の C^∞ 級関数を意味するので,その全体 $\Omega_0(M)$ は $C^\infty(M)$ を意味することを注意しておく.写像 $d_0 : \Omega_0(M) \to \Omega_1(M)$ を,$(d_0 f)_p = df_p$ $(p\in M)$ によって定義する.また,写像 $d_k : \Omega_k(M) \to \Omega_{k+1}(M)$ $(1\le k\le n)$ を,次のように定義する.$\omega\in \Omega_k(M)$ とする.各局所チャート $(U,\varphi=(x_1,\ldots,x_n))$ に対し,$d\omega_{(U,\varphi)}\in \Omega_{k+1}(U)$ を

$$\omega = \sum_{1\le i_1<\cdots<i_k\le n} \omega_{i_1\cdots i_k} dx_{i_1} \wedge \cdots \wedge dx_{i_k}$$

として,

$$d\omega_{(U,\varphi)} := \sum_{1\le i_1<\cdots<i_k\le n} d(\omega_{i_1\cdots i_k}) \wedge dx_{i_1} \wedge \cdots \wedge dx_{i_k}$$

によって定義する.$U\cap V\neq\emptyset$ となる2つの局所チャート $(U,\varphi=(x_1,\ldots,x_n))$ と $(V,\psi=(y_1,\ldots,y_n))$ に対し,$d\omega_{(U,\varphi)}$ と $d\omega_{(V,\psi)}$ は $U\cap V$ 上で一致する.よって,$d\omega_{(U,\varphi)}$ $((U,\varphi)\in \mathcal{D})$ らを貼り合わせて M 上の C^∞

級 $(k+1)$ 次微分形式がえられる．この C^∞ 級 $(k+1)$ 次微分形式を $d_k\omega$ と表す．各 C^∞ 級 k 次微分形式 ω に対し，この C^∞ 級 $(k+1)$ 次微分形式 $d_k\omega$ を対応させることにより定義される $\Omega_k(M)$ から $\Omega_{k+1}(M)$ への写像を d_k と表す．$d_k : \Omega_k(M) \to \Omega_{k+1}(M)$ $(k=0,\ldots,n)$ たちを**外微分作用素 (exterior differential operator)** という．また，$d_k\omega$ を ω の**外微分 (exterior derivative)** という．$\mathrm{Ker}\,d_k$ の各元は k 次**閉微分形式 (closed form)** とよばれ，$\mathrm{Im}\,d_{k-1}$ の各元は k 次**完全微分形式 (exact form)** とよばれる．$d_k \circ d_{k-1} = 0$ なので，コチェイン複体

$$\{0\} \xrightarrow{0} \Omega_0(M) \xrightarrow{d_0} \Omega_1(M) \xrightarrow{d_1} \Omega_2(M) \xrightarrow{d_2} \cdots \cdots \xrightarrow{d_{n-1}} \Omega_n(M) \xrightarrow{0} \{0\}$$

がえられる．このコチェイン複体の k 次コホモロジー群，つまり，商ベクトル空間 $\mathrm{Ker}\,d_k/\mathrm{Im}\,d_{k-1}$ を M の k 次**ド・ラームコホモロジー群 (de Rham cohomology group)** といい，$H^k_{DR}(M)$ と表す．

次に，ホッジスター作用素と余微分作用素を定義する．(M,g) を n 次元 C^∞ 級リーマン多様体とする．$*_k : \Omega_k(M) \to \Omega_{n-k}(M)$ を

$$\alpha \wedge *_k(\beta) = \langle \alpha, \beta \rangle dv_g \quad (\forall \alpha, \beta \in \Omega_k(M))$$

によって定義する．ここで，$\langle \alpha, \beta \rangle$ は

$$\langle \alpha, \beta \rangle(p) := \sum_{i_1=1}^n \cdots \sum_{i_k=1}^n \alpha_p(e_{i_1},\ldots,e_{i_k})\beta_p(e_{i_1},\ldots,e_{i_k}) \quad (p \in M)$$

($(e_1,\ldots,e_n)$：(T_pM, g_p) の正規直交基底) によって定義される．この作用素 $*_k$ を**ホッジスター作用素 (Hodge ∗-operator)** という．$\delta_k : \Omega_k(M) \to \Omega_{k-1}(M)$ を $\delta_k := (-1)^{nk+n+1} *_{n-k+1} \circ d_{n-k} \circ *_k$ によって定義する．この作用素 δ_k を**余微分作用素 (codifferential operator)** という．$\delta_{k-1} \circ \delta_k = 0$ が成り立つことが示される．また，$\Delta_k : \Omega_k(M) \to \Omega_k(M)$ を $\Delta_k := d_{k-1} \circ \delta_k + \delta_{k+1} \circ d_k$ によって定義する．この作用素 Δ_k を**ラプラス—ド・ラーム作用素 (Laplace-de Rham operator)** という．以下，必要のない限り，簡単のため $d_k, *_k, \delta_k, \Delta_k$ たちを $d, *, \delta, \Delta$ と略記する．

次に，微分形式の積分を定義する．(M,O) を第2可算公理を満たす向き付けられた n 次元 C^∞ 多様体とする．ω を M 上の C^∞ 級の n 次微分形式で，

$$\mathrm{supp}\,\omega \;(:= \overline{\{p \in M \,|\, \omega_p \neq 0\}})$$

がコンパクトであるようなものとする．M の正の局所チャートからなる高々可算族

$$\{(U_\lambda, \varphi_\lambda = (x_1^\lambda, \ldots, x_n^\lambda))\,|\,\lambda \in \Lambda\}$$

で $\{U_\lambda\,|\,\lambda \in \Lambda\}$ が M の局所有限な開被覆であるようなものと，$\{U_\lambda\,|\,\lambda \in \Lambda\}$ に従属する単位分割 $\{\rho_\lambda\,|\,\lambda \in \Lambda\}$ をとる（これらの存在は，M が第 2 可算公理を満たすことより保証される）．これらを用いて，$\int_M \omega$ を

$$\int_M \omega := \sum_{\lambda \in \Lambda} \int_{\varphi_\lambda(U_\lambda)} ((\rho_\lambda \omega_\lambda) \circ \varphi_\lambda^{-1}) dx_1 \cdots dx_n$$

によって定義する．ただし，ω_λ は，$\omega|_{U_\lambda} = \omega_\lambda dx_1^\lambda \wedge \cdots \wedge dx_n^\lambda$ によって定義される U_λ 上の関数を表し，右辺の積分は n 重積分を表す．この定義式の右辺の値は，$\{(U_\lambda, \varphi_\lambda)\,|\,\lambda \in \Lambda\}$ および $\{\rho_\lambda\,|\,\lambda \in \Lambda\}$ のとり方によらないことが示される．この量 $\int_M \omega$ を **ω の M 上の積分**という．M にリーマン計量 g が与えられている場合，$\psi \in C^\infty(M)$ に対し，M 上の C^∞ 級 n 次微分形式 ψdv_g の積分 $\int_M \psi dv_g$ を **ψ の M 上の体積要素 dv_g に関する積分**といい，特に M がコンパクトである場合，$\int_M 1 dv_g$ をリーマン多様体 (M,g) の**体積 (volume)** とよび，$\mathrm{Vol}(M,g)$ または $\mathrm{Vol}_g(M)$ と表す．

(M,O) を第 2 可算公理を満たす向き付けられた n 次元 C^∞ 多様体，D を M のコンパクト閉領域とし，ω を M 上の C^∞ 級 n 次微分形式とする．$\{(U_\lambda, \varphi_\lambda = (x_1^\lambda, \ldots, x_n^\lambda))\,|\,\lambda \in \Lambda\}$ と $\{\rho_\lambda\,|\,\lambda \in \Lambda\}$ を上述のようにとる．これらを用いて，$\int_D \omega$ を

$$\int_D \omega := \sum_{\lambda \in \Lambda} \int_{\varphi_\lambda(U_\lambda \cap D)} ((\rho_\lambda \omega_\lambda) \circ \varphi_\lambda^{-1}) dx_1 \cdots dx_n$$

によって定義する．ただし，ω_λ は $\omega|_{U_\lambda} = \omega_\lambda dx_1^\lambda \wedge \cdots \wedge dx_n^\lambda$ によって定義され

る U_λ 上の関数を表す．N_p を ∂D の外向きの $T_pM \setminus T_p(\partial D)$ に属するベクトルとし，$(e_1,\ldots,e_{n-1})$ を $T_p(\partial D)$ の基底で，$[(N_p, e_1,\ldots,e_{n-1})] = O_p$ となるようなものとして，$T_p(\partial D)$ の向き $\hat{O}_p$ を $\hat{O}_p := [(e_1,\ldots,e_{n-1})]$ によって定義する．このとき，各 $p \in \partial D$ に対し，$\hat{O}_p$ を対応させる対応 $\hat{O}$ は ∂D の向きを与える．この向きを **O から ∂D に誘導される向き**という．

ここで，最も一般形の**ストークスの定理** (Stokes's theorem) を述べることにする．

定理 2.3.2 (ストークスの定理)． (M, O) を第 2 可算公理を満たす向き付けられた n 次元 C^∞ 多様体とし，D を M のコンパクト閉領域で，∂D が M 内の C^∞ 部分多様体であるようなものとする．このとき，M 上の C^∞ 級 $(n-1)$ 次微分形式 ω に対し，次の関係式が成り立つ：

$$\int_D d\omega = \int_{\partial D} \iota^*\omega.$$

ただし，ι は ∂D から M への包含写像を表し，$\iota^*\omega$ は

$$(\iota^*\omega)_p(v_1,\ldots,v_{n-1}) := \omega_{\iota(p)}(d\iota_p(v_1),\ldots,d\iota_p(v_{n-1})) \quad (p \in \partial D)$$

によって定義される ∂D 上の C^∞ 級 $(n-1)$ 次微分形式を表す．また，∂D には O から誘導される向きを与えている．特に，M が閉多様体（境界のないコンパクト多様体）の場合，$D = M$ として次式をえる：

$$\int_M d\omega = 0.$$

n 次元 C^∞ リーマン多様体 (M, g) 上の C^∞ 級ベクトル場 $\boldsymbol{X}$ に対し，M 上の C^∞ 関数 $\mathrm{div}\,\boldsymbol{X}$ を $(\mathrm{div}\,\boldsymbol{X})_p := \sum_{i=1}^n g_p(\nabla_{e_i}\boldsymbol{X}, e_i)$ によって定義する．ここで，∇ は g のリーマン接続（この定義については，次節を参照）を表し，$(e_1,\ldots,e_n)$ は (T_pM, g_p) の正規直交基底を表す．この関数 $\mathrm{div}\,\boldsymbol{X}$ は，$\boldsymbol{X}$ の**発散** (divergence) とよばれる．ストークスの定理から，直接，次の**発散定理** (divergence theorem) が導出される．

定理 2.3.3 (発散定理)． (M, g, O) を第 2 可算公理を満たす向き付けられた n 次元 C^∞ 多様体とし，D を M のコンパクト閉領域で，∂D が M 内の C^∞ 超

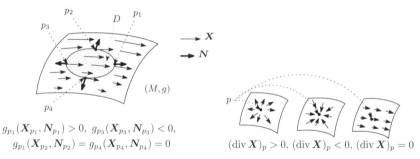

$g_{p_1}(\boldsymbol{X}_{p_1}, \boldsymbol{N}_{p_1}) > 0,\ g_{p_3}(\boldsymbol{X}_{p_3}, \boldsymbol{N}_{p_3}) < 0,$
$g_{p_1}(\boldsymbol{X}_{p_2}, \boldsymbol{N}_{p_2}) = g_{p_4}(\boldsymbol{X}_{p_4}, \boldsymbol{N}_{p_4}) = 0$

$(\operatorname{div} \boldsymbol{X})_p > 0,\ (\operatorname{div} \boldsymbol{X})_p < 0,\ (\operatorname{div} \boldsymbol{X})_p = 0$

図 2.3.1　発散定理

曲面であるようなものとする．このとき，M 上の C^∞ 級ベクトル場 $\boldsymbol{X}$ に対し，次の関係式が成り立つ：

$$\int_D \operatorname{div} \boldsymbol{X}\, dv_g = \int_{\partial D} g(\boldsymbol{X}, \boldsymbol{N})\, dv_{\iota^* g}.$$

ただし，$\boldsymbol{N}$ は ∂D の外向きの単位法ベクトル場を表し，ι は ∂D から M への包含写像を表す．特に，$\boldsymbol{X} = \operatorname{grad} \rho\ (\rho \in C^\infty(M))$ の場合に，

$$\int_D \Delta_g \rho\, dv_g = \int_{\partial D} g(\operatorname{grad} \rho, \boldsymbol{N})\, dv_{\iota^* g}$$

をえる．ここで，$\Delta_g \rho$ は ρ のラプラシアン $\operatorname{div}(\operatorname{grad} \rho)$ を表す．

特に，M が向き付けられた閉リーマン多様体の場合に次をえる．

系 2.3.4. (M, g, O) を第 2 可算公理を満たす向き付けられた n 次元 C^∞ 閉多様体とする．このとき，M 上の C^∞ 級ベクトル場 $\boldsymbol{X}$ に対し，次の関係式が成り立つ：

$$\int_M \operatorname{div} \boldsymbol{X}\, dv_g = 0.$$

特に，$\boldsymbol{X} = \operatorname{grad} \rho\ (\rho \in C^\infty(M))$ の場合に，

$$\int_M \Delta_g \rho\, dv_g = 0$$

をえる．

本節の最後に，外微分作用素 d と共変微分 ∇ の間に成り立つ次の関係式を

述べておく.

命題 2.3.5. $\omega \in \Omega_k(M)$ に対し,次の関係式が成り立つ:

$$d\omega(\boldsymbol{X}_1, \ldots, \boldsymbol{X}_{k+1}) = \sum_{i=1}^{k}(-1)^{i+1}\boldsymbol{X}_i(\omega(\boldsymbol{X}_1, \ldots, \boldsymbol{X}_{i-1}, \boldsymbol{X}_{i+1}, \boldsymbol{X}_{k+1}))$$
$$+ \sum_{1 \leq i < j \leq k}(-1)^{i+j}\omega([\boldsymbol{X}_i, \boldsymbol{X}_j], \boldsymbol{X}_1, \ldots, \boldsymbol{X}_{i-1},$$
$$\boldsymbol{X}_{i+1}, \ldots, \boldsymbol{X}_{j-1}, \boldsymbol{X}_{j+1}, \ldots, \boldsymbol{X}_{k+1})$$
$$(\boldsymbol{X}_1, \ldots, \boldsymbol{X}_{k+1} \in \mathcal{X}(M)).$$

本書の次節以降において,すべての多様体は第2可算公理を満たすものとする.

2.4 リーマン接続・曲率テンソル場

M 上の C^∞ 関数の全体を $C^\infty(M)$ と表し,M 上の C^∞ 級ベクトル場の全体を $\mathcal{X}(M)$ と表す.また,M 上の C^∞ 級の k 次共変テンソル場の全体 $\Gamma^\infty(T^{(0,k)}M)$ を $\mathcal{T}^0_k(M)$ と表し,M 上の C^∞ 級の $(1,k)$ 次テンソル場の全体 $\Gamma^\infty(T^{(1,k)}M)$ を $\mathcal{T}^1_k(M)$ と表す.写像 $\nabla : \mathcal{X}(M) \times \mathcal{X}(M) \to \mathcal{X}(M)$ で,次の4条件を満たすものを M の**アフィン接続** (**affine connection**) という:

(i) $\nabla_{a\boldsymbol{X}+b\boldsymbol{Y}}\boldsymbol{Z} = a\nabla_{\boldsymbol{X}}\boldsymbol{Z} + b\nabla_{\boldsymbol{Y}}\boldsymbol{Z}$ $(\boldsymbol{X}, \boldsymbol{Y}, \boldsymbol{Z} \in \mathcal{X}(M), a,b \in \mathbb{R})$
(ii) $\nabla_{\boldsymbol{X}}(a\boldsymbol{Y}+b\boldsymbol{Z}) = a\nabla_{\boldsymbol{X}}\boldsymbol{Y} + b\nabla_{\boldsymbol{X}}\boldsymbol{Z}$ $(\boldsymbol{X}, \boldsymbol{Y}, \boldsymbol{Z} \in \mathcal{X}(M), a,b \in \mathbb{R})$
(iii) $\nabla_{f\boldsymbol{X}}\boldsymbol{Y} = f\nabla_{\boldsymbol{X}}\boldsymbol{Y}$ $(\boldsymbol{X}, \boldsymbol{Y} \in \mathcal{X}(M), f \in C^\infty(M))$
(iv) $\nabla_{\boldsymbol{X}}(f\boldsymbol{Y}) = \boldsymbol{X}(f)\boldsymbol{Y} + f\nabla_{\boldsymbol{X}}\boldsymbol{Y}$ $(\boldsymbol{X}, \boldsymbol{Y} \in \mathcal{X}(M), f \in C^\infty(M))$

ただし,$\nabla_{\boldsymbol{X}}\boldsymbol{Y}$ は,$\nabla(\boldsymbol{X}, \boldsymbol{Y})$ を表す.$\nabla_{\boldsymbol{X}}\boldsymbol{Y}$ を $\boldsymbol{Y}$ の $\boldsymbol{X}$ に関する**共変微分** (**covariant derivative**) という.また,(M, ∇) は,**アフィン接続多様体** (**affinely connected manifold**) とよばれる.∇ を M のアフィン接続とする.$\boldsymbol{v} \in T_pM$ と M 上のベクトル場 $\boldsymbol{Y}$ に対し,$\nabla_{\boldsymbol{v}}\boldsymbol{Y}(\in T_pM)$ を $\nabla_{\boldsymbol{v}}\boldsymbol{Y} := (\nabla_{\boldsymbol{X}}\boldsymbol{Y})_p$ (ただし,$\boldsymbol{X}$ は $\boldsymbol{X}_p = \boldsymbol{v}$ となる M 上の C^∞ 級ベクトル場) によって定義する.この定義は,$\boldsymbol{v}$ の拡張 $\boldsymbol{X}$ のとり方によらずに定まることが示される.

∇ を M のアフィン接続とし，W を M の開集合とする．このとき，∇ を用いて開部分多様体 W のアフィン接続 ∇^W が，

$$\nabla^W_{\boldsymbol{X}} \boldsymbol{Y} := (\nabla_{\widetilde{\boldsymbol{X}}} \widetilde{\boldsymbol{Y}})\big|_W \quad (\boldsymbol{X}, \boldsymbol{Y} \in \mathcal{X}(W))$$

によって定義される．ここで，$\widetilde{\boldsymbol{X}}, \widetilde{\boldsymbol{Y}}$ は各々，$\widetilde{\boldsymbol{X}}|_W = \boldsymbol{X}, \widetilde{\boldsymbol{Y}}|_W = \boldsymbol{Y}$ となる $\mathcal{X}(M)$ の元である．この定義は，$\boldsymbol{X}, \boldsymbol{Y}$ の拡張 $\widetilde{\boldsymbol{X}}, \widetilde{\boldsymbol{Y}}$ のとり方によらずに定まることが容易に示される．以下，簡単のため，∇^W を ∇ と略記することにする．M の局所チャート $(U, \varphi = (x_1, \ldots, x_n))$ に対し，

$$\nabla_{\frac{\partial}{\partial x_i}} \frac{\partial}{\partial x_j} = \sum_{k=1}^n \Gamma_{ij}^k \frac{\partial}{\partial x_k}$$

によって定義される U 上の関数 Γ_{ij}^k を ∇ の (U, φ) に関する**接続係数** (connection coefficient) という．

一般に，M にアフィン接続 ∇ が与えられているとき，M 上の C^∞ 級ベクトル場 $\boldsymbol{Y}$ に対し，M 上の C^∞ 級 $(1,1)$ 次テンソル場 $\nabla \boldsymbol{Y}$ が次のように定義される:

$$(\nabla \boldsymbol{Y})_p(\boldsymbol{v}) := \nabla_{\boldsymbol{v}} \boldsymbol{Y} \quad (p \in M, \boldsymbol{v} \in T_p M).$$

また，M 上の C^∞ 級 k 次共変テンソル場 S と C^∞ 級 $(1,k)$ 次テンソル場 $\hat{S}$ に対し，C^∞ 級 $(k+1)$ 次共変テンソル場 ∇S と C^∞ 級 $(1, k+1)$ 次テンソル場 $\nabla \hat{S}$ が，各々，次のように定義される:

$$(\nabla S)_p(\boldsymbol{v}, \boldsymbol{w}_1, \ldots, \boldsymbol{w}_k) := \boldsymbol{v}(S(\boldsymbol{Y}_1, \ldots, \boldsymbol{Y}_k))$$
$$- \sum_{i=1}^k S_p(\boldsymbol{w}_1, \ldots, \nabla_{\boldsymbol{v}} \boldsymbol{Y}_i, \ldots, \boldsymbol{w}_k),$$
$$(\nabla \hat{S})_p(\boldsymbol{v}, \boldsymbol{w}_1, \ldots, \boldsymbol{w}_k) := \nabla_{\boldsymbol{v}}(\hat{S}(\boldsymbol{Y}_1, \ldots, \boldsymbol{Y}_k))$$
$$- \sum_{i=1}^k \hat{S}_p(\boldsymbol{w}_1, \ldots, \nabla_{\boldsymbol{v}} \boldsymbol{Y}_i, \ldots, \boldsymbol{w}_k)$$
$$(p \in M, \ \boldsymbol{v}, \boldsymbol{w}_1, \ldots, \boldsymbol{w}_k \in T_p M).$$

ここで，$\boldsymbol{Y}_i$ は $(\boldsymbol{Y}_i)_p = \boldsymbol{w}_i$ となる M 上の C^∞ 級ベクトル場を表す．これらは well-defined，つまり，$\boldsymbol{w}_1, \ldots, \boldsymbol{w}_k$ の拡張 $\boldsymbol{Y}_1, \ldots, \boldsymbol{Y}_k$ のとり方によらずに定

まることを注意しておく．上述の $\nabla Y, \nabla S, \nabla \hat{S}$ を各々，$Y, S, \hat{S}$ の ∇ に関する**共変微分**という．以下，$(\nabla S)_p(\boldsymbol{v}, \boldsymbol{w}_1, \ldots, \boldsymbol{w}_k)$ を $(\nabla_{\boldsymbol{v}} S)_p(\boldsymbol{w}_1, \ldots, \boldsymbol{w}_k)$ と表し，$(\nabla S)(\boldsymbol{X}, \boldsymbol{Y}_1, \ldots, \boldsymbol{Y}_k)$ を $(\nabla_{\boldsymbol{X}} S)(\boldsymbol{Y}_1, \ldots, \boldsymbol{Y}_k)$ と表す．一般に，M 上の C^∞ 級の (k, l) 次テンソル場 $\bar{S}$ に対しても，$\bar{S}$ の ∇ に関する共変微分 $\nabla \bar{S}$ が M 上の C^∞ 級の $(k, l+1)$ 次テンソル場として定義される．

g を C^∞ 多様体 M の C^∞ 級リーマン計量とする．M のアフィン接続 ∇ で，次の 2 条件を満たすものをリーマン多様体 (M, g) の**リーマン接続 (Riemannian connection)**，または，**レビ・チビタ接続 (Levi-Civita connection)** という：

(i) $\nabla g = 0$（つまり，$\boldsymbol{X}(g(\boldsymbol{Y}, \boldsymbol{Z})) - g(\nabla_{\boldsymbol{X}} \boldsymbol{Y}, \boldsymbol{Z}) - g(\boldsymbol{Y}, \nabla_{\boldsymbol{X}} \boldsymbol{Z}) = 0$ $(\boldsymbol{X}, \boldsymbol{Y}, \boldsymbol{Z} \in \mathcal{X}(M))$）．

(ii) $\nabla_{\boldsymbol{X}} \boldsymbol{Y} - \nabla_{\boldsymbol{Y}} \boldsymbol{X} - [\boldsymbol{X}, \boldsymbol{Y}] = 0$ $(\boldsymbol{X}, \boldsymbol{Y}, \boldsymbol{Z} \in \mathcal{X}(M))$．

M の局所チャート $(U, \varphi = (x_1, \ldots, x_n))$ に対し，g の $(U, \varphi = (x_1, \ldots, x_n))$ に関する成分を g_{ij}（つまり，$g_{ij} := g(\frac{\partial}{\partial x_i}, \frac{\partial}{\partial x_j})$）とし，正則行列 (g_{ij}) の逆行列を (g^{ij}) として，

$$\left\{ \begin{array}{c} k \\ ij \end{array} \right\} := \frac{1}{2} \sum_{l=1}^{n} g^{kl} \left(\frac{\partial g_{lj}}{\partial x_i} + \frac{\partial g_{il}}{\partial x_j} - \frac{\partial g_{ij}}{\partial x_l} \right)$$

によって定義される U 上の関数 $\left\{ \begin{array}{c} k \\ ij \end{array} \right\}$ を g の**クリストッフェルの記号 (Christoffel's symbol)** という．g のリーマン接続 ∇ の (U, φ) に関する接続係数 Γ_{ij}^k とクリストッフェルの記号 $\left\{ \begin{array}{c} k \\ ij \end{array} \right\}$ は一致することが示される．この事実により，g のリーマン接続が一意に存在することがわかる．

注意 一般に，M 上の擬リーマン計量 g に対し，上述の 2 条件を満たすアフィン接続が一意に定まり，それを g の**擬リーマン接続 (pseudo-Riemannian connection)** という．

以下，アフィン接続 ∇ は上述の条件 (ii) を満たすものとする．次に，アフ

ィン接続の曲率テンソル場を定義する.M のアフィン接続 ∇ に対し,R_p : $T_pM \times T_pM \times T_pM \to T_pM$ を

$$R_p(\boldsymbol{v}_1, \boldsymbol{v}_2, \boldsymbol{v}_3) := \left(\nabla_{\boldsymbol{X}_1}(\nabla_{\boldsymbol{X}_2}\boldsymbol{X}_3) - \nabla_{\boldsymbol{X}_2}(\nabla_{\boldsymbol{X}_1}\boldsymbol{X}_3) - \nabla_{[\boldsymbol{X}_1, \boldsymbol{X}_2]}\boldsymbol{X}_3\right)_p$$

$$(\boldsymbol{v}_1, \boldsymbol{v}_2, \boldsymbol{v}_3 \in T_pM)$$

によって定義する.ここで,$\boldsymbol{X}_i$ $(i=1,2,3)$ は $(\boldsymbol{X}_i)_p = \boldsymbol{v}_i$ となる $\mathcal{X}(M)$ の元を表す.この定義は,$\boldsymbol{v}_1, \boldsymbol{v}_2, \boldsymbol{v}_3$ の拡張 $\boldsymbol{X}_1, \boldsymbol{X}_2, \boldsymbol{X}_3$ のとり方によらないことが示される.R_p は T_p^*M 上の $(1,3)$ 次テンソルであることが示され,各点 $p \in M$ に対し,R_p を対応させる対応 R は C^∞ 級 $(1,3)$ 次テンソル場になることが示される.R を (M, ∇) の**曲率テンソル場** (curvature tensor field) という.$R = 0$ であるとき,アフィン接続 ∇ は**平坦** (flat) であるという.特に,∇ がリーマン多様体 (M,g) のリーマン接続である場合,R をリーマン多様体 (M,g) の**曲率テンソル場**という.以下,$R_p(\boldsymbol{v}_1, \boldsymbol{v}_2, \boldsymbol{v}_3)$ を $R_p(\boldsymbol{v}_1, \boldsymbol{v}_2)\boldsymbol{v}_3$ と表し,$R(\boldsymbol{X}_1, \boldsymbol{X}_2, \boldsymbol{X}_3)$ を $R(\boldsymbol{X}_1, \boldsymbol{X}_2)\boldsymbol{X}_3$ と表す.

命題 2.4.1. 曲率テンソル場 R について,次の関係式が成り立つ:
 (i) $R(\boldsymbol{X}, \boldsymbol{Y})\boldsymbol{Z} = -R(\boldsymbol{Y}, \boldsymbol{X})\boldsymbol{Z}$.
 (ii) $R(\boldsymbol{X}, \boldsymbol{Y})\boldsymbol{Z} + R(\boldsymbol{Y}, \boldsymbol{Z})\boldsymbol{X} + R(\boldsymbol{Z}, \boldsymbol{X})\boldsymbol{Y} = 0$(第 1 ビアンキの恒等式).
 (iii) $(\nabla_{\boldsymbol{X}} R)(\boldsymbol{Y}, \boldsymbol{Z})\boldsymbol{W} + (\nabla_{\boldsymbol{Y}} R)(\boldsymbol{Z}, \boldsymbol{X})\boldsymbol{W} + (\nabla_{\boldsymbol{Z}} R)(\boldsymbol{X}, \boldsymbol{Y})\boldsymbol{W} = 0$(第 2 ビアンキの恒等式).

ここで,$\boldsymbol{X}, \boldsymbol{Y}, \boldsymbol{Z}, \boldsymbol{W} \in \mathcal{X}(M)$ とする.

さらに,∇ がリーマン計量 g のリーマン接続であるとき,次の関係式が成り立つ:

 (iv) $g(R(\boldsymbol{X}, \boldsymbol{Y})\boldsymbol{Z}, \boldsymbol{W}) = -g(R(\boldsymbol{X}, \boldsymbol{Y})\boldsymbol{W}, \boldsymbol{Z})$.
 (v) $g(R(\boldsymbol{X}, \boldsymbol{Y})\boldsymbol{Z}, \boldsymbol{W}) = g(R(\boldsymbol{Z}, \boldsymbol{W})\boldsymbol{X}, \boldsymbol{Y})$.

ここで,$\boldsymbol{X}, \boldsymbol{Y}, \boldsymbol{Z}, \boldsymbol{W} \in \mathcal{X}(M)$ とする.

(M, g) を n (≥ 2) 次元リーマン多様体とし,R をその曲率テンソル場とする.M 上の 2 次共変テンソル場 Ric,および M 上の C^∞ 関数 S を,各々

$$\mathrm{Ric}_p(\boldsymbol{v}, \boldsymbol{w}) := \sum_{i=1}^n g_p(R_p(\boldsymbol{e}_i, \boldsymbol{v})\boldsymbol{w}, \boldsymbol{e}_i) \quad (p \in M,\ \boldsymbol{v}, \boldsymbol{w} \in T_pM)$$

$$S_p := \sum_{i=1}^n \mathrm{Ric}_p(\boldsymbol{e}_i, \boldsymbol{e}_i) \quad (p \in M)$$

によって定義する．ここで，$(\boldsymbol{e}_1, \ldots, \boldsymbol{e}_n)$ は T_pM の g_p に関する正規直交基底を表す．Ric, S は各々，(M, g) の**リッチテンソル場 (Ricci tensor field)**，**スカラー曲率 (scalar curvature)** とよばれる．リッチテンソル場は対称であることが示される．M の局所チャート $(U, \varphi = (x_1, \ldots, x_n))$ に関する g, R, Ric の成分を $g_{ij}, R^l_{ijk}, R_{ij}$ とし，(g_{ij}) の逆行列を (g^{ij}) とするとき，

$$R_{ij} = \sum_{k=1}^n R^k_{kij}, \quad S = \sum_{i=1}^n \sum_{j=1}^n R_{ij} g^{ij}$$

が成り立つ．ある定数 c に対し $\mathrm{Ric} = cg$ が成り立つとき，(M, g) は**アインシュタイン空間 (Einstein manifold)** とよばれ，$\mathrm{Ric} = 0$ であるとき，(M, g) は**リッチ平坦 (Ricci flat)** であるという．また，$S = 0$ であるとき，(M, g) は**スカラー平坦 (scalar flat)** であるという．(M, g) がアインシュタイン空間であるとき，$\mathrm{Ric} = \frac{S}{n} g$ が成り立つことが容易に示される．また，$n \geq 3$ のとき，ある $\rho \in C^\infty(M)$ に対し $\mathrm{Ric} = \rho g$ が成り立つならば ρ は定数になることが示され，ゆえに，(M, g) はアインシュタイン空間になる．この事実は，シューアの補題 (Schur's lemma) として知られている．次に，曲率作用素の定義を述べる．命題 2.4.1 の (i), (iv) によれば，作用素 $\mathcal{R} \in \Gamma^\infty((\wedge^2(T^*M)^*) \otimes (\wedge^2(T^*M)))$ を

$$((\mathcal{R})_p(\omega_i \wedge \omega_j))(\boldsymbol{v}, \boldsymbol{w}) := g_p(R_p(\boldsymbol{e}_i, \boldsymbol{e}_j)\boldsymbol{v}, \boldsymbol{w})$$
$$(p \in M,\ \boldsymbol{v}, \boldsymbol{w} \in T_pM,\ 1 \leq i, j \leq n)$$

を満たすものとして一意的に定義することができる．ここで，$(\boldsymbol{e}_1, \ldots, \boldsymbol{e}_n)$ は T_pM の g_p に関する正規直交基底を表し，$(\omega_1, \ldots, \omega_n)$ は $(\boldsymbol{e}_1, \ldots, \boldsymbol{e}_n)$ の双対基底を表す．この作用素 $\mathcal{R}$ は (M, g) の**曲率作用素 (curvature operator)** とよばれる．

Π を T_pM の 2 次元部分ベクトル空間（つまり，$\Pi \in G_2(T_pM)$）とする．

$K(\Pi)$ を $K(\Pi) := g_p(R_p(\boldsymbol{e}_1, \boldsymbol{e}_2)\boldsymbol{e}_2, \boldsymbol{e}_1)$ によって定義する．ただし，$(\boldsymbol{e}_1, \boldsymbol{e}_2)$ は，Π の（g_p に関する）正規直交基底を表す．$K(\Pi)$ を (M, g) の Π に関する**断面曲率** (sectional curvature) という．ここで，グラスマンバンドルの概念を定義する．自然な射影

$$\pi : G_k(TM) := \coprod_{p \in M} G_k(T_p M) \to M$$

は $G_k(TM)$ 上の自然に定義される C^∞ 構造により標準ファイバー $G_k(\mathbb{R}^n)$ をもつ C^∞ 級ファイバーバンドルになる．ここで，k は 1 以上 $n-1$ 以下のある自然数とする．このファイバーバンドルを M の k 次元部分空間のなす**グラスマンバンドル** (Grassmann bundle) という．$\Pi \in G_2(TM)$ に $K(\Pi)$ を対応させることにより定義される関数 $K : G_2(TM) \to \mathbb{R}$ を，本書では (M, g) の**断面曲率** (sectional curvature) とよぶ．特に，$\dim M = 2$ のとき，$K_p := K(T_p M)$ は，(M, g) の p における**ガウス曲率** (Gaussian curvature) とよばれる．各 $p \in M$ に K_p を対応させることにより定義される関数 $K : M \to \mathbb{R}$ を，(M, g) の**ガウス曲率**とよぶ．

$n \ (\geq 2)$ 次元リーマン多様体 (M, g) の断面曲率 $K : G_2(TM) \to \mathbb{R}$ が一定値 c をとるとき，(M, g) を**一定の断面曲率 c をもつ定曲率空間**という．特に，一定の断面曲率 0 をもつ定曲率空間を**平坦な空間** (flat space) という．

命題 2.4.2. (M, g) が一定の断面曲率 c をもつことと R が次式を満たすことは同値である：

$$R(\boldsymbol{X}, \boldsymbol{Y})\boldsymbol{Z} = c(g(\boldsymbol{Y}, \boldsymbol{Z})\boldsymbol{X} - g(\boldsymbol{X}, \boldsymbol{Z})\boldsymbol{Y}) \quad (\boldsymbol{X}, \boldsymbol{Y}, \boldsymbol{Z} \in \mathcal{X}(M)).$$

例 2.4.1. $n \ (\geq 2)$ 次元ユークリッド空間 $\mathbb{E}^n := (\mathbb{R}^n, g_\mathbb{E})$ は完備かつ単連結な平坦な空間である．ここで，ユークリッド計量 $g_\mathbb{E}$ は $\mathbb{R}^n$ の座標系 $\mathrm{id}_{\mathbb{R}^n} = (x_1, \ldots, x_n)$ を用いて

$$g_\mathbb{E}\left(\frac{\partial}{\partial x_i}, \frac{\partial}{\partial x_j}\right) = \delta_{ij} \quad (1 \leq i, j \leq n)$$

によって定義される．δ_{ij} はクロネッカーデルタを表す．

例 2.4.2. 半径 r の $n \ (\geq 2)$ 次元球面 $(S^n[r], g_{S,r} := \iota^* g_\mathbb{E})$ は完備かつ単連結

な一定の正の断面曲率 $\dfrac{1}{r^2}$ をもつ定曲率空間である.ただし,ι は $S^n[r]$ から $\mathbb{R}^{n+1}$ への包含写像を表し,$g_\mathbb{E}$ は $\mathbb{R}^{n+1}$ のユークリッド計量を表す.以下,完備かつ単連結な一定の正の断面曲率 $c\ (>0)$ をもつ球面を $S^n(c)$ と表すことにする.

例 2.4.3. $H^n[r] := \left\{(x_1,\ldots,x_{n+1}) \in \mathbb{R}^{n+1} \mid -x_1^2 + \displaystyle\sum_{i=2}^{n+1} x_i^2 = -r^2\right\}$ とし,$\iota_{H,r}$ を $H^n[r]$ から $\mathbb{R}^{n+1}$ への包含写像とする.また,$g_\mathbb{L}$ を $\mathbb{R}^{n+1}$ の次式によって定義されるローレンツ計量とする:

$$g_\mathbb{L}\left(\frac{\partial}{\partial x_1},\frac{\partial}{\partial x_1}\right) = -1,\ g_\mathbb{L}\left(\frac{\partial}{\partial x_i},\frac{\partial}{\partial x_i}\right) = 1\ (i=2,\ldots,n+1),$$

$$g_\mathbb{L}\left(\frac{\partial}{\partial x_i},\frac{\partial}{\partial x_j}\right) = 0\ (1 \le i \ne j \le n+1).$$

$(\mathbb{R}^{n+1}, g_\mathbb{L})$ は $(n+1)$ 次元ローレンツ空間とよばれ,$\mathbb{R}^{n+1}_1$ と表される.$(H^n[r], g_{H,r} := \iota_{H,r}^* g_\mathbb{L})$ は完備かつ単連結なリーマン多様体であり,一定の負の断面曲率 $-\dfrac{1}{r^2}$ をもつ定曲率空間になる.以下,完備かつ単連結な一定の断面曲率 $c\ (<0)$ をもつ双曲空間を $H^n(c)$ と表すことにする.

注意 $\mathbb{E}^n, S^n(c)$ および $H^n(c)$ は,いずれも局所対称,つまり $\nabla R = 0$ を満たす.

次の関係式は**リッチの恒等式 (Ricci identity)** とよばれる.

命題 2.4.3 (リッチの恒等式). S を M 上の C^∞ 級の (k,l) 次テンソル場とする.このとき,次の関係式が成り立つ:

$$(\nabla_{\boldsymbol{X}} \nabla_{\boldsymbol{Y}} S)(\boldsymbol{Z}_1,\ldots,\boldsymbol{Z}_l,\omega_1,\ldots,\omega_k) - (\nabla_{\boldsymbol{Y}} \nabla_{\boldsymbol{X}} S)(\boldsymbol{Z}_1,\ldots,\boldsymbol{Z}_l,\omega_1,\ldots,\omega_k)$$
$$= \sum_{a=1}^{k} \mathrm{Tr}\left(\omega_a(R(\boldsymbol{X},\boldsymbol{Y})(\bullet)) \cdot S(\boldsymbol{Z}_1,\ldots,\boldsymbol{Z}_l,\omega_1,\ldots,\underset{a}{\bullet},\ldots,\omega_k)\right)$$
$$- \sum_{b=1}^{l} \mathrm{Tr}\left(S(\boldsymbol{Z}_1,\ldots,\underset{b}{\bullet},\ldots,\boldsymbol{Z}_l,\omega_1,\ldots,\omega_k) R(\boldsymbol{X},\boldsymbol{Y})\boldsymbol{Z}_b\right)$$

$$(\boldsymbol{X},\boldsymbol{Y},\boldsymbol{Z}_1,\ldots,\boldsymbol{Z}_l \in \mathcal{X}(M),\ \omega_1,\ldots,\omega_k \in \Omega_1(M)).$$

ここで，$\omega_a(R(\boldsymbol{X},\boldsymbol{Y})(\bullet)) \cdot S(\boldsymbol{Z}_1,\ldots,\boldsymbol{Z}_l,\omega_1,\ldots,\underset{a}{\bullet},\ldots,\omega_k)$ と $S(\boldsymbol{Z}_1,\ldots,\underset{b}{\bullet},$
$\ldots,\boldsymbol{Z}_l,\omega_1,\ldots,\omega_k)R(\boldsymbol{X},\boldsymbol{Y})\boldsymbol{Z}_b$ は M 上の $(1,1)$ テンソルとみなされる．

2.5 平行移動・測地線・指数写像

この節において，アフィン接続多様体上の平行ベクトル場，測地線の概念を定義し，さらに指数写像を定義する．$c:[a,b]\to(M,\nabla)$ を (M,∇) 上の C^∞ 曲線とする．各 $t\in[a,b]$ に対し，$T_{c(t)}M$ の元 $\boldsymbol{X}_t$ を対応させる対応 $\boldsymbol{X}$ を c に沿うベクトル場という．$t_0\in[a,b]$ を1つ固定する．$(U,\varphi=(x_1,\ldots,x_n))$ を $c(t_0)$ のまわりの局所チャートとし，$\boldsymbol{X}_t=\sum_{i=1}^n X_i(t)\left(\dfrac{\partial}{\partial x_i}\right)_{c(t)}$ ($t\in(-\varepsilon+t_0,t_0+\varepsilon)$, ε は十分小さな正の数) によって定義される関数 X_i が t_0 で C^r 級であるとき，$\boldsymbol{X}$ は t_0 で C^r 級であるという．$\boldsymbol{X}$ が各 $t\in[a,b]$ で C^r 級であるとき，$\boldsymbol{X}$ を c に沿う C^r 級ベクトル場という．c に沿う C^∞ 級ベクトル場の全体を $\mathcal{X}_c(M)$ と表す．写像 $\nabla_{c'}:\mathcal{X}_c(M)\to\mathcal{X}_c(M)$ で次の 3 条件を満たすようなものは，ただ 1 つ存在する：

(i) $\nabla_{c'}(\alpha\boldsymbol{X}+\beta\boldsymbol{Y})=\alpha\nabla_{c'}\boldsymbol{X}+\beta\nabla_{c'}\boldsymbol{Y}$ ($\boldsymbol{X},\boldsymbol{Y}\in\mathcal{X}_c(M)$, $\alpha,\beta\in\mathbb{R}$).

(ii) $\nabla_{c'}(f\boldsymbol{X})=f'\boldsymbol{X}+f\nabla_{c'}\boldsymbol{X}$ ($\boldsymbol{X}\in\mathcal{X}_c(M)$, $f\in C^\infty([a,b])$).

(iii) $\boldsymbol{Z}\in\mathcal{X}(M)$ に対し，$\boldsymbol{Z}_c\in\mathcal{X}_c(M)$ を $(\boldsymbol{Z}_c)_t:=\boldsymbol{Z}_{c(t)}$ ($a\le t\le b$) によって定義するとき，$(\nabla_{c'}\boldsymbol{Z}_c)_t=\nabla_{c'(t)}\boldsymbol{Z}$ ($a\le t\le b$) が成り立つ．

$\nabla_{c'}\boldsymbol{X}$ を c に沿うベクトル場 $\boldsymbol{X}$ の**共変微分**という．各 $t\in[a,b]$ に $T_{c(t)}M$ の零ベクトル $0_{c(t)}$ を対応させる対応 0 は，c に沿う C^∞ 級ベクトル場である．これを **c に沿う零ベクトル場**という．$\nabla_{c'}\boldsymbol{X}=0$ となる $\boldsymbol{X}\in\mathcal{X}_c(M)$ を **c に沿う平行ベクトル場**という．$c'\in\mathcal{X}_c(M)$ を $c'_t:=c'(t)$ ($a\le t\le b$) によって定義する．$\nabla_{c'}c'=0$ となるとき，c を (M,∇) 上の**測地線** (**geodesic**) という．

命題 2.5.1. ∇ をリーマン多様体 (M,g) のリーマン接続とする．(M,∇) 上の C^∞ 曲線 c に沿う平行ベクトル場 $\boldsymbol{X}$ に対し，$\|\boldsymbol{X}_t\|$ ($=\sqrt{g_{c(t)}(\boldsymbol{X}_t,\boldsymbol{X}_t)}$) は t によらず一定である．特に，c が測地線であるとき，$\|c'(t)\|$ ($=\sqrt{g_{c(t)}(c'(t),c'(t))}$) は t によらず一定である．

$\nabla_{c'}c'$ は，c を (M,g) 上の物体の運動とみた場合の加速度ベクトル場と解釈

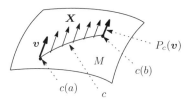

図 2.5.1 平行移動

されるので, (M,g) 上の測地線は (M,g) 上の等速運動の軌跡とみなされ, 測地線上の隣接する 2 点間の部分はその 2 点を結ぶ最短線になっている. 平行ベクトル場, および測地線に関して, 次の一意性定理が成り立つ.

定理 2.5.2. $c : [a,b] \to (M,\nabla)$ を C^∞ 曲線とする. 各 $v \in T_{c(a)}M$ に対し, c に沿う平行ベクトル場 X で $X_a = v$ となるようなものがただ 1 つ存在する.

定理 2.5.3. 各 $v \in T_pM$ と十分小さな正の数 ε に対し, (M,∇) 上の測地線 $c : (-\varepsilon,\varepsilon) \to M$ で $c'(0) = v$ となるようなものがただ 1 つ存在する.

アフィン接続多様体 (M,∇) の任意の接ベクトル $v \in TM$ に対し, v を初速度にもつ測地線で最大なもの(つまり, それ以上延長不可能なもの)を $\gamma_v : I_v \to M$ とする. つまり, $\gamma_v'(0) = v$ であり, I_v は 0 を含む可能な限り大きくとった開区間である. 任意の $v \in TM$ に対し, $I_v = (-\infty,\infty)$ となるとき, (M,∇) は**測地的完備** (geodesically complete) であるという. 特に, ∇ が M のリーマン計量 g のリーマン接続で (M,∇) が測地的完備であるとき, **リーマン多様体 (M,g) は測地的完備**であるという. d_g を g のリーマン距離関数とする. 距離空間 (M,d_g) が完備であることと (M,g) が測地的完備であることは同値であることが示される (Hopf-Rinow の定理).

C^∞ 曲線 $c : [a,b] \to M$ に対し, $T_{c(a)}M$ から $T_{c(b)}M$ への写像 P_c を

$$P_c(v) := X_b \quad (v \in T_{c(a)}M)$$

(X は $X_a = v$ を満たす c に沿う平行ベクトル場)

によって定義する. この写像 P_c を **c に沿う平行移動**という.

命題 2.5.4.
  (i) P_c は線形同型写像になる.
  (ii) ∇ がリーマン多様体 (M,g) のリーマン接続であるとき, P_c は線形等長変換になる.

$p \in (M,g)$ に対し,
$$\mathcal{C}_p := \{c : [0,1] \to M \mid c : C^\infty \text{ 曲線 s.t. } c(0) = c(1) = p\}$$
とし, 群 $\Phi_p(M,g)$ を
$$\Phi_p(M,g) := \{P_c \mid c \in \mathcal{C}_p\}$$
によって定義する. 各 P_c は (T_pM, g_p) の線形等長変換なので, $\Phi_p(M,g)$ は n 次直交群 $O(n)$ の部分群とみなせる. ここで, n は M の次元を表す. さらに, この群は $O(n)$ の閉部分群であることも容易に示せる (リー群の定義については 2.14 節を参照). 一般に, リー群の閉部分群はリー群になり, $O(n)$ は自然に定義される構造のもと, コンパクトリー群になる. それゆえ, $\Phi_p(M,g)$ はコンパクトリー群になることがわかる. このリー群 $\Phi_p(M,g)$ を (M,g) の p における**ホロノミー群** (holonomy group) といい, その単位元の連結成分 $\Phi_p^0(M,g)$ を (M,g) の p における**制限ホロノミー群** (restricted holonomy group) という. $\Phi_p^0(M,g)$ が既約 (つまり, 自明でない 2 つのリー群の直積として表されない) のとき, リーマン多様体 (M,g) は**既約** (irreducible) であるという.

次に, 指数写像を定義する. (M,∇) の点 p に対し, $\mathcal{W}_p := \{\boldsymbol{v} \in T_pM \mid 1 \in I_{\boldsymbol{v}}\}$ とおく. ここで, $\gamma_{\boldsymbol{v}}$ は $\gamma_{\boldsymbol{v}}'(0) = \boldsymbol{v}$ となるような (M,∇) 上の測地線でそれ以上延長不可能であるようなものを表し, $I_{\boldsymbol{v}}$ は $\gamma_{\boldsymbol{v}}$ の定義域を表す. 写像 $\exp_p : \mathcal{W}_p \to M$ を
$$\exp_p(\boldsymbol{v}) := \gamma_{\boldsymbol{v}}(1) \quad (\boldsymbol{v} \in \mathcal{W}_p)$$
によって定義する. ただし, $\gamma_{\boldsymbol{v}}$ は $(\gamma_{\boldsymbol{v}})'(0) = \boldsymbol{v}$ となる (M,∇) 上の測地線とする. この写像 $\exp_p$ を (M,∇) の p における**指数写像** (exponential map) という. 指数写像に関して, 次の事実が成り立つ.

50 第 2 章 微分幾何学における基礎概念および事実

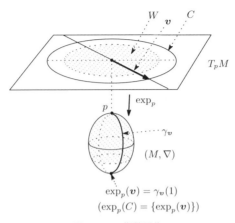

図 2.5.2 指数写像

命題 2.5.5. $0_p \in T_pM$ のある開近傍 W に対し，$\exp_p|_W$ は M のある開集合への C^∞ 同型写像になる．

∇ が M のある C^∞ 級リーマン計量 g のリーマン接続である場合を考える．

$$\sup\{r \in [0,\infty) \mid \exp_p|_{\widetilde{B}_p(r)^\circ} \text{ は単射}\}$$

を (M,g) の p における**単射半径** (**injective radius**) といい，$\mathrm{inj}_p(M,g)$ で表す．ここで，$\widetilde{B}_p(r)^\circ$ は 0 を中心とする T_pM における半径 r の開球体，つまり，

$$\left\{\boldsymbol{v} \in T_pM \;\middle|\; \sqrt{g_p(\boldsymbol{v},\boldsymbol{v})} < r\right\}$$

を表す．また，$\inf_{p \in M} \mathrm{inj}_p(M,g)$ を (M,g) の**単射半径**といい，$\mathrm{inj}(M,g)$ で表す．

W を $\exp_{p_0}|_W$ が C^∞ 同型写像になるような 0_{p_0} の $T_{p_0}M$ における開近傍とし，$U := \exp_{p_0}(W)$ とおく．$T_{p_0}M$ の基底 $(e_1,\ldots,e_n)$ に対し，$\varphi : U \to \mathbb{R}^n$ を

$$\varphi(p) := (x_1(p),\ldots,x_n(p)) \qquad (p \in U)$$

$$\left((\exp_{p_0}|_W)^{-1}(p) = \sum_{i=1}^n x_i(p)e_i\right)$$

によって定義する．このとき，(U,φ) は M の局所チャートを与える．このよ

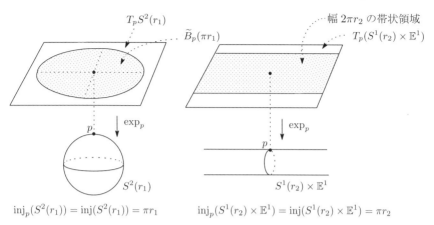

図 2.5.3 単射半径

うに定義される局所チャートを p_0 を基点とする**正規局所チャート** (**normal coordinate**) という．正規局所チャートに対し，次の事実が成り立つ．

命題 2.5.6. $(U, \varphi = (x_1, \ldots, x_n))$ を p_0 を基点とする正規局所チャートとする．このとき，次の関係式が成り立つ：

$$\left(\nabla_{\frac{\partial}{\partial x_i}} \frac{\partial}{\partial x_j}\right)_{p_0} = 0_{p_0} \qquad (1 \leq i, j \leq n).$$

2.6 測地変分とヤコビ場

(M, ∇) を C^∞ 級アフィン接続多様体とし，R を ∇ の曲率テンソル場とする．$\gamma : I \to M$ を (M, ∇) 上の測地線とし，$\boldsymbol{Y} : I \to TM$ を γ に沿う C^∞ 級ベクトル場とする．簡単のため，$\nabla_{\gamma'}\boldsymbol{Y}, \nabla_{\gamma'}(\nabla_{\gamma'}\boldsymbol{Y})$ を各々，$\boldsymbol{Y}', \boldsymbol{Y}''$ と表すことにする．Y が

$$\boldsymbol{Y}''(s) + R(\boldsymbol{Y}(s), \gamma'(s))\gamma'(s) = 0 \quad (s \in I) \tag{2.6.1}$$

を満たすとき，$\boldsymbol{Y}$ を γ に沿う**ヤコビ場** (**Jacobi field**) といい，式 (2.6.1) は**ヤコビ方程式** (**Jacobi equation**) とよばれる．C^∞ 写像 $\delta : I \times (-\varepsilon, \varepsilon) \to M$ で，各 $t \in (-\varepsilon, \varepsilon)$ に対し，$s \mapsto \delta(s, t)$ $(s \in I)$ が測地線で，$\delta(s, 0) = \gamma(s)$ $(s \in I)$ を満たすようなものを，γ の C^∞ 級の**測地変形** (**geodesic defor-**

mation) といい，$\delta_*\left(\dfrac{\partial}{\partial t}\right)\Big|_{t=0}$ $\left(=\dfrac{\partial \delta}{\partial t}\Big|_{t=0}\right)$ を，その **変分ベクトル場** (variational vector field) という．

命題 2.6.1. 測地線 γ の測地変形の変分ベクトル場は γ に沿うヤコビ場になり，逆に，測地線 γ に沿う任意のヤコビ場に対し，それを変分ベクトル場とする γ の測地変形が存在する．

例 2.6.1. ∇ が n 次元ユークリッド空間 $\mathbb{E}^n$ のリーマン接続である場合を考える．このとき，$R = 0$ なので，ヤコビ方程式は $Y'' = 0$ となり，測地線に沿うヤコビ場 Y は $Y(s) = Y(0) + sY'(0)$ と記述される．

例 2.6.2. ∇ が一定の正の断面曲率 c をもつ球面 $S^n(c)$ のリーマン接続の場合を考える．このとき，命題 2.4.2 により，

$$R(\boldsymbol{X}_1, \boldsymbol{X}_2)\boldsymbol{X}_3 = c(g(\boldsymbol{X}_2, \boldsymbol{X}_3)\boldsymbol{X}_1 - g(\boldsymbol{X}_1, \boldsymbol{X}_3)\boldsymbol{X}_2)$$
$$(\boldsymbol{X}_1, \boldsymbol{X}_2, \boldsymbol{X}_3 \in \mathcal{X}(M))$$

が成り立つ．ここで，g は $S^n(c)$ のリーマン計量を表す．それゆえ，γ が弧長でパラメーター付けされた測地線で $g(\boldsymbol{Y}, \gamma') = 0$ である場合，ヤコビ方程式は $Y'' + cY = 0$ となる．この事実と $S^n(c)$ が局所対称（つまり，$\nabla R = 0$）であることから，ヤコビ場 Y は

$$Y(s) = P_{\gamma|_{[0,s]}}\left(\cos(\sqrt{c}\,s) \cdot Y(0) + \dfrac{1}{\sqrt{c}}\sin(\sqrt{c}\,s) \cdot Y'(0)\right)$$

と記述されることがわかる．

例 2.6.3. ∇ が一定の負の断面曲率 c をもつ双曲空間 $H^n(c)$ のリーマン接続の場合を考える．このとき，命題 2.4.2 により，

$$R(\boldsymbol{X}_1, \boldsymbol{X}_2)\boldsymbol{X}_3 = c(g(\boldsymbol{X}_2, \boldsymbol{X}_3)\boldsymbol{X}_1 - g(\boldsymbol{X}_1, \boldsymbol{X}_3)\boldsymbol{X}_2)$$
$$(\boldsymbol{X}_1, \boldsymbol{X}_2, \boldsymbol{X}_3 \in \mathcal{X}(M))$$

が成り立つ．ここで，g は $H^n(c)$ のリーマン計量を表す．それゆえ，γ が弧長でパラメーター付けされた測地線で $g(\boldsymbol{Y}, \gamma') = 0$ である場合，ヤコビ方程式は $Y'' + cY = 0$ となる．この事実と $H^n(c)$ が局所対称（つまり，$\nabla R = 0$）

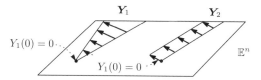

Y_1 : $Y_1(0) = 0, Y_1'(0) \neq 0$ となるヤコビ場
Y_2 : $Y_2(0) \neq 0, Y_2'(0) = 0$ となるヤコビ場

図 2.6.1 $\mathbb{E}^n$ 上のヤコビ場

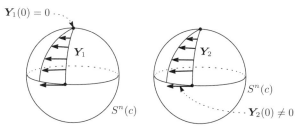

Y_1 : $Y_1(0) = 0, Y_1'(0) \neq 0$ となるヤコビ場
Y_2 : $Y_2(0) \neq 0, Y_2'(0) = 0$ となるヤコビ場

図 2.6.2 $S^n(c)$ 上のヤコビ場

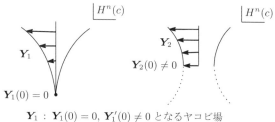

Y_1 : $Y_1(0) = 0, Y_1'(0) \neq 0$ となるヤコビ場
Y_2 : $Y_2(0) \neq 0, Y_2'(0) = 0$ となるヤコビ場

図 2.6.3 $H^n(c)$ 上のヤコビ場

であることから，ヤコビ場 Y は

$$Y(s) = P_{\gamma|_{[0,s]}}\left(\cosh(\sqrt{-c}\,s) \cdot Y(0) + \frac{1}{\sqrt{-c}}\sinh(\sqrt{-c}\,s) \cdot Y'(0)\right)$$

と記述されることがわかる．

このように，$\mathbb{E}^n$, $S^n(c)$ ($c > 0$), $H^n(c)$ ($c < 0$) 上のヤコビ場の振る舞いは本質的に異なることがわかる．一般に，平坦なリーマン多様体，正の断面曲

率をもつリーマン多様体，負の断面曲率をもつリーマン多様体上のヤコビ場の振る舞いは本質的に異なる．このヤコビ場の振る舞いの本質的差異が，外のリーマン多様体の断面曲率が0であるか，正であるか，負であるかによって，そのリーマン多様体内の平均曲率流の振る舞いに本質的な影響を与えることになる．実際，リーマン多様体内の平均曲率流を研究する経過において，複雑な測地変形（測地線の1パラメーター族のみでなく，2つ以上のパラメーターをもつ族を考える場面もある）の変分ベクトル場，つまりヤコビ場を計算する場面が多くあり，その計算結果が，考察している平均曲率流の振る舞いを本質的に決定することが多くある（[Ko7], [KS] 等を参照）．

2.7 Myersの定理・球面定理

(M,g) を完備連結な n 次元リーマン多様体とし，R, Ric を各々，(M,g) の曲率テンソル場，リッチテンソル場とする．また，$\widetilde{B}_p(r)$ を (T_pM,g_p) における半径 r の閉ボール，つまり

$$\widetilde{B}_p(r) := \left\{v \in T_pM \,\middle|\, \sqrt{g_p(v,v)} \leq r\right\}$$

とし，$B_p(r) := \exp_p(\widetilde{B}_p(r))$, $S_p(r) := \exp_p(\partial \widetilde{B}_p(r))$ とおく．$B_p(r)$ は p を中心とする半径 r の**測地球体** (geodesic ball) とよばれ，$S_p(r)$ は p を中心とする半径 r の**測地球面** (geodesic sphere) とよばれる．(M,g) 上のヤコビ場の振る舞いを調べることにより，次の Myers の定理が導かれる．

定理 2.7.1 (Myers). ある正の数 k に対し，$\mathrm{Ric} \geq (n-1)k^2 g$ が成り立っているならば，次の事実 (i)-(iv) が成り立つ．

(i) M はコンパクトである．

(ii) (M,g) の直径 $\mathrm{diam}(M,g)$ は $\dfrac{\pi}{k}$ 以下である．

(iii) $B_p\left(\dfrac{\pi}{k}\right) = M$ が成り立つ．

(iv) M の基本群 $\pi_1(M)$ は有限群である．

Myers の定理から，直接，次の事実が導かれる．

系 2.7.2. ある正の数 k に対し，$K \geq k^2$ が成り立っているならば，定理

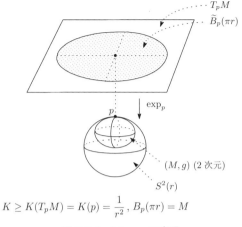

$$K \geq K(T_pM) = K(p) = \frac{1}{r^2}, B_p(\pi r) = M$$

図 2.7.1 Myers の定理

2.7.1 の主張における事実 (i)-(iv) が成り立つ．

次に，**球面定理** (sphere theorem) を述べる．

定理 2.7.3 (球面定理). M を完備かつ単連結な $n\ (\geq 2)$ 次元リーマン多様体とする．

(i) $K > 0$ かつ $\dfrac{\max_M K}{\min_M K} \leq 4$ ならば，M は n 次元球面 S^n に同相である．

(ii) $K > 0$ かつ $\dfrac{\max_M K}{\min_M K} < 4$ ならば，M は n 次元球面 S^n に C^∞ 同相である．

2.8 実ベクトルバンドルの接続と曲率テンソル場

C^∞ 級実ベクトルバンドル $E \xrightarrow{\pi} M$ に対し，E の C^∞ 切断の全体 $\Gamma^\infty(E)$ は，自然な和とスカラー倍に関して無限次元実ベクトル空間になる．C^∞ 級ベクトルバンドル $\pi: E \to M$ の接続は，次のように定義される．$\nabla : \mathcal{X}(M) \times \Gamma^\infty(E) \to \Gamma^\infty(E)$ で，次の 4 条件を満たすものを実ベクトルバンドル **E の接続** (connection of E) という：

(i) $\nabla_{aX+bY}\sigma = a\nabla_X\sigma + b\nabla_Y\sigma \quad (X, Y \in \mathcal{X}(M),\ a, b \in \mathbb{R}, \sigma \in \Gamma^\infty(E))$.

(ii) $\nabla_X(a\sigma_1 + b\sigma_2) = a\nabla_X\sigma_1 + b\nabla_X\sigma_2$ $(X \in \mathcal{X}(M), a,b \in \mathbb{R}, \sigma_1, \sigma_2 \in \Gamma^\infty(E))$.

(iii) $\nabla_{fX}\sigma = f\nabla_X\sigma$ $(X \in \mathcal{X}(M), f \in C^\infty(M), \sigma \in \Gamma^\infty(E))$.

(iv) $\nabla_X(f\sigma) = X(f)\sigma + f\nabla_X\sigma$ $(X \in \mathcal{X}(M), f \in C^\infty(M), \sigma \in \Gamma^\infty(E))$.

ただし，$\nabla_X\sigma$ は $\nabla(X, \sigma)$ を表す．

$\boldsymbol{v} \in T_pM$ に対し，$\nabla_{\boldsymbol{v}}\sigma \in E_p$ を $\nabla_{\boldsymbol{v}}\sigma := (\nabla_{\boldsymbol{X}}\sigma)_p$ によって定義する．ここで，$\boldsymbol{X}$ は $\boldsymbol{X}_p = \boldsymbol{v}$ となる $\mathcal{X}(M)$ の元である．この定義は well-deifined, つまり，$\boldsymbol{v}$ の拡張 $\boldsymbol{X}$ のとり方に依存しないことが示される．M の実ベクトルバンドル E の接続 ∇ の曲率テンソル場を定義する．$R_p : T_pM \times T_pM \times E_p \to E_p$ を

$$R_p(\boldsymbol{v}_1, \boldsymbol{v}_2, \xi) := \bigl(\nabla_{\boldsymbol{X}_1}(\nabla_{\boldsymbol{X}_2}\sigma) - \nabla_{\boldsymbol{X}_2}(\nabla_{\boldsymbol{X}_1}\sigma) - \nabla_{[\boldsymbol{X}_1, \boldsymbol{X}_2]}\sigma\bigr)_p$$

$$(\boldsymbol{v}_1, \boldsymbol{v}_2 \in T_pM, \xi \in E_p)$$

によって定義する．ここで，$\boldsymbol{X}_i$ $(i = 1, 2)$ は $(\boldsymbol{X}_i)_p = \boldsymbol{v}_i$ となる $\mathcal{X}(M)$ の元を表し，σ は $\sigma(p) = \xi$ となる $\Gamma^\infty(E)$ の元を表す．この定義は，$\boldsymbol{v}_1, \boldsymbol{v}_2$ の拡張 $\boldsymbol{X}_1, \boldsymbol{X}_2$ と ξ の拡張 σ のとり方によらないことが示される．R_p は $T_p^*M \otimes T_p^*M \otimes E_p^* \otimes E_p$ の元であることが示され，各点 $p \in M$ に対し，R_p を対応させる対応 R は，テンソル積バンドル $T^*M \otimes T^*M \otimes E^* \otimes E$ の C^∞ 切断を与えることが示される．R を ∇ の**曲率テンソル場**という．$R = 0$ であるとき，接続 ∇ は**平坦**であるという．以下，$R_p(v_1, v_2, \xi)$ を $R_p(v_1, v_2)\xi$ と表し，$R(X_1, X_2, \sigma)$ を $R(X_1, X_2)\sigma$ と表す．

$E \xrightarrow{\pi} \widetilde{M}$ を C^∞ 実ベクトルバンドルとし，$f : M \to \widetilde{M}$ を C^∞ 写像とする．$f^*E := \coprod_{p \in M}(\{p\} \times E_{f(p)})$ とおき，$\pi^f : f^*E \to M$ を自然な射影とする．このとき，$f^*E \xrightarrow{\pi^f} M$ は C^∞ 実ベクトルバンドルになる．この実ベクトルバンドルを，E の f による**誘導実ベクトルバンドル (induced real vector bundle)** という．f^*E の切断は，$\{p\} \times E_{f(p)}$ と $E_{f(p)}$ の同一視のもと，各 $p \in M$ に対し $E_{f(p)}$ の元を対応させる対応とみなせる．特に，$f^*T\widetilde{M}$ の切断，つまり各 $p \in M$ に対し，$T_{f(p)}\widetilde{M}$ の元を対応させる対応を $\boldsymbol{f}$ **に沿うベクトル場**という．f に沿うベクトル場 X が C^r 級であるとは，$f^*T\widetilde{M}$ の切断として C^r 級であることと定義する．X が C^r 級であるための必要十分条件は，

2.8 実ベクトルバンドルの接続と曲率テンソル場　57

任意の $p_0 \in M$ と $f(p_0)$ のまわりの $\widetilde{M}$ の局所チャート $(V, \varphi = (y_1, \ldots, y_m))$ に対し, $X_p = \sum_{i=1}^m X_i(p) \left(\dfrac{\partial}{\partial y_i}\right)_{f(p)}$ $(p \in f^{-1}(V))$ によって定義される関数 $X_i : f^{-1}(V) \to \mathbb{R}$ $(i = 1, \ldots, m)$ が C^r 級であることが同値である. f に沿う C^∞ 級ベクトル場の全体 $\Gamma^\infty(f^*T\widetilde{M})$ を $\mathcal{X}_f(M, \widetilde{M})$ と表す.

$\widetilde{\nabla}$ を C^∞ 実ベクトルバンドル $E \xrightarrow{\pi} \widetilde{M}$ の接続とする. このとき, f^*E の接続 $\widetilde{\nabla}^f$ で次の条件を満たすようなものがただ 1 つ存在する:

> "$\sigma \in \Gamma^\infty(E)$ に対し, $\sigma_f \in \Gamma^\infty(f^*E)$ を $(\sigma_f)_p := \sigma_{f(p)}$ $(p \in M)$ によって定義するとき, 任意の $\boldsymbol{X} \in \mathcal{X}(M)$ に対し, $(\widetilde{\nabla}^f_X \sigma_f)_p = \widetilde{\nabla}_{df_p(X_p)} \sigma$ $(p \in M)$ が成り立つ."

この接続 $\widetilde{\nabla}^f$ を $\widetilde{\nabla}$ の f による**誘導接続** (induced connection), または, **引き戻し接続** (pull-back connection) という.

f を n 次元 C^∞ リーマン多様体 (M, g) から m 次元 C^∞ リーマン多様体 $(\widetilde{M}, \widetilde{g})$ への C^∞ 写像とし, $\nabla, \widetilde{\nabla}$ を各々, $g, \widetilde{g}$ のリーマン接続とする. $h_p : T_pM \times T_pM \to T_{f(p)}\widetilde{M}$ を

$$h_p(\boldsymbol{v}_1, \boldsymbol{v}_2) := (\widetilde{\nabla}^f_{X_1} df(X_2) - df(\nabla_{X_1} X_2))_p \quad (\boldsymbol{v}_1, \boldsymbol{v}_2 \in T_pM)$$

によって定義する. ここで, X_i は $(X_i)_p = \boldsymbol{v}_i$ となる $\mathcal{X}(M)$ の元であり, $df(\bullet)$ は $df(\bullet)_p := df_p((\bullet)_p)$ $(p \in M)$ によって定義される $\mathcal{X}_f(M, \widetilde{M})$ の元である. 以下, $df(\bullet)$ は $f_*(\bullet)$ と表されることもある. この定義は, $\boldsymbol{v}_i$ の拡張 X_i のとり方によらずに定まることが示される. さらに, h_p は $T_{f(p)}\widetilde{M}$ に値をとる対称な双線形形式になり, 各点 $p \in M$ に対し h_p を対応させる対応 h は, テンソル積バンドル

$$T^*M \otimes T^*M \otimes f^*T\widetilde{M} := \coprod_{p \in M} (T_p^*M \otimes T_p^*M \otimes T_{f(p)}\widetilde{M})$$

の C^∞ 切断を与えることが示される. ここで, $T^*M \otimes T^*M \otimes f^*T\widetilde{M}$ には, 自然な方法で C^∞ 構造が与えられ, 自然な射影 $\pi : T^*M \otimes T^*M \otimes f^*T\widetilde{M} \to M$ は C^∞ 実ベクトルバンドルになることを注意しておく. h を f の**第 2 基本形式** (second fundamental form) という. また, h の g に関するトレース $\mathrm{Tr}_g h$ が

$$(\mathrm{Tr}_g h)_p := \sum_{i=1}^n h_p(\boldsymbol{e}_i, \boldsymbol{e}_i) \left(= \sum_{i,j=1}^n (g^{ij})_p (h_{ij})_p \right) \quad (p \in M)$$

$$\begin{pmatrix} (\boldsymbol{e}_1,\ldots,\boldsymbol{e}_n) : (T_pM, g_p) \text{ の正規直交基底} \\ h_{ij} : h \text{ の } p \text{ のまわりの局所チャート } (U,\varphi) \text{ に関する成分} \\ g^{ij} : g \text{ の } p \text{ のまわりの局所チャート } (U,\varphi) \text{ に関する成分 } g_{ij} \\ \text{のつくる正則行列 } (g_{ij}) \text{ の逆行列の } (i,j) \text{ 成分} \end{pmatrix}$$

によって定義される. $\mathrm{Tr}_g h$ を f の**テンション場** (tension field) といい, $\tau(f)$ と表す. $\tau(f) = 0$ が成り立つとき, f を (M,g) から $(\widetilde{M}, \widetilde{g})$ への**調和写像** (harmonic map) という. 特に, $(\widetilde{M}, \widetilde{g})$ が 1 次元ユークリッド空間 $\mathbb{R}$, つまり f が (M,g) 上の関数のとき, $\tau(f)$ は f の**ラプラシアン** (Laplacian) とよばれ, $\Delta_g f$ と表される. $\Delta_g f = 0$ が成り立つとき, f は (M,g) 上の**調和関数** (harmonic function) とよばれる.

2.9 概複素構造・複素構造・ケーラー構造

M を $2n$ 次元 C^∞ 級多様体とし, J を M 上の C^∞ 級の $(1,1)$ テンソル場とする. J が $J_p^2 (= J_p \circ J_p) = -\mathrm{id}_{T_pM}$ $(p \in M)$ を満たすとき, J を M 上の**概複素構造** (almost complex structure) といい, (M,J) を**概複素多様体** (almost complex manifold) という. 次に, 複素構造の定義を述べる. M をハウスドルフ空間とする. 族 $\mathcal{C} := \{(U_\lambda, \varphi_\lambda) | \lambda \in \Lambda\}$ で次の 3 条件を満たすものを M の**複素構造** (complex structure) とよび, 組 $(M, \mathcal{C})$ を n 次元**複素多様体** (complex manifold) とよぶ:

(i) $\{U_\lambda | \lambda \in \Lambda\}$ は M の開被覆である.
(ii) 各 $\lambda \in \Lambda$ に対し, φ_λ は U_λ から $\mathbb{C}^n$ のある開集合への同相写像である.
(iii) $U_\lambda \cap U_\mu \neq \emptyset$ のとき, $\varphi_\mu \circ \varphi_\lambda^{-1} : \varphi_\lambda(U_\lambda \cap U_\mu) \to \varphi_\mu(U_\lambda \cap U_\mu)$ は正則同型写像である.

また, 各 $(U_\lambda, \varphi_\lambda)$ を**局所チャート** (local chart), 各 U_λ を**局所複素座標近傍** (local complex coordinate neighborhood), 各 φ_λ を**局所複素座標** (local complex coordinate) とよぶ.

注意 n 次元複素多様体は，$\mathbb{C}^n$ と $\mathbb{R}^{2n}$ の自然な同一視

$$(z_1, \ldots, z_n)\,(\in \mathbb{C}^n) \iff (x_1, y_1, \ldots, x_n, y_n)\,(\in \mathbb{R}^{2n})$$
$$(z_i = x_i + \sqrt{-1}y_i \quad (i = 1, \ldots, n))$$

のもとに，各 φ_λ を $\mathbb{R}^{2n}$ への写像とみなすことにより $2n$ 次元 C^ω 多様体とみなせる．

概複素多様体と複素多様体との関係について述べる．$(M, \mathcal{C})$ を n 次元複素多様体とする ($\mathcal{C} = \{(U_\lambda, \varphi_\lambda) \mid \lambda \in \Lambda\}$)．このとき，$M$ 上の概複素構造 J で次の条件を満たすようなものが一意的に存在する：

各 λ に対し，$\varphi_\lambda = (z_1, \ldots, z_n)$, $z_i = x_i + \sqrt{-1}y_i$ $(i = 1, \ldots, n)$ として，次式が成り立つ：

$$J_p\left(\left(\frac{\partial}{\partial x_i}\right)_p\right) = \left(\frac{\partial}{\partial y_i}\right)_p, \quad J_p\left(\left(\frac{\partial}{\partial y_i}\right)_p\right) = -\left(\frac{\partial}{\partial x_i}\right)_p$$
$$(p \in M,\ i = 1, \ldots, n).$$

この J を $\mathcal{C}$ に付随する概複素構造とよぶ．このように，複素多様体はすべて概複素多様体とみなせるが，逆は成り立たない．特に，概複素多様体 (M, J) に対し，M の複素構造 $\mathcal{C}$ でそれに付随する概複素構造が J となるようなものが存在するとき，J は**積分可能** (integrable) であるという．(J, g) を，M 上の C^∞ 級の概複素構造と C^∞ 級のリーマン計量の組とする．次の条件

$$g_p(J_p(\boldsymbol{v}), J_p(\boldsymbol{w})) = g_p(\boldsymbol{v}, \boldsymbol{w}) \quad (p \in M,\ \boldsymbol{v}, \boldsymbol{w} \in T_p M)$$

が成り立つとき，(J, g) を M の**概エルミート構造** (almost Hermitian structure) といい，(M, J, g) を**概エルミート多様体** (almost Hermitian manifold) という．さらに，J が積分可能であるとき，(J, g) を**エルミート構造** (Hermitian structure) といい，(M, J, g) を**エルミート多様体** (Hermitian manifold) という．エルミート多様体 (M, J, g) に対し，M 上の 2 次微分形式 ω を

$$\omega_p(\boldsymbol{v}, \boldsymbol{w}) := g_p(J_p(\boldsymbol{v}), \boldsymbol{w}) \quad (p \in M,\ \boldsymbol{v}, \boldsymbol{w} \in T_p M)$$

によって定義する．ω は**基本形式 (fundamental form)** とよばれる．特に，ω が閉形式，つまり $d\omega = 0$ を満たすとき，(J,g) を**ケーラー構造 (Kähler structure)** といい，(M,J,g) を**ケーラー多様体 (Kähler manifold)** という．また，ω は**ケーラー形式 (Kähler form)** とよばれる．概エルミート構造 (J,g) に対し，次の 3 条件は同値である：

(i) $d\omega = 0$ であり，かつ，J は積分可能である．
(ii) $\nabla J = 0$ である．
(iii) $\nabla \omega = 0$ である．

ここで，∇ は g のリーマン接続を表す．E, M を複素多様体とし，$\pi : E \to M$ を上への正則な沈めこみ写像とし，$E_p := \pi^{-1}(p)$ $(p \in M)$ とおく．次の 2 条件が成り立つとき，$\pi : E \to M$ は M 上の階数 k の**正則ベクトルバンドル (holomorphic vector bundle)** とよばれる：

(i) 各 E_p $(p \in M)$ に複素ベクトル空間の構造が与えられている．
(ii) M の各点 p_0 に対し，p_0 の近傍 U と正則同型写像 $\varphi : \pi^{-1}(U) \to U \times \mathbb{C}^k$ で，各 $p \in U$ に対し，$\varphi|_{E_p}$ が E_p から $\{p\} \times \mathbb{C}^k$ への（複素）線形同型写像になるようなものが存在する．

$(M, \mathcal{C})$ を n 次元複素多様体 $(\mathcal{C} = \{(U_\lambda, \varphi_\lambda) | \lambda \in \Lambda\})$ として，$\varphi_\lambda = (z_1, \ldots, z_n)$, $z_i = x_i + \sqrt{-1} y_i$ $(i = 1, \ldots, n)$ とする．接ベクトルバンドル TM の複素化 $TM^{\mathbb{C}}$ が

$$TM^{\mathbb{C}} := \coprod_{p \in M} T_p M^{\mathbb{C}}$$

によって定義される．ここで，$T_p M^{\mathbb{C}}$ は実ベクトル空間 $T_p M$ の複素化を表す．$TM^{\mathbb{C}}$ は階数 $2n$ の C^∞ 級複素ベクトルバンドルになる．さらに，$TM^{\mathbb{C}}$ の複素双対の k 次外積バンドル $\wedge^k((TM^{\mathbb{C}})^*)$ が

$$\wedge^k((TM^{\mathbb{C}})^*) := \coprod_{p \in M} \wedge^k((T_p M^{\mathbb{C}})^*)$$

によって定義される．ここで，$\wedge^k((T_p M^{\mathbb{C}})^*)$ は $T_p M^{\mathbb{C}}$ の複素双対 $(T_p M^{\mathbb{C}})^*$ の k 次外積空間を表す．$\wedge^k((TM^{\mathbb{C}})^*)$ は C^∞ 級複素ベクトルバンドルになる．$\wedge^k((TM^{\mathbb{C}})^*)$ の C^r 級切断 α は M 上の C^r 級の k 次**複素微分形式**

(**complex differential form**) とよばれ,局所複素座標 $(U_\lambda, \varphi_\lambda = (z_1, \ldots, z_n))$ $(z_i = x_i + \sqrt{-1} y_i$ とする) を用いて局所的に

$$\alpha|_{U_\lambda} = \sum_{k_1=0}^{k} \sum_{(i_1,\ldots,i_k) \in \mathcal{S}_{k_1}} \alpha_{i_1,\ldots,i_{k_1}, \bar{i}_{k_1+1},\ldots,\bar{i}_k} dz_{i_1} \wedge \cdots \wedge dz_{i_{k_1}} \wedge d\bar{z}_{i_{k_1+1}} \wedge$$
$$\cdots \wedge d\bar{z}_{i_k}$$

と表現される.ここで,$dz_i, d\bar{z}_i$ は各々,$(dz_i)_p = (dx_i)_p + \sqrt{-1}(dy_i)_p$,$(d\bar{z}_i)_p = (dx_i)_p - \sqrt{-1}(dy_i)_p$ によって定義される $\mathbb{R}$ 上線形な $T_p M$ から $\mathbb{C}$ への写像を,$T_p M^\mathbb{C}$ へ複素線形なものとして拡張したものを表し,$\alpha_{i_1,\ldots,i_{k_1},\bar{i}_{k_1+1},\ldots,\bar{i}_k}$ は U_λ 上の C^r 級関数であり,$\mathcal{S}_{k_1}$ は次のように定義される集合を表す:

$$\mathcal{S}_{k_1} := \{(i_1,\ldots,i_k) \in \{1,\ldots,n\}^k \mid i_1 < \cdots < i_{k_1},\ i_{k_1+1} < \cdots < i_k\}.$$

特に,

$$\sum_{(i_1,\ldots,i_k) \in \mathcal{S}_{k_1}} \alpha_{i_1,\ldots,i_{k_1},\bar{i}_{k_1+1},\ldots,\bar{i}_k} dz_{i_1} \wedge \cdots \wedge dz_{i_{k_1}} \wedge d\bar{z}_{i_{k_1+1}} \wedge \cdots \wedge d\bar{z}_{i_k}$$

と局所表示される k 次複素微分形式は $(k_1, k - k_1)$ 次**複素微分形式**とよばれる.$(k, 0)$ 次複素微分形式 α で,局所的に U_λ 上の正則関数 $\alpha_{i_1,\ldots,i_k}$ を用いて

$$\sum_{(i_1,\ldots,i_k) \in \mathcal{S}_k} \alpha_{i_1,\ldots,i_k} dz_{i_1} \wedge \cdots \wedge dz_{i_k}$$

と表示されるようなものは,k 次**正則微分形式** (**holomorphic differential form**) とよばれる.$\wedge^{k_1,k_2}((T_p M^\mathbb{C})^*)$ を

$$\wedge^{k_1,k_2}((T_p M^\mathbb{C})^*) := \{\alpha(p) \mid \alpha \text{ は } p \text{ の近傍で定義された } (k_1, k_2) \text{ 次}$$
$$\text{複素微分形式}\}$$

によって定義し,$\wedge^{k_1,k_2}((TM^\mathbb{C})^*) := \coprod_{p \in M} \wedge^{k_1,k_2}((T_p M^\mathbb{C})^*)$ とする.これは階数 ${}_nC_{k_1} \cdot {}_nC_{k_2}$ の C^∞ 級複素ベクトルバンドルになり,特に,$\wedge^{k,0}((TM^\mathbb{C})^*)$

は階数 $_nC_k$ の正則ベクトルバンドルになる.k 次正則微分形式はこの正則ベクトルバンドルの**正則切断**（正則写像として与えられる切断）として定義してもよい.

2.10 リーマン部分多様体

この節において，リーマン部分多様体，および，その第 2 基本形式，形テンソル場，法接続，平均曲率ベクトル場等を定義する．さらに，擬リーマン部分多様体に対しても同様な概念が定義されることを述べる．

f を n 次元 C^∞ 多様体 M から $(n+r)$ 次元 C^∞ リーマン多様体 $(\widetilde{M},\widetilde{g})$ への C^∞ はめ込みとする．このとき，各点 $p \in M$ に対し，$(f^*\widetilde{g})_p : T_pM \times T_pM \to \mathbb{R}$ を

$$(f^*\widetilde{g})_p(\boldsymbol{v},\boldsymbol{w}) := \widetilde{g}_{f(p)}(df_p(\boldsymbol{v}),df_p(\boldsymbol{w})) \quad (\boldsymbol{v},\boldsymbol{w} \in T_pM)$$

によって定義する．このとき，各点 $p \in M$ に対し，$(f^*\widetilde{g})_p$ を対応させる対応 $f^*\widetilde{g}$ は M の C^∞ 級のリーマン計量になる．このリーマン計量を，$\widetilde{g}$ から f によって**誘導されるリーマン計量** (induced Riemannian metric)，または単に，f による**誘導計量** (induced metric) といい，$(M, f^*\widetilde{g})$ を，$\boldsymbol{f}$ によってはめ込まれた $(\widetilde{M},\widetilde{g})$ 内のリーマン部分多様体 (Riemannian submanifold) という．特に，f が埋め込み写像であるとき，$(M, f^*\widetilde{g})$ を，$\boldsymbol{f}$ によって埋め込まれた $(\widetilde{M},\widetilde{g})$ 内のリーマン部分多様体という．

例 2.10.1. C^∞ 正則曲線 $c : (a,b) \to \mathbb{R}^n$（つまり，$c$ は C^∞ 写像，$c'(t) \neq 0$ $(\forall t \in (a,b))$）は，$c'(t) = (dc)_t\left(\left(\dfrac{d}{dt}\right)_t\right)$ であることに注意することにより，C^∞ はめ込みであることがわかる．また，s を c の弧長パラメーター ($s = s(t) = \int_a^t \|c'(t)\|dt$) とするとき，$\mathbb{R}^n$ のユークリッド計量 $\widetilde{g}$ から c によって誘導される計量 $c^*\widetilde{g}$ は，$c^*\widetilde{g} = ds \otimes ds$ によって与えられることがわかる．実際，

$$(c^*\widetilde{g})_{t_0}\left(\left(\dfrac{d}{dt}\right)_{t_0},\left(\dfrac{d}{dt}\right)_{t_0}\right) = \|c'(t_0)\|^2 = \left(\left.\dfrac{ds}{dt}\right|_{t=t_0}\right)^2$$
$$= (ds \otimes ds)_{t_0}\left(\left(\dfrac{d}{dt}\right)_{t_0},\left(\dfrac{d}{dt}\right)_{t_0}\right).$$

2.10 リーマン部分多様体

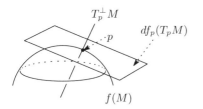
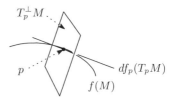

図 2.10.1 法空間

また, S を $\mathbb{R}^3$ 内の C^∞ 曲面, ι を S から $\mathbb{R}^3$ への包含写像とし, $\widetilde{g}$ を $\mathbb{R}^3$ のユークリッド計量とするとき, ι は S から $\mathbb{R}^3$ への C^∞ 埋め込み写像となり, $(S, \iota^*\widetilde{g})$ は ι によって埋め込まれた $(\mathbb{R}^3, \widetilde{g})$ 内の埋め込まれたリーマン部分多様体になる. 曲面論では, $\iota^*\widetilde{g}$ は S の**第1基本形式** (first fundamental form) とよばれる.

リーマン部分多様体に対する基本的な幾何学量について述べる. 以下, "リーマン部分多様体 (M, g)" は "f" に読みかえてもよい. 誘導計量 $f^*\widetilde{g}$ を g で表して, $\nabla, \widetilde{\nabla}$ を各々, $g, \widetilde{g}$ のリーマン接続とする. $T_{f(p)}\widetilde{M}$ の部分ベクトル空間 $df_p(T_pM)$ の $\widetilde{g}_p$ に関する直交補空間 $df_p(T_pM)^\perp$ を, リーマン部分多様体 (M, g) の点 p における**法空間** (normal space) といい, $T_p^\perp M$ と表す. また, $T_p^\perp M$ の各元を, リーマン部分多様体 (M, g) の点 p における**法ベクトル** (normal vector) という.

$T^\perp M := \coprod_{p \in M}(\{p\} \times T_p^\perp M)$ には, 自然な方法で C^∞ 構造が定義され, 自然な射影 $\pi : T^\perp M \to M$ は C^∞ ベクトルバンドルになる. この C^∞ ベクトルバンドルをリーマン部分多様体 (M, g) の**法ベクトルバンドル** (normal vector bundle) という. 法ベクトルバンドル $T^\perp M$ の切断は, $\{p\} \times T_p^\perp M$ と $T_p^\perp M$ の同一視のもと, 各点 $p \in M$ に対し, $T_p^\perp M$ の元を対応させる対応とみなされる. $T^\perp M$ の切断を, リーマン部分多様体 (M, g) の**法ベクトル場** (normal vector field) といい, C^∞ 級の法ベクトル場の全体を $\mathcal{X}^\perp(M)$ と表す. **リーマン部分多様体 (M, g) の第2基本形式**は, 写像 f の第2基本形式として定義される. これを h で表すことにする. 2.8 節で述べたように, h は $T^*M \otimes T^*M \otimes f^*T\widetilde{M}$ の C^∞ 切断になる. 実は, f がはめ込み写像の場合,

$$h_p(\boldsymbol{v}_1, \boldsymbol{v}_2) \in T_p^\perp M \quad (\forall p \in M, \ \forall \boldsymbol{v}_1, \boldsymbol{v}_2 \in T_p M)$$

が示され，それゆえ，h は C^∞ ベクトルバンドル $T^*M \otimes T^*M \otimes T^\perp M$ の C^∞ 切断になる．h の g に関するトレース，つまり前節で定義した $f : (M, g) \to (\widetilde{M}, \widetilde{g})$ のテンション場 $\tau(f)$ を H で表し，リーマン部分多様体 (M,g) の**平均曲率ベクトル場** (**mean curvature vector field**) という．これは (M,g) の C^∞ 級法ベクトル場になる．$H = 0$ であるとき，リーマン部分多様体 (M,g) は**極小部分多様体** (**minimal submanifold**) とよばれる．

注意 通常，リーマン部分多様体論では，$\frac{1}{n}\tau(f)$ を平均曲率ベクトル場とよぶが，平均曲率流の理論においては $\tau(f)$ を平均曲率ベクトル場とよぶので，平均曲率ベクトル場を上記のように定義することにする．

h の定義より，

$$\widetilde{\nabla}^f_{\boldsymbol{X}} df(\boldsymbol{Y}) = df(\nabla_{\boldsymbol{X}} \boldsymbol{Y}) + h(\boldsymbol{X}, \boldsymbol{Y}) \quad (\boldsymbol{X}, \boldsymbol{Y} \in \mathcal{X}(M))$$

が成り立つ．この関係式を**ガウスの公式** (**Gauss formula**) という．

次に，リーマン部分多様体 (M,g) の形テンソル場を定義することにする．$A_p : T_p^\perp M \times T_p M \to T_p M$ を

$$df_p(A_p(\xi, \boldsymbol{v})) := -\mathrm{pr}_{T_{f(p)}}((\widetilde{\nabla}^f_{\boldsymbol{X}} \widetilde{\xi})_p) \quad (\xi \in T_p^\perp M, v \in T_p M)$$

によって定義する．ここで，$\boldsymbol{X}$ は $\boldsymbol{X}_p = \boldsymbol{v}$ となる $\mathcal{X}(M)$ の元であり，$\widetilde{\xi}$ は $\widetilde{\xi}_p = \xi$ となる $\mathcal{X}^\perp(M)$ の元である．$\mathrm{pr}_{T_{f(p)}}$ は $T_{f(p)}\widetilde{M}$ から $df_p(T_p M)$ への直交射影を表す．この定義は，$\boldsymbol{v}, \xi$ の拡張 $\boldsymbol{X}, \widetilde{\xi}$ のとり方によらないことが示される．通常，$A_p(\xi, \boldsymbol{v})$ は $(A_p)_\xi(\boldsymbol{v})$ と表される．各点 $p \in M$ に対し A_p を対応させる対応 A は，C^∞ ベクトルバンドル $(T^\perp M)^* \otimes T^*M \otimes TM$ の C^∞ 切断を与える．A をリーマン部分多様体 (M,g) の**形テンソル場** (**shape tensor**) といい，$(A_p)_\xi$ は (M,g) の ξ に対する**形作用素** (**shape operator**) という．明らかに，$(A_p)_\xi : T_p M \to T_p M$ は線形変換であり，さらに，

$$\widetilde{g}_{f(p)}(h_p(\boldsymbol{v}_1, \boldsymbol{v}_2), \xi) = g_p((A_p)_\xi(\boldsymbol{v}_1), \boldsymbol{v}_2) \quad (\boldsymbol{v}_1, \boldsymbol{v}_2 \in T_p M, \ \xi \in T_p^\perp M)$$

が成り立つことが示されるので，h_p の対称性より，$(A_p)_\xi$ は (T_pM, g_p) の対称変換を与えることがわかる．それゆえ，$(A_p)_\xi$ は T_pM のある（g_p に関する）正規直交基底に関して対角化される．

リーマン部分多様体 (M,g) の法接続を定義することにする．$\nabla^\perp : \mathcal{X}(M) \times \mathcal{X}^\perp(M) \to \mathcal{X}^\perp(M)$ を

$$(\nabla^\perp(\boldsymbol{X}, \xi))_p := \mathrm{pr}_{T^\perp_{f(p)}}((\widetilde{\nabla}^f_{\boldsymbol{X}}\xi)_p) \quad (\boldsymbol{X} \in \mathcal{X}(M), \xi \in \mathcal{X}^\perp(M))$$

によって定義する．ただし，$\mathrm{pr}_{T^\perp_{f(p)}}$ は $T_{f(p)}\widetilde{M}$ から $T^\perp_p M$ への直交射影を表す．$\nabla^\perp$ は法ベクトルバンドル $T^\perp M$ の接続になる．$\nabla^\perp$ をリーマン部分多様体 (M,g) の**法接続**という．通常，$\nabla^\perp(\boldsymbol{X}, \xi)$ は $\nabla^\perp_{\boldsymbol{X}}\xi$ と表される．

A と $\nabla^\perp$ の定義より，

$$\widetilde{\nabla}^f_{\boldsymbol{X}}\xi = -df(A_\xi \boldsymbol{X}) + \nabla^\perp_{\boldsymbol{X}}\xi \quad (\boldsymbol{X} \in \mathcal{X}(M), \xi \in \mathcal{X}^\perp(M))$$

が成り立つ．この関係式を**ワインガルテンの公式**（Weingarten formula）という．

$(\widetilde{M}, \widetilde{g})$ 内のはめ込まれたリーマン部分多様体 (M,g) に対し，$\dim \widetilde{M} - \dim M$ はその**余次元**（codimension）とよばれる．特に，余次元 1 のはめ込まれたリーマン部分多様体は，**はめ込まれたリーマン超曲面**（immersed Riemannian hypersurface）とよばれる．(M,g) を f によってはめ込まれた $(\widetilde{M}, \widetilde{g})$ 内の n 次元リーマン超曲面とし，A をその形テンソル場とする．M 上の大域的に定義される C^∞ 級単位法ベクトル場 $\boldsymbol{N}$ が存在するとする．例えば，$M, \widetilde{M}$ が向き付け可能ならば，$\boldsymbol{N}$ は存在する．このとき，$\boldsymbol{N}$ を用いて，M 上の C^∞ 級 $(1,1)$ テンソル場 $\mathcal{A}$ を次式によって定義する：

$$\mathcal{A}_p(\boldsymbol{v}) := (A_p)_{\boldsymbol{N}_p}(\boldsymbol{v}) \quad (p \in M, \boldsymbol{v} \in T_pM).$$

$\mathcal{A}$ をリーマン超曲面 (M,g) の $\boldsymbol{N}$ に対する**形作用素**といい，$h^S := g(\mathcal{A}(\bullet), \bullet)$ をリーマン超曲面 (M,g)（または f）の $\boldsymbol{N}$ に対する**スカラー値第 2 基本形式**（scalar-valued second fundamental form）という．また，$\mathcal{H} := \mathrm{Tr}\,\mathcal{A}$ をリーマン超曲面 (M,g)（または f）の $\boldsymbol{N}$ に対する**平均曲率**（mean curvature）という．リーマン超曲面 (M,g) の（法ベクトル値）第 2 基本形式 h は，$h = h^S \otimes \boldsymbol{N}$ と記述され，リーマン超曲面 (M,g) の平均曲率ベクトル場 H

は，$H = \mathcal{H}\boldsymbol{N}$ と記述される．

次に，より一般に擬リーマン部分多様体について同様な概念が定義されることを述べる．M を n 次元多様体，$(\widetilde{M}, \widetilde{g})$ を指数 ν の $(n+r)$ 次元擬リーマン多様体とし，f を M から $\widetilde{M}$ へのはめ込み写像とする．$\widetilde{g}$ の f による引き戻し $g := f^*\widetilde{g}$ は，M 上の擬リーマン計量になるとは限らない．特に，g が擬リーマン計量になるとき，(M, g) を f によって等長的にはめ込まれた**擬リーマン部分多様体** (pseudo-Riemannian submanifold) といい，g を**誘導擬リーマン計量** (induced pseudo-Riemannian metric) という．このとき明らかに，g の指数は ν 以下である．特に，$(\widetilde{M}, \widetilde{g})$ がローレンツ多様体のとき，誘導擬リーマン計量 g の指数は 1 以下である．g の指数が 0，つまり g がリーマン計量になるとき，(M, g) を $(\widetilde{M}, \widetilde{g})$ 内の**空間的部分多様体** (space-like submanifold) といい，g の指数が 1，つまり g がローレンツ計量になるとき，(M, g) を $(\widetilde{M}, \widetilde{g})$ 内の**時間的部分多様体** (timelike submanifold) という．

(M, g) を f によって等長的にはめ込まれた指数 ν の $(n+r)$ 次元擬リーマン多様体 $(\widetilde{M}, \widetilde{g})$ 内の指数 μ の n 次元擬リーマン部分多様体とする．このとき，リーマン部分多様体の場合と同様に，各 $p \in M$ に対し p における法空間 $T_p^\perp M$ が

$$T_p^\perp M := \{\xi \in T_{f(p)}\widetilde{M} \mid \widetilde{g}_{f(p)}(df_p(\boldsymbol{v}), \xi) = 0 \, (\forall \boldsymbol{v} \in T_p M)\}$$

によって定義され，制限 $\widetilde{g}_{f(p)}|_{T_p^\perp M \times T_p^\perp M}$ は $T_p^\perp M$ 上の指数 $\nu - \mu$ の非退化内積になる．また，$\widetilde{g}, g$ の擬リーマン接続を $\widetilde{\nabla}, \nabla$ として，擬リーマン部分多様体 (M, g) の第2基本形式 h，形テンソル場 A，法接続 $\nabla^\perp$ がリーマン部分多様体の場合と同様に定義される．g のリッチテンソル場 Ric，およびスカラー曲率 S は各々，

$$\mathrm{Ric}_p(\boldsymbol{v}, \boldsymbol{w}) := \sum_{i=1}^n \varepsilon_i g_p(R_p(\boldsymbol{e}_i, \boldsymbol{v})\boldsymbol{w}, \boldsymbol{e}_i) \quad (p \in M, \ \boldsymbol{v}, \boldsymbol{w} \in T_p M),$$

$$S_p := \sum_{i=1}^n \varepsilon_i \mathrm{Ric}_p(\boldsymbol{e}_i, \boldsymbol{e}_i) \quad (p \in M)$$

によって定義される．ここで，$(\boldsymbol{e}_1, \ldots, \boldsymbol{e}_n)$ は $T_p M$ の g_p に関する正規直交

基底であり，ε_i は $g_p(\boldsymbol{e}_i, \boldsymbol{e}_i)$ を表す．$\widetilde{g}$ のリッチテンソル場 $\widetilde{\mathrm{Ric}}$, $\widetilde{S}$ も同様に定義される．また，T_pM の各 2 次元部分ベクトル空間 Π で非退化なもの（つまり，$g_p|_{\Pi \times \Pi}$ が非退化になるようなもの）に対し，その**断面曲率** $K(\Pi)$ が

$$K(\Pi) := \hat{\varepsilon}_1 \hat{\varepsilon}_2 g_p(R_p(\hat{\boldsymbol{e}}_1, \hat{\boldsymbol{e}}_2)\hat{\boldsymbol{e}}_2, \hat{\boldsymbol{e}}_1) \quad (p \in M)$$

によって定義される．ここで，$(\hat{\boldsymbol{e}}_1, \hat{\boldsymbol{e}}_2)$ は Π の正規直交基底であり，$\hat{\varepsilon}_i$ は $g_p(\hat{\boldsymbol{e}}_i, \hat{\boldsymbol{e}}_i)$ を表す．また，擬リーマン部分多様体 (M, g) の平均曲率ベクトル場 H は

$$H_p := \sum_{i=1}^{n} \varepsilon_i h_p(\boldsymbol{e}_i, \boldsymbol{e}_i) \quad (p \in M)$$

によって定義される．ここで，$(\boldsymbol{e}_1, \ldots, \boldsymbol{e}_n)$, ε_i は上述のとおりである．

例 2.10.2. g_ν^0 をアフィン空間 $\mathbb{R}^n$ の次式によって定義される擬リーマン計量とする：

$$g_\nu^0 \left(\frac{\partial}{\partial x_i}, \frac{\partial}{\partial x_j} \right) = \begin{cases} -1 & (1 \leq i \leq \nu) \\ 1 & (\nu + 1 \leq i \leq n) \\ 0 & (i \neq j). \end{cases}$$

ここで，$(x_1, \ldots, x_n)$ は $\mathbb{R}^n$ の自然な座標系を表す（つまり，$\mathrm{id}_{\mathbb{R}^n} = (x_1, \ldots, x_n)$）．擬リーマン多様体 $(\mathbb{R}^n, g_\nu^0)$ は指数 ν の n 次元**擬ユークリッド空間 (pseudo-Euclidean space)** とよばれ，$\mathbb{R}_\nu^n$ と表される．特に，$\mathbb{R}_1^n$ は例 2.4.3 で述べた n 次元ローレンツ空間である．$\mathbb{R}_\nu^n$ の曲率テンソル場は 0，つまり $\mathbb{R}_\nu^n$ は平坦であり，それゆえ，リッチ曲率 Ric とスカラー曲率 S も 0 になる．

例 2.10.3. $c > 0$ とする．$\mathbb{R}_\nu^{n+1}$ 内の部分多様体 $M_{n,\nu,c}$ を

$$M_{n,\nu,c} := \left\{ (x_1, \ldots, x_{n+1}) \,\middle|\, -\sum_{i=1}^{\nu} x_i^2 + \sum_{i=\nu+1}^{n+1} x_i^2 = \frac{1}{c} \right\}$$

によって定義する．ι を $M_{n,\nu,c}$ から $\mathbb{R}_\nu^{n+1}$ への包含写像とし，$g := \iota^* g_\nu^0$ とする．このとき，g は指数 ν の擬リーマン計量になり，$(M_{n,\nu,c}, g)$ は一定の断面

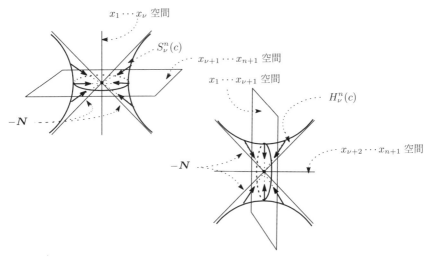

図 2.10.2 擬球面・擬双曲空間，および，それらの単位法ベクトル場

曲率 c をもつことが示される．$(M_{n,\nu,c}, g)$ は，指数 ν の n 次元**擬球面** (**pseudo-sphere**) とよばれ，$S_\nu^n(c)$ と表される．特に，$S_1^n(c)$ は n 次元**ド・ジッター空間** (**de Sitter space**) とよばれる．$S_\nu^n(c)$ のリッチ曲率 Ric とスカラー曲率 S は各々，Ric $= (n-1)cg$, $S = n(n-1)c$ によって与えられる．また，$S_\nu^n(c)$ は $S^{n-\nu} \times \mathbb{R}^\nu$ に C^∞ 同型であることが容易に示される．等長埋め込み写像 $\iota : S_\nu^n(c) \hookrightarrow \mathbb{R}_\nu^{n+1}$ の外向きの単位法ベクトル場を $\boldsymbol{N}$（つまり，$\boldsymbol{N}_p := \sqrt{c}\,\overrightarrow{op}$ $(p \in S_\nu^n(c))$）とし，形テンソル場を A, 平均曲率ベクトル場を H とし，$\mathcal{A} := A_{-\boldsymbol{N}}, \mathcal{H} := g_\nu^0(H, -\boldsymbol{N})$ とする．このとき，$\mathcal{A} = \sqrt{c}\,\mathrm{id}, \mathcal{H} = n\sqrt{c}$ が成り立つ．このように，$S_\nu^n(c)$ は $\mathbb{R}_\nu^{n+1}$ 内の一定の平均曲率 $n\sqrt{c}$ をもつ全臍的擬リーマン超曲面になる．

例 2.10.4. $c < 0$ とする．$\mathbb{R}_{\nu+1}^{n+1}$ 内の部分多様体 $M_{n,\nu+1,c}$ を

$$M_{n,\nu+1,c} := \left\{ (x_1, \ldots, x_{n+1}) \,\middle|\, -\sum_{i=1}^{\nu+1} x_i^2 + \sum_{i=\nu+2}^{n+1} x_i^2 = \frac{1}{c} \right\}$$

によって定義する．ι を $M_{n,\nu,c}$ から $\mathbb{R}_{\nu+1}^{n+1}$ への包含写像とし，$g := \iota^* g_{\nu+1}^0$ とする．このとき，g は指数 ν の擬リーマン計量になり，$(M_{n,\nu,c}, g)$ は一定の断面曲率 c をもつことが示される．$(M_{n,\nu,c}, g)$ は，指数 ν の n 次元**擬双曲空間**

(pseudo-hyperbolic space) とよばれ，$H^n_\nu(c)$ と表される．特に，$H^n_1(c)$ は n 次元アンチド・ジッター空間 (anti-de Sitter space) とよばれる．$H^n_\nu(c)$ のリッチ曲率 Ric とスカラー曲率 S は各々，$\mathrm{Ric} = (n-1)cg$, $S = n(n-1)c$ によって与えられる．また，$H^n_\nu(c)$ は $S^\nu \times \mathbb{R}^{n-\nu}$ に C^∞ 同型であることが容易に示される．等長埋め込み写像 $\iota : H^n_\nu(c) \hookrightarrow \mathbb{R}^{n+1}_{\nu+1}$ の外向きの単位法ベクトル場を $\boldsymbol{N}$ (つまり，$\boldsymbol{N}_p := \sqrt{-c}\,\overrightarrow{op}\ (p \in H^n_\nu(c))$) とし，形テンソル場を A, 平均曲率ベクトル場を H とし，$\mathcal{A} := A_{-\boldsymbol{N}}$, $\mathcal{H} := g^0_{\nu+1}(H, -\boldsymbol{N})$ とする．このとき，$\mathcal{A} = \sqrt{-c}\,\mathrm{id}$, $\mathcal{H} = n\sqrt{-c}$ が成り立つ．このように，$H^n_\nu(c)$ は $\mathbb{R}^{n+1}_{\nu+1}$ 内の一定の平均曲率 $n\sqrt{-c}$ をもつ全臍的擬リーマン超曲面になる．

2.11 ガウスの方程式・コダッチの方程式・リッチの方程式

この節において，f によってはめ込まれた $(\widetilde{M}, \tilde{g})$ 内のリーマン部分多様体 (M, g) に対するガウスの方程式・コダッチの方程式・リッチの方程式・サイモンズの恒等式について説明する．前節における記号を用いることにする．$\widetilde{R}$, R, $R^\perp$ を各々，$\widetilde{\nabla}$, ∇, $\nabla^\perp$ の曲率テンソル場とする．最初に，**ガウスの方程式** (Gauss equation) について述べることにする．

定理 2.11.1 (ガウスの方程式). $\widetilde{R}, R, h$ の間に次の関係式が成り立つ：

$$\tilde{g}(\widetilde{R}(df(\boldsymbol{X}), df(\boldsymbol{Y}))df(\boldsymbol{Z}), df(\boldsymbol{W})) = g(R(\boldsymbol{X}, \boldsymbol{Y})\boldsymbol{Z}, \boldsymbol{W})$$
$$+ \tilde{g}(h(\boldsymbol{X}, \boldsymbol{Z}), h(\boldsymbol{Y}, \boldsymbol{W}))$$
$$- \tilde{g}(h(\boldsymbol{X}, \boldsymbol{W}), h(\boldsymbol{Y}, \boldsymbol{Z})).$$

ここで，$\boldsymbol{X}, \boldsymbol{Y}, \boldsymbol{Z}, \boldsymbol{W}$ は M 上の任意の接ベクトル場を表す．

∇ と $\nabla^\perp$ を用いて，$T^*M \otimes T^*M \otimes T^*M \otimes T^\perp M$ の C^∞ 切断 $\overline{\nabla} h$ を

$$(\overline{\nabla} h)(\boldsymbol{X}, \boldsymbol{Y}, \boldsymbol{Z}) := \nabla^\perp_{\boldsymbol{X}}(h(\boldsymbol{Y}, \boldsymbol{Z})) - h(\nabla_{\boldsymbol{X}} \boldsymbol{Y}, \boldsymbol{Z}) - h(\boldsymbol{Y}, \nabla_{\boldsymbol{X}} \boldsymbol{Z})$$
$$(\boldsymbol{X}, \boldsymbol{Y}, \boldsymbol{Z} \in \mathcal{X}(M))$$

によって定義し，さらに $T^*M \otimes T^*M \otimes T^*M \otimes T^*M \otimes T^\perp M$ の C^∞ 切断 $\overline{\nabla}\,\overline{\nabla} h$ を

$$(\overline{\nabla}\,\overline{\nabla}h)(\boldsymbol{X},\boldsymbol{Y},\boldsymbol{Z},\boldsymbol{W}) := \nabla_{\boldsymbol{X}}^{\perp}((\overline{\nabla}h)(\boldsymbol{Y},\boldsymbol{Z},\boldsymbol{W})) - (\overline{\nabla}h)(\nabla_{\boldsymbol{X}}\boldsymbol{Y},\boldsymbol{Z},\boldsymbol{W})$$
$$- (\overline{\nabla}h)(\boldsymbol{Y},\nabla_{\boldsymbol{X}}\boldsymbol{Z},\boldsymbol{W}) - (\overline{\nabla}h)(\boldsymbol{Y},\boldsymbol{Z},\nabla_{\boldsymbol{X}}\boldsymbol{W})$$
$$(\boldsymbol{X},\boldsymbol{Y},\boldsymbol{Z},\boldsymbol{W}\in\mathcal{X}(M))$$

によって定義する.以下, $(\overline{\nabla}h)(\boldsymbol{X},\boldsymbol{Y},\boldsymbol{Z})$ を $(\overline{\nabla}_{\boldsymbol{X}}h)(\boldsymbol{Y},\boldsymbol{Z})$ と表し, $(\overline{\nabla}\,\overline{\nabla}h)(\boldsymbol{X},\boldsymbol{Y},\boldsymbol{Z},\boldsymbol{W})$ を $(\overline{\nabla}_{\boldsymbol{X}}\overline{\nabla}_{\boldsymbol{Y}}h)(\boldsymbol{Z},\boldsymbol{W})$ と表すことにする.次に,**コダッチの方程式** (Codazzi equation) を述べることにする.

定理 2.11.2 (コダッチの方程式). $\widetilde{R}$ と $\overline{\nabla}h$ の間に次の関係式が成り立つ:

$$\widetilde{g}(\widetilde{R}(df(\boldsymbol{X}),df(\boldsymbol{Y}))df(\boldsymbol{Z}),\widetilde{\xi}) = \widetilde{g}((\overline{\nabla}_{\boldsymbol{X}}h)(\boldsymbol{Y},\boldsymbol{Z}),\widetilde{\xi}) - \widetilde{g}((\overline{\nabla}_{\boldsymbol{Y}}h)(\boldsymbol{X},\boldsymbol{Z}),\widetilde{\xi})$$
$$(\boldsymbol{X},\boldsymbol{Y},\boldsymbol{Z}\in\mathcal{X}(M),\widetilde{\xi}\in\mathcal{X}^{\perp}(M)).$$

特に, (M,g) が定曲率空間内のリーマン超曲面の場合,

$$(\nabla_{\boldsymbol{X}}h^S)(\boldsymbol{Y},\boldsymbol{Z}) = (\nabla_{\boldsymbol{Y}}h^S)(\boldsymbol{X},\boldsymbol{Z}) \quad (\boldsymbol{X},\boldsymbol{Y},\boldsymbol{Z}\in\mathcal{X}(M))$$

が成り立つ.

次に,**リッチの方程式** (Ricci equation) について述べることにする.

定理 2.11.3 (リッチの方程式). $\widetilde{R}$, $R^{\perp}$, A の間に次の関係式が成り立つ:

$$\widetilde{g}(\widetilde{R}(df(\boldsymbol{X}),df(\boldsymbol{Y}))\widetilde{\xi}_1,\widetilde{\xi}_2) = \widetilde{g}(R^{\perp}(\boldsymbol{X},\boldsymbol{Y})\widetilde{\xi}_1,\widetilde{\xi}_2) - g([A_{\widetilde{\xi}_1},A_{\widetilde{\xi}_2}](\boldsymbol{X}),\boldsymbol{Y})$$
$$(\boldsymbol{X},\boldsymbol{Y}\in\mathcal{X}(M),\widetilde{\xi}_1,\widetilde{\xi}_2\in\mathcal{X}^{\perp}(M)).$$

ここで, $[A_{\widetilde{\xi}_1},A_{\widetilde{\xi}_2}]$ は交換子積 $A_{\widetilde{\xi}_1}\circ A_{\widetilde{\xi}_2} - A_{\widetilde{\xi}_2}\circ A_{\widetilde{\xi}_1}$ を表す.特に, $(\widetilde{M},\widetilde{g})$ が定曲率空間で,法接続 $\nabla^{\perp}$ が平坦 (つまり, $R^{\perp}=0$) の場合,

$$[A_{\widetilde{\xi}_1},A_{\widetilde{\xi}_2}] = 0 \quad (\widetilde{\xi}_1,\widetilde{\xi}_2\in\mathcal{X}^{\perp}(M))$$

が成り立つ,つまり, $\{(A_p)_{\xi}\}_{\xi\in T_p^{\perp}M}$ は対称変換の可換族になる.それゆえ,これらは (T_pM,g_p) のある正規直交基底に関して同時に対角化される.

ガウスの方程式,コダッチの方程式,リッチの恒等式 (命題 2.4.3) から次の**サイモンズの恒等式** (Simons identity) が導かれる.

定理 2.11.4 (サイモンズの恒等式).

$$
\begin{aligned}
&(\overline{\nabla}_X \overline{\nabla}_Y h)(Z, W) - (\overline{\nabla}_Z \overline{\nabla}_W h)(X, Y) \\
&= h(W, A_{h(X,Y)} Z) - h(Y, A_{h(Z,W)} X) - h(Z, A_{h(W,Y)} X) \\
&\quad + h(X, A_{h(W,Y)} Z) + h(Y, A_{h(X,W)} Z) - h(W, A_{h(Z,Y)} X) \\
&\quad - h(Z, (\widetilde{R}(f_*(X), f_*(W)) f_*(Y))^T) \\
&\quad - h(X, (\widetilde{R}(f_*(Y), f_*(Z)) f_*(W))^T) \\
&\quad - h(Y, (\widetilde{R}(f_*(X), f_*(Z)) f_*(W))^T) \\
&\quad - h(W, (\widetilde{R}(f_*(X), f_*(Z)) f_*(Y))^T) \\
&\quad + (\widetilde{R}(f_*(X), h(Z, W)) f_*(Y))^\perp - (\widetilde{R}(f_*(Z), h(X, Y)) f_*(W))^\perp \\
&\quad + (\widetilde{R}(f_*(X), f_*(Z)) h(W, Y))^\perp + (\widetilde{R}(f_*(Y), f_*(W)) h(Z, X))^\perp \\
&\quad + (\widetilde{R}(f_*(X), f_*(W)) h(Z, Y))^\perp + (\widetilde{R}(f_*(Y), f_*(Z)) h(W, X))^\perp \\
&\quad + (\widetilde{\nabla}_{f_*(Z)} \widetilde{R})(f_*(X), f_*(W)) f_*(Y))^\perp \\
&\quad - (\widetilde{\nabla}_{f_*(X)} \widetilde{R})(f_*(Z), f_*(Y)) f_*(W))^\perp \\
&\hspace{6cm} (X, Y, Z, W \in \mathcal{X}(M)).
\end{aligned}
$$

ここで $(\cdot)^T, (\cdot)^\perp$ は, $(\cdot)$ の接成分, 法成分を表す.

2.12 主曲率・主曲率ベクトル・全臍性・強凸性

(M, g) を f によってはめ込まれた $(\widetilde{M}, \widetilde{g})$ 内の n 次元リーマン部分多様体とし, A, H をその形テンソル場, 平均曲率ベクトル場とする. 法ベクトル $\xi \in T_p^\perp M$ に対し, $(A_p)_\xi$ は $(T_p M, g_p)$ の対称変換なので, $(A_p)_\xi$ は $T_p M$ のある (g_p に関する) 正規直交基底 $(e_1, \ldots, e_n)$ に関して対角化される. ここで, $e_1, \ldots, e_n$ は $(A_p)_\xi$ の固有ベクトルであることを注意しておく. $(A_p)_\xi$ の固有値をリーマン部分多様体 (M, g) の ξ に対する**主曲率** (principal curvature) といい, その固有ベクトルを (M, g) の ξ に対する**主曲率ベクトル** (principal curvature vector) という. 任意の点 $p \in M$ と任意の法ベクトル $\xi \in T_p^\perp M$ に対し, (M, g) の ξ に対する主曲率がただ 1 つのみである, つまり, ある定数 λ に対し $(A_p)_\xi = \lambda \,\mathrm{id}$ となるとき, (M, g) は<ruby>**全臍的**<rt>ぜんせい</rt></ruby> (totally umbilic) であるという. ここで, $\lambda = \dfrac{\widetilde{g}(H_p, \xi)}{n}$ となることを注意しておく. $\overset{\circ}{h} := h - \dfrac{1}{n} g \otimes H$ を h の**トレースレス部分** (traceless part) という. 全臍性

について，次の事実が成り立つ．

命題 2.12.1. 次の 3 つの条件は同値である．
(i) (M, g) は全臍的である．
(ii) $\overset{\circ}{h} = 0$ が成り立つ．
(iii) 任意の点 $p \in M$ と任意の法ベクトル $\xi \in T_p^\perp M$ に対し，$\|(A_p)_\xi\|^2 = \dfrac{\widetilde{g}(H_p, \xi)^2}{n}$ が成り立つ．

注意 一般に，任意の点 $p \in M$ と任意の法ベクトル $\xi \in T_p^\perp M$ に対し，

$$\|(A_p)_\xi\|^2 \geq \frac{\widetilde{g}(H_p, \xi)^2}{n}$$

が成り立つ．

$\mathrm{pr}_\perp$ を $f^*T\widetilde{M}$ から $T^\perp M$ への直交射影とする．$\mathrm{pr}_\perp \circ \widetilde{R}|_{f_*TM \times f_*TM \times f_*TM} = 0$, $R^\perp = 0$ の場合を考える．このとき，リッチの方程式により，$\{(A_p)_\xi \,|\, \xi \in T_p^\perp M\}$ は (T_pM, g_p) の対称変換の可換族になる．それゆえ，それらはある正規直交基底に関して同時に対角化される．つまり，それらは T_pM の同時固有空間分解

$$T_pM = E_1 \oplus \cdots \oplus E_k$$
$$((A_p)_\xi|_{E_i} = {}^\exists \lambda_{\xi, i} \mathrm{id}_{E_i} \quad (i = 1, \ldots, k,\ \xi \in T_p^\perp M))$$

をもつ．ここで，$\widehat{\lambda}_i : \xi \mapsto \lambda_{\xi, i} \ (\xi \in T_p^\perp M)$ は $T_p^\perp M$ 上の線形関数を与えることを注意しておく．$\widehat{\lambda}_i \ (i = 1, \ldots, k)$ を，**リーマン部分多様体 (M, g) の点 p における主曲率**とよぶ．例えば，$(\widetilde{M}, \widetilde{g})$ が定曲率空間の場合，命題 2.4.2 により，$\mathrm{pr}_\perp \circ \widetilde{R}|_{f_*TM \times f_*TM \times f_*TM} = 0$ が成り立つことを注意しておく．

(M, g) が f によってはめ込まれた $(\widetilde{M}, \widetilde{g})$ 内の n 次元リーマン超曲面で，単位法ベクトル場 $\boldsymbol{N}$ をもつ場合を考える．$\mathcal{A}$ を $\boldsymbol{N}$ に対するリーマン超曲面 (M, g) の形作用素とする．$\mathcal{A}_p$ の各固有値は，**リーマン超曲面 (M, g) の点 p における主曲率**とよばれ，$\mathcal{A}_p$ の各固有ベクトルは，**リーマン超曲面 (M, g) の点 p における主曲率ベクトル**とよばれる．M の各点 p に対し，(M, g) の点 p における主曲率がすべて正である（つまり，$\mathcal{A}_p > 0$）とき，(M, g) を**強凸超曲面 (strongly convex hypersurface)** という．また，M の各点 $p \in M$

に対し，(M,g) の点 p における主曲率がすべて非負である（つまり，$\mathcal{A}_p \geq 0$）とき，(M,g) を**凸超曲面** (**convex hypersurface**) という．また，$\mathcal{H} > 0$ であるとき，(M,g) を**平均凸超曲面** (**mean convex hypersurface**) という．$\mathring{\mathcal{A}} := \mathcal{A} - \dfrac{\mathcal{H}}{n}\mathrm{id}$ を $\mathcal{A}$ の**トレースレス部分**という．(M,g) が全臍的であることと $\mathring{\mathcal{A}} = 0$ となることは同値である．

2.13　体積汎関数の変分公式

この節において，1.3 節で述べた体積汎関数に対する第 1, 2 変分公式について述べる．最初に，体積汎関数の定義を復習する．$(\widetilde{M}, \widetilde{g})$ を $(n+r)$ 次元完備リーマン多様体とし，M を向き付けられた n 次元閉多様体とする．M から $\widetilde{M}$ への C^∞ はめ込み写像の全体 $\mathrm{Imm}^\infty(M, \widetilde{M})$（これは無限次元 Fréchet 多様体になる）を考える．体積汎関数 $\mathrm{Vol} : \mathrm{Imm}^\infty(M, \widetilde{M}) \to \mathbb{R}$ が

$$\mathrm{Vol}(f) := \int_M dv_{f^*\widetilde{g}} \quad (f \in \mathrm{Imm}^\infty(M, \widetilde{M}))$$

($dv_{f^*\widetilde{g}}$: f による誘導計量 $f^*\widetilde{g}$ のリーマン体積要素)

によって定義される．$f \in \mathrm{Imm}^\infty(M, \widetilde{M})$ に対し，C^∞ 写像 $F : M \times (-\varepsilon, \varepsilon) \to \widetilde{M}$ で次の 2 条件を満たすものを，f の **C^∞ 級変形** (**C^∞-deformation**) という：

(i)　$F(\cdot, 0) = f$.
(ii)　各 $t \in (-\varepsilon, \varepsilon)$ に対し，$f_t := F(\cdot, t) \in \mathrm{Imm}^\infty(M, \widetilde{M})$.

ここで，$t \mapsto f_t$ $(t \in (-\varepsilon, \varepsilon))$ は $\mathrm{Imm}^\infty(M, \widetilde{M})$ における C^∞ 級曲線を与えることを注意しておく．f の C^∞ 級変形 F に対し，

$$(V_F)_p := F_{*(p,0)}\left(\left(\frac{\partial}{\partial t}\right)_{(p,0)}\right) \left(= \left(\frac{\partial F}{\partial t}\right)_{(p,0)}\right) \quad (\in T_{f(p)}\widetilde{M})$$

によって定義される $V_F \in \Gamma^\infty(f^*(T\widetilde{M}))$ を F の**変分ベクトル場** (**variational vector field**) という．$\Gamma^\infty(f^*(T\widetilde{M}))$ は $\mathrm{Imm}^\infty(M, \widetilde{M})$ の点 f における接空間 $T_f\mathrm{Imm}^\infty(M, \widetilde{M})$ とみなされ，体積汎関数 Vol の $f \in \mathrm{Imm}^\infty(M, \widetilde{M})$ における微分 $d\mathrm{Vol}_f (: T_f\mathrm{Imm}^\infty(M, \widetilde{M}) \to \mathbb{R})$ は

$$dVol_f(V_F) := \frac{d}{dt}\bigg|_{t=0} \mathrm{Vol}(f_t)$$

によって定義される．ここで，$T_f \mathrm{Imm}^\infty(M, \widetilde{M}) = \{V_F \,|\, F : f \text{ の任意の } C^\infty$ 級変形$\}$ であることを注意しておく（下の注意 (i) を参照）．

注意 (i) 任意の $V \in \Gamma^\infty(f^*(T\widetilde{M}))$ に対し，V を変分ベクトル場としてもつ f の C^∞ 級変形 F_V を

$$F_V(p, t) := \exp_{f(p)}(tV_p) \quad ((p, t) \in M \times (-\varepsilon, \varepsilon))$$

によって定義することができる．それゆえ，F が f の C^∞ 変形全体のなす空間上を変動するとき，その変分ベクトル場 V_F は $\Gamma^\infty(f^*(T\widetilde{M}))$ 全体を変動する．

(ii) $F, \widehat{F}$ がともに f の C^∞ 級変形で，$V_F = V_{\widehat{F}}$ であるとき，

$$\frac{d}{dt}\bigg|_{t=0} \mathrm{Vol}(f_t) = \frac{d}{dt}\bigg|_{t=0} \mathrm{Vol}(\widehat{f}_t)$$

($\widehat{f}_t := \widehat{F}(\cdot, t)$) が成り立つので，$dVol_f$ は well-defined である．

体積汎関数 Vol に対して，次の第 1 変分公式が成り立つ．

定理 2.13.1 (第 1 変分公式). f の C^∞ 級変形 F に対し，

$$\frac{d}{dt}\bigg|_{t=0} \mathrm{Vol}(f_t) = -\int_M \widetilde{g}(H, V_F)\, dv_{f^*\widetilde{g}}$$

が成り立つ．ここで，H は f の平均曲率ベクトル場を表す．

この第 1 変分公式から，直接，次の事実が導かれる．

系 2.13.2. $f \in \mathrm{Imm}^\infty(M, \widetilde{M})$ が Vol の臨界点であることと，$(M, f^*\widetilde{g})$ が極小部分多様体であることは同値である．

体積汎関数 Vol に対して，次の第 2 変分公式が成り立つ．

定理 2.13.3 (第 2 変分公式). f を Vol の臨界点（つまり，$dVol_f = 0$）とする．f の C^∞ 級変形 F に対し，

$$\left.\frac{d^2}{dt^2}\right|_{t=0} \mathrm{Vol}(f_t) = \int_M \widetilde{g}(\mathcal{J}((V_F)_\perp), V_F) dv_{f^*\widetilde{g}}$$

が成り立つ．ここで $\mathcal{J}$ は，次式によって定義される $\Gamma^\infty(T^\perp M)$ からそれ自身への**ヤコビ作用素** (**Jacobi operator**) とよばれる作用素を表す ($T^\perp M$ は f の法ベクトルバンドル)：

$$\mathcal{J} := -\Delta^\perp + \mathcal{R} + \widetilde{\mathcal{A}}$$

$$\begin{pmatrix} \Delta^\perp : f^*\widetilde{g} \text{ のリーマン接続} \nabla \text{ と } f \text{ の法接続} \nabla^\perp \text{ を用いて} \\ \quad \text{定義されるラプラス作用素} \\ \mathcal{R} : \underset{\mathrm{def}}{\iff} \widetilde{g}(\mathcal{R}(\xi_1), \xi_2) := -\mathrm{Tr}(\widetilde{R}(df(\cdot), \xi_1)\xi_2)_T \\ \widetilde{\mathcal{A}} : \underset{\mathrm{def}}{\iff} \widetilde{g}(\widetilde{\mathcal{A}}(\xi_1), \xi_2) := -\mathrm{Tr}(A_{\xi_1} \circ A_{\xi_2}) \end{pmatrix}.$$

ここで，$\widetilde{R}$ は $(\widetilde{M}, \widetilde{g})$ の曲率テンソル場を表し，A は f の形テンソル場を表す．また，$(\widetilde{R}(df(\cdot), \xi_1)\xi_2)_T$ は $\widetilde{R}(df(\cdot), \xi_1)\xi_2$ の接成分を表す．

注意 (i) $\Delta^\perp$ は次式によって定義される：

$$\Delta^\perp \xi := \sum_{i=1}^n \left(\nabla^\perp_{e_i}(\nabla^\perp_{e_i} \xi) - \nabla^\perp_{\nabla_{e_i} e_i} \xi \right).$$

ここで，$(e_1, \ldots, e_n)$ は M の $f^*\widetilde{g}$ に関する局所正規直交基底場を表す．

(ii) Vol の臨界点 f におけるヘッシアンを

$$(H\mathrm{Vol})_f \quad (\in T^*_f \mathrm{Imm}^\infty(M, \widetilde{M}) \otimes T^*_f \mathrm{Imm}^\infty(M, \widetilde{M}))$$

で表すとき，$\left.\dfrac{d^2}{dt^2}\right|_{t=0} \mathrm{Vol}(f_t)$ は $(H\mathrm{Vol})_f(V_F, V_F)$ を意味する．

特に，$\dim M = 1$，つまり $M = S^1$ の場合を考える．このとき，各 $c \in \mathrm{Imm}^\infty(S^1, \widetilde{M})$ は $(\widetilde{M}, \widetilde{g})$ 内の C^∞ 級正則閉曲線を与え，$\mathrm{Vol}(c)$ は C^∞ 級正則閉曲線 c の長さを表す．それゆえ，Vol は長さ汎関数 L を表す．上述の第 1, 2 変分公式から，次の L に対する第 1, 2 変分公式がえられる．

定理 2.13.4 (第 1 変分公式)． $c \in \mathrm{Imm}^\infty(S^1, \widetilde{M})$ の C^∞ 級変形 δ に対し，

$$\left.\frac{d}{dt}\right|_{t=0} L(\delta_t) = -\int_{S^1} \widetilde{g}(\widetilde{\nabla}_{c'} c', V_\delta) ds$$

が成り立つ．ここで，δ_t は $\delta(\cdot, t)$，V_δ は δ の変分ベクトル場，$\widetilde{\nabla}$ は $\widetilde{g}$ のリーマン接続を表し，ds は線素，つまり $dv_{c^*\widetilde{g}}$ を表す．

この第1変分公式から，直接，次の事実が導かれる．

系 2.13.5. $c \in \mathrm{Imm}^\infty(S^1, \widetilde{M})$ が L の臨界点であることと，c が測地線であることは同値である．

長さ汎関数 L に対して，次の第2変分公式が成り立つ．

定理 2.13.6 (第2変分公式). c を L の臨界点，つまり $(\widetilde{M}, \widetilde{g})$ 上の測地線とする．c の C^∞ 級変形 δ に対し，
$$\left.\frac{d^2}{dt^2}\right|_{t=0} \mathrm{Vol}(\delta_t) = \int_{S^1} \widetilde{g}(\mathcal{J}((V_\delta)_\perp), V_\delta) \, dv_{c^*\widetilde{g}}$$
が成り立つ．ここで，ヤコビ作用素 $\mathcal{J}$ は次式によって定義される：
$$\mathcal{J} := -(\widetilde{\nabla}_{c'} \circ \widetilde{\nabla}_{c'}) - \widetilde{R}(\cdot, c')c'.$$

注意 $\xi \in \Gamma^\infty(T^\perp S^1)$ に対し，$\mathcal{J}(\xi) = 0$ が成り立つことと ξ が測地線 c に沿うヤコビ場であることは同値である．

2.14 リー群・リー代数・リー変換群・対称空間

G をハウスドルフ空間とする．次の4条件が成り立つとき，3組 $(G, \cdot, \mathcal{D})$ を C^r **リー群** (C^r**-Lie group**) という：

(i) $(G, \cdot)$ は群である．
(ii) $(G, \mathcal{D})$ は C^r 多様体である．
(iii) $P(g_1, g_2) := g_1 \cdot g_2$ $((g_1, g_2) \in G \times G)$ によって定義される写像 $P : (G \times G, \mathcal{D} \times \mathcal{D}) \to (G, \mathcal{D})$ は C^r 写像である．
(iv) $I(g) := g^{-1}$ $(g \in G)$ によって定義される写像 $I : (G, \mathcal{D}) \to (G, \mathcal{D})$ は C^r 写像である．

最も基本的なリー群の例を紹介する．$\mathfrak{gl}(n, \mathbb{R})$ を n 次（実）正方行列全体からなる n^2 次元ベクトル空間（これは $\mathbb{R}^{n^2}$ と同一視される）とし，$GL(n, \mathbb{R})$

を n 次（実）正則行列全体からなる集合とする.$GL(n,\mathbb{R})$ は行列積（これを・と表す）に関して群となる.また,$GL(n,\mathbb{R}) = \det^{-1}(\mathbb{R} \setminus \{0\})$ なので,$\det : \mathfrak{gl}(n,\mathbb{R}) \; (= \mathbb{R}^{n^2}) \to \mathbb{R}$ の連続性により,$GL(n,\mathbb{R})$ は $\mathfrak{gl}(n,\mathbb{R}) \; (= \mathbb{R}^{n^2})$ の開集合であることがわかる.それゆえ,$GL(n,\mathbb{R})$ は $\mathfrak{gl}(n,\mathbb{R}) \; (= \mathbb{R}^{n^2})$ の開部分多様体として C^ω 多様体になる.その C^ω 構造を $\mathcal{D}$ とする.このとき,$(GL(n,\mathbb{R}), \cdot, \mathcal{D})$ は C^ω リー群になることが示される.

その他,基本的なコンパクトリー群の例として,**特殊直交群** $SO(n)$,**特殊ユニタリー群** $SU(n)$,**シンプレクティック群** $Sp(n)$,**スピン群** $Spin(n)$（これは $SO(n)$ の 2 重被覆),例外群 E_6, E_7, E_8, F_4, G_2 がある.基本的な非コンパクトリー群の例は,これらのコンパクトリー群（これを G と表す）の複素化 $G^{\mathbb{C}}$ の G とは別の**実形** (real form) として与えられる.

G_1, G_2 を C^∞ リー群とし,f を G_1 から G_2 への写像とする.f が次の 2 条件を満たすとき,f を $\boldsymbol{C^r}$ **級リー群準同型写像**($\boldsymbol{C^r}$**-Lie group homomorphism**) という:

(i) f は群準同型写像である.

(ii) f は C^r 写像である.

さらに,f が全単射で,f, f^{-1} ともに C^r 級リー群準同型写像であるとき,f を $\boldsymbol{C^r}$ **級リー群同型写像**($\boldsymbol{C^r}$**-Lie group isomorphism**) という.G_1 と G_2 の間に C^∞ 級リー群同型写像が存在するとき,G_1 と G_2 は,**リー群同型** (**Lie group isomorphic**) であるという.$g_0 \in G$ に対し,写像 $L_{g_0} : G \to G$ を $L_{g_0}(g) := g_0 \cdot g \; (g \in G)$ によって定義し,写像 $R_{g_0} : G \to G$ を $R_{g_0}(g) := g \cdot g_0$ $(g \in G)$ によって定義する.また,写像 $I_{g_0} : G \to G$ を $I_{g_0} := L_{g_0} \circ R_{g_0^{-1}}$ によって定義する.L_{g_0}, R_{g_0} は各々,g_0 による**左移動**, **右移動** (**left translation, right translation**) とよばれ,I_{g_0} は g_0 による**内部自己同型写像** (**inner automorphism**) とよばれる.$L_{g_0}, R_{g_0}, I_{g_0}$ は C^∞ 級リー群同型写像であり,$L_{g_0}^{-1} = L_{g_0^{-1}}, R_{g_0}^{-1} = R_{g_0^{-1}}, I_{g_0}^{-1} = I_{g_0^{-1}}$ が成り立つ.

次に,リー代数（＝リー環）を定義する.$\mathfrak{g}$ を体 $\mathbb{K}$ 上のベクトル空間とし,$[\,,\,] : \mathfrak{g} \times \mathfrak{g} \to \mathfrak{g}$ を（$\mathbb{K}$ 上）双線形写像で次の条件を満たすものとする:

(i) $[v_1, v_2] = -[v_2, v_1]$.

(ii) $[[v_1, v_2], v_3] + [[v_2, v_3], v_1] + [[v_3, v_1], v_2] = 0$
$(v_1, v_2, v_3 \in \mathfrak{g})$.

このとき，$(\mathfrak{g}, [\,,\,])$ を $\mathbb{K}$ 上の**リー代数**（または，**リー環**）(Lie algebra) という．特に，$\mathbb{K} = \mathbb{R}$ のとき**実リー代数** (real Lie algebra)，$\mathbb{K} = \mathbb{C}$ のとき**複素リー代数** (complex Lie algebra) とよばれる．以下，リー代数はすべて実リー代数とする．リー代数 $(\mathfrak{g}_1, [\,,\,]_1)$ からリー代数 $(\mathfrak{g}_2 [\,,\,]_2)$ への線形写像 f は，$f([\boldsymbol{v}_1, \boldsymbol{v}_2]_1) = [f(\boldsymbol{v}_1), f(\boldsymbol{v}_2)]_2$ $(\boldsymbol{v}_1, \boldsymbol{v}_2 \in \mathfrak{g}_1)$ を満たすとき，**リー代数準同型写像** (Lie algebra homomorphism) とよばれる．特に，全単射であるとき，**リー代数同型写像** (Lie algebra isomorphism) とよばれる．$(\mathfrak{g}_1, [\,,\,]_1)$ と $(\mathfrak{g}_2 [\,,\,]_2)$ の間にリー代数同型写像が存在するとき，$(\mathfrak{g}_1, [\,,\,]_1)$ と $(\mathfrak{g}_2 [\,,\,]_2)$ は**リー代数同型** (Lie algebra isomorphic) であるという．

G を C^∞ リー群とする．$\mathfrak{g} := T_e G$ とおき，$[\,,\,] : \mathfrak{g} \times \mathfrak{g} \to \mathfrak{g}$ を次のように定義する：

$$[\boldsymbol{v}_1, \boldsymbol{v}_2] := [\boldsymbol{X}^{v_1}, \boldsymbol{X}^{v_2}]_e \quad (\boldsymbol{v}_1, \boldsymbol{v}_2 \in \mathfrak{g})$$

ここで，e は G の単位元を表し，$\boldsymbol{X}^{v_i}$ は $(\boldsymbol{X}^{v_i})_e = \boldsymbol{v}_i$ となる G 上の**左不変ベクトル場** (left invariant vector field)（つまり，$(\boldsymbol{X}^{v_i})_g := (dL_g)_e(\boldsymbol{v}_i)$ $(g \in G)$）を表す．このとき，$(\mathfrak{g}, [\,,\,])$ はリー代数になる．このリー代数を **G のリー代数**といい，$\mathrm{Lie}\, G$ と表す．$\mathrm{Lie}\, G$ は G の e における 1 ジェットレベルの無限小化と解釈される．リー群 G 全体の構造は，ある程度，$\mathrm{Lie}\, G$ の構造によって支配されることを注意しておく．G を C^∞ リー群とし，$\mathfrak{g}$ を G のリー代数とする．各 $\boldsymbol{v} \in \mathfrak{g}$ に対し，G の 1 パラメーター部分群 $\{g(t) \,|\, t \in \mathbb{R}\}$（つまり，$g(t_1) \cdot g(t_2) = g(t_1 + t_2)$ $(\forall t_1, t_2 \in \mathbb{R})$）で $g'(0) = \boldsymbol{v}$ となるようなものがただ 1 つ存在することが知られている．$g(1)$ は $\exp_G(\boldsymbol{v})$ と表され，各 $\boldsymbol{v} \in \mathfrak{g}$ に $\exp_G(\boldsymbol{v})$ を対応させることにより定義される写像 $\exp_G : \mathfrak{g} \to G$ はリー群 G の**指数写像** (exponential map) とよばれる．G の 1 パラメーター変換群 $\{R_{\exp_G(t\boldsymbol{v})} \,|\, t \in \mathbb{R}\}$ $(\boldsymbol{v} \in \mathrm{Lie}\, G)$ は，左不変ベクトル場 $\boldsymbol{X}^v$ に付随する 1 パラメーター変換群になる．g_G を G の両側不変なリーマン計量とする．つまり，次を満たすリーマン計量とする：

$$L_g^* \mathbf{g}_G = \mathbf{g}_G, \quad R_g^* \mathbf{g}_G = \mathbf{g}_G \quad (\forall g \in G).$$

このとき，リーマン多様体 $(G, \mathbf{g}_G)$ の e における指数写像 $\exp_e$ と上述のリー群 G の指数写像 $\exp_G$ は一致することに注意する．

次に，リー変換群を定義する．G を C^∞ リー群，M を C^∞ 多様体とし，$\Phi : G \times M \to M$ を C^∞ 写像とする．以下，$\Phi(g, p)$ を $g \cdot p$ と表す．Φ が次の条件を満たすとする：

(i) $e \cdot p = p \ (\forall p \in M)$.
(ii) $(g_1 \cdot g_2) \cdot p = g_1 \cdot (g_2 \cdot p) \ (\forall g_1, g_2 \in G, \ p \in M)$.

このような Φ が与えられているとき，**G は M に（C^∞ 級に）作用する**（**G acts on M**）といい，$G \curvearrowright M$ と表す．また，G を M の（C^∞ 級の）**リー変換群** (Lie transformation group) とよぶ．各 $g \in G$ に対し，

$$\rho(g) := \Phi(g, \cdot) : M \to M \underset{\mathrm{def}}{\Longleftrightarrow} p \mapsto \Phi(g, p) \quad (p \in M)$$

は M からそれ自身への C^∞ 同型写像を与える．実際，$\rho(g)$ の逆写像は $\rho(g^{-1})$ によって与えられる．しかも，$\rho(g_1 g_2) = \rho(g_1) \circ \rho(g_2) \ (\forall g_1, g_2 \in G)$ が成り立つので，ρ は G から M の C^∞ 同型写像全体のなす群 $\mathrm{Diff}^\infty(M)$ への群準同型写像を与える．特に，M がベクトル空間 V であり，各 $g \in G$ に対し $\rho(g) \in GL(V)$ であるとき，この G 作用は G の**線形作用** (linear action) とよばれ，ρ は V を**表現空間** (representation space) とする G の**表現** (representation) という．一般の G 作用の話に戻す．$p \in M$ に対し，$G_p := \{g \in G \mid g \cdot p = p\}$ を p における**イソトロピー群** (isotropy group) といい，$G \cdot p := \{g \cdot p \mid g \in G\}$ を p を通る **G 軌道** (**G-orbit**) という．G 軌道全体のなす空間 $\{G \cdot p \mid p \in M\}$ をこの G 作用の**軌道空間** (orbit space) といい，M/G と表す．写像 $\pi : M \to M/G$ を $\pi(p) := G \cdot p \ (p \in M)$ によって定義する．この写像を G 作用の**軌道写像** (orbit map) という．任意の $p \in G$ に対し $G_p = \{e\}$ が成り立つとき，**G は M に自由に作用する**（**G acts on M freely**）という．G が M に自由に作用しているとき，M/G には $\pi : M \to M/G$ が C^∞ 沈め込み写像になるような C^∞ 構造を一意に与えることができる．このように軌道空間 M/G は C^∞ 多様体になる．任意の 2 点

$p, q \in M$ に対し，$g \cdot p = q$ となる $g \in G$ が存在するとき，つまり，M/G が 1 点集合であるとき，**G は M に推移的に作用する** (G acts on M transitively) という．G が M に推移的に作用しているとき，対応 $gG_p \mapsto g \cdot p$ により，G/G_p と M の間の 1 対 1 対応がえられる．G/G_p には**商多様体** (quotient manifold) とよばれる C^∞ 多様体の構造が与えられ，この 1 対 1 対応は，商多様体 G/G_p から M への C^∞ 同型写像を与える．

C^∞ リー群 G がリーマン多様体 $(M, \mathbf{g}_M)$ に作用し，各 $g \in G$ に対して，$\rho(g)$ が $(M, \mathbf{g}_M)$ の等長変換（つまり，$\rho(g)^* \mathbf{g}_M = \mathbf{g}_M$）であるとき，**$G$ は $(M, \mathbf{g}_M)$ に等長的に作用している** (G acts on $(M, \mathbf{g}_M)$ isometrically) という．C^∞ リー群 G がリーマン多様体 $(M, \mathbf{g}_M)$ に等長的に作用しているとき，その G 軌道達は $(M, \mathbf{g}_M)$ 内の興味深いリーマン部分多様体の族を与え，その全体は $(M, \mathbf{g}_M)$ 上の**特異リーマン葉層構造** (singular Riemannian foliation) とよばれる構造を与える．

次に，リー群およびリー代数の随伴表現を定義する．G を C^∞ 級リー群とし，$\mathfrak{g}$ をそのリー代数とする．$\mathrm{Ad}_G(g) : \mathfrak{g} \to \mathfrak{g}$ を $\mathrm{Ad}_G(g) := (dI_g)_e$ によって定義する．これは線形同型写像，つまり $GL(\mathfrak{g})$ の元になり，写像 $\mathrm{Ad}_G : G \to GL(\mathfrak{g})$ は $\mathfrak{g}$ を表現空間とする G の表現になる．この表現 Ad_G を G の**随伴表現** (adjoint representation) という．各 $v \in \mathfrak{g}$ に対し，$\mathfrak{g}$ の線形変換 $\mathrm{ad}_\mathfrak{g}(v)$ を $\mathrm{ad}_\mathfrak{g}(v) := d(\mathrm{Ad}_G)_e(v)$ によって定義する．ここで，$d(\mathrm{Ad}_G)_e : T_e G (= \mathfrak{g}) \to T_{\mathrm{id}} GL(\mathfrak{g})$（ただし，id は $\mathfrak{g}$ の恒等変換）は，同一視 $T_{\mathrm{id}} GL(\mathfrak{g}) = T_{\mathrm{id}} \mathfrak{gl}(\mathfrak{g}) = \mathfrak{gl}(\mathfrak{g})$ のもと，$\mathfrak{g}$ から $\mathfrak{gl}(\mathfrak{g})$ への線形写像とみなされることを注意しておく．上述の同一視における最初の等号は $GL(\mathfrak{g})$ が $\mathfrak{gl}(\mathfrak{g})$ の開集合であることにより認められる同一視であり，次の等号は $\mathfrak{gl}(\mathfrak{g})$ がベクトル空間であることにより認められる同一視である．各 $v \in \mathfrak{g}$ に対し $\mathrm{ad}_\mathfrak{g}(v)$ を対応させることにより定義される写像 $\mathrm{ad}_\mathfrak{g} : \mathfrak{g} \to \mathfrak{gl}(\mathfrak{g})$ はリー環準同型写像になることが示される．$\mathrm{ad}_\mathfrak{g}$ を $\mathfrak{g}$ の**随伴表現** (adjoint representation) という．実は，$\mathrm{ad}_\mathfrak{g}(v)(w) = [v, w]$ $(v, w \in \mathfrak{g})$ が成り立つ．一般のリー代数 $(\hat{\mathfrak{g}}, [\,,\,])$ に対し，この式によって定義される写像 $\mathrm{ad}_{\hat{\mathfrak{g}}} : \hat{\mathfrak{g}} \to \mathfrak{gl}(\hat{\mathfrak{g}})$ は $\hat{\mathfrak{g}}$ の随伴表現とよばれる．

次に，リーマン等質空間，およびリーマン対称空間を定義する．$(M, \mathbf{g}_M)$ を n 次元リーマン多様体とする．$(M, \mathbf{g}_M)$ の**等長変換群** (isometry group)

$G := \mathrm{Isom}(M, \mathbf{g}_M)$ はコンパクト開位相に関して局所コンパクト位相群になり，G の各 $p \in M$ におけるイソトロピー群 G_p はコンパクト部分群になることが示される．$(M, \mathbf{g}_M)$ の任意の2点 $p, q \in M$ に対し，$f \in \mathrm{Isom}(M, \mathbf{g}_M)$ で $f(p) = q$ となるようなものが存在する，つまり，G が M に推移的に作用するとき，$(M, \mathbf{g}_M)$ は**リーマン等質空間** (Riemannian homogeneous space) とよばれる．このとき，前述のように，M は商多様体 G/G_p と C^∞ 多様体として同一視される．各 $p \in M$ に対し，p を孤立固定点にもつ $(M, \mathbf{g}_M)$ の対合的等長変換 s_p が存在するとき，$(M, \mathbf{g}_M)$ を**リーマン対称空間** (Riemannian symmetric space)，または，単に**対称空間** (symmetric space) という．ここで，p を孤立固定点にもつ $(M, \mathbf{g}_M)$ の**対合的等長変換** (involutive isometry) s_p が存在する場合，s_p は

$$s_p(\exp_p(v)) = \exp_p(-v) \quad (v \in T_p M)$$

を満たすことが示され，それゆえ，一意に定まることがわかる．$s_p(\exp_p(v)) = \exp_p(-v) \quad (v \in T_p M)$ は

$$s_p(\gamma_v(s)) = \gamma_v(-s) \quad (v \in T_p M, \ s \in \mathcal{D}(\gamma_v))$$

と書き換えられ，ゆえに，s_p は p における**測地的対称変換** (geodesic symmetry) とよばれる．ここで，γ_v は $\gamma_v'(0) = v$ となる $(M, \mathbf{g}_M)$ 上の測地線を表す．（リーマン）対称空間 $(M, \mathbf{g}_M)$ は完備であり，かつリーマン等質空間であることが示される．実際，完備性が示されたとして，リーマン等質空間であることは次のように導かれる．任意の $p, q \in M$ に対し，γ_v を $\gamma_v|_{[0,1]}$ が p を始点 q を終点とするような最短測地線として，$s_{\gamma_v(\frac{1}{2})} \circ s_p$ は p を q に写す (M, g) の等長変換になる．さらに，G が C^∞ リー群になること，$K := G_p$ がその閉部分リー群になること，$(M, \mathbf{g}_M)$ がある G 不変なリーマン計量を備えた商多様体 G/K と等長であることが示される．非正の断面曲率をもつ既約な対称空間で，平坦でないものを**既約非コンパクト型対称空間** (irreducible symmetric space of non-compact type) とよび，それらの直積として与えられる対称空間を**非コンパクト型対称空間** (symmetric space of non-compact type) とよぶ．非負の断面曲率をもつ既約な対称空間で平坦でないものを**既約コンパクト型対称空間** (irreducible symmetric space of compact type) とよび，それらの直積として与えられる対称空間を**コンパクト型対称空間** (symmetric space of compact type) とよぶ．各単連結非コンパクト型対称空間 G/K に対し，その複素化である**アンチケーラー対称空間** (anti-Kähler symmetirc space) $G^{\mathbb{C}}/K^{\mathbb{C}}$ 内に $G^{\mathbb{C}}/K^{\mathbb{C}}$ を複素化としてもつ単連結コンパクト型対称空間 G^d/K が1つずつ存在し，G^d/K は G/K の**コンパクト双対** (compact dual) とよばれる．ここで，$G^{\mathbb{C}}$, $K^{\mathbb{C}}$ は G, K の複素化を表し，G^d は G のコンパクト双対を表す．このように，単連結非コンパクト型対称空間と単連結コンパクト型対称空間は対で存在する（表2.14.1，表2.14.2を参照）．

単連結対称空間に対し，次の de Rham 分解定理が成り立つ．

定理 2.14.1. 任意の単連結対称空間 G/K は次のように単連結既約対称空間のリーマン積に分解される：

$$G/K = \left(\prod_{i=1}^{k_1} G_i/K_i\right) \times \left(\prod_{i=1}^{k_2} \widehat{G}_i/\widehat{K}_i\right) \times \mathbb{E}^l.$$

ここで，G_i/K_i は単連結既約コンパクト型対称空間，$\widehat{G}_i/\widehat{K}_i$ は単連結既約非コンパクト型対称空間を表す．

次に，基本的な対称空間の例を紹介する．$S^1 := \{z \in \mathbb{C} | |z| = 1\}$ の $S^{2n+1}(c) (\subset \mathbb{R}^{2n+2} = \mathbb{C}^{n+1})$ への作用を

$$e^{\sqrt{-1}\theta} \cdot (z_1, \ldots, z_{n+1}) := (e^{\sqrt{-1}\theta}z_1, \ldots, e^{\sqrt{-1}\theta}z_{n+1})$$
$$(e^{\sqrt{-1}\theta} \in S^1, (z_1, \ldots, z_{n+1}) \in \mathbb{C}^{n+1} = \mathbb{R}^{2n+2})$$

によって定義する．$\pi_1 : S^{2n+1}(c) \to S^{2n+1}(c)/S^1$ をこの作用の軌道写像とする．上述の $S^{2n+1}(c)$ への S^1 作用は等長的なので，π_1 がリーマン沈めこみ写像になるような軌道空間 $S^{2n+1}(c)/S^1$ のリーマン計量 $\bar{g}$ が一意に存在する．ここで，**リーマン沈めこみ写像** (Riemannian submersion) とは，あるリーマン多様体 $(\widetilde{M}, \widetilde{g})$ からあるリーマン多様体 (M, g) への上への沈め込み写像 π で，各 $p \in M$ と部分多様体 $\pi^{-1}(p)$ の各法ベクトル ξ に対し，$\widetilde{g}(\xi, \xi) = g(\pi_*(\xi), \pi_*(\xi))$ が成り立つようなもののことである．$(S^{2n+1}(c)/S^1, \bar{g})$ を $\mathbb{C}P^n(4c)$ と表す．$\mathbb{C}P^n(4c)$ は一定の**正則断面曲率** (holomorphic sectional

表 2.14.1

G/K (非コンパクト型)	$G^{\mathbb{C}}/K^{\mathbb{C}}$	G^d/K (コンパクト型)
$SL(n,\mathbb{C})/SU(n)$	$(SL(n,\mathbb{C}) \times SL(n,\mathbb{C}))/SL(n,\mathbb{C})$	$(SU(n) \times SU(n))/SU(n)$
$SO(n,\mathbb{C})/SO(n)$	$(SO(n,\mathbb{C}) \times SO(n,\mathbb{C}))/SO(n,\mathbb{C})$	$(SO(n) \times SO(n))/SO(n)$
$Sp(n,\mathbb{C})/Sp(n)$	$(Sp(n,\mathbb{C}) \times Sp(n,\mathbb{C}))/Sp(n,\mathbb{C})$	$(Sp(n) \times Sp(n))/Sp(n)$
$E_6^{\mathbb{C}}/E_6$	$(E_6^{\mathbb{C}} \times E_6^{\mathbb{C}})/E_6^{\mathbb{C}}$	$(E_6 \times E_6)/E_6$
$E_7^{\mathbb{C}}/E_7$	$(E_7^{\mathbb{C}} \times E_7^{\mathbb{C}})/E_7^{\mathbb{C}}$	$(E_7 \times E_7)/E_7$
$E_8^{\mathbb{C}}/E_8$	$(E_8^{\mathbb{C}} \times E_8^{\mathbb{C}})/E_8^{\mathbb{C}}$	$(E_8 \times E_8)/E_8$
$F_4^{\mathbb{C}}/F_4$	$(F_4^{\mathbb{C}} \times F_4^{\mathbb{C}})/F_4^{\mathbb{C}}$	$(F_4 \times F_4)/F_4$
$G_2^{\mathbb{C}}/G_2$	$(G_2^{\mathbb{C}} \times G_2^{\mathbb{C}})/G_2^{\mathbb{C}}$	$(G_2 \times G_2)/G_2$

表 2.14.2

G/K (非コンパクト型)	$G^{\mathbb{C}}/K^{\mathbb{C}}$	G^d/K (コンパクト型)
$SL(n,\mathbb{R})/SO(n)$	$SL(n,\mathbb{C})/SO(n,\mathbb{C})$	$SU(n)/SO(n)$
$SU^*(2n)/Sp(n)$	$SL(2n,\mathbb{C})/Sp(n,\mathbb{C})$	$SU(2n)/Sp(n)$
$SU(p,q)/S(U(p)\times U(q))$	$SL(p+q,\mathbb{C})/(SL(p,\mathbb{C})\times SL(q,\mathbb{C})\times U(1))$	$SU(p+q)/S(U(p)\times U(q))$
$SO_0(p,q)/(SO(p)\times SO(q))$	$SO(p+q,\mathbb{C})/(SO(p,\mathbb{C})\times SO(q,\mathbb{C}))$	$SO(p+q)/(SO(p)\times SO(q))$
$SO^*(2n)/U(n)$	$SO(2n,\mathbb{C})/(SL(n,\mathbb{C})\cdot SO(2,\mathbb{C}))$	$SO(2n)/U(n)$
$Sp(n,\mathbb{R})/U(n)$	$Sp(n,\mathbb{C})/(SL(n,\mathbb{C})\cdot SO(2,\mathbb{C}))$	$Sp(n)/U(n)$
$Sp(p,q)/(Sp(p)\times Sp(q))$	$Sp(p+q,\mathbb{C})/(Sp(p,\mathbb{C})\times Sp(q,\mathbb{C}))$	$Sp(p+q)/(Sp(p)\times Sp(q))$
$E_6^6/(Sp(4)/\{\pm 1\})$	$E_6^{\mathbb{C}}/Sp(4,\mathbb{C})$	$E_6/(Sp(4)/\{\pm 1\})$
$E_6^2/(SU(6)\cdot SU(2))$	$E_6^{\mathbb{C}}/(SL(6,\mathbb{C})\cdot SL(2,\mathbb{C}))$	$E_6/(SU(6)\cdot SU(2))$
$E_6^{-14}/(Spin(10)\cdot U(1))$	$E_6^{\mathbb{C}}/(SO(10,\mathbb{C})\cdot Sp(1))$	$E_6/(Spin(10)\cdot U(1))$
E_6^{-26}/F_4	$E_6^{\mathbb{C}}/F_4^{\mathbb{C}}$	E_6/F_4
$E_7^7/(SU(8)/\{\pm 1\})$	$E_7^{\mathbb{C}}/SL(8,\mathbb{C})$	$E_7/(SU(8)/\{\pm 1\})$
$E_7^{-5}/(SO'(12)\cdot SU(2))$	$E_7^{\mathbb{C}}/(SL(12,\mathbb{C})\cdot SL(2,\mathbb{C}))$	$E_7/(SO'(12)\cdot SU(2))$
$E_7^{-25}/(E_6\cdot U(1))$	$E_7^{\mathbb{C}}/(E_6^{\mathbb{C}}\cdot\mathbb{C}^*)$	$E_7/(E_6\cdot U(1))$
$E_8^8/SO'(16)$	$E_8^{\mathbb{C}}/SO(16,\mathbb{C})$	$E_8/SO'(16)$
$E_8^{-24}/(E_7\cdot Sp(1))$	$E_8^{\mathbb{C}}/(E_7^{\mathbb{C}}\times SL(2,\mathbb{C}))$	$E_8/(E_7\cdot Sp(1))$
$F_4^4/(Sp(3)\cdot Sp(1))$	$F_4^{\mathbb{C}}/(Sp(3,\mathbb{C})\cdot SL(2,\mathbb{C}))$	$F_4/(Sp(3)\cdot Sp(1))$
$F_4^{-20}/Spin(9)$	$F_4^{\mathbb{C}}/SO(9,\mathbb{C})$	$F_4/Spin(9)$
$G_2^2/SO(4)$	$G_2^{\mathbb{C}}/(SL(2,\mathbb{C})\times SL(2,\mathbb{C}))$	$G_2/SO(4)$

curvature) $4c$ をもつ単連結コンパクト型対称空間であり，n 次元**複素射影空間** (**complex projective space**) とよばれる．ここで，正則断面曲率とは，$\mathbb{C}P^n(4c)$ 上の自然に定義される複素構造を J として，接空間の J 不変な 2 次元部分ベクトル空間に対する断面曲率のことである．n 次元複素射影空間は表 2.14.2 における $SU(n+1)/S(U(1) \times U(n))$ のことである．

同様に，$S^1 := \{z \in \mathbb{C} \mid |z| = 1\}$ のアンチドジッター $H_1^{2n+1}(-c)(\subset \mathbb{R}_2^{2n+2} = \mathbb{C}^{n+1})$ への作用が定義される．$\hat{\pi}_1 : H_1^{2n+1}(-c) \to H_1^{2n+1}(-c)/S^1$ をこの作用の軌道写像とする．この $H_1^{2n+1}(-c)$ への S^1 作用は等長的であり，各軌道に誘導される計量はローレンツ計量なので，$\hat{\pi}_1$ が擬リーマン沈めこみ写像になるような軌道空間 $H_1^{2n+1}(-c)/S^1$ のリーマン計量 $\bar{g}$ が一意に存在する．ここで，**擬リーマン沈めこみ写像** (**pseudo-Riemannian submersion**) とは，ある擬リーマン多様体 $(\widetilde{M}, \widetilde{g})$ からある擬リーマン多様体 (M, g) への上への沈め込み写像 π で，各 $p \in M$ に対し部分多様体 $\pi^{-1}(p)$ は擬リーマン部分多様体になり，各 $p \in M$ と擬リーマン部分多様体 $\pi^{-1}(p)$ の各法ベクトル ξ に対し，$\widetilde{g}(\xi, \xi) = g(\pi_*(\xi), \pi_*(\xi))$ が成り立つようなもののことである．$(H_1^{2n+1}(-c)/S^1, \bar{g})$ を $\mathbb{C}H^n(-4c)$ と表す．$\mathbb{C}H^n(-4c)$ は一定の正則断面曲率 $-4c$ をもつ単連結非コンパクト型対称空間であり，n 次元**複素双曲空間** (**complex hyperbolic space**) とよばれる．この空間は表 2.14.2 における $SU(1,n)/S(U(1) \times U(n))$ のことである．

四元数代数を $\mathbb{Q}$ で表す．$S^3 := \{z \in \mathbb{Q} \mid |z| = 1\}$ の $S^{4n+3}(c)$ $(\subset \mathbb{R}^{4n+4} = \mathbb{Q}^{n+1})$ への作用を

$$w \cdot (z_1, \ldots, z_{n+1}) := (wz_1, \ldots, wz_{n+1})$$
$$(w \in S^3, (z_1, \ldots, z_{n+1}) \in \mathbb{Q}^{n+1} = \mathbb{R}^{4n+4})$$

によって定義する．$\pi_3 : S^{4n+3}(c) \to S^{4n+3}(c)/S^3$ をこの作用の軌道写像とする．上述の $S^{4n+3}(c)$ への S^3 作用は等長的なので，π_3 がリーマン沈めこみ写像になるような軌道空間 $S^{4n+3}(c)/S^3$ のリーマン計量 $\bar{g}$ が一意に存在する．$(S^{4n+3}(c)/S^3, \bar{g})$ を $\mathbb{Q}P^n(4c)$ と表す．$\mathbb{Q}P^n(4c)$ は一定の**四元数断面曲率** (**quaternionic sectional curvature**) $4c$ をもつ単連結コンパクト型対称空間であり，n 次元**四元数射影空間** (**quaternionic projective space**) とよばれる．ここで，四元数断面曲率とは，$\mathbb{Q}P^n(4c)$ 上の自然に定義される四元数

構造の標準局所基底を (J_1, J_2, J_3) として，接空間の J_1, J_2, J_3 に関して不変な 4 次元部分ベクトル空間の 2 次元部分ベクトル空間に対する断面曲率のことである．この空間は上述の表 2.14.2 における $Sp(n+1)/(Sp(1) \times Sp(n))$ のことである．

同様に，$S^3 := \{z \in \mathbb{Q} \,|\, |z| = 1\}$ の擬双曲空間 $H_3^{4n+3}(-c)$ ($\subset \mathbb{R}_4^{4n+4} = \mathbb{Q}^{n+1}$) への作用が定義される．$\hat{\pi}_3 : H_3^{4n+3}(-c) \to H_3^{4n+3}(-c)/S^3$ をこの作用の軌道写像とする．この $H_3^{4n+3}(-c)$ への S^3 作用は等長的であり，各軌道に誘導される計量は指数 3 の擬リーマン計量なので，$\hat{\pi}_3$ が擬リーマン沈めこみ写像になるような軌道空間 $H_3^{4n+3}(-c)/S^3$ のリーマン計量 $\bar{g}$ が一意に存在する．$(H_3^{4n+3}(-c)/S^3, \bar{g})$ を $\mathbb{Q}H^n(-4c)$ と表す．$\mathbb{Q}H^n(-4c)$ は一定の四元数断面曲率 $-4c$ をもつ単連結非コンパクト型対称空間であり，n 次元**四元数双曲空間** (quaternionic hyperbolic space) とよばれる．この空間は表 2.14.2 における $Sp(1,n)/(Sp(1) \times Sp(n))$ のことである．

八元数代数 (octonion algebra)（=Cayley 代数）を $\mathbb{O}$ で表す．$S^7 := \{z \in \mathbb{O} \,|\, |z| = 1\}$ の $S^{23}(c)$ ($\subset \mathbb{R}^{24} = \mathbb{O}^3$) への作用を

$$w \cdot (z_1, z_2, z_3) := (wz_1, wz_2, wz_3) \quad (w \in S^7, \, (z_1, z_2, z_3) \in \mathbb{O}^3 = \mathbb{R}^{24})$$

によって定義する．$\pi_7 : S^{23}(c) \to S^{23}(c)/S^7$ をこの作用の軌道写像とする．上述の $S^{23}(c)$ への S^7 作用は等長的なので，π_7 がリーマン沈めこみ写像になるような軌道空間 $S^{23}(c)/S^7$ のリーマン計量 $\bar{g}$ が一意に存在する．$(S^{23}(c)/S^7, \bar{g})$ を $\mathbb{O}P^2(4c)$ と表す．$\mathbb{O}P^2(4c)$ は一定の**八元数断面曲率** (octonionic sectional curvature) $4c$ をもつ単連結コンパクト型対称空間であり，**Cayley 射影平面** (Cayley projective plane) とよばれる．ここで，八元数断面曲率とは，$\mathbb{O}P^2(4c)$ 上の自然に定義される八元数構造の標準局所基底を $(J_1, \ldots, J_7)$ として，接空間の $J_1, \ldots, J_7$ に関して不変な 8 次元部分ベクトル空間の 2 次元部分ベクトル空間に対する断面曲率のことである．この空間は表 2.14.2 における $F_4/Spin(9)$ のことである．

同様に，$S^7 := \{z \in O \,|\, |z| = 1\}$ の擬双曲空間 $H_7^{23}(-c)$ ($\subset \mathbb{R}_8^{24} = \mathbb{O}^3$) への作用が定義される．$\hat{\pi}_7 : H_7^{23}(-c) \to H_7^{23}(-c)/S^7$ をこの作用の軌道写像とする．この $H_7^{23}(-c)$ への S^7 作用は等長的であり，各軌道に誘導される計量は指数 7 の擬リーマン計量なので，$\hat{\pi}_7$ が擬リーマン沈めこみ写像になるような

軌道空間 $H_7^{23}(-c)/S^7$ のリーマン計量 $\bar{g}$ が一意に存在する. $(H_7^{23}(-c)/S^7, \bar{g})$ を $\mathbb{O}H^2(-4c)$ と表す. $\mathbb{O}H^2(-4c)$ は一定の八元数断面曲率 $-4c$ をもつ単連結非コンパクト型対称空間であり, **Cayley 双曲平面** (**Cayley hyperbolic plane**) とよばれる. この空間は表 2.14.2 における $F_4^{-20}/Spin(9)$ のことである. $\pi_1 : S^{2n+1}(c) \to \mathbb{C}P^n(4c)$, $\pi_3 : S^{4n+3}(c) \to \mathbb{Q}P^n(4c)$, $\pi_7 : S^{23}(c) \to \mathbb{O}P^2(4c)$ は **Hopf ファイブレーション** (**Hopf fibration**) とよばれる.

リーマン多様体内の平均曲率流を研究するにあたり, 複雑な測地変形 (測地線の 1 パラメーター族のみでなく, 2 パラメーター族, 3 パラメーター族を考える場面がある) の変分ベクトル場, つまり, ヤコビ場を計算しなければならない場面が多くある. 例えば, [Ko7] の対称空間内の体積を保存する平均曲率流の研究 (6.6 節で結果のみ述べる) において, 以下に述べる対称空間内のヤコビ場の表示式 (2.14.1), (2.14.2) を用いてハードな計算が行われている. それゆえ, 様々なリーマン多様体内の平均曲率流の研究において, そのリーマン多様体内のヤコビ場を能率よく計算するための公式を与えておくことは重要である. [Ko7] で用いた対称空間内のヤコビ場の表示式を与えておく. $(M, \mathbf{g}_M) = G/K$ を非コンパクト型対称空間とし, $(\widehat{M}, \mathbf{g}_{\widehat{M}}) = G^d/K$ を G/K のコンパクト双対とする. $\mathfrak{g}, \mathfrak{k}$ を G, K のリー代数とし, ad を G のリー代数 $\mathfrak{g}$ の随伴表現とする. ここで, 前述のように, $\mathfrak{g}$ は集合として G の単位元 e における接空間 $T_e G$ と同一視されることを注意しておく. θ を G の対合的自己同型写像で $(\text{Fix}\,\theta)_0 \subset K \subset \text{Fix}\,\theta$ を満たすものとする. θ は対称対 (G, K) に対する**カルタン対合** (**Cartan involution**) とよばれる. ここで, $\text{Fix}\,\theta$ は θ の固定点集合を表し, $(\text{Fix}\,\theta)_0$ はその単位元の連結成分を表す. θ の e での微分 $d\theta_e = \theta_{*e} : \mathfrak{g} = T_e G \to \mathfrak{g}$ を同じ記号 θ で表すことにする. $\theta : \mathfrak{g} \to \mathfrak{g}$ の固有値は ± 1 であり, $\mathfrak{g}$ は ± 1 に対する固有空間の直和に分解される. $\mathfrak{p} := \text{Ker}(\theta + \text{id}_\mathfrak{g})$ とおく. このとき, $\text{Ker}(\theta - \text{id}_\mathfrak{g}) = \mathfrak{k}$ なので, $\mathfrak{g} = \mathfrak{k} \oplus \mathfrak{p}$ が成り立つ. この分解は**カルタン分解** (**Cartan decomposition**) とよばれる. G^d のリー代数 $\mathfrak{g}^d$ は $\mathfrak{g}^d = \mathfrak{k} \oplus \sqrt{-1}\mathfrak{p}$ によって与えられる. ここで, $\mathfrak{g}, \mathfrak{g}^d$ は $\mathfrak{g}$ の複素化 $\mathfrak{g}^{\mathbb{C}}$ の実形であることに注意する. G から G/K への自然な射影を π で表し, G^d から G^d/K への自然な射影を $\widehat{\pi}$ で表す. $o := eK$ とおく. o は (M, g) の特別な点に見えるが, $K = G_p$ としたとき eK は p を表すので特別な点ではないことがわかる. $d\pi_e|_\mathfrak{p}$ を通じて, $\mathfrak{p}$ は $T_o(G/K)$

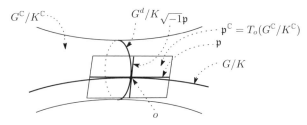

図 2.14.1 非コンパクト型対称空間とコンパクト型対称空間の双対性

($o := eK$) と同一視され，$d\widehat{\pi}_e|_{\sqrt{-1}\mathfrak{p}}$ を通じて，$\sqrt{-1}\mathfrak{p}$ は $T_o(G^d/K)$ と同一視される．
$[\mathfrak{k}, \mathfrak{p}] \subset \mathfrak{p}$, $[\mathfrak{p}, \mathfrak{p}] \subset \mathfrak{k}$ が成り立つので，$\boldsymbol{v}_1, \boldsymbol{v}_2, \boldsymbol{w} \in \mathfrak{p}$ に対し，$(\mathrm{ad}(\boldsymbol{v}_1) \circ \mathrm{ad}(\boldsymbol{v}_2))(\boldsymbol{w}) \in \mathfrak{p}$ となることがわかる．G/K の曲率テンソル場 R に対し，

$$R_o(\boldsymbol{v}_1, \boldsymbol{v}_2)\boldsymbol{v}_3 = -[[\boldsymbol{v}_1, \boldsymbol{v}_2], \boldsymbol{v}_3] = -(\mathrm{ad}(\boldsymbol{v}_3) \circ \mathrm{ad}(\boldsymbol{v}_2))(\boldsymbol{v}_1) \quad (\boldsymbol{v}_1, \boldsymbol{v}_2, \boldsymbol{v}_3 \in \mathfrak{p})$$

が成り立つ．ここで，G/K のリーマン計量は適当なスケールで相似変換して正規化しておく必要がある．以下，この正規化したリーマン計量を G/K に与えておく．特に，

$$R_o(\boldsymbol{v}_1, \boldsymbol{v}_2)\boldsymbol{v}_2 = -\mathrm{ad}(\boldsymbol{v}_2)^2(\boldsymbol{v}_1) \quad (\boldsymbol{v}_1, \boldsymbol{v}_2 \in \mathfrak{p})$$

が成り立つ（[He] の Chapter IV, Theorem 4.2 を参照）．この式と曲率テンソル場の性質（命題 2.4.1 の (iv), (v)）から，$\mathrm{ad}(\boldsymbol{v})^2$ ($\boldsymbol{v} \in \mathfrak{p}$) が $(\mathfrak{p}, g_o)$ の対称変換であり，$\mathrm{ad}(\boldsymbol{v})^2$ の固有値が正であることが示される．G^d/K の曲率テンソル場 $\widehat{R}$ に対し，

$$\widehat{R}_o(\sqrt{-1}\boldsymbol{v}_1, \sqrt{-1}\boldsymbol{v}_2)\sqrt{-1}\boldsymbol{v}_3 = \sqrt{-1}[[\boldsymbol{v}_1, \boldsymbol{v}_2], \boldsymbol{v}_3]$$
$$= \sqrt{-1}(\mathrm{ad}(\boldsymbol{v}_3) \circ \mathrm{ad}(\boldsymbol{v}_2))(\boldsymbol{v}_1) \quad (\boldsymbol{v}_1, \boldsymbol{v}_2, \boldsymbol{v}_3 \in \mathfrak{p})$$

が成り立つ．特に，

$$\widehat{R}_o(\sqrt{-1}\boldsymbol{v}_1, \sqrt{-1}\boldsymbol{v}_2)\sqrt{-1}\boldsymbol{v}_2 = \sqrt{-1}\,\mathrm{ad}(\boldsymbol{v}_2)^2(\boldsymbol{v}_1) \quad (\boldsymbol{v}_1, \boldsymbol{v}_2 \in \mathfrak{p})$$

が成り立つ．$\nabla R = 0$ を用いて，G/K 上の測地線 $\gamma_{\boldsymbol{v}}$ ($\boldsymbol{v} \in T_o(G/K)$) に沿うヤコビ場 $\boldsymbol{Y}$ は，次のように記述されることが示される：

$$\boldsymbol{Y}(s) = P_{\gamma_{\boldsymbol{v}}|_{[0,s]}}\left(\cos(\sqrt{-1}\mathrm{ad}(s\boldsymbol{v}))(\boldsymbol{Y}(0)) + \frac{\sin(\sqrt{-1}\mathrm{ad}(s\boldsymbol{v}))}{\sqrt{-1}\mathrm{ad}(\boldsymbol{v})}(\boldsymbol{Y}'(0))\right).$$
(2.14.1)

ここで, $\cos(\sqrt{-1}\mathrm{ad}(s\boldsymbol{v})), \dfrac{\sin(\sqrt{-1}\mathrm{ad}(s\boldsymbol{v}))}{\sqrt{-1}\mathrm{ad}(\boldsymbol{v})}$ は各々,

$$\cos(\sqrt{-1}\mathrm{ad}(s\boldsymbol{v})) := \sum_{j=0}^{\infty} \frac{(-1)^j}{(2j)!}(\sqrt{-1}\mathrm{ad}(s\boldsymbol{v}))^{2j},$$

$$\frac{\sin(\sqrt{-1}\mathrm{ad}(s\boldsymbol{v}))}{\sqrt{-1}\mathrm{ad}(\boldsymbol{v})} := \sum_{j=0}^{\infty} \frac{(-1)^j s}{(2j+1)!}(\sqrt{-1}\mathrm{ad}(s\boldsymbol{v}))^{2j}$$

によって定義される $(T_o(G/K), g_o)$ の対称変換を表す. 同様に, $\widehat{\nabla}\widehat{R} = 0$ を用いて, G^d/K 上の測地線 $\gamma_{\sqrt{-1}\hat{v}}$ ($\sqrt{-1}\hat{\boldsymbol{v}} \in \sqrt{-1}\mathfrak{p} = T_o(G^d/K)$) に沿うヤコビ場 $\widehat{\boldsymbol{Y}}$ は, 次のように記述されることが示される:

$$\widehat{\boldsymbol{Y}}(s) = P_{\gamma_{\sqrt{-1}\hat{v}}|_{[0,s]}}\left(\cos(\mathrm{ad}(s\widehat{\boldsymbol{v}}))(\widehat{\boldsymbol{Y}}(0)) + \frac{\sin(\mathrm{ad}(s\widehat{\boldsymbol{v}}))}{\mathrm{ad}(\widehat{\boldsymbol{v}})}(\widehat{\boldsymbol{Y}}'(0))\right). \quad (2.14.2)$$

これらのヤコビ場の表示式 (2.14.1), (2.14.2) については, [TT] の 679-682 ページまたは [Ko1] の 273-274 ページを参照のこと.

$\boldsymbol{v}$ を含む $\mathfrak{p}$ ($\subset \mathfrak{g}$) の極大アーベル部分空間 $\mathfrak{a}$ をとる. $\mathfrak{a}$ の次元は各 G/K に対し一意に決まり, これは G/K, G^d/K の**階数** (**rank**) とよばれる. 各 $\alpha \in \mathfrak{a}^*$ ($\mathfrak{a}^*$ は $\mathfrak{a}$ の双対空間) に対し, $\mathfrak{p}$ の部分空間 $\mathfrak{p}_\alpha$ を

$$\mathfrak{p}_\alpha := \{\boldsymbol{X} \in \mathfrak{p} \,|\, \mathrm{ad}(\boldsymbol{w})^2(\boldsymbol{X}) = \alpha(\boldsymbol{w})^2\boldsymbol{X} \ (\forall \boldsymbol{w} \in \mathfrak{a})\}$$

によって定義する. $\mathfrak{a}^*$ の部分集合 $\triangle$ を

$$\triangle := \{\alpha \in \mathfrak{a}^* \,|\, \mathfrak{p}_\alpha \neq \{0\}\}$$

によって定める. この系 $\triangle$ は (G, K) の $\mathfrak{a}$ に関する**制限ルート系** (**restricted root system**) とよばれる.

ここで "制限" という言葉が付く意味を説明する. $\mathfrak{g}$ の複素化 $\mathfrak{g}^{\mathbb{C}}$ は複素半単純リー代数であり, そのカルタン部分代数 $\mathfrak{h}$ に対しルート系が $\mathfrak{h}$ 上の複素線形関数の有限族として定義される. 上述の $\mathfrak{a}$ ($\subset \mathfrak{p} \subset \mathfrak{g} \subset \mathfrak{g}^{\mathbb{C}}$) に対し, $\mathfrak{a}$

を含む $\mathfrak{g}^{\mathbb{C}}$ の**カルタン部分代数** (**Cartan subalgebra**) $\mathfrak{h}$ がとれ，上述の制限ルート系は $\mathfrak{h}$ に対するルート系の各元を $\mathfrak{a}$ へ制限したもの（これらは $\mathfrak{a}$ 上の実線形関数になる）から構成される．この意味で"制限"という言葉が付いているのである．ここで，当然のことながら，$\mathfrak{h}$ に対するルート系の各元を $\sqrt{-1}\mathfrak{a}\,(\subset \mathfrak{p} = T_o(G^d/K))$ へ制限したものは純虚数値をとることに注意する．

本論に戻る．$\triangle_+$ を $\mathfrak{a}^*$ のある基底に関する辞書式順序に関して $\mathfrak{a}^*$ の零元 0 よりも大きくなる $\triangle$ の元全体からなる集合とする．$\triangle_+$ は，(G,K) の $\mathfrak{a}$ に関する，その辞書式順序に関する**正の制限ルート系** (**positive restricted root system**) とよばれる．$\{\mathrm{ad}(\boldsymbol{w})^2 \,|\, \boldsymbol{w} \in \mathfrak{a}\}$ は $(\mathfrak{p},g_o)$ の可換な対称変換の族なので，$(\mathfrak{p},g_o)$ のある正規直交基底に関して同時対角化される．それゆえ，次の直交直和分解が成り立つ:

$$T_o(G/K) = \mathfrak{p} = \mathfrak{a} \oplus \left(\bigoplus_{\alpha \in \triangle_+} \mathfrak{p}_\alpha\right),$$

および

$$T_o(G^d/K) = \sqrt{-1}\mathfrak{p} = \sqrt{-1}\mathfrak{a} \oplus \left(\bigoplus_{\alpha \in \triangle_+} \sqrt{-1}\mathfrak{p}_\alpha\right).$$

これらの分解は，**制限ルート空間分解** (**restricted root space decompositon**) とよばれる．

例 2.14.1. $G/K = SO(1,n)/SO(n)$ は n 次元双曲空間であり，そのコンパクト双対 $G^d/K = SO(n+1)/SO(n)$ は n 次元球面である．これらは階数 1，つまり $\dim \mathfrak{a} = 1$ であり，$\triangle_+$ は 1 点集合になる．$\triangle_+ = \{\alpha\}$ とする．制限ルート空間分解は

$$T_o(SO(1,n)/SO(n)) = \mathfrak{p} = \mathfrak{a} \oplus \mathfrak{p}_\alpha,$$
$$T_o(SO(n+1)/SO(n)) = \sqrt{-1}\mathfrak{p} = \sqrt{-1}\mathfrak{a} \oplus \sqrt{-1}\mathfrak{p}_\alpha$$

となる．o における $SO(1,n)/SO(n)$ の曲率テンソル場 R_o は

$$R_o(\boldsymbol{X}, \boldsymbol{v})\boldsymbol{v} = -\mathrm{ad}(\boldsymbol{v})^2(\boldsymbol{X}) = \begin{cases} 0 & (\boldsymbol{X} \in \mathfrak{a}) \\ -\alpha(\boldsymbol{v})^2 \boldsymbol{X} & (\boldsymbol{X} \in \mathfrak{p}_\alpha) \end{cases} \quad (2.14.3)$$

を満たし，o における $SO(n+1)/SO(n)$ の曲率テンソル場 $\widehat{R}_o$ は

$$\widehat{R}_o(\sqrt{-1}\boldsymbol{X}, \sqrt{-1}\boldsymbol{v})\sqrt{-1}\boldsymbol{v} = \sqrt{-1}\mathrm{ad}(\boldsymbol{v})^2(\boldsymbol{X})$$
$$= \begin{cases} 0 & (\boldsymbol{X} \in \mathfrak{a}) \\ \alpha(\boldsymbol{v})^2 \sqrt{-1}\boldsymbol{X} & (\boldsymbol{X} \in \mathfrak{p}_\alpha) \end{cases} \quad (2.14.4)$$

を満たす．

例 2.14.2. n 次元複素双曲空間 $G/K = SU(1,n)/S(U(1) \times U(n))$ および，そのコンパクト双対である n 次元複素射影空間 $G^d/K = SU(n+1)/S(U(1) \times U(n))$ を考える．これらは階数 1, つまり $\dim \mathfrak{a} = 1$ であり，$\triangle_+$ は $\triangle_+ = \{\alpha, 2\alpha\}$ という形で与えられ，制限ルート空間分解は

$$\mathfrak{p} = \mathfrak{a} \oplus \mathfrak{p}_\alpha \oplus \mathfrak{p}_{2\alpha} \quad (\mathfrak{p}_{2\alpha} = J(\mathfrak{a}))$$

となる．ここで，J は $SU(1,n)/S(U(1) \times U(n))$ の概複素構造を表す．o における $SU(1,n)/S(U(1) \times U(n))$ の曲率テンソル場 R_o は

$$R_o(\boldsymbol{X}, \boldsymbol{v})\boldsymbol{v} = \begin{cases} 0 & (\boldsymbol{X} \in \mathfrak{a}) \\ -\alpha(\boldsymbol{v})^2 \boldsymbol{X} & (\boldsymbol{X} \in \mathfrak{p}_\alpha) \\ -4\alpha(\boldsymbol{v})^2 \boldsymbol{X} & (\boldsymbol{X} \in \mathfrak{p}_{2\alpha}) \end{cases} \quad (2.14.5)$$

を満たし，o における $SU(n+1)/S(U(1) \times U(n))$ の曲率テンソル場 $\widehat{R}_o$ は

$$\widehat{R}_o(\sqrt{-1}\boldsymbol{X}, \sqrt{-1}\boldsymbol{v})\sqrt{-1}\boldsymbol{v} = \begin{cases} 0 & (\boldsymbol{X} \in \mathfrak{a}) \\ \alpha(\boldsymbol{v})^2 \sqrt{-1}\boldsymbol{X} & (\boldsymbol{X} \in \mathfrak{p}_\alpha) \\ 4\alpha(\boldsymbol{v})^2 \sqrt{-1}\boldsymbol{X} & (\boldsymbol{X} \in \mathfrak{p}_{2\alpha}) \end{cases} \quad (2.14.6)$$

を満たす．

例 2.14.3. n 次元四元数双曲空間 $G/K = Sp(1,n)/(Sp(1) \times Sp(n))$ および，そのコンパクト双対である n 次元四元数射影空間 $G^d/K = Sp(n+1)/(Sp(1) \times Sp(n))$ を考える．これらは階数 1, つまり $\dim \mathfrak{a} = 1$ であり，$\triangle_+$

は $\triangle_+ = \{\alpha, 2\alpha\}$ という形で与えられ,制限ルート空間分解は

$$\mathfrak{p} = \mathfrak{a} \oplus \mathfrak{p}_\alpha \oplus \mathfrak{p}_{2\alpha} \quad \left(\mathfrak{p}_{2\alpha} = \bigoplus_{i=1}^3 J_i(\mathfrak{a})\right)$$

となる.ここで,(J_1, J_2, J_3) は $Sp(1,n)/(Sp(1) \times Sp(n))$ の四元数構造局所基底を表す.o における $Sp(1,n)/(Sp(1) \times Sp(n))$ の曲率テンソル場 R_o は式 (2.14.5) を満たし,o における $Sp(n+1)/(Sp(1) \times Sp(n))$ の曲率テンソル場 $\widehat{R}_o$ は式 (2.14.6) を満たす.

例 2.14.4. Cayley 双曲平面 $G/K = F_4^{-20}/Spin(9)$ および,そのコンパクト双対である Cayley 射影平面 $G^d/K = F_4/Spin(9)$ を考える.これらは階数 1,つまり $\dim \mathfrak{a} = 1$ であり,$\triangle_+$ は $\triangle_+ = \{\alpha, 2\alpha\}$ という形で与えられ,制限ルート空間分解は

$$\mathfrak{p} = \mathfrak{a} \oplus \mathfrak{p}_\alpha \oplus \mathfrak{p}_{2\alpha} \quad \left(\mathfrak{p}_{2\alpha} = \bigoplus_{i=1}^7 J_i(\mathfrak{a})\right)$$

となる.ここで,$(J_1, \ldots, J_7)$ は $F_4^{-20}/Spin(9)$ の局所基底を表す.o における $F_4^{-20}/Spin(9)$ の曲率テンソル場 R_o は式 (2.14.5) を満たし,o における $F_4/Spin(9)$ の曲率テンソル場 $\widehat{R}_o$ は式 (2.14.6) を満たす.

定理 2.14.2. $SO(n+1)/SO(n)$, $SO(1,n)/SO(1)$, $SU(n+1)/S(U(1) \times U(n))$, $SU(1,n)/S(U(1) \times U(n))$, $Sp(n+1)/(Sp(1) \times Sp(n))$, $Sp(1,n)/(Sp(1) \times Sp(n))$, $F_4/Spin(9)$, $F_{-20}^4/Spin(9)$ が 2 次元以上の単連結な階数 1 の対称空間のすべてである.

上述の例からわかるように,階数 1 の対称空間のヤコビ作用素 $R(\boldsymbol{v}) := R(\cdot, \boldsymbol{v})\boldsymbol{v}$ の固有値の全体は重複度を込めて単位接ベクトル $\boldsymbol{v}$ の選択によらず一定である.このような性質をもつリーマン多様体は **Osserman 多様体 (Osserman manifold)** とよばれる.一方,階数 2 以上の対称空間は Osserman 多様体ではない.実際,$\mathfrak{p}$ の極大アーベル部分空間 $\mathfrak{a}$(これは 2 次元以上)の単位ベクトルの組 $\boldsymbol{v}_1, \boldsymbol{v}_2$ で,$R(\boldsymbol{v}_1)$ と $R(\boldsymbol{v}_2)$ の固有値の全体が一致しないようなものが存在する.この事実が,階数 1 の対称空間内の平均曲率流

の研究に比べ，階数2以上の対称空間内の平均曲率流の研究が難しい理由の一つとして挙げられる．

この節の最後に，球面 $SO(n+1)/SO(n)$，双曲空間 $SO(1,n)/SO(1)$ 以外の階数1の対称空間内の不変部分多様体について述べることにする．定理2.14.2によれば，球面 $SO(n+1)/SO(n)$，双曲空間 $SO(1,n)/SO(1)$ 以外の階数1の対称空間 G/K は，複素構造 J，四元数構造（この局所基底を (J_1, J_2, J_3) とする），八元数構造（この局所基底を $(J_1, \ldots, J_7)$ とする）のうちのいずれかの構造をもつ．G/K 内の部分多様体 $f : M \hookrightarrow G/K$ で，

$$(J_i)_{f(p)}(df_p(T_pM)) \subset df_p(T_pM) \quad (\forall p \in M, \ \forall i)$$

を満たすものは，G/K 内の**不変部分多様体** (invariant submanifold) とよばれる．

2.15 アダマール多様体の理想境界とホロ球面

完備単連結リーマン多様体で非正曲率をもつ（つまり，その断面曲率が非正である）ようなものは，**アダマール多様体** (Hadamard manifold) とよばれる．n 次元アダマール多様体は $\mathbb{R}^n$ と C^∞ 同相であることが知られている．最初に，アダマール多様体の理想境界の定義を述べることにする．(M,g) をアダマール多様体とし，$\mathbf{Geo}(M,g)$ を $[0, \infty)$ を定義域とする単位速度の測地線全体からなる集合とする．$\mathbf{Geo}(M,g)$ における次のような同値関係 $\sim$ を考える：

$$\gamma_1 \sim \gamma_2 \underset{\text{def}}{\Longleftrightarrow} \sup_{t \in [0,\infty)} d_g(\gamma_1(t), \gamma_2(t)) < \infty$$

$\gamma_1 \sim \gamma_2$ であるとき，γ_1 と γ_2 は**漸近同値** (asymptotic equivalent) であるという．$\gamma \in \mathbf{Geo}(M,g)$ の属する**漸近同値類** (asymptotic equivalence class) を $\gamma(\infty)$ と表す．以下，漸近同値類を漸近類とよぶ．漸近類の全体 $\mathbf{Geo}(M,g)/\sim$ を $\partial_\infty(M,g)$ と表し，(M,g) の**理想境界** (ideal boundary) という．$p \in M$ を固定する．T_pM 内の単位球面 $S^n(1)$ の各元 v に対し，v を初速度にもつ測地線 $\gamma_v : [0, \infty) \to M$ の属する漸近類 $\gamma_v(\infty) \ (\in \partial_\infty(M,g))$ を対応させる対応は $S^n(1)$ と $\partial_\infty(M,g)$ の間の1対1対応を与える．この対応により，$\partial_\infty(M,g)$ を $S^n(1)$ と同相な位相空間とみなす．

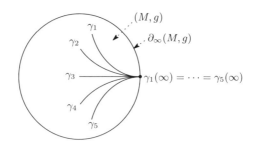

図 2.15.1 漸近類

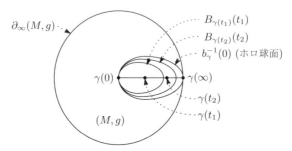

図 2.15.2 ホロ球面と測地球面

次に，アダマール多様体内のホロ球面の定義を述べることにする．$\gamma \in \mathrm{Geo}(M,g)$ に対し，M 上の関数 b_γ を次式によって定義する：

$$b_\gamma(p) := \lim_{t\to\infty}(d_g(p,\gamma(t)) - t) \quad (p \in M).$$

この関数は **Busemann 関数** (Busemann function) とよばれる．b_γ の各レベルセット $b_\gamma^{-1}(a)$ $(a \in (-\infty,\infty))$ は**ホロ球面** (horosphere) とよばれる．ホロ球面 $b_\gamma^{-1}(a)$ は測地球面 $B_{\gamma(t)}(t+a)$ の $t \to \infty$ としたときの極限とみなせることを注意しておく．

双曲空間 $H^{n+1}(c)$ はアダマール多様体である．$H^{n+1}(c)$ 内の全臍的超曲面について説明しておく．簡単のため，$c = -1$ の場合を考える．2.4 節で述べたように，$H^{n+1}(-1)$ は $(n+1)$ 次元ローレンツ空間 $\mathbb{R}_1^{n+1}$ 内のリーマン超曲面

$$H^{n+1}(-1) := \left\{(x_1,\ldots,x_{n+2}) \,\middle|\, -x_1^2 + \sum_{i=2}^{n+2} x_i^2 = -1\right\}$$

2.15 アダマール多様体の理想境界とホロ球面

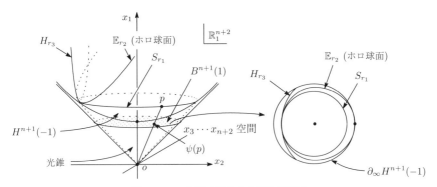

図 2.15.3 双曲空間内の全臍的超曲面

左図で $\psi: H^{n+1}(-1) \to B^{n+1}(1)$ は C^∞ 同型写像であり，$\psi(p)$ は線分 $\overline{op}$ と o を中心とする単位（開）球体 $B^{n+1}(1)$ との交点を表す．右図はポアンカレモデルである．

として定義される．$H^{n+1}(-1)$ 内のリーマン超曲面 $S_r, \mathbb{E}_r, H_r$ を

$$S_r := \{(x_1, \ldots, x_{n+2}) \,|\, x_1 = r\} \quad (r > 1),$$
$$\mathbb{E}_r := \{(x_1, \ldots, x_{n+2}) \,|\, x_2 = x_1 + r\} \quad (r \geq 1),$$
$$H_r := \{(x_1, \ldots, x_{n+2}) \,|\, x_2 = r\} \quad (r \in \mathbb{R})$$

によって定義する．これらの超曲面はいずれも $H^{n+1}(-1)$ 内の全臍的超曲面であり，S_r は定曲率 $\frac{1}{r^2-1}$ をもつ球面 $S^n(\frac{1}{r^2-1})$ に等長で，$\mathbb{E}_r$ は n 次元ユークリッド空間 $\mathbb{E}^n$ に等長であり，H_r は定曲率 $-\frac{1}{1+r^2}$ をもつ双曲空間 $H^n(-\frac{1}{1+r^2})$ に等長である．$H^{n+1}(-1)$ 内の完備な全臍的超曲面はこれらの超曲面のいずれかと合同であることが知られている．ここで，2 つの超曲面が合同であるとは，外の空間 $H^{n+1}(-1)$ のある等長変換で，一方がもう一方に写ることを意味する．$H^{n+1}(-1)$ は，図 2.15.3 におけるような C^∞ 同型写像 $\psi: H^{n+1}(-1) \to B^{n+1}(1)^\circ$ により，$H^{n+1}(-1)$ のリーマン計量から ψ^{-1} によって誘導される計量を備えた $(n+1)$ 次元開球体

$$B^{n+1}(1)^\circ := \left\{(x_1, \ldots, x_{n+2}) \,\middle|\, \sum_{i=2}^{n+2} x_i^2 < 1, \; x_1 = 1\right\}$$

と同一視される．これはポアンカレモデルとよばれる．ポアンカレモデル上でこれらの超曲面を図示すると，図 2.15.3 のようになる．

これらの全臍的超曲面 $S_r, H_r, \mathbb{E}_r$ の主曲率は次のようになる：

$$\begin{cases} S_r \text{ の主曲率} = \dfrac{r}{\sqrt{r^2-1}} \ (>1) \\ \mathbb{E}_r \text{ の主曲率} = 1 \\ H_r \text{ の主曲率} = \dfrac{r}{\sqrt{1+r^2}} \ (<1). \end{cases}$$

特に，H_0 が全測地的超曲面であることがわかる．

注意 一般の定曲率 c をもつ双曲空間 $H^{n+1}(c)$ 内では，ホロ球面の主曲率は $\sqrt{-c}$ となり，S_r の主曲率は $\sqrt{-c}$ よりも大きくなり，H_r の主曲率は $\sqrt{-c}$ よりも小さくなる．

2.16 管状超曲面（チューブ）

F を f によってはめ込まれた $(n+r)$ 次元 C^∞ リーマン多様体 $(\widetilde{M}, \widetilde{g})$ 内の n 次元 C^∞ 部分多様体とし，$T^\perp F \xrightarrow{\pi} F$ をその法ベクトルバンドルとする．$\widetilde{\exp} : T\widetilde{M} \to \widetilde{M}$ を $(\widetilde{M}, \widetilde{g})$ の指数写像とするとき，その $T^\perp F$ への制限 $\widetilde{\exp}|_{T^\perp F}$ は f の**法指数写像** (normal exponential map) とよばれる．これを $\exp^\perp$ と表す．r を F 上の正値 C^∞ 級関数とし，

$$\widetilde{t}_r(F) := \{\xi \in T^\perp F \mid \widetilde{g}(\xi, \xi) = r(\pi(\xi))^2\}$$

とおき，$f_r := \exp^\perp|_{\widetilde{t}_r(F)}$，$t_r(F) := f_r(\widetilde{t}_r(F))$ とおく．f_r が C^∞ 級はめ込み写像であるとき，$t_r(F)$ を F 上の半径 r の**管状超曲面**（または，**チューブ**）(tube) という．$\widetilde{t}_r(F)$ 上の C^∞ 級接分布 $\mathcal{V}$ を

$$\mathcal{V}_\xi := \mathrm{Ker}(\pi|_{\widetilde{t}_r(F)})_{*\xi} \ (\subset T_\xi \widetilde{t}_r(F)) \quad (\xi \in \widetilde{t}_r(F))$$

によって定義する．この接分布を $\widetilde{t}_r(F)$ 上の**鉛直分布** (vertical distribution) という．$\mathcal{V}_\xi$ の $T_\xi \widetilde{t}_r(F)$ における内積 $(f_r^* \widetilde{g})_\xi$ に関する直交補空間を $\mathcal{H}_\xi$ と表す．各 ξ に対し $\mathcal{H}_\xi$ を対応させることにより定義される F 上の C^∞ 級接分布 $\mathcal{H}$ を**水平分布** (horizontal distribution) という．

例 2.16.1. $\mathbb{E}^3$ 内の回転面

$$M := \{(r(s)\cos\theta, r(s)\sin\theta, s) \mid a < s < b, \ 0 \leq \theta < 2\pi\}$$
$$(r \text{ は } (a,b) \text{ 上の正値 } C^\infty \text{ 級関数})$$

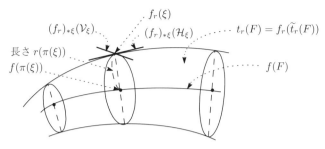

図 2.16.1 管状超曲面（チューブ）

は $l := \{(0,0,s)\,|\,a < s < b\}$ 上の半径 r の管状超曲面である．

例 2.16.2. $\mathbb{E}^3$ 内の閉曲面

$$M := \{((1+r(\cos\varphi,\sin\varphi)\cos\theta)\cos\varphi, (1+r(\cos\varphi,\sin\varphi)\cos\theta)\sin\varphi,$$
$$r(\cos\varphi,\sin\varphi)\sin\theta)\,|\,0 \leq \theta < 2\pi,\ 0 \leq \varphi < 2\pi\}$$
$$(r\text{ は最大値が }1\text{ より小さい }S^1(1)\text{ 上の正値 }C^\infty\text{ 級関数})$$

は $S^1(1)$ 上の半径 r の管状超曲面である．ここで，$S^1(1)$ は $f(\cos\varphi,\sin\varphi) := (\cos\varphi,\sin\varphi,0)$ $(0 \leq \varphi < 2\pi)$ によって埋め込まれた $\mathbb{E}^3$ 内の部分多様体とみなしている．

F が $\mathbb{E}^{n+1}$，$S^{n+1}(c)$ $(c > 0)$，または，$H^{n+1}(c)$ $(c < 0)$ 内の k 次元全測地的多様体である場合を考える．この場合，F 上の半径 r の管状超曲面 $t_r(F)$ の平均曲率 H^S（この節では，上述の水平部分空間の記号と重なるので $\mathcal{H}$ ではなく H^S と表すことにする）は次のように与えられる．$\mathbb{E}^{n+1}$ 内の場合，

$$H^S_p = \frac{1}{\sqrt{1+\|(\mathrm{grad}_g r)_{\pi(p)}\|^2}}$$
$$\times \left\{\frac{(n-k)}{r(\pi(p))} - (\Delta_g r)_{\pi(p)} + \frac{(\nabla dr)((\mathrm{grad}_g r)_{\pi(p)},(\mathrm{grad}_g r)_{\pi(p)})}{1+\|(\mathrm{grad}_g r)_{\pi(p)}\|^2}\right\},$$
(2.16.1)

$S^{n+1}(c)$ 内の場合，

$$H_p^S = \frac{\cos(\sqrt{c}r(\pi(p)))}{\sqrt{\cos^2(\sqrt{c}r(\pi(p))) + \|(\mathrm{grad}_g r)_{\pi(p)}\|^2}}$$
$$\times \left\{ \frac{(n-k)\sqrt{c}}{\tan(\sqrt{c}r(\pi(p)))} - k\sqrt{c}\tan(\sqrt{c}r(\pi(p))) \right.$$
$$- \frac{(\Delta_g r)_{\pi(p)}}{\cos^2(\sqrt{c}r(\pi(p)))} - \frac{\sqrt{c}\tan(\sqrt{c}r(\pi(p)))\|(\mathrm{grad}_g r)_{\pi(p)}\|^2}{\cos^2(\sqrt{c}r(\pi(p))) + \|(\mathrm{grad}_g r)_{\pi(p)}\|^2}$$
$$\left. + \frac{(\nabla dr)((\mathrm{grad}_g r)_{\pi(p)}, (\mathrm{grad}_g r)_{\pi(p)})}{\cos^2(\sqrt{c}r(\pi(p)))(\cos^2(\sqrt{c}r(\pi(p))) + \|(\mathrm{grad}_g r)_{\pi(p)}\|^2)} \right\},$$
(2.16.2)

$H^{n+1}(c)$ 内の場合,

$$H_p^S = \frac{\cosh(\sqrt{-c}r(\pi(p)))}{\sqrt{\cosh^2(\sqrt{-c}r(\pi(p))) + \|(\mathrm{grad}_g r)_{\pi(p)}\|^2}}$$
$$\times \left\{ \frac{(n-k)\sqrt{-c}}{\tanh(\sqrt{-c}r(\pi(p)))} + k\sqrt{-c}\tanh(\sqrt{-c}r(\pi(p))) \right.$$
$$- \frac{(\Delta_g r)_{\pi(p)}}{\cosh^2(\sqrt{-c}r(\pi(p)))} + \frac{\sqrt{-c}\tanh(\sqrt{-c}r(\pi(p)))\|(\mathrm{grad}_g r)_{\pi(p)}\|^2}{\cosh^2(\sqrt{-c}r(\pi(p))) + \|(\mathrm{grad}_g r)_{\pi(p)}\|^2}$$
$$\left. + \frac{(\nabla dr)((\mathrm{grad}_g r)_{\pi(p)}, (\mathrm{grad}_g r)_{\pi(p)})}{\cosh^2(\sqrt{-c}r(\pi(p)))(\cosh^2(\sqrt{-c}r(\pi(p))) + \|(\mathrm{grad}_g r)_{\pi(p)}\|^2)} \right\}$$
(2.16.3)

によって与えられる.これらの証明については,例えば,[Ko7] の Proposition 2.1 の証明を参照のこと.ここで,g は F 上の誘導計量を表し,∇ は g のリーマン接続を表す.$\boldsymbol{N}$ を $t_r(F)$ の外向きの単位法ベクトル場として,$\mathcal{A}$ を $t_r(F)$ の内向きの単位法ベクトル場 $-\boldsymbol{N}$ に対する形作用素とする.$\mathcal{V}_\xi$ に属する各単位ベクトル $\boldsymbol{v}$ に対し,

$$g(\mathcal{A}\bm{v},\bm{v}) = \begin{cases} \dfrac{1}{r\sqrt{1+\|\mathrm{grad}_g r\|^2}} & \\ & (\mathbb{E}^{n+1} \text{ 内の場合}) \\[2mm] \dfrac{\sqrt{c}\cos(\sqrt{c}r)}{\tan(\sqrt{c}r)\cdot\sqrt{\cos^2(\sqrt{c}r)+\|\mathrm{grad}_g r\|^2}} & \\ & (S^{n+1}(c) \text{ 内の場合}) \\[2mm] \dfrac{\sqrt{-c}\cosh(\sqrt{-c}r)}{\tanh(\sqrt{-c}r)\cdot\sqrt{\cosh^2(\sqrt{-c}r)+\|\mathrm{grad}_g r\|^2}} & \\ & (H^{n+1}(c) \text{ 内の場合}) \end{cases}$$
(2.16.4)

が成り立つ．この証明については，例えば，[Ko7] の式 (2.18) の証明を参照のこと．また，[Ko7] の式 (2.49) を用いれば，$\mathcal{H}_\xi$ に属する各単位ベクトル $\bm{w}$ に対し $g(\mathcal{A}\bm{w},\bm{w})$ を具体的に計算することができるが，複雑な長い式になるのでここでは省略することにする．式 (2.16.1)-(2.16.4) は，6.5, 6.6 節で述べる結果の証明において用いられる．

2.17 ラグランジュ部分多様体

M を $2n$ 次元 C^∞ 級多様体とし，M 上の C^∞ 級の 2 次閉微分形式 ω で $\omega^n \neq 0$ を満たすようなものを**シンプレクティック形式 (symplectic form)** といい，(M,ω) を**シンプレクティック多様体 (symplectic manifold)** という．ここで，ω^n は n 個の ω の外積 $\omega \wedge \cdots \wedge \omega$ を表す．2.9 節で述べたケーラー形式 ω は M 上のシンプレクティック形式である．コンパクトシンプレクティック多様体の位相構造に関して次の事実が成り立つことを注意しておく．M がコンパクトの場合，n 以下の各自然数 k に対し，ω^k のド・ラームコホモロジー類 $[\omega^k]$ は 0 ではないことが示され，それゆえ，$H^{2k}_{DR}(M) \neq \{0\}$ ($k = 1, \ldots, n$) が成り立つことを注意しておく．シンプレクティック多様体 (M_1,ω_1) からシンプレクティック多様体 (M_2,ω_2) への C^∞ 同型写像 f で $f^*\omega_2 = \omega_1$ となるようなものを**シンプレクティック同型写像 (symplectomorphism)** という．$\mathbb{R}^{2n}$ ($= \mathbb{C}^n$) 上には次の標準的なシンプレクティック構造 ω^o が定義される：

$$\omega^o = \sum_{i=1}^{n}(dx_i \wedge dy_i) \quad (\mathrm{id}_{\mathbb{R}^{2n}} = (x_1, y_1, \ldots, x_n, y_n)).$$

$2n$ 次元シンプレクティック多様体 (M, ω) に対し，次の事実が成り立つ．

定理 2.17.1（ダルブーの定理）． 各 $p \in (M, \omega)$ に対し，p のまわりの局所チャート (U, φ) で $\varphi^* \omega^o = \omega$ となるようなものが存在する．

この定理の主張におけるような局所チャートは**ダルブー局所チャート (Darboux local chart)** とよばれる．この定理によれば，任意の $2n$ 次元シンプレクティック多様体はシンプレクティック多様体 $(\mathbb{R}^{2n}, \omega^o)$ と局所的にシンプレクティック同型であることがわかる．一般に，C^∞ 級多様体 N の余接バンドル T^*N には，標準的なシンプレクティック形式 $\widehat{\omega}$ が次のように定義される．π を T^*N から N への自然な射影とする．T^*N 上の C^∞ 級 1 次微分形式 λ を

$$\lambda_\beta := \beta \circ \pi_{*\beta} \quad (\beta \in T^*N)$$

によって定義し，$\widehat{\omega} := -d\lambda$ とおく．このとき，$\widehat{\omega}$ は T^*N 上のシンプレクティック形式を与える．これを T^*N の標準的なシンプレクティック形式という．

(M, ω) を $2n$ 次元シンプレクティック多様体とし，L を (M, ω) 内の f によってはめ込まれた n 次元部分多様体とする．$f^*\omega = 0$ が成り立つとき，L を**ラグランジュ部分多様体 (Lagrangian submanifold)** という．ラグランジュ部分多様体に対し，次のラグランジュ近傍定理が成り立つ．

定理 2.17.2（ラグランジュ近傍定理）． L がコンパクトであるとする．T^*L の 0 切断のある管状近傍 $\widetilde{U}$ から，$f(L)$ のある管状近傍への C^∞ 同型写像で $\varphi(0_p) = p$ $(p \in L)$ および $\varphi^*\omega = \widehat{\omega}$ を満たすようなものが存在する．ここで，$\widehat{\omega}$ は L の余接バンドル T^*L の標準的なシンプレクティック形式を表す．

この定理の主張における $f(L)$ の管状近傍 U（または，組 (U, φ)）を**ラグランジュ近傍 (Lagrangian neighborhood)** という．

C^∞ 級多様体 N 上の C^∞ 級 1 次微分形式 α は T^*N の C^∞ 級切断，それゆ

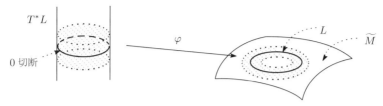

図 2.17.1 ラグランジュ近傍定理

え, N から T^*N への C^∞ 級埋め込み写像であり, $\alpha(N)$ はシンプレクティック多様体 $(T^*N, \widehat{\omega})$ 内の埋め込まれた C^∞ 級部分多様体を与える. この部分多様体 $\alpha(N)$ に関して, 次の事実が成り立つ.

命題 2.17.3. $\alpha(N)$ が $(T^*N, \widehat{\omega})$ 内のラグランジュ部分多様体になることと, α が閉 1 次微分形式であることは同値である.

3 平均曲率流
CHAPTER

　この章の前半部では，最初に平均曲率流方程式の解の短時間における存在性および一意性定理を証明し，次に，平均曲率流に沿う基本的な幾何学量に対する発展方程式を導出する．さらに，R. S. Hamilton による2次対称共変テンソル場の発展方程式に対する最大値の原理を証明する．後半部では，まず，リーマンベクトルバンドルの切断のなすヘルダー空間，ソボレフ空間を定義し，リーマンベクトルバンドルの切断に対する Ascoli-Arzelá の定理を紹介する．次に，D. Hoffman と J. Spruck によって示されたリーマン部分多様体に対するソボレフ不等式を紹介する．さらに，リーマンベクトルバンドルの切断に対するいくつかの基本的な積分不等式（ヘルダー不等式・補間不等式・Morrey-Sobolev の不等式など），および微分作用素の線形化等について述べる．

3.1 平均曲率流方程式の解の短時間における存在性および一意性定理

　リーマン多様体上の平均曲率流は，はめ込み写像の時間発展として次のように定義される．M を n 次元多様体とし，$(\widetilde{M},\widetilde{g})$ を $m\,(>n)$ 次元完備リーマン多様体とする．M から $\widetilde{M}$ の C^∞ 級はめ込み写像の C^∞ 族 $\{f_t\}_{t\in[0,T)}$ を考える．$F:M\times[0,T)\to\widetilde{M}$ を次式によって定義する：

$$F:M\times[0,T)\to\widetilde{M}\,;\,F(x,t):=f_t(x)\,((x,t)\in M\times[0,T)).$$

g_t を f_t による誘導計量，つまり $g_t:=f_t^*\widetilde{g}$ とし，H_t を f_t の平均曲率ベクトル場とする．f_t が埋め込み写像であるとき，$M_t:=f_t(M)$ とおく．族 $\{f_t\}_{t\in[0,T)}$ が

$$\frac{\partial F}{\partial t} = H_t \tag{3.1.1}$$

を満たすとき，$\{f_t\}_{t\in[0,T)}$ を**平均曲率流**とよぶ．また，この発展方程式は，**平均曲率流方程式**とよばれ，いわゆる弱放物型非線形偏微分方程式とよばれる方程式のクラスに属する．特に，f_t が埋め込み写像であるとき，$\{f_t\}_{t\in[0,T)}$ よりもむしろ $\{M_t\}_{t\in[0,T)}$ を**平均曲率流**とよぶ．特に，$m-n=1$, f_t が単位法ベクトル場 N_t を許容する場合，f_t の（N_t ではなく）$-N_t$ に対する形作用素，平均曲率を各々，$\mathcal{A}_t, \mathcal{H}_t$ で表すことにする．それゆえ，平均曲率流方程式 (3.1.1) は

$$\frac{\partial F}{\partial t} = -\mathcal{H}_t N_t \tag{3.1.1'}$$

となる．

注意 $(\widetilde{M}, \widetilde{g})$ が m 次元ユークリッド空間 $(\mathbb{E}^m, \widetilde{g}_\mathbb{E})$ の場合，Δ_{g_t} を g_t のラプラス作用素として，H_t は $\Delta_{g_t} f_t$ に等しいので，平均曲率流方程式 (3.1.1) は

$$\frac{\partial F}{\partial t} = \Delta_{g_t} f_t$$

と表される．

以下，この節において，M が閉多様体の場合に，平均曲率流方程式 (3.1.1) の解の短時間における存在性および一意性定理を**デ・タークトリック** (**De Turck trick**) とよばれる方法で証明する．

定理 3.1.1. 任意の M から $\widetilde{M}$ への C^∞ 級はめ込み写像 f に対し，f を発する平均曲率流が短時間において一意的に存在する．

証明 $\{f_t\}_{t\in[0,T)}$ を M から $\widetilde{M}$ へのはめ込み写像の C^∞ 級族とする．$F: M \times [0,T) \to \widetilde{M}$ を $F(p,t) := f_t(p)$ $((p,t) \in M \times [0,T))$ によって定義する．g_t を f_t による誘導計量，H_t を f_t の平均曲率ベクトル場とし，$\nabla^t, \widetilde{\nabla}$ を各々，$g_t, \widetilde{g}$ のリーマン接続とする．$(U, \varphi = (x_1, \ldots, x_n))$ を M の局所チャート，$(V, \psi = (y_1, \ldots, y_m))$ を $\widetilde{M}$ の局所チャート $(f(U) \subset V)$ とし，簡単のため $\partial_i := \dfrac{\partial}{\partial x_i}, \widetilde{\partial}_\alpha := \dfrac{\partial}{\partial y_\alpha}$ とおく．$(f_t)^\alpha := y_\alpha \circ f_t$ とし，$(g_t)_{ij}$ を g_t の (U, φ)

3.1 平均曲率流方程式の解の短時間における存在性および一意性定理

に関する成分，$\widetilde{g}_{\alpha\beta}$ を $\widetilde{g}$ の (V,ψ) に関する成分とし，$((g_t)^{ij})$ を $((g_t)_{ij})$ の逆行列とする．このとき，f_t の平均曲率ベクトル場 H_t は，

$$\begin{aligned}
H_t &= \sum_{i,j=1}^{n} (g_t)^{ij} \left(\widetilde{\nabla}^{f_t}_{\partial_i} df_t(\partial_j) - df_t(\nabla^t_{\partial_i}\partial_j) \right) \\
&= \sum_{\gamma=1}^{m} \sum_{i,j=1}^{n} (g_t)^{ij} \left(\partial_i \partial_j (f_t)^\gamma + \sum_{\alpha,\beta=1}^{m} \partial_i(f_t)^\alpha \partial_j(f_t)^\beta (\widetilde{\Gamma}^\gamma_{\alpha\beta} \circ f_t) \right.\\
&\quad \left. - \sum_{k=1}^{n} \partial_k(f_t)^\gamma (\Gamma_t)^k_{ij} \right) (\widetilde{\partial}_\gamma)_{f_t(\cdot)}
\end{aligned}$$

と局所表示される．それゆえ，平均曲率流方程式 (3.1.1) は，

$$\begin{aligned}
\frac{\partial(f_t)^\gamma}{\partial t} &= \sum_{i,j=1}^{n} (g_t)^{ij} \left(\partial_i \partial_j (f_t)^\gamma + \sum_{\alpha,\beta=1}^{m} \partial_i(f_t)^\alpha \partial_j(f_t)^\beta (\widetilde{\Gamma}^\gamma_{\alpha\beta} \circ f_t) \right.\\
&\quad \left. - \sum_{k=1}^{n} \partial_k(f_t)^\gamma (\Gamma_t)^k_{ij} \right) \quad (\gamma = 1, \ldots, m) \tag{3.1.2}
\end{aligned}$$

と局所表示される．

$$(g_t)_{ij} = \widetilde{g}(df_t(\partial_i), df_t(\partial_j)) = \sum_{\alpha,\beta=1}^{m} (\partial_i(f_t)^\alpha)(\partial_j(f_t)^\beta)(\widetilde{g}_{\alpha\beta} \circ f_t),$$

$$(\Gamma_t)^k_{ij} = \sum_{l=1}^{n} \frac{(g_t)^{kl}}{2} \left(\partial_i(g_t)_{lj} + \partial_j(g_t)_{il} - \partial_l(g_t)_{ij} \right)$$

なので，式 (3.1.2) の右辺はある多変数関数 Φ_γ を用いて

$$\Phi_\gamma \big(((f_t)^\alpha)_\alpha, (\partial_i(f_t)^\alpha)_{i,\alpha}, (\partial_i\partial_j(f_t)^\alpha)_{i,j,\alpha} \big)$$

と表される．右辺の大括弧内の最終項の各項 $\partial_k(f_t)^\gamma(\Gamma_t)^k_{ij}$ は $\partial_i\partial_j(f_t)^\alpha$ を含む非線形項であり，この項があるため，式 (3.1.2) は 2 階の**準線形偏微分方程式 (quasi-linear partial differential equation)** ではあるが，**強放物型 (strongly parabolic)** ではない．そこで，式 (3.1.1) に付属項を加えることにより強放物型化することを考える．M 上のアフィン接続 $\mathring{\nabla}$ を 1 つとり，固定する．M 上の C^∞ ベクトル場 $V(f_t)$ を，$(1,2)$ テンソル場 $S_t := \nabla^t - \mathring{\nabla}$ を

用いて,
$$V(f_t)_p := \sum_{i=1}^{n} (S_t)_p(e_i, e_i) \quad (p \in M)$$

によって定義する．ここで，$(e_1, \ldots, e_n)$ は T_pM の $(g_t)_p$ に関する正規直交基底を表す．これを用いて次の偏微分方程式を考える：

$$\frac{\partial F}{\partial t}(p, t) = (H_t)_p + (df_t)_p(V(f_t)_p) \quad ((p, t) \in M \times [0, T)). \qquad (3.1.3)$$

式 (3.1.2) および

$$df_t(V(f_t)) = \sum_{\gamma=1}^{m} \sum_{i,j,k=1}^{n} (g_t)^{ij} \left(\partial_k (f_t)^\gamma \left((\Gamma_t)^k_{ij} - \mathring{\Gamma}^k_{ij} \right) \right) (\widetilde{\partial}_\gamma)_{f_t(\cdot)}$$

から，発展方程式 (3.1.3) は

$$\begin{aligned}&\frac{\partial (f_t)^\gamma}{\partial t}\\&= \sum_{i,j=1}^{n} (g_t)^{ij} \left\{ \partial_i \partial_j (f_t)^\gamma + \sum_{\alpha,\beta=1}^{m} \partial_i (f_t)^\alpha \partial_j (f_t)^\beta (\widetilde{\Gamma}^\gamma_{\alpha\beta} \circ f_t) - \sum_{k=1}^{n} \partial_k (f_t)^\gamma \mathring{\Gamma}^k_{ij} \right\}\\&\hspace{8cm} (\gamma = 1, \ldots, m)\end{aligned}$$
$$(3.1.4)$$

と局所表示されることがわかる．式 (3.1.2) の右辺における項 $\sum_{k=1}^{n} \partial_k (f_t)^\gamma (\Gamma_t)^k_{ij}$ が $\sum_{k=1}^{n} \partial_k (f_t)^\gamma \mathring{\Gamma}^k_{ij}$ に代わったため，$((g_t)^{ij})$ が正値行列であることから，式 (3.1.4) が強放物型であることがわかる．このように，式 (3.1.3) が 2 階の準線形強放物型偏微分方程式であることをえる．それゆえ，任意の初期データ f に対し，初期条件 $f_0 = f$ を満たす式 (3.1.3) の解が短時間において一意的に存在する．$\{\bar{f}_t\}_{t \in [0,T)}$ を初期条件 $\bar{f}_0 = f$ を満たす式 (3.1.3) の解とする．$\{\psi_t\}_{t \in [0,T)}$ を常微分方程式

$$\begin{cases} \dfrac{\partial \psi_t}{\partial t} = -V(\bar{f}_t) \circ \psi_t \\ \psi_0 = \mathrm{id}_M \end{cases}$$

を満たす M の C^∞ 同型写像の C^∞ 族とし，$f_t := \bar{f}_t \circ \psi_t$ とする．このとき，

$$\left.\frac{\partial f_t}{\partial t}\right|_{t=t_0} = \left.\frac{\partial \bar{f}_t}{\partial t}\right|_{t=t_0} \circ \psi_{t_0} + d\bar{f}_{t_0}\left(\left.\frac{\partial \psi_t}{\partial t}\right|_{t=t_0}\right) = H_{t_0}$$

となり，$\{f_t\}_{t\in[0,T)}$ が式 (3.1.1) を満たす．つまり，f を発する平均曲率流になる．以上で，存在性が示された．

次に，一意性を示す．逆に，$\{\hat{f}_t\}_{t\in[0,T)}$ を $\hat{f}_0 = f$ を満たす式 (3.1.1) の解とし，$\{\psi_t\}_{t\in[0,T)}$ を

$$\begin{cases} \dfrac{\partial \psi_t}{\partial t} = V(f_t) \circ \psi_t \\ \psi_0 = \mathrm{id}_M \end{cases}$$

を満たす M の C^∞ 同型写像の C^∞ 族とする．$\bar{f}_t := \hat{f}_t \circ \psi_t$ とおくと，$\{\bar{f}_t\}_{t\in[0,T)}$ が $\bar{f}_0 = f$ を満たす式 (3.1.3) の解であることが示される．このように，$\{\hat{f}_t\}_{t\in[0,T)}$ は，上述のように構成された式 (3.1.1) の解 $\{f_t\}_{t\in[0,T)}$ と一致する．以上で，一意性も示された． □

R. S. Hamilton ([Ham1]) は，ベクトルバンドルの切断に対するある種の発展方程式の解の短時間における存在性・一意性定理を証明した．この Hamilton の定理について詳しく説明する．$\pi : E \to M$ を n 次元閉多様体 M 上の C^∞ ベクトルバンドル，$\mathcal{D} : \Gamma^\infty(E) \to \Gamma^\infty(E)$ を 2 階非線形偏微分作用素とし，$d\mathcal{D}_f : \Gamma^\infty(E) \to \Gamma^\infty(E)$ を $\mathcal{D}$ の $f(\in \Gamma^\infty(E))$ における線形化とする．微分作用素の線形化の定義については，3.7 節を参照のこと．$\{f_t\}_{t\in[0,T)}$ を E の C^∞ 切断の C^∞ 族とし，$F : M \times [0,T) \to E$ を $F(x,t) := f_t(p)$ $((p,t) \in M \times [0,T))$ によって定義する．次の発展方程式を考える：

$$\frac{\partial F}{\partial t} = \mathcal{D}(f_t). \tag{3.1.5}$$

任意の $f \in \Gamma^\infty(E)$ と任意の $\xi(\neq 0) \in \mathbb{R}^n$ に対し，$\sigma(d\mathcal{D}_f)(\xi)_p : E_p \to E_p$ $(\forall p \in M)$ のすべての固有値の実部が正であるとき，式 (3.1.5) は**放物型 (parabolic)** であるとよばれる．ここで，$\sigma(d\mathcal{D}_f)$ は $d\mathcal{D}_f$ の主表象を表し，$\sigma(d\mathcal{D}_f)(\xi)_p$ のすべての固有値の実部が正であるとは，$\sigma(d\mathcal{D}_f)(\xi)_p$ の対称パートが正定値であることを意味する．

$\mathcal{D}$ が次の条件を満たす写像 $L : U \times \Gamma^\infty(E) \to \Gamma^\infty(\widehat{E})$ (U は E の 0 切断を含む開集合であり, $\widehat{E}$ は M 上のある C^∞ ベクトルバンドル) を許容するとする:

$$\begin{cases} \bullet \ \text{各} f \in U \text{ に対し, } L(f, \cdot) \text{ は 1 階の微分作用素である.} \\ \bullet \ Q : f \mapsto L(f, \mathcal{D}(f)) \ (f \in U) \text{ は 1 階の微分作用素になる.} \\ \bullet \ \text{各} f \in U \text{ と各} \xi(\neq 0) \in \mathbb{R}^n \text{ に対し, } \sigma(d\mathcal{D}_f)(\xi)|_{N(\sigma(L(f,\cdot))(\xi))} \\ \quad \text{のすべての固有値の実部が正である (} N(\cdot) \text{ は } (\cdot) \text{ の零化空間).} \end{cases}$$

このとき, $\dfrac{\partial F}{\partial t} = \mathcal{D}(f_t)$ は, **弱放物型** (weakly parabolic) とよばれる.

定理 3.1.2 ([Ham1]). 各 $f \in \Gamma^\infty(E)$ に対し, 弱放物型偏微分方程式 $\dfrac{\partial F}{\partial t} = \mathcal{D}(f_t)$ の解 $\{f_t\}_{t \in [0,T)}$ で初期条件 $f_0 = f$ を満たすものが, 短時間において一意的に存在する.

平均曲率流方程式 (3.1.1), およびリッチ流方程式

$$\frac{\partial g_t}{\partial t} = -2\mathrm{Ric}_{g_t}$$

は, 弱放物型である. それゆえ, 定理 3.1.2 から, 平均曲率流方程式 (3.1.1), およびリッチ流方程式の解の短時間における存在性・一意性が導出される.

より一般に, 擬リーマン多様体内の擬リーマン部分多様体を発する平均曲率流が, はめ込み写像の時間発展として次のように定義される. M を n 次元多様体とし, $(\widetilde{M}, \widetilde{g})$ を $m(> n)$ 次元測地的完備な擬リーマン多様体とする. M から $\widetilde{M}$ の C^∞ 級はめ込み写像の C^∞ 族 $\{f_t\}_{t \in [0,T)}$ で, 各 $t \in [0,T)$ に対し $g_t := f_t^* \widetilde{g}$ が擬リーマン計量, つまり, $f_t : (M, g_t) \hookrightarrow (\widetilde{M}, \widetilde{g})$ が擬リーマン部分多様体であるようなものを考える. $F : M \times [0,T) \to \widetilde{M}$ を $F(p,t) := f_t(p)$ $((p,t) \in M \times [0,T))$ によって定義する. H_t を f_t の平均曲率ベクトル場とする. 族 $\{f_t\}_{t \in [0,T)}$ が

$$\frac{\partial F}{\partial t} = H_t \tag{3.1.6}$$

を満たすとき, $\{f_t\}_{t \in [0,T)}$ を**平均曲率流**とよび, この発展方程式を**平均曲率流方程式**とよぶ. H_t は式 (3.1.2) のように局所表示される. 式 (3.1.2) の最終辺における $(g_t)^{ij}$ のつくる行列 $((g_t)^{ij})$ が正値行列である場合, つまり, 各 g_t

がリーマン計量である場合，平均曲率流方程式 (3.1.6) は弱放物型非線形偏微分方程式となる．それゆえ上述の証明により，M がコンパクトという仮定のもとで，任意の C^∞ 級はめ込み写像 f で $f^*\widetilde{g}$ がリーマン計量になるようなものに対し，f を発する平均曲率流が短時間において一意に存在することが示される．しかしながら，$f^*\widetilde{g}$ が指数 ν ($1 \leq \nu \leq n-1$) の擬リーマン計量である場合，$((g_t)^{ij})$ が正値行列でないため，平均曲率流方程式 (3.1.6) は弱放物型非線形偏微分方程式ではない．ゆえに，任意の C^∞ 級はめ込み写像 f で $f^*\widetilde{g}$ が指数 ν の擬リーマン計量になるようなものに対し，f を発する平均曲率流の短時間における一意存在性は示されない．しかしながら，スペシャルな f に対しては，f を発する平均曲率流の短時間における一意存在性が示される (4.2 節参照)．

3.2　平均曲率流に沿う基本的な幾何学量の発展

　最初に，いくつかの誘導バンドル上の接続，およびラプラス作用素を定義しておく．M を n 次元閉多様体，$(\widetilde{M}, \widetilde{g})$ を m 次元完備リーマン多様体とし，$\{f_t\}_{t \in [0,T)}$ を平均曲率流とする．また，$F : M \times [0,T) \to \widetilde{M}$ を $F(p,t) := f_t(p)$ $((p,t) \in M \times [0,T))$ によって定義する．π_M を $M \times [0,T)$ から M への自然な射影とし，$\pi_M^*(TM)$ を TM の π による誘導バンドル，つまり

$$\pi_M^*(TM) := \coprod_{(p,t) \in M \times [0,T)} (\{(p,t)\} \times T_pM)$$

とする．以下，簡単のため $((p,t), \boldsymbol{v})$ ($\in \{(p,t)\} \times T_pM$) を $\boldsymbol{v}$ と略記することがある．M 上の (接) ベクトル場 $\boldsymbol{X} \in \mathcal{X}(M)$ に対し，$\overline{\boldsymbol{X}} \in \Gamma^\infty(\pi_M^*(TM))$ を $(\overline{\boldsymbol{X}})_{(p,t)} := ((p,t), \boldsymbol{X}_p) (= \boldsymbol{X}_p)$ $((p,t) \in M \times [0,T))$ によって定義する．$\overline{\boldsymbol{X}}$ は，T_pM と $T_{(p,t)}(M \times \{t\})$ ($\subset T_{(p,t)}(M \times [0,T))$) の同一視のもと，$\boldsymbol{X}_p$ を $T_{(p,t)}(M \times [0,T))$ の元とみなすことにより，$M \times [0,T)$ 上のベクトル場とみなされる．これはまさしく $\boldsymbol{X}$ の π_M による $M \times [0,T)$ への水平リフトを与える．g_t を f_t による誘導計量，h_t を f_t の第 2 基本形式，A_t を f_t の形テンソル場，H_t を f_t の平均曲率ベクトル場とする．また，∇^t を g_t のリーマン接続，$\nabla^{\perp_t}$ を f_t の法接続とし，f_t の法バンドルを $T^{\perp_t}M$ と表す．f_t の C^∞ 級法ベクトル場 ξ_t の C^∞ 族 $\{\xi_t\}_{t \in [0,T)}$ に対し，$F^*(T\widetilde{M}) := \coprod_{(p,t) \in M \times [0,T)} (\{(p,t)\} \times$

$T_{F(p,t)}\widetilde{M})$ の C^∞ 切断 ξ を $\xi_{(p,t)} := ((p,t),(\xi_t)_p) (= (\xi_t)_p)$ によって定義する. g を $\{g_t\}_{t\in[0,T)}$ を用いて定義される $\pi_M^*(T^{(0,2)}M)$ の C^∞ 切断 (つまり, $g_{(p,t)} := ((p,t),(g_t)_p) (= (g_t)_p))$ とする. $M \times [0,T)$ 上のベクトルバンドル $T^{\perp_F}M$ を

$$T^{\perp_F}M := \coprod_{(p,t)\in M\times[0,T)} (\{(p,t)\} \times T_p^{\perp_t}M)$$

によって定義する. これは, $F^*(T\widetilde{M})$ の部分ベクトルバンドルである. h を $\{h_t\}_{t\in[0,T)}$ を用いて定義される $\pi_M^*(T^{(0,2)}M) \otimes T^{\perp_F}M$ の C^∞ 切断, A を $\{A_t\}_{t\in[0,T)}$ を用いて定義される $(T^{\perp_F}M)^* \otimes \pi_M^*(T^{(1,1)}M)$ の C^∞ 切断, H を H_t を用いて定義される $F^*(T\widetilde{M})$ の C^∞ 切断とする. $\{\nabla^t\}_{t\in[0,T)}$ を用いて, $\pi_M^*(TM)$ の接続 ∇ を次のように定義する:

$$\begin{cases} (\nabla_{\overline{\boldsymbol{X}}}\boldsymbol{Y})_{(p,t_0)} := \nabla^{t_0}_{\boldsymbol{X}_p}(\boldsymbol{Y}|_{M\times\{t_0\}}) \\ \left(\nabla_{\frac{\partial}{\partial t}}\boldsymbol{Y}\right)_{(p,t_0)} := \left.\frac{d\boldsymbol{Y}_{(p,t)}}{dt}\right|_{t=t_0} \end{cases} (\boldsymbol{X}\in\Gamma^\infty(TM), \boldsymbol{Y}\in\Gamma^\infty(\pi_M^*(TM))).$$

ここで, $\left.\dfrac{d\boldsymbol{Y}_{(p,t)}}{dt}\right|_{t=t_0}$ はベクトル値関数 $\boldsymbol{Y}_{(p,\cdot)} : [0,T) \to T_pM$ の $t=t_0$ における微分を表す. 以下, $\nabla_{\frac{\partial}{\partial t}}\boldsymbol{Y}$ を $\dfrac{\partial \boldsymbol{Y}}{\partial t}$ と表すことにする.

$T^{\perp_F}M$ の接続 $\nabla^\perp$ を, $\{\nabla^{\perp_t}\}_{t\in[0,T)}$ を用いて次のように定義する:

$$\begin{cases} (\nabla^\perp_{\overline{\boldsymbol{X}}}\xi)_{(p,t_0)} := (\nabla^{\perp_{t_0}}_{\boldsymbol{X}}\xi|_{M\times\{t_0\}})_p \\ \left(\nabla^\perp_{\frac{\partial}{\partial t}}\xi\right)_{(p,t_0)} := \left(\left(\widetilde{\nabla}^F_{\frac{\partial}{\partial t}}\xi\right)_{(p,t_0)}\right)^{\perp_{t_0}} \end{cases} (X\in\Gamma^\infty(TM), \xi\in\Gamma^\infty(T^{\perp_F}M))$$

ここで $(\bullet)^{\perp_{t_0}}$ は, $(\bullet)$ の $T_p^{\perp_{t_0}}M$ 成分を表す. 以下, $\nabla^\perp_{\frac{\partial}{\partial t}}\xi$ を $\dfrac{\partial \xi}{\partial t}$ と表すことにする.

M 上の k 次共変テンソルバンドル $T^*M \otimes \cdots \otimes T^*M$ (k 個の T^*M のテンソル積) を $T^{(0,k)}M$ と表し, $\pi_M^*(T^{(0,k)}M)$ の接続 $\nabla^{(0,k)}$ を, 上で定義した $\pi_M^*(TM)$ の接続 ∇ を用いて次のように定義する:

$$\begin{cases}
(\nabla^{(0,k)}_{\overline{\boldsymbol{X}}} S)(\boldsymbol{Y}_1, \ldots, \boldsymbol{Y}_k) \\
:= \overline{\boldsymbol{X}}(S(\boldsymbol{Y}_1, \ldots, \boldsymbol{Y}_k)) \\
\quad - \sum_{i=1}^{k} S(\boldsymbol{Y}_1, \ldots, \nabla_{\overline{\boldsymbol{X}}} \boldsymbol{Y}_i, \ldots, \boldsymbol{Y}_k) \\
\\
\left(\nabla^{(0,k)}_{\frac{\partial}{\partial t}} S\right)(\boldsymbol{Y}_1, \ldots, \boldsymbol{Y}_k) \\
:= \dfrac{\partial}{\partial t} S(\boldsymbol{Y}_1, \ldots, \boldsymbol{Y}_k) \\
\quad - \sum_{i=1}^{k} S(\boldsymbol{Y}_1, \ldots, \nabla_{\frac{\partial}{\partial t}} \boldsymbol{Y}_i, \ldots, \boldsymbol{Y}_k) \\
(\boldsymbol{X} \in \Gamma^\infty(TM),\ \boldsymbol{Y}_1, \ldots, \boldsymbol{Y}_k \in \Gamma^\infty(\pi_M^*(TM)))
\end{cases}$$

また，$\pi_M^*(T^{(0,k)}M) \otimes T^{\perp_F}M$ の接続 $\nabla^{(0,k),\perp}$ を，上で定義した $\pi_M^*(TM)$ の接続 ∇ と $T^{\perp_F}M$ の接続 $\nabla^\perp$ を用いて次のように定義する：

$$\begin{cases}
(\nabla^{(0,k),\perp}_{\overline{\boldsymbol{X}}} S)(\boldsymbol{Y}_1, \ldots, \boldsymbol{Y}_k) \\
:= \nabla^\perp_{\overline{\boldsymbol{X}}}(S(\boldsymbol{Y}_1, \ldots, \boldsymbol{Y}_k)) \\
\quad - \sum_{i=1}^{k} S(\boldsymbol{Y}_1, \ldots, \nabla_{\overline{\boldsymbol{X}}} \boldsymbol{Y}_i, \ldots, \boldsymbol{Y}_k) \\
\\
\left(\nabla^{(0,k),\perp}_{\frac{\partial}{\partial t}} S\right)(\boldsymbol{Y}_1, \ldots, \boldsymbol{Y}_k) \\
:= \nabla^\perp_{\frac{\partial}{\partial t}}(S(\boldsymbol{Y}_1, \ldots, \boldsymbol{Y}_k)) \\
\quad - \sum_{i=1}^{k} S(\boldsymbol{Y}_1, \ldots, \nabla_{\frac{\partial}{\partial t}} \boldsymbol{Y}_i, \ldots, \boldsymbol{Y}_k) \\
(\boldsymbol{X} \in \Gamma^\infty(TM),\ \boldsymbol{Y}_1, \ldots, \boldsymbol{Y}_k \in \Gamma^\infty(\pi_M^*(TM)))
\end{cases}$$

また，$\pi_M^*(T^{(0,k)}M) \otimes (T^{\perp_F}M)^* \otimes \pi_M^*(TM)$ の接続 $\nabla^{(0,k),\perp^*,T}$ を，∇ と $\nabla^\perp$ を用いて次のように定義する：

$$\begin{cases} (\nabla^{(0,k),\perp^*,T}_{\overline{X}} S)(\mathbf{Y}_1,\ldots,\mathbf{Y}_k,\xi) \\ := \nabla_{\overline{X}}(S(\mathbf{Y}_1,\ldots,\mathbf{Y}_k,\xi)) \\ \quad - \sum_{i=1}^{k} S(\mathbf{Y}_1,\ldots,\nabla_{\overline{X}}\mathbf{Y}_i,\ldots,\mathbf{Y}_k,\xi) \\ \quad - S(\mathbf{Y}_1,\ldots,\mathbf{Y}_k,\nabla^{\perp}_{\overline{X}}\xi) \end{cases}$$

$$\begin{cases} \left(\nabla^{(0,k),\perp^*,T}_{\frac{\partial}{\partial t}} S\right)(\mathbf{Y}_1,\ldots,\mathbf{Y}_k,\xi) \\ := \nabla_{\frac{\partial}{\partial t}}(S(\mathbf{Y}_1,\ldots,\mathbf{Y}_k,\xi)) \\ \quad - \sum_{i=1}^{k} S(\mathbf{Y}_1,\ldots,\nabla_{\frac{\partial}{\partial t}}\mathbf{Y}_i,\ldots,\mathbf{Y}_k,\xi) \\ \quad - S(\mathbf{Y}_1,\ldots,\mathbf{Y}_k,\nabla^{\perp}_{\frac{\partial}{\partial t}}\xi) \\ (\mathbf{X}\in\Gamma^\infty(TM),\ \mathbf{Y}_1,\ldots,\mathbf{Y}_k\in\Gamma^\infty(\pi_M^*(TM)),\ \xi\in\Gamma^\infty(T^\perp M)) \end{cases}$$

以下，簡単のため $\nabla^{(0,k)}, \nabla^{(0,k),\perp}, \nabla^{(0,k),\perp^*,T}$ を，$\overline{\nabla}$ と略記することにする．また，$\overline{\nabla}_{\frac{\partial}{\partial t}} S$ を $\dfrac{\partial S}{\partial t}$ と表すことにする．

次に，$\pi_M^*(T^{(0,k)}M) \otimes T^{\perp_F}M$ の切断に対するラプラス作用素 $\Delta^{(0,k),\perp}(:\Gamma^\infty(\pi_M^*(T^{(0,k)}M)\otimes T^{\perp_F}M) \to \Gamma^\infty(\pi_M^*(T^{(0,k)}M)\otimes T^{\perp_F}M))$ を $\overline{\nabla}$ を用いて次のように定義する：

$$(\Delta^{(0,k),\perp}S)_{(p,t)} := \sum_{i=1}^{n}(\overline{\nabla}\,\overline{\nabla}S)_{(p,t)}(\mathbf{e}_i,\mathbf{e}_i,\ldots)$$
$((\mathbf{e}_1,\ldots,\mathbf{e}_n)$ は $(T_pM,(g_t)_p)$ の正規直交基底).

同様に，$\pi_M^*(T^{(0,k)}M)\otimes(T^{\perp_F}M)^*\otimes\pi_M^*(TM)$ の切断に対するラプラス作用素 $\Delta^{(0,k),\perp^*,T}(:\Gamma^\infty(\pi_M^*(T^{(0,k)}M)\otimes(T^{\perp_F}M)^*\otimes\pi_M^*(TM)) \to \Gamma^\infty(\pi_M^*(T^{(0,k)}M)\otimes(T^{\perp_F}M)^*\otimes\pi_M^*(TM)))$ を $\overline{\nabla}$ を用いて定義する．簡単のため，これらのラプラス作用素を Δ と略記する．g_t は平均曲率流に沿って次のように時間発展する．

命題 3.2.1. 各 $(p,t)\in M\times[0,T)$ に対し，
$$\left(\frac{\partial g}{\partial t}\right)_{(p,t)}(\mathbf{v},\mathbf{w}) = -2g_{(p,t)}((A_H)_{(p,t)}(\mathbf{v}),\mathbf{w}) \quad (\mathbf{v},\mathbf{w}\in T_pM)$$

3.2 平均曲率流に沿う基本的な幾何学量の発展　113

が成り立つ.

証明 $v, w \in T_pM$ とし,これらを M 上の接ベクトル場に拡張したものを X, Y で表すことにする.$\overline{X}, \overline{Y}$ を $X, Y \in \mathcal{X}(M)$ から前述のように定義される $\Gamma^\infty(\pi_M^*(TM))$ の元とする.このとき,$[\frac{\partial}{\partial t}, \overline{X}] = 0$ より,

$$\widetilde{\nabla}^F_{\frac{\partial}{\partial t}} F_*\overline{X} = \widetilde{\nabla}^F_{\overline{X}} F_*\left(\frac{\partial}{\partial t}\right) = \widetilde{\nabla}^F_{\overline{X}} H. \tag{3.2.1}$$

この関係式を用いて,

$$\left(\frac{\partial g}{\partial t}\right)_{(p,t)}(v,w) = \left(\frac{\partial}{\partial t}g(\overline{X}, \overline{Y})\right)_{(p,t)} = \left(\frac{\partial}{\partial t}\widetilde{g}(F_*\overline{X}, F_*\overline{Y})\right)_{(p,t)}$$

$$= \widetilde{g}\left(\widetilde{\nabla}^F_{\frac{\partial}{\partial t}} F_*\overline{X}, F_*\overline{Y}\right)_{(p,t)} + \widetilde{g}\left(F_*\overline{X}, \widetilde{\nabla}^F_{\frac{\partial}{\partial t}} F_*\overline{Y}\right)_{(p,t)}$$

$$= \widetilde{g}\left(\widetilde{\nabla}^F_{\overline{X}} H, F_*\overline{Y}\right)_{(p,t)} + \widetilde{g}\left(F_*\overline{X}, \widetilde{\nabla}^F_{\overline{Y}} H\right)_{(p,t)}$$

$$= -g_{(p,t)}((A_H)_{(p,t)}(v), w) - g_{(p,t)}(v, (A_H)_{(p,t)}(w))$$

$$= -2\widetilde{g}_{f_t(p)}(h_{(p,t)}(v,w), H_{(p,t)})$$

$$= -2g_{(p,t)}((A_H)_{(p,t)}(v), w)$$

をえる. □

系 3.2.2. $m - n = 1$ の場合,各 $(p,t) \in M \times [0, T)$ に対し,

$$\left(\frac{\partial g}{\partial t}\right)_{(p,t)}(v,w) = -2\mathcal{H}_{(p,t)}g_{(p,t)}(\mathcal{A}_{(p,t)}(v), w) \quad (v, w \in T_pM)$$

が成り立つ.

E を $M \times [0, T)$ 上の C^∞ 級実ベクトルバンドルとする.$S \in \Gamma^\infty(\pi_M^*(T^{(0,k)}M) \otimes E)$ に対し,$\mathrm{Tr}_g^\bullet S(\ldots, \overset{j}{\bullet}, \ldots, \overset{l}{\bullet}, \ldots)$ を

$$(\mathrm{Tr}_g^\bullet S(\ldots, \overset{j}{\bullet}, \ldots, \overset{l}{\bullet}, \ldots))_{(p,t)} = \sum_{i=1}^n S_{(p,t)}(\ldots, \overset{j}{e_i}, \ldots, \overset{l}{e_i}, \ldots)$$

$$((p,t) \in M \times [0, T))$$

によって定義する.ここで,$(e_1, \ldots, e_n)$ は,T_pM の $(g_t)_p$ に関する正規直

交基底を表し，$S(\ldots,\overset{j}{\bullet},\ldots,\overset{l}{\bullet},\ldots)$ は，S の j 成分と l 成分が $\bullet$ であることを意味する．$S_{(p,t)}(\ldots,\overset{j}{e}_i,\ldots,\overset{l}{e}_i,\ldots)$ についても同様である．また，E にファイバー計量 g_E が与えられている場合，$S,\hat{S}\in\Gamma^\infty(\pi_M^*(T^{(0,k)}M)\otimes E)$ の内積 $\langle S,\hat{S}\rangle$ が

$$\langle S,\hat{S}\rangle := \operatorname{Tr}_g^{\bullet_1}\cdots\operatorname{Tr}_g^{\bullet_k} g_E(S(\bullet_1\cdots\bullet_k),\hat{S}(\bullet_1\cdots\bullet_k))$$

によって定義され，S のノルム $\|S\|$ が

$$\|S\| := \sqrt{\langle S,S\rangle}$$

によって定義される．

$S\in\Gamma^\infty(\pi_M^*(T^{(k,0)}M)\otimes E)$ に対し，$\operatorname{Tr}_g^\bullet S(\ldots,\overset{j}{\bullet},\ldots,\overset{l}{\bullet},\ldots)$ を

$$(\operatorname{Tr}_g^\bullet S(\ldots,\overset{j}{\bullet},\ldots,\overset{l}{\bullet},\ldots))_{(p,t)} = \sum_{i=1}^n S_{(p,t)}(\ldots,\overset{j}{\omega}_i,\ldots,\overset{l}{\omega}_i,\ldots)$$

$$((p,t)\in M\times[0,T))$$

によって定義する．ここで，$(\omega_1,\ldots,\omega_n)$ は，T_pM の $(g_t)_p$ に関するある正規直交基底の双対基底を表し，$S(\ldots,\overset{j}{\bullet},\ldots,\overset{l}{\bullet},\ldots)$ は，S の j 成分と l 成分が $\bullet$ であることを意味する．$S_{(p,t)}(\ldots,\overset{j}{\omega}_i,\ldots,\overset{l}{\omega}_i,\ldots)$ についても同様である．また，E にファイバー計量 g_E が与えられている場合，$S,\hat{S}\in\Gamma^\infty(\pi_M^*(T^{(0,k)}M)\otimes E)$ の内積 $\langle S,\hat{S}\rangle$ が

$$\langle S,\hat{S}\rangle := \operatorname{Tr}_g^{\bullet_1}\cdots\operatorname{Tr}_g^{\bullet_k} g_E(S(\bullet_1\cdots\bullet_k),\hat{S}(\bullet_1\cdots\bullet_k))$$

によって定まり，S のノルム $\|S\|$ が

$$\|S\| := \sqrt{\langle S,S\rangle}$$

によって定まる．

dv_t を g_t の体積要素とし，$\{dv_t\}_{t\in[0,T)}$ を用いて定義される $\pi_M^*(\wedge^n T^*M)$ の切断を dv で表す．

3.2 平均曲率流に沿う基本的な幾何学量の発展

命題 3.2.3. dv_t は平均曲率流に沿って次のように時間発展する：
$$\frac{\partial\, dv}{\partial t} = -\widetilde{g}(H, H)\, dv.$$

証明 $(U, \varphi = x_1, \ldots, x_n))$ を M の局所チャートとし，g_{ij}, h_{ij} を g, h の (U, φ) に関する成分，つまり
$$g_{ij} := g\left(\overline{\frac{\partial}{\partial x_i}}, \overline{\frac{\partial}{\partial x_j}}\right),\ h_{ij} := h\left(\overline{\frac{\partial}{\partial x_i}}, \overline{\frac{\partial}{\partial x_j}}\right)$$
とする．ここで，h_{ij} は，$U \times [0, T)$ 上で定義される $T^{\perp_F}M$ の局所切断であることを注意しておく．命題 3.2.1 によれば，
$$\frac{\partial g_{ij}}{\partial t} = -2\widetilde{g}(h_{ij}, H)$$
が成り立つ．この関係式を用いて，

$$\frac{\partial\, dv}{\partial t} = \frac{\partial}{\partial t}\left(\sqrt{\det(g_{ij})}\, dx_1 \wedge \cdots \wedge dx_n\right)$$
$$= \frac{1}{2\sqrt{\det(g_{ij})}} \cdot \sum_{j=1}^{n} \begin{vmatrix} g_{11} & \cdots & \dfrac{\partial g_{1j}}{\partial t} & \cdots & g_{1n} \\ \vdots & & \vdots & & \vdots \\ g_{n1} & \cdots & \dfrac{\partial g_{nj}}{\partial t} & \cdots & g_{nn} \end{vmatrix} dx_1 \wedge \cdots \wedge dx_n$$
$$= \frac{1}{2\sqrt{\det(g_{ij})}} \cdot \sum_{j=1}^{n} \begin{vmatrix} g_{11} & \cdots & -2\widetilde{g}(h_{1j}, H) & \cdots & g_{1n} \\ \vdots & & \vdots & & \vdots \\ g_{n1} & \cdots & -2\widetilde{g}(h_{nj}, H) & \cdots & g_{nn} \end{vmatrix} dx_1 \wedge \cdots \wedge dx_n$$
$$= -\widetilde{g}(H, H)\, dv$$

をえる． □

系 3.2.4. $m - n = 1$ の場合，dv_t は平均曲率流に沿って次のように時間発展する：
$$\frac{\partial\, dv}{\partial t} = -\mathcal{H}^2\, dv.$$

また，h_t は平均曲率流に沿って次のように時間発展する．

命題 3.2.5. 各 $X, Y \in \Gamma^\infty(\pi_M^*(TM))$ に対し,次式が成り立つ:

$$\frac{\partial h}{\partial t}(X, Y) - \Delta h(X, Y)$$
$$= -h(A_H X, Y) - h(A_H Y, X) + \mathrm{Tr}_g^{\bullet_1} \mathrm{Tr}_g^{\bullet_2} \tilde{g}(h(X, Y), h(\bullet_1, \bullet_2)) h(\bullet_1, \bullet_2)$$
$$- 2\mathrm{Tr}_g^{\bullet_1} \mathrm{Tr}_g^{\bullet_2} \tilde{g}(h(X, \bullet_1), h(Y, \bullet_2)) h(\bullet_1, \bullet_2)$$
$$+ \mathrm{Tr}_g^{\bullet_1} \mathrm{Tr}_g^{\bullet_2} \tilde{g}(h(X, \bullet_1), h(\bullet_1, \bullet_2)) h(Y, \bullet_2)$$
$$+ \mathrm{Tr}_g^{\bullet_1} \mathrm{Tr}_g^{\bullet_2} \tilde{g}(h(Y, \bullet_1), h(\bullet_1, \bullet_2)) h(X, \bullet_2)$$
$$+ \mathrm{Tr}_g^{\bullet}(\tilde{R}(h(X, Y), f_{t*}(\bullet)) f_{t*}(\bullet))^{\perp_t}$$
$$- \mathrm{Tr}_g^{\bullet} h((\tilde{R}(f_{t*}(Y), f_{t*}(\bullet)) f_{t*}(\bullet))^{T_t}, X)$$
$$- \mathrm{Tr}_g^{\bullet} h((\tilde{R}(f_{t*}(X), f_{t*}(\bullet)) f_{t*}(\bullet))^{T_t}, Y)$$
$$+ 2\mathrm{Tr}_g^{\bullet} h(\bullet, (\tilde{R}(f_{t*}(\bullet), f_{t*}(X)) f_{t*}(Y))^{T_t})$$
$$- 2\mathrm{Tr}_g^{\bullet}(\tilde{R}(f_{t*}(\bullet), f_{t*}(X)) h(Y, \bullet))^{\perp_t}$$
$$- 2\mathrm{Tr}_g^{\bullet}(\tilde{R}(f_{t*}(\bullet), f_{t*}(Y)) h(X, \bullet))^{\perp_t}$$
$$+ \mathrm{Tr}_g^{\bullet}((\tilde{\nabla}_{f_{t*}(X)} \tilde{R})(f_{t*}(Y), f_{t*}(\bullet)) f_{t*}(\bullet))^{\perp_t}$$
$$- \mathrm{Tr}_g^{\bullet}((\tilde{\nabla}_{f_{t*}(\bullet)} \tilde{R})(f_{t*}(\bullet), f_{t*}(X)) f_{t*}(Y))^{\perp_t}.$$

ここで,$(\tilde{R}(\cdot, \cdot)\cdot)^{T_t}$ は,$f_{t*}((\tilde{R}(\cdot, \cdot)\cdot)^{T_t})$ が $\tilde{R}(\cdot, \cdot)\cdot$ の $f_t(M)$ の接成分を与えるような M 上の接ベクトル場を表し,$(\tilde{R}(\cdot, \cdot)\cdot)^{\perp_t}$ は,$\tilde{R}(\cdot, \cdot)\cdot$ の $f_t(M)$ に関する法成分を表す.

証明 $v, w \in T_p M$ とし,これらを M 上の接ベクトル場に拡張したものも X, Y で表すことにする.$\overline{X}, \overline{Y}$ を $X, Y \in \mathcal{X}(M)$ から前述のように定義される $\Gamma^\infty(\pi_M^*(TM))$ の元とする.このとき,$t \in [0, T)$ を任意にとり固定する.以下,(p, t) において議論する.(p, t) において,

$$\left(\frac{\partial h}{\partial t}\right)_{(p,t)}(v, w) = \left(\left(\tilde{\nabla}^F_{\frac{\partial}{\partial t}}(h(\overline{X}, \overline{Y}))\right)_{(p,t)}\right)^{\perp_t}$$
$$= \left(\left(\tilde{\nabla}^F_{\frac{\partial}{\partial t}}(\tilde{\nabla}^F_{\overline{X}} F_* \overline{Y} - F_*(\nabla_{\overline{X}} \overline{Y}))\right)_{(p,t)}\right)^{\perp_t}$$

$$
\begin{aligned}
&= \left(\left(\widetilde{\nabla}^F_{\overline{X}}\left(\widetilde{\nabla}^F_{\frac{\partial}{\partial t}}F_*(\overline{Y})\right) + \widetilde{R}\left(F_*\left(\frac{\partial}{\partial t}\right), F_*(\overline{X})\right)F_*(\overline{Y})\right.\right.\\
&\quad \left.\left. - \widetilde{\nabla}^F_{\nabla_{\overline{X}}\overline{Y}}F_*\left(\frac{\partial}{\partial t}\right)\right)_{(p,t)}\right)^{\perp_t}\\
&= \left(\left(\widetilde{\nabla}^F_{\overline{X}}\left(\widetilde{\nabla}^F_{\overline{Y}}F_*\left(\frac{\partial}{\partial t}\right)\right) + \widetilde{R}(H, F_*(\overline{X}))F_*(\overline{Y}) - \widetilde{\nabla}^F_{\nabla_{\overline{X}}\overline{Y}}H\right)_{(p,t)}\right)^{\perp_t}\\
&= \left(\left(\widetilde{\nabla}^F_{\overline{X}}(\widetilde{\nabla}^F_{\overline{Y}}H) + \widetilde{R}(H, F_*(\overline{X}))F_*(\overline{Y}) - \widetilde{\nabla}^F_{\nabla_{\overline{X}}\overline{Y}}H\right)_{(p,t)}\right)^{\perp_t}\\
&= \left(\left(\widetilde{\nabla}^F_{\overline{X}}(-F_*(A_H(\overline{Y})) + \nabla^\perp_{\overline{Y}}H) + \widetilde{R}(H, F_*\overline{X})F_*(\overline{Y}) - \widetilde{\nabla}^F_{\nabla_{\overline{X}}\overline{Y}}H\right)_{(p,t)}\right)^{\perp_t}\\
&= -h_{(p,t)}(\boldsymbol{v}, (A_H)_{(p,t)}(\boldsymbol{w})) + \overline{\nabla}_{\boldsymbol{v}}\nabla^\perp_{\boldsymbol{w}}H\\
&\quad + \left(\widetilde{R}_{f_t(p)}(H_{(p,t)}, (f_t)_*(\boldsymbol{v}))(f_t)_*(\boldsymbol{w})\right)^{\perp_t}
\end{aligned}
\tag{3.2.2}
$$

をえる．一方，サイモンズの恒等式（定理 2.11.4）によれば次が成り立つ：

$$
\begin{aligned}
&(\overline{\nabla}_{\boldsymbol{v}}\overline{\nabla}_{\boldsymbol{w}}h)(\hat{\boldsymbol{v}}, \hat{\boldsymbol{w}}) - (\overline{\nabla}_{\hat{\boldsymbol{v}}}\overline{\nabla}_{\hat{\boldsymbol{w}}}h)(\boldsymbol{v}, \boldsymbol{w})\\
&= h_{(p,t)}(\hat{\boldsymbol{w}}, A_{h_{(p,t)}(\boldsymbol{v},\boldsymbol{w})}\hat{\boldsymbol{v}}) - h_{(p,t)}(\boldsymbol{w}, A_{h_{(p,t)}(\hat{\boldsymbol{v}},\hat{\boldsymbol{w}})}\boldsymbol{v})\\
&\quad - h_{(p,t)}(\hat{\boldsymbol{v}}, A_{h_{(p,t)}(\hat{\boldsymbol{w}},\boldsymbol{w})}\boldsymbol{v}) + h_{(p,t)}(\boldsymbol{v}, A_{h_{(p,t)}(\hat{\boldsymbol{w}},\boldsymbol{w})}\hat{\boldsymbol{v}})\\
&\quad + h_{(p,t)}(\boldsymbol{w}, A_{h_{(p,t)}(\boldsymbol{v},\hat{\boldsymbol{w}})}\hat{\boldsymbol{v}}) - h_{(p,t)}(\hat{\boldsymbol{w}}, A_{h_{(p,t)}(\hat{\boldsymbol{v}},\boldsymbol{w})}\boldsymbol{v})\\
&\quad - h_{(p,t)}(\hat{\boldsymbol{v}}, (\widetilde{R}_{f_t(p)}(f_{t*}(\boldsymbol{v}), f_{t*}(\hat{\boldsymbol{w}}))f_{t*}(\boldsymbol{w}))^{T_t})\\
&\quad - h_{(p,t)}(\boldsymbol{v}, (\widetilde{R}_{f_t(p)}(f_{t*}(\boldsymbol{w}), f_{t*}(\hat{\boldsymbol{v}}))f_{t*}(\hat{\boldsymbol{w}}))^{T_t})\\
&\quad - h_{(p,t)}(\boldsymbol{w}, (\widetilde{R}_{f_t(p)}(f_{t*}(\boldsymbol{v}), f_{t*}(\hat{\boldsymbol{v}}))f_{t*}(\hat{\boldsymbol{w}}))^{T_t})\\
&\quad - h_{(p,t)}(\hat{\boldsymbol{w}}, (\widetilde{R}_{f_t(p)}(f_{t*}(\boldsymbol{v}), f_{t*}(\hat{\boldsymbol{v}}))f_{t*}(\boldsymbol{w}))^{T_t})\\
&\quad + (\widetilde{R}_{f_t(p)}(f_{t*}(\boldsymbol{v}), h_{(p,t)}(\hat{\boldsymbol{v}}, \hat{\boldsymbol{w}}))f_{t*}(\boldsymbol{w}))^{\perp_t}\\
&\quad - (\widetilde{R}_{f_t(p)}(f_{t*}(\hat{\boldsymbol{v}}), h_{(p,t)}(\boldsymbol{v}, \boldsymbol{w}))f_{t*}(\hat{\boldsymbol{w}}))^{\perp_t}\\
&\quad + (\widetilde{R}_{f_t(p)}(f_{t*}(\boldsymbol{v}), f_{t*}(\hat{\boldsymbol{v}}))h_{(p,t)}(\hat{\boldsymbol{w}}, \boldsymbol{w}))^{\perp_t}\\
&\quad + (\widetilde{R}_{f_t(p)}(f_{t*}(\boldsymbol{w}), f_{t*}(\hat{\boldsymbol{w}}))h_{(p,t)}(\hat{\boldsymbol{v}}, \boldsymbol{v}))^{\perp_t}\\
&\quad + (\widetilde{R}_{f_t(p)}(f_{t*}(\boldsymbol{v}), f_{t*}(\hat{\boldsymbol{w}}))h_{(p,t)}(\hat{\boldsymbol{v}}, \boldsymbol{w}))^{\perp_t}
\end{aligned}
\tag{3.2.3}
$$

$$+ (\widetilde{R}_{f_t(p)}(f_{t*}(\boldsymbol{w}), f_{t*}(\hat{\boldsymbol{v}}))h_{(p,t)}(\hat{\boldsymbol{w}}, \boldsymbol{v}))^{\perp_t}$$
$$+ (\widetilde{\nabla}_{f_{t*}(\hat{\boldsymbol{v}})}\widetilde{R})(f_{t*}(\boldsymbol{v}), f_{t*}(\hat{\boldsymbol{w}}))f_{t*}(\boldsymbol{w})^{\perp_t}$$
$$- (\widetilde{\nabla}_{f_{t*}(\boldsymbol{v})}\widetilde{R})(f_{t*}(\hat{\boldsymbol{v}}), f_{t*}(\boldsymbol{w}))f_{t*}(\hat{\boldsymbol{w}})^{\perp_t}.$$

ここで, $\hat{\boldsymbol{v}}, \hat{\boldsymbol{w}}$ は, T_pM の任意の元を表す．この恒等式において, $\boldsymbol{v}$ と $\boldsymbol{w}$ に関して $(g_t)_p$ トレースをとり, $\hat{\boldsymbol{v}}, \hat{\boldsymbol{w}}$ を $\boldsymbol{v}, \boldsymbol{w}$ にすり替えることにより次式をえる:

$$\begin{aligned}
&(\Delta h)_{(p,t)}(\boldsymbol{v}, \boldsymbol{w}) \\
&= \overline{\nabla}_{\boldsymbol{v}}\nabla^{\perp}_{\boldsymbol{w}}H + h_{(p,t)}((A_H)_{(p,t)}\boldsymbol{v}, \boldsymbol{w}) \\
&\quad - \mathrm{Tr}_g^{\bullet_1}\mathrm{Tr}_g^{\bullet_2}\widetilde{g}_{f_t(p)}(h_{(p,t)}(\boldsymbol{v}, \boldsymbol{w}), h_{(p,t)}(\bullet_1, \bullet_2))h_{(p,t)}(\bullet_1, \bullet_2) \\
&\quad + 2\mathrm{Tr}_g^{\bullet_1}\mathrm{Tr}_g^{\bullet_2}\widetilde{g}_{f_t(p)}(h_{(p,t)}(\boldsymbol{v}, \bullet_1), h_{(p,t)}(\boldsymbol{w}, \bullet_2))h_{(p,t)}(\bullet_1, \bullet_2) \\
&\quad - \mathrm{Tr}_g^{\bullet_1}\mathrm{Tr}_g^{\bullet_2}\widetilde{g}_{f_t(p)}(h_{(p,t)}(\boldsymbol{v}, \bullet_2), h_{(p,t)}(\bullet_1, \bullet_2))h_{(p,t)}(\boldsymbol{w}, \bullet_1) \\
&\quad - \mathrm{Tr}_g^{\bullet_1}\mathrm{Tr}_g^{\bullet_2}\widetilde{g}_{f_t(p)}(h_{(p,t)}(\boldsymbol{w}, \bullet_2), h_{(p,t)}(\bullet_1, \bullet_2))h_{(p,t)}(\boldsymbol{v}, \bullet_1) \\
&\quad + (\widetilde{R}_{f_t(p)}(H_{(p,t)}, \boldsymbol{v})\boldsymbol{w})^{\perp_t} - \mathrm{Tr}_g^{\bullet}(\widetilde{R}_{f_t(p)}(h_{(p,t)}(\boldsymbol{v}, \boldsymbol{w}), \bullet)\bullet)^{\perp_t} \\
&\quad + \mathrm{Tr}_g^{\bullet}h_{(p,t)}((\widetilde{R}_{f_t(p)}(f_{t*}(\boldsymbol{w}), f_{t*}(\bullet))f_{t*}(\bullet))^{T_t}, \boldsymbol{v}) \\
&\quad + \mathrm{Tr}_g^{\bullet}h_{(p,t)}((\widetilde{R}_{f_t(p)}(f_{t*}(\boldsymbol{v}), f_{t*}(\bullet))f_{t*}(\bullet))^{T_t}, \boldsymbol{w}) \\
&\quad - 2\mathrm{Tr}_g^{\bullet}h_{(p,t)}((\widetilde{R}_{f_t(p)}(f_{t*}(\bullet), f_{t*}(\boldsymbol{v}))f_{t*}(\boldsymbol{w}))^{T_t}, \bullet) \\
&\quad + 2\mathrm{Tr}_g^{\bullet}(\widetilde{R}_{f_t(p)}(f_{t*}(\bullet), f_{t*}(\boldsymbol{v}))h_{(p,t)}(\boldsymbol{w}, \bullet))^{\perp_t} \\
&\quad + 2\mathrm{Tr}_g^{\bullet}(\widetilde{R}_{f_t(p)}(f_{t*}(\bullet), f_{t*}(\boldsymbol{w}))h_{(p,t)}(\boldsymbol{v}, \bullet))^{\perp_t} \\
&\quad + \mathrm{Tr}_g^{\bullet}((\widetilde{\nabla}_{f_{t*}(\boldsymbol{v})}\widetilde{R})(f_{t*}(\bullet), f_{t*}(\boldsymbol{w}))f_{t*}(\bullet))^{\perp_t} \\
&\quad - \mathrm{Tr}_g^{\bullet}((\widetilde{\nabla}_{f_{t*}(\bullet)}\widetilde{R})(f_{t*}(\boldsymbol{v}), f_{t*}(\bullet))f_{t*}(\boldsymbol{w}))^{\perp_t}.
\end{aligned} \quad (3.2.4)$$

式 (3.2.2), (3.2.4) から, 求めるべき発展方程式を導出することができる． □

$m - n = 1$ とし, $\boldsymbol{N}_t$ を f_t の外向きの単位法ベクトル場とし, $\mathcal{A}_t, h_t^S, \mathcal{H}_t$ を f_t の $-\boldsymbol{N}_t$ に対する形作用素，(スカラー値) 第 2 基本形式，平均曲率とする.

命題 3.2.6. $m - n = 1$ の場合,

$$\frac{\partial \boldsymbol{N}}{\partial t} = F_*(\mathrm{grad}\,\mathcal{H})$$

が成り立つ.

3.2 平均曲率流に沿う基本的な幾何学量の発展　119

証明 $\boldsymbol{X} \in \Gamma^\infty(\pi_M^*(TM))$ とする．このとき，$H_t = -\mathcal{H}_t \boldsymbol{N}_t$ に注意して

$$\begin{aligned}
0 &= \frac{\partial}{\partial t}\widetilde{g}(F_*\boldsymbol{X}, \boldsymbol{N}) \\
&= \widetilde{g}\left(\widetilde{\nabla}^F_{\frac{\partial}{\partial t}} F_*\boldsymbol{X}, \boldsymbol{N}\right) + \widetilde{g}\left(F_*\boldsymbol{X}, \frac{\partial \boldsymbol{N}}{\partial t}\right) \\
&= \widetilde{g}\left(\widetilde{\nabla}^F_{\boldsymbol{X}} F_*\left(\frac{\partial}{\partial t}\right), \boldsymbol{N}\right) + \widetilde{g}\left(F_*\boldsymbol{X}, \frac{\partial \boldsymbol{N}}{\partial t}\right) \\
&= \widetilde{g}(\widetilde{\nabla}^F_{\boldsymbol{X}} H, \boldsymbol{N}) + \widetilde{g}\left(F_*\boldsymbol{X}, \frac{\partial \boldsymbol{N}}{\partial t}\right) \\
&= -\boldsymbol{X}(\mathcal{H}) + \widetilde{g}\left(F_*\boldsymbol{X}, \frac{\partial \boldsymbol{N}}{\partial t}\right) \\
&= \widetilde{g}\left(F_*\boldsymbol{X}, \frac{\partial \boldsymbol{N}}{\partial t} - F_*(\operatorname{grad}\mathcal{H})\right)
\end{aligned}$$

をえる．一方，$\widetilde{g}(\frac{\partial \boldsymbol{N}}{\partial t}, \boldsymbol{N}) = 0$ であるので，$\boldsymbol{X}$ の任意性より求めるべき関係式をえる． □

系 3.2.7. $m - n = 1$ の場合，各 $\boldsymbol{X}, \boldsymbol{Y} \in \Gamma^\infty(\pi_M^*(TM))$ に対し，次式が成り立つ：

$$\begin{aligned}
&\frac{\partial h^S}{\partial t}(\boldsymbol{X}, \boldsymbol{Y}) \\
&= (\Delta h^s)(\boldsymbol{X}, \boldsymbol{Y}) - 2\mathcal{H} h^S(\mathcal{A}(\boldsymbol{X}), \boldsymbol{Y}) + \|\mathcal{A}\|^2 h^S(\boldsymbol{X}, \boldsymbol{Y}) \\
&\quad + \widetilde{\operatorname{Ric}}(\boldsymbol{N}, \boldsymbol{N}) h^S(\boldsymbol{X}, \boldsymbol{Y}) - \widetilde{\operatorname{Ric}}(f_{t*}(\mathcal{A}(\boldsymbol{X})), f_{t*}(\boldsymbol{Y})) \\
&\quad + \widetilde{g}(\widetilde{R}(\boldsymbol{N})(f_{t*}(\mathcal{A}(\boldsymbol{X})), f_{t*}(\boldsymbol{Y}))) \\
&\quad - \widetilde{\operatorname{Ric}}(f_{t*}(\mathcal{A}(\boldsymbol{Y})), f_{t*}(\boldsymbol{X})) + \widetilde{g}(\widetilde{R}(\boldsymbol{N})(f_{t*}(\mathcal{A}(\boldsymbol{Y})), f_{t*}(\boldsymbol{X}))) \\
&\quad + 2\operatorname{Tr}\left(\mathcal{A} \circ (\widetilde{R}(f_{t*}(\cdot), f_{t*}(\boldsymbol{X})) f_{t*}(Y))^{T_t}\right) \\
&\quad - (\widetilde{\nabla}_{f_{t*}(\boldsymbol{X})} \widetilde{\operatorname{Ric}})(f_{t*}(\boldsymbol{Y}), \boldsymbol{N}) \\
&\quad + \widetilde{g}(\operatorname{Tr}^\bullet_g(\widetilde{\nabla}_{f_{t*}(\bullet)} \widetilde{R})(f_{t*}(\bullet), f_{t*}(\boldsymbol{X})) f_{t*}(\boldsymbol{Y}), \boldsymbol{N}).
\end{aligned}$$

ここで，$\widetilde{\operatorname{Ric}}$ は $\widetilde{g}$ のリッチテンソル場を表し（つまり，$\widetilde{\operatorname{Ric}}(F_*\boldsymbol{X}, F_*\boldsymbol{Y}) = \operatorname{Tr}^\bullet_g \widetilde{g}(\widetilde{R}(\bullet, F_*\boldsymbol{X}) F_*\boldsymbol{Y}, \bullet)$)，$\widetilde{R}(\boldsymbol{N})$ は法ヤコビ作用素 $\widetilde{R}(\cdot, \boldsymbol{N})\boldsymbol{N}$ を表す．

証明 命題 3.2.6 における $\{\boldsymbol{N}_t\}_{t \in [0,T)}$ の発展方程式と $h = -h^s \otimes \boldsymbol{N}$ を用いて，

$$\left(\frac{\partial h^S}{\partial t} - \Delta h^s\right)(\boldsymbol{X}, \boldsymbol{Y}) = -\widetilde{g}\left(\left(\frac{\partial h}{\partial t} - \Delta h\right)(\boldsymbol{X}, \boldsymbol{Y}), \boldsymbol{N}\right)$$

を導出することができる．この関係式と命題 3.2.5 における $\{h_t\}_{t\in[0,T)}$ の発展方程式を用いて，求めるべき $\{h_t^S\}_{t\in[0,T)}$ の発展方程式が導出される． □

補題 3.2.8. $\boldsymbol{X}, \boldsymbol{Y}$ を $\pi_M^*(TM)$ の局所切断で $g(\boldsymbol{X}, \boldsymbol{Y})$ が一定であるようなものとする．このとき，次式が成り立つ：

$$g\left(\nabla_{\frac{\partial}{\partial t}}\boldsymbol{X}, \boldsymbol{Y}\right) + g\left(\boldsymbol{X}, \nabla_{\frac{\partial}{\partial t}}\boldsymbol{Y}\right) = 2g(A_H\boldsymbol{X}, \boldsymbol{Y}).$$

証明 命題 3.2.1 を用いて，

$$\frac{\partial}{\partial t}g(\boldsymbol{X}, \boldsymbol{Y}) = \frac{\partial g}{\partial t}(\boldsymbol{X}, \boldsymbol{Y}) + g\left(\nabla_{\frac{\partial}{\partial t}}\boldsymbol{X}, \boldsymbol{Y}\right) + g\left(\boldsymbol{X}, \nabla_{\frac{\partial}{\partial t}}\boldsymbol{Y}\right)$$
$$= -2g(A_H\boldsymbol{X}, \boldsymbol{Y}) + g\left(\nabla_{\frac{\partial}{\partial t}}\boldsymbol{X}, \boldsymbol{Y}\right) + g\left(\boldsymbol{X}, \nabla_{\frac{\partial}{\partial t}}\boldsymbol{Y}\right)$$

をえる．一方，$g(\boldsymbol{X}, \boldsymbol{Y})$ が一定なので，$\frac{\partial}{\partial t}g(\boldsymbol{X}, \boldsymbol{Y}) = 0$ である．それゆえ，求めるべき関係式が導出される． □

命題 3.2.9. H_t は，平均曲率流に沿って次のように時間発展する：

$$\frac{\partial H}{\partial t} = \Delta H + 2\mathrm{Tr}_g^{\bullet} h(A_H(\bullet), \bullet) + \mathrm{Tr}_g \mathcal{S}.$$

ここで，$\mathcal{S}$ は次式によって定義される $\Gamma^{\infty}(\pi_M^*(T^{(0,2)}M))$ の元を表す：

$$\mathcal{S}(\boldsymbol{X}, \boldsymbol{Y}) = -h(A_H\boldsymbol{X}, \boldsymbol{Y}) - h(A_H\boldsymbol{Y}, \boldsymbol{X})$$
$$+ \mathrm{Tr}_g^{\bullet_1}\mathrm{Tr}_g^{\bullet_2}\widetilde{g}(h(\boldsymbol{X}, \boldsymbol{Y}), h(\bullet_1, \bullet_2))h(\bullet_1, \bullet_2)$$
$$- 2\mathrm{Tr}_g^{\bullet_1}\mathrm{Tr}_g^{\bullet_2}\widetilde{g}(h(\boldsymbol{X}, \bullet_1), h(\boldsymbol{Y}, \bullet_2))h(\bullet_1, \bullet_2)$$
$$+ \mathrm{Tr}_g^{\bullet_1}\mathrm{Tr}_g^{\bullet_2}\widetilde{g}(h(\boldsymbol{X}, \bullet_1), h(\bullet_1, \bullet_2))h(\boldsymbol{Y}, \bullet_2)$$
$$+ \mathrm{Tr}_g^{\bullet_1}\mathrm{Tr}_g^{\bullet_2}\widetilde{g}(h(\boldsymbol{Y}, \bullet_1), h(\bullet_1, \bullet_2))h(\boldsymbol{X}, \bullet_2)$$
$$+ \mathrm{Tr}_g^{\bullet}(\widetilde{R}(h(\boldsymbol{X}, \boldsymbol{Y}), f_{t*}(\bullet))f_{t*}(\bullet))^{\perp_t}$$
$$- \mathrm{Tr}_g^{\bullet} h((\widetilde{R}(f_{t*}(\boldsymbol{Y}), f_{t*}(\bullet))f_{t*}(\bullet))^{T_t}, \boldsymbol{X})$$
$$- \mathrm{Tr}_g^{\bullet} h((\widetilde{R}(f_{t*}(\boldsymbol{X}), f_{t*}(\bullet))f_{t*}(\bullet))^{T_t}, \boldsymbol{Y})$$
$$+ 2\mathrm{Tr}_g^{\bullet} h(\bullet, (\widetilde{R}(f_{t*}(\bullet), f_{t*}(\boldsymbol{X}))f_{t*}(\boldsymbol{Y}))^{T_t})$$

$$- 2\mathrm{Tr}_g^\bullet(\widetilde{R}(f_{t*}(\bullet), f_{t*}(\boldsymbol{X}))h(\boldsymbol{Y},\bullet))^{\perp_t}$$
$$- 2\mathrm{Tr}_g^\bullet(\widetilde{R}(f_{t*}(\bullet), f_{t*}(\boldsymbol{Y}))h(\boldsymbol{X},\bullet))^{\perp_t}$$
$$+ \mathrm{Tr}_g^\bullet((\widetilde{\nabla}_{f_{t*}(\boldsymbol{X})}\widetilde{R})(f_{t*}(\boldsymbol{Y}), f_{t*}(\bullet))f_{t*}(\bullet))^{\perp_t}$$
$$- \mathrm{Tr}_g^\bullet((\widetilde{\nabla}_{f_{t*}(\bullet)}\widetilde{R})(f_{t*}(\bullet), f_{t*}(\boldsymbol{X}))f_{t*}(\boldsymbol{Y}))^{\perp_t}$$
$$(\boldsymbol{X}, \boldsymbol{Y} \in \Gamma^\infty(\pi_M^*(TM))).$$

証明 $(\widetilde{\boldsymbol{e}}_1,\ldots,\widetilde{\boldsymbol{e}}_n)$ を $U \times [0,T)$ 上で定義された $\pi_M^*(T^{(0,2)}M)$ の局所正規直交基底場とする．ここで，U は M のある開集合を表す．補題 3.2.8 より，$U \times [0,T)$ 上で

$$\sum_{i=1}^n h\left(\nabla_{\frac{\partial}{\partial t}}\widetilde{\boldsymbol{e}}_i, \widetilde{\boldsymbol{e}}_i\right) = \sum_{i=1}^n h\left(\sum_{j=1}^n g\left(\nabla_{\frac{\partial}{\partial t}}\widetilde{\boldsymbol{e}}_i, \widetilde{\boldsymbol{e}}_j\right)\widetilde{\boldsymbol{e}}_j, \widetilde{\boldsymbol{e}}_i\right)$$
$$= \sum_{i,j=1}^n \widetilde{g}(h(\widetilde{\boldsymbol{e}}_i, \widetilde{\boldsymbol{e}}_j), H)h(\widetilde{\boldsymbol{e}}_i, \widetilde{\boldsymbol{e}}_j)$$
$$= \mathrm{Tr}_g^\bullet h(A_H(\bullet), \bullet)$$

がわかる．H の定義とこの式を用いて，$U \times [0,T)$ 上で

$$\frac{\partial H}{\partial t} = \frac{\partial}{\partial t}\left(\sum_{i=1}^n h(\widetilde{\boldsymbol{e}}_i, \widetilde{\boldsymbol{e}}_i)\right)$$
$$= \sum_{i=1}^n \left(\frac{\partial h}{\partial t}(\widetilde{\boldsymbol{e}}_i, \widetilde{\boldsymbol{e}}_i) + 2h\left(\nabla_{\frac{\partial}{\partial t}}\widetilde{\boldsymbol{e}}_i, \widetilde{\boldsymbol{e}}_i\right)\right)$$
$$= \mathrm{Tr}_g\left(\frac{\partial h}{\partial t}\right) + 2\mathrm{Tr}_g^\bullet h(A_H(\bullet), \bullet)$$

が導かれる．一方，$\Delta H = \mathrm{Tr}_g(\Delta h)$ なので，

$$\frac{\partial H}{\partial t} - \Delta H = \mathrm{Tr}_g\left(\frac{\partial h}{\partial t} - \Delta h\right) + 2\mathrm{Tr}_g^\bullet h(A_H(\bullet), \bullet)$$

をえる．それゆえ，命題 3.2.5 を用いて，求めるべき $\{H_t\}_{t\in[0,T)}$ の発展方程式が導かれる． □

系 3.2.10. $m - n = 1$ の場合，$\mathcal{H}_t$ は平均曲率流に沿って次のように時間発展する：

$$\frac{\partial \mathcal{H}}{\partial t} = \Delta \mathcal{H} + \mathcal{H}\left(\|\mathcal{A}\|^2 + \widetilde{\mathrm{Ric}}(\boldsymbol{N},\boldsymbol{N})\right).$$

証明 $H = -\mathcal{H}\boldsymbol{N}$ なので，命題 3.2.6 により

$$\frac{\partial H}{\partial t} = -\frac{\partial \mathcal{H}}{\partial t}\boldsymbol{N} - \mathcal{H}\frac{\partial \boldsymbol{N}}{\partial t} = -\frac{\partial \mathcal{H}}{\partial t}\boldsymbol{N} - \mathcal{H}\cdot F_*(\mathrm{grad}\,\mathcal{H}).$$

それゆえ，$\dfrac{\partial \mathcal{H}}{\partial t} = -\widetilde{g}\left(\dfrac{\partial H}{\partial t},\boldsymbol{N}\right)$ がえられる．一方，$\Delta H = -\Delta \mathcal{H}\cdot\boldsymbol{N}$ より $\Delta \mathcal{H} = -\widetilde{g}(\Delta H,\boldsymbol{N})$ をえる．したがって，

$$\frac{\partial \mathcal{H}}{\partial t} - \Delta \mathcal{H} = -\widetilde{g}\left(\frac{\partial H}{\partial t} - \Delta H,\boldsymbol{N}\right)$$

をえる．この関係式と命題 3.2.9 における $\{H_t\}_{t\in[0,T)}$ の発展方程式から，求めるべき $\{\mathcal{H}_t\}_{t\in[0,T)}$ の発展方程式を導出することができる． □

$\widetilde{M}$ 上の $(1,1)$ テンソル場 $\widetilde{\mathrm{Ric}}^\sharp$ を

$$\widetilde{\mathrm{Ric}}(\boldsymbol{X},\boldsymbol{Y}) = \widetilde{g}(\widetilde{\mathrm{Ric}}^\sharp(\boldsymbol{X}),\boldsymbol{Y})\quad (\boldsymbol{X},\boldsymbol{Y}\in\mathcal{X}(\widetilde{M}))$$

によって定義する．

命題 3.2.11. $\|\mathcal{A}\|^2$ は，平均曲率流に沿って次のように時間発展する：

$$\begin{aligned}\frac{\partial\|\mathcal{A}\|^2}{\partial t} =\ & \Delta\|\mathcal{A}\|^2 - 2\|\overline{\nabla}\mathcal{A}\|^2 + 2\|\mathcal{A}\|^2\left(\|\mathcal{A}\|^2 + \widetilde{\mathrm{Ric}}(\boldsymbol{N},\boldsymbol{N})\right)\\ & - 4\mathrm{Tr}((\widetilde{\mathrm{Ric}}^\sharp)^T\circ\mathcal{A}^2) + 4\mathrm{Tr}(\widetilde{R}(\boldsymbol{N})^T\circ\mathcal{A}^2)\\ & + 4\mathrm{Tr}\,\mathrm{Tr}_g^\bullet\left(\mathcal{A}\circ(\widetilde{R}(f_{t*}(\cdot),f_{t*}(\bullet))f_{t*}(\mathcal{A}(\bullet)))^{T_t}\right)\\ & - 2\mathrm{Tr}_g^\bullet(\widetilde{\nabla}_{f_{t*}(\bullet)}\widetilde{\mathrm{Ric}})(f_{t*}(\mathcal{A}(\bullet)),\boldsymbol{N})\\ & + 2\mathrm{Tr}_g^{\bullet_1}\mathrm{Tr}_g^{\bullet_2}\widetilde{g}((\widetilde{\nabla}_{f_{t*}(\bullet_1)}\widetilde{R})(f_{t*}(\bullet_1),f_{t*}(\bullet_2))f_{t*}(\mathcal{A}(\bullet_2)),\boldsymbol{N}).\end{aligned}$$

ここで，$(\widetilde{\mathrm{Ric}}^\sharp)^T$ と $\widetilde{R}(\boldsymbol{N})^T$ は各々，次のように定義される $\pi_M^*(T^{(1,1)}M)$ の C^∞ 切断を表す：

$$\begin{aligned}(\widetilde{\mathrm{Ric}}^\sharp)^T_{(\cdot,t)} &:= f_{t*}^{-1}\circ\mathrm{pr}_{T_t}\circ\widetilde{\mathrm{Ric}}^\sharp\circ f_{t*},\\ \widetilde{R}(\boldsymbol{N})^T_{(\cdot,t)} &:= f_{t*}^{-1}\circ\mathrm{pr}_{T_t}\circ\widetilde{R}(\boldsymbol{N})\circ f_{t*}\end{aligned}$$

(pr_{T_t} は $f_t^*(T\widetilde{M})$ から $f_{t*}(TM)$ への $\widetilde{g}$ に関する直交射影を表す)．

証明 $(\widetilde{e}_1,\ldots,\widetilde{e}_n)$ を $U \times [0,T)$ 上で定義された $\pi_M^*(T^{(0,2)}M)$ の局所正規直交基底場とする．ここで，U は M のある開集合を表す．命題 3.2.1 と補題 3.2.8 より，$U \times [0,T)$ 上で

$$\begin{aligned}
\frac{\partial \|\mathcal{A}\|^2}{\partial t} &= \frac{\partial}{\partial t}\left(\sum_{i=1}^n g(\mathcal{A}^2 \widetilde{e}_i, \widetilde{e}_i)\right) \\
&= \sum_{i=1}^n \left(\frac{\partial g}{\partial t}(\mathcal{A}^2 \widetilde{e}_i, \widetilde{e}_i) + 2g\left(\frac{\partial \mathcal{A}}{\partial t}(\widetilde{e}_i), \mathcal{A}\widetilde{e}_i\right) + 2g\left(\mathcal{A}^2\left(\nabla_{\frac{\partial}{\partial t}} \widetilde{e}_i\right), \widetilde{e}_i\right)\right) \\
&= -2\sum_{i=1}^n g(A_H(\mathcal{A}^2 \widetilde{e}_i), \widetilde{e}_i) + 2\mathrm{Tr}\left(\mathcal{A} \circ \frac{\partial \mathcal{A}}{\partial t}\right) \\
&\quad + 2\sum_{i,j=1}^n g(A_H \widetilde{e}_i, \widetilde{e}_j) g(\mathcal{A}\widetilde{e}_i, \mathcal{A}\widetilde{e}_j) \\
&= 2\mathrm{Tr}\left(\mathcal{A} \circ \frac{\partial \mathcal{A}}{\partial t}\right)
\end{aligned}$$

をえる．一方，

$$\Delta \|\mathcal{A}\|^2 = 2\mathrm{Tr}(\mathcal{A} \circ \Delta \mathcal{A}) + 2\|\overline{\nabla}\mathcal{A}\|^2$$

がえられる．したがって，

$$\frac{\partial \|\mathcal{A}\|^2}{\partial t} - \Delta \|\mathcal{A}\|^2 = 2\mathrm{Tr}\left(\mathcal{A} \circ \left(\frac{\partial \mathcal{A}}{\partial t} - \Delta \mathcal{A}\right)\right) - 2\|\overline{\nabla}\mathcal{A}\|^2. \qquad (3.2.5)$$

一方，

$$\begin{aligned}
\frac{\partial h^S}{\partial t}(\overline{X}, \overline{Y}) &= \frac{\partial g}{\partial t}(\mathcal{A}\overline{X}, \overline{Y}) + g\left(\frac{\partial \mathcal{A}}{\partial t}(\overline{X}), \overline{Y}\right) \\
&= -2\mathcal{H}h^S(\mathcal{A}\overline{X}, \overline{Y}) + g\left(\frac{\partial \mathcal{A}}{\partial t}(\overline{X}), \overline{Y}\right)
\end{aligned}$$

および，

$$(\Delta h^S)(\overline{X}, \overline{Y}) = g((\Delta \mathcal{A})(\overline{X}), \overline{Y})$$

がえられる．したがって，

$$\left(\frac{\partial h^S}{\partial t} - \Delta h^S\right)(\overline{X}, \overline{Y}) = g\left(\left(\frac{\partial \mathcal{A}}{\partial t} - \Delta \mathcal{A}\right)(\overline{X}), \overline{Y}\right) - 2\mathcal{H}h^S(\mathcal{A}\overline{X}, \overline{Y}).$$

それゆえ,

$$\frac{\partial \mathcal{A}}{\partial t} - \Delta \mathcal{A} = \left(\frac{\partial h^S}{\partial t} - \Delta h^S\right)^\sharp + 2\mathcal{H}\mathcal{A}^2. \tag{3.2.6}$$

ここで, $\left(\frac{\partial h^S}{\partial t} - \Delta h^S\right)^\sharp$ は,

$$\left(\frac{\partial h^S}{\partial t} - \Delta h^S\right)(X,Y) = g\left(\left(\frac{\partial h^S}{\partial t} - \Delta h^S\right)^\sharp(X), Y\right) \quad (X, Y \in TM)$$

によって定義される $\pi_M^*(T^{(1,1)}M)$ の C^∞ 級切断を表す. 式 (3.2.5) と式 (3.2.6) から,

$$\frac{\partial \|\mathcal{A}\|^2}{\partial t} - \Delta \|\mathcal{A}\|^2 = 2\mathrm{Tr}\left(\mathcal{A} \circ \left(\frac{\partial h^S}{\partial t} - \Delta h^S\right)^\sharp\right) + 4\mathcal{H}\mathrm{Tr}(\mathcal{A}^3) - 2\|\overline{\nabla}\mathcal{A}\|^2. \tag{3.2.7}$$

系 3.2.7 における h_t^S の発展方程式を用いて次式をえる:

$$\begin{aligned}
&\mathrm{Tr}\left(\mathcal{A} \circ \left(\frac{\partial h^S}{\partial t} - \Delta h^S\right)^\sharp\right) \\
&= -2\mathcal{H} \cdot \mathrm{Tr}(\mathcal{A}^3) + \|\mathcal{A}\|^4 + \widetilde{\mathrm{Ric}}(\boldsymbol{N}, \boldsymbol{N}) \cdot \|\mathcal{A}\|^2 \\
&\quad - 2\mathrm{Tr}\left((\widetilde{\mathrm{Ric}}^\sharp)^T \circ \mathcal{A}^2\right) + 2\mathrm{Tr}\left(\widetilde{R}(\boldsymbol{N})^T \circ \mathcal{A}^2\right) \\
&\quad + 2\mathrm{Tr}(\mathcal{A} \circ \mathcal{S}_1^\sharp) - \mathrm{Tr}(\mathcal{A} \circ \mathcal{S}_2^\sharp) + \mathrm{Tr}(\mathcal{A} \circ \mathcal{S}_3^\sharp).
\end{aligned} \tag{3.2.8}$$

ここで, $\mathcal{S}_i$ ($i = 1, 2, 3$) は各々, 次のように定義される $\pi_M^*(T^{(0,2)}M)$ の C^∞ 級切断を表す:

$$\begin{aligned}
\mathcal{S}_1(\boldsymbol{X}, \boldsymbol{Y}) &:= \mathrm{Tr}(\mathcal{A} \circ (\widetilde{R}(f_{t*}(\cdot), f_{t*}(\boldsymbol{X}))f_{t*}(\boldsymbol{Y}))^{T_t}), \\
\mathcal{S}_2(\boldsymbol{X}, \boldsymbol{Y}) &:= \widetilde{g}(\mathrm{Tr}_g^\bullet(\widetilde{\nabla}_{f_{t*}(\boldsymbol{X})}\widetilde{R})(f_{t*}(\boldsymbol{Y}), f_{t*}(\bullet))f_{t*}(\bullet), \boldsymbol{N}), \\
\mathcal{S}_3(\boldsymbol{X}, \boldsymbol{Y}) &:= \widetilde{g}(\mathrm{Tr}_g^\bullet(\widetilde{\nabla}_{f_{t*}(\bullet)}\widetilde{R})(f_{t*}(\bullet), f_{t*}(\boldsymbol{X}))f_{t*}(\boldsymbol{Y}), \boldsymbol{N}).
\end{aligned}$$

$\mathrm{Tr}(\mathcal{A} \circ \mathcal{S}_i^\sharp)$ ($i = 1, 2, 3$) は各々, 次のように変形される:

$$\mathrm{Tr}(\mathcal{A}\circ\mathcal{S}_1^\sharp) = \mathrm{Tr}\mathrm{Tr}_g^\bullet(\mathcal{A}\circ(\widetilde{R}(f_{t*}(\cdot),f_{t*}(\bullet))f_{t*}(\mathcal{A}(\bullet)))^{T_t}),$$
$$\mathrm{Tr}(\mathcal{A}\circ\mathcal{S}_2^\sharp) = \mathrm{Tr}_g^\bullet(\widetilde{\nabla}_{f_{t*}(\bullet)}\widetilde{\mathrm{Ric}})(f_{t*}(\mathcal{A}(\bullet)),\boldsymbol{N}), \qquad (3.2.9)$$
$$\mathrm{Tr}(\mathcal{A}\circ\mathcal{S}_3^\sharp) = \mathrm{Tr}_g^{\bullet_1}\mathrm{Tr}_g^{\bullet_2}\widetilde{g}((\widetilde{\nabla}_{f_{t*}(\bullet_1)}\widetilde{R})(f_{t*}(\bullet_1),f_{t*}(\bullet_2))f_{t*}(\mathcal{A}(\bullet_2)),\boldsymbol{N}).$$

式 (3.2.7)-(3.2.9) から，求めるべき $\|\mathcal{A}_t\|^2$ の発展方程式が導出される． □

M 上の $(2,0)$ 次テンソル場 $g_t^\sharp$ を，M の各局所チャート $(U,\varphi=(x_1,\ldots,x_n))$ に対し $g_{ij}:=g_t\left(\dfrac{\partial}{\partial x_i},\dfrac{\partial}{\partial x_j}\right)$, $g^{ij}:=g_t^\sharp(dx_i,dx_j)$ として，n 次行列 (g^{ij}) が n 次正則行列 (g_{ij}) の逆行列になるようなものとして定義し，$g^\sharp\in\Gamma^\infty(\pi_M^*T^{(2,0)}M)$ を $(g^\sharp)_{(p,t)}:=((p,t),(g_t^\sharp)_p)$ によって定義する．また，M 上の $(2,0)$ 次テンソル場 $(h_t^S)^\sharp$ を，M の各局所チャート $(U,\varphi=(x_1,\ldots,x_n))$ に対し $h_{ij}^S:=h_t^S\left(\dfrac{\partial}{\partial x_i},\dfrac{\partial}{\partial x_j}\right)$, $g^{ij}:=g_t^\sharp(dx_i,dx_j)$, $((h^S)^\sharp)^{ij}:=(h_t^S)^\sharp(dx_i,dx_j)$ として，$((h^S)^\sharp)^{ij}=\sum_{k,l=1}^n h_{kl}^S g^{ki}g^{lj}$ となるようなものとして定義し，$(h^S)^\sharp\in\Gamma^\infty(\pi_M^*T^{(2,0)}M)$ を $((h^S)^\sharp)_{(p,t)}:=((p,t),((h_t^S)^\sharp)_p)$ によって定義する．

補題 3.2.12. $\{g_t^\sharp\}_{t\in[0,T)}$ は，平均曲率流に沿って次のように発展する：
$$\frac{\partial g^\sharp}{\partial t} = 2\mathcal{H}(h^S)^\sharp.$$

証明 $(\boldsymbol{e}_1,\ldots,\boldsymbol{e}_n)$ を $(p_0,t_0)\in M\times[0,T)$ の近傍上で定義された局所正規直交基底場 (つまり，$g(\boldsymbol{e}_i,\boldsymbol{e}_j)=\delta_{ij}$ $(1\leq i,j\leq n)$) とし，$(\omega_1,\ldots,\omega_n)$ を $(\boldsymbol{e}_1,\ldots,\boldsymbol{e}_n)$ の双対基底場とする．このとき，系 3.2.2, 補題 3.2.8 を用いて，

$$\begin{aligned}\nabla_{\frac{\partial}{\partial t}}\boldsymbol{e}_i &= \frac{\partial}{\partial t}\left(\sum_{j=1}^n g(\boldsymbol{e}_i,\boldsymbol{e}_j)\boldsymbol{e}_j\right) = \frac{\partial}{\partial t}\left(\sum_{j=1}^n g(\boldsymbol{e}_i,\boldsymbol{e}_j)g^\sharp(\omega_j,\cdot)\right)\\ &= \sum_{j=1}^n \frac{\partial g}{\partial t}(\boldsymbol{e}_i,\boldsymbol{e}_j)g^\sharp(\omega_j,\cdot) + 2\mathcal{H}\mathcal{A}\boldsymbol{e}_i\\ &\quad + \frac{\partial g^\sharp}{\partial t}(\omega_i,\cdot) + g^\sharp(\nabla_{\frac{\partial}{\partial t}}\omega_i,\cdot)\end{aligned}$$

$$= -2\mathcal{H}\mathcal{A}e_i + 2\mathcal{H}\mathcal{A}e_i + \frac{\partial g^\sharp}{\partial t}(\omega_i, \cdot) + g^\sharp\left(\nabla_{\frac{\partial}{\partial t}}\omega_i, \cdot\right)$$
$$= \frac{\partial g^\sharp}{\partial t}(\omega_i, \cdot) + g^\sharp\left(\nabla_{\frac{\partial}{\partial t}}\omega_i, \cdot\right)$$

が導かれる.一方,補題 3.2.8 を用いて,

$$0 = \frac{\partial(\omega_i(\boldsymbol{e}_j))}{\partial t} = \left(\nabla_{\frac{\partial}{\partial t}}\omega_i\right)(\boldsymbol{e}_j) + \omega_i\left(\nabla_{\frac{\partial}{\partial t}}\boldsymbol{e}_j\right)$$
$$= \left(\nabla_{\frac{\partial}{\partial t}}\omega_i\right)(\boldsymbol{e}_j) + g\left(\boldsymbol{e}_i, \nabla_{\frac{\partial}{\partial t}}\boldsymbol{e}_j\right)$$
$$= \left(\nabla_{\frac{\partial}{\partial t}}\omega_i\right)(\boldsymbol{e}_j) - g\left(\boldsymbol{e}_j, \nabla_{\frac{\partial}{\partial t}}\boldsymbol{e}_i\right) + 2\mathcal{H}h^S(\boldsymbol{e}_i, \boldsymbol{e}_j)$$
$$= \left(\nabla_{\frac{\partial}{\partial t}}\omega_i\right)(\boldsymbol{e}_j) - g\left(\boldsymbol{e}_j, \nabla_{\frac{\partial}{\partial t}}\boldsymbol{e}_i\right) + 2\mathcal{H}g(\mathcal{A}\boldsymbol{e}_i, \boldsymbol{e}_j).$$

それゆえ,

$$\nabla_{\frac{\partial}{\partial t}}\boldsymbol{e}_i - g^\sharp\left(\nabla_{\frac{\partial}{\partial t}}\omega_i, \cdot\right) = 2\mathcal{H}\mathcal{A}\boldsymbol{e}_i$$

が示される.したがって,

$$\frac{\partial g^\sharp}{\partial t}(\omega_i, \cdot) = 2\mathcal{H}\mathcal{A}\boldsymbol{e}_i$$

が導かれ,この関係式は任意の $i \in \{1, \ldots, n\}$ に対して成り立つので,求めるべき発展方程式がえられる. □

3.3 最大値の原理

この節で述べる最大値の原理は,平均曲率流,リッチ流をはじめとする様々な幾何学流に沿う幾何学的性質の保存性を示すときに用いられる.M を n 次元閉多様体とし,$\{g_t\}_{t\in[0,T)}$ を M 上のリーマン計量の C^∞ 族とする.g_t のリーマン接続,ラプラス作用素を各々,∇^t, Δ_t で表す.最初に,関数族に対する基本的な**最大値の原理** (maximum principle) について述べることにする.

定理 3.3.1 (関数族に対する最大値原理 I). $\{\rho_t\}_{t\in[0,T)}$ を閉多様体 M 上の C^∞ 関数の C^∞ 族とする.この族が次の発展方程式を満たしているとする:

$$\frac{\partial \rho_t}{\partial t} = \Delta_t \rho_t + d\rho_t(\boldsymbol{X}) + P(\rho_t).$$

ここで, $\boldsymbol{X}$ は M 上のあるベクトル場であり, P は C^∞ 級（1変数）関数とする.

(i) $P \leq 0$ とする. このとき, すべての $t \in [0, T)$ に対し, $\rho_t \leq \max_{p \in M} \rho_0(p)$ が成り立つ.

(ii) $P \geq 0$ とする. このとき, すべての $t \in [0, T)$ に対し, $\rho_t \geq \min_{p \in M} \rho_0(p)$ が成り立つ.

証明 主張 (i) を示す. $t \mapsto p_t$ $(t \in [0, T))$ を, 各 t に対し, p_t が ρ_t の最大点を与え, かつ高々可算個の点 $\{t_i\}_{i \geq 1}$ $(0 = t_1 < t_2 < \cdots < T)$ を除いて C^∞ 級であるような M 上の曲線とする. ここで, ρ_t の最大点が 2 つ以上あるような t において, $t \mapsto p_t$ が不連続になる可能性があることに注意する. (t_i, t_{i+1}) 上の C^∞ 級関数 $\overline{\rho}$ を $\overline{\rho}(t) := \rho_t(p_t)$ $(t \in (t_i, t_{i+1}))$ によって定義する. 仮に, ある $t_* \in (t_i, t_{i+1})$ において, $\left.\dfrac{d\overline{\rho}}{dt}\right|_{t=t_*} > 0$ になるとする. p_{t_*} は ρ_{t_*} の最大点なので,

$$(d\rho_{t_*})_{p_{t_*}} = 0, \quad (\Delta_{t_*}\rho_{t_*})_{p_{t_*}} \leq 0 \tag{3.3.1}$$

が成り立つ.

$$\left.\frac{d\overline{\rho}}{dt}\right|_{(p_{t_*}, t_*)} = \left(\frac{\partial \rho_t}{\partial t}\right)_{(p_{t_*}, t_*)} + (d\rho_{t_*})_{p_{t_*}}\left(\left.\frac{dp_t}{dt}\right|_{t=t_*}\right) = \left(\frac{\partial \rho_t}{\partial t}\right)_{(p_{t_*}, t_*)}$$

より,

$$\left(\frac{\partial \rho_t}{\partial t}\right)_{(p_{t_*}, t_*)} > 0$$

をえる. 一方, 主張 (i) における仮定より, $P(\rho_{t_*})_{p_{t_*}} \leq 0$ なので, 主張における発展方程式より,

$$\left(\frac{\partial \rho_t}{\partial t}\right)_{(p_{t_*}, t_*)} \leq 0$$

をえる. このように矛盾が生ずる. したがって, (t_i, t_{i+1}) 上で,

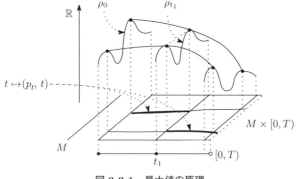

図 3.3.1 最大値の原理

$$\left.\frac{d\overline{\rho}}{dt}\right|_{t=t_*} \leq 0$$

が成り立つ．これが任意の i に対し成り立つので，$\overline{\rho}$ が，減少関数であることがわかる．したがって，

$$\rho_t \leq \max_{p \in M} \rho_t(p) \leq \max_{p \in M} \rho_0(p) \quad (t \in [0, T))$$

をえる．主張 (ii) も同様に示される． □

次に，Hamilton ([Ham1]) によって示された対称 2 次共変テンソル場の族に対する最大値の原理を述べることにする．$\mathcal{S}_M$ を M 上の C^∞ 級の対称 2 次共変テンソル場全体からなる空間とする．$\mathcal{S}_M$ からそれ自身への写像 $P_{\hat{g}}$ を，各 $\hat{S} \in \mathcal{S}_M$ に対し，いくつかの $\hat{S}$ 同士のテンソル積を M のあるリーマン計量 $\hat{g}$ により縮約をとってえられる $\mathcal{S}_M$ の元いくつかの和を対応させることにより定義する．Hamilton の論文 [Ham1] では，このような写像の像 $P_{\hat{g}}(\hat{S})$ を $\hat{S} * \cdots * \hat{S}$ と表している．本書では，このような写像を**多項式型写像 (map of polynomial type)** とよぶことにする．

定理 3.3.2 (対称 2 次共変テンソル場の族に対する最大値原理)． $\{S_t\}_{t \in [0,T)}$ を $\mathcal{S}_M$ における C^∞ 族とする．この族が次の発展方程式を満たしているとする：

$$\frac{\partial S}{\partial t} = \Delta_t S + \nabla^t_{\overline{X}} S_t + P_{g_t}(S_t). \tag{3.3.2}$$

ここで，X は M 上のある C^∞ 級のベクトル場であり，P_{g_t} はある多項式型写像である．

(i) 任意の $\widehat{S} \in \mathcal{S}_M$ と M 上の任意のリーマン計量 $\widehat{g}$ に対し，P が次の条件を満たしているとする：
$$\widehat{S}(\boldsymbol{v},\bullet) = 0 \implies P_{\widehat{g}}(\widehat{S})(\boldsymbol{v},\boldsymbol{v}) \leq 0.$$
このとき，$S_0 \leq 0$ ならば，すべての $t \in [0,T)$ に対し，$S_t \leq 0$ となる．

(ii) 任意の $\widehat{S} \in \mathcal{S}_M$ と M 上の任意のリーマン計量 $\widehat{g}$ に対し，P が次の条件を満たしているとする：
$$\widehat{S}(\boldsymbol{v},\bullet) = 0 \implies P_{\widehat{g}}(\widehat{S})(\boldsymbol{v},\boldsymbol{v}) \geq 0.$$
このとき，$S_0 \geq 0$ ならば，すべての $t \in [0,T)$ に対し，$S_t \geq 0$ となる．

注意 (i) 主張 (i), (ii) における P に対する条件（これらは，**零ベクトル条件** (**null vector condition**) とよばれる）は各々，次の条件 (i′), (ii′) に弱めることができる（以下の定理 3.3.2 の証明を参照）：

(i′) 任意の $\varepsilon > 0$ と M 上の任意のリーマン計量 $\widehat{g}$ に対し，
$$(S + \varepsilon\widehat{g})(\boldsymbol{v},\bullet) = 0 \Rightarrow P_{\widehat{g}}(S + \varepsilon\widehat{g})(\boldsymbol{v},\boldsymbol{v}) \leq 0$$
が成り立つ．

(ii′) 任意の $\varepsilon > 0$ と M 上の任意のリーマン計量 $\widehat{g}$ に対し，
$$(S + \varepsilon\widehat{g})(\boldsymbol{v},\bullet) = 0 \Rightarrow P_{\widehat{g}}(S + \varepsilon\widehat{g})(\boldsymbol{v},\boldsymbol{v}) \geq 0$$
が成り立つ．

定理 3.3.2 の証明 主張 (i) を証明する（(ii) も同様に示される）．$S_0 \leq 0$ とする．任意に，$\varepsilon > 0$ と $\delta > 0$ をとり，$(S_{\varepsilon,\delta})_t \in \mathcal{S}_M$ を $(S_{\varepsilon,\delta})_t := S_t - \varepsilon(\delta + t)g_t$ によって定義する．

(ステップ I) 最初に，次の主張を示す：

$$(*) \begin{cases} \text{次の条件を満たす } \delta > 0 \text{ が存在する：} \\ \text{"任意の } \varepsilon > 0 \text{ と任意の } (p,t) \in M \times [0,\delta) \text{ に対し，} \\ (S_{\varepsilon,\delta})_{(p,t)} < 0 \text{ が成り立つ．"} \end{cases}$$

背理法によりこの主張を示す．仮に，この主張が成り立たないとする．任意に $\delta > 0$ をとり，固定する．$\mathrm{Ker}(S_{\varepsilon_0,\delta})_{(p_0,t_0)} \neq \{0\}$ となる $\varepsilon_0 > 0$ と $(p_0,t_0) \in M \times [0,\delta)$ が存在する．ここで，t_0 は可能な限り小さくとっておく．このとき，$\mathrm{Ker}(S_{\varepsilon_0,\delta})_{(p_0,t_0)} \neq \{0\}$ かつ $(S_{\varepsilon_0,\delta})_t < 0$ $(\forall t \in [0,t_0))$ が成り立つ．$\boldsymbol{v}_1 \in \mathrm{Ker}(S_{\varepsilon_0,\delta})_{(p_0,t_0)}$ で $g_{(p_0,t_0)}(\boldsymbol{v}_1,\boldsymbol{v}_1) = 1$ となるようなものをとる．P に対する仮定から，

$$(P_{g_{t_0}}((S_{\varepsilon_0,\delta})_{t_0}))_{p_0}(\boldsymbol{v}_1,\boldsymbol{v}_1) \leq 0 \tag{3.3.3}$$

が成り立つ．M はコンパクトで P は多項式型なので，各 $t \in [0,T)$ に対し，$\|S_t\|$ と $\|(S_{(\varepsilon_0,\delta)})_t\|$ のみに依存する $C_{\delta,t} > 0$ で，

$$\|P_{g_t}((S_{\varepsilon_0,\delta})_t) - P_{g_t}(S_t)\| \leq C_{\delta,t}\|(S_{\varepsilon_0,\delta})_t - S_t\| \tag{3.3.4}$$

が M 上で成り立つようなものが存在する．この正の定数 $C_{\delta,t}$ を可能な限り小さくとる．P は多項式型なので，$\delta \to +0$ のとき，$C_{\delta,t}$ は正の値に収束することがわかる．この極限を C_t と表す．$T_1 \in (t_0,T)$ を任意にとり，固定する．C_δ および C を，各々

$$C_\delta := \max\left\{\max_{0 \leq t \leq T_1} C_{\delta,t}, \max_{\substack{(p,t) \in M \times [0,T_1] \\ \boldsymbol{v} \in TM \text{ s.t. } g_t(\boldsymbol{v},\boldsymbol{v})=1}} \left|\left(\frac{\partial g}{\partial t}\right)_{(p,t)}(\boldsymbol{v},\boldsymbol{v})\right|\right\},$$

$$C := \max\left\{\max_{0 \leq t \leq T_1} C_t, \max_{\substack{(p,t) \in M \times [0,T_1] \\ \boldsymbol{v} \in TM \text{ s.t. } g_t(\boldsymbol{v},\boldsymbol{v})=1}} \left|\left(\frac{\partial g}{\partial t}\right)_{(p,t)}(\boldsymbol{v},\boldsymbol{v})\right|\right\}$$

によって定義する．C は δ の選び方によらないので，必要ならば δ を十分小さくとることにより，$C\delta < \dfrac{1}{4}$ としてよい．さらに，$\delta \mapsto C_\delta$ は上半連続かつ $\lim\limits_{\delta \to +0} C_{\delta,t} < \infty$ なので，必要ならば δ を十分小さくとり直すことにより，

$C_\delta \delta < \dfrac{1}{4}$ としてよい. 式 (3.3.3) と式 (3.3.4) から,

$$(P_{g_{t_0}}(S_{t_0}))_{p_0}(\boldsymbol{v}_1, \boldsymbol{v}_1) \leq 2C_\delta \varepsilon_0 \delta \tag{3.3.5}$$

をえる. $\boldsymbol{X}_1$ を (p_0, t_0) の $M \times [0, T)$ における近傍 W 上で定義された $\pi_M^*(TM)$ の C^∞ 切断で, $(\boldsymbol{X}_1)_{(p_0, t_0)} = \boldsymbol{v}_1$ および $(\nabla \boldsymbol{X}_1)_{(p_0, t_0)} = 0$ を満たすようなものとする. W 上の関数 ρ を

$$\rho(p, t) := (S_{\varepsilon_0, \delta})_{(p, t)}((\boldsymbol{X}_1)_{(p, t)}, (\boldsymbol{X}_1)_{(p, t)}) \quad ((p, t) \in W)$$

によって定義する. (p_0, t_0) と $\boldsymbol{v}_1$ のとり方から, $\left(\dfrac{\partial \rho}{\partial t}\right)_{(p_0, t_0)} \geq 0$ をえる. 一方,

$$\left(\dfrac{\partial \rho}{\partial t}\right)_{(p_0, t_0)} = \left(\dfrac{\partial S}{\partial t}\right)_{(p_0, t_0)}(\boldsymbol{v}_1, \boldsymbol{v}_1) - \varepsilon_0(\delta + t_0)\left(\dfrac{\partial g}{\partial t}\right)_{(p_0, t_0)}(\boldsymbol{v}_1, \boldsymbol{v}_1) - \varepsilon_0$$

が示される. それゆえ,

$$\left(\dfrac{\partial S}{\partial t}\right)_{(p_0, t_0)}(\boldsymbol{v}_1, \boldsymbol{v}_1) \geq \varepsilon_0(\delta + t_0)\left(\dfrac{\partial g}{\partial t}\right)_{(p_0, t_0)}(\boldsymbol{v}_1, \boldsymbol{v}_1) + \varepsilon_0 \tag{3.3.6}$$

がえられる. $w \in T_{p_0}(M \times \{t_0\})$ をとる. p_0 が ρ_{t_0} の最大点であることから, $d\rho_{(p_0, t_0)}(\boldsymbol{w}) = 0$ がえられ, 一方,

$$d\rho_{(p_0, t_0)}(\boldsymbol{w}) = (\nabla_{\boldsymbol{w}} S_{\varepsilon_0, \delta})_{(p_0, t_0)}(\boldsymbol{v}_1, \boldsymbol{v}_1)$$

となるので,

$$(\nabla_{\boldsymbol{w}} S_{\varepsilon_0, \delta})_{(p_0, t_0)}(\boldsymbol{v}_1, \boldsymbol{v}_1) = 0 \tag{3.3.7}$$

をえる. 再び, p_0 が ρ_{t_0} の最大点であることから, $(\Delta_{t_0} \rho_{t_0})_{p_0} \leq 0$ がえられ, 一方,

$$(\Delta_{t_0} \rho_{t_0})_{p_0} = (\Delta S_{\varepsilon_0, \delta})_{(p_0, t_0)}(\boldsymbol{v}_1, \boldsymbol{v}_1)$$

となるので,

$$(\Delta S_{\varepsilon_0, \delta})_{(p_0, t_0)}(\boldsymbol{v}_1, \boldsymbol{v}_1) \leq 0 \tag{3.3.8}$$

をえる. 式 (3.3.2), (3.3.6), (3.3.7) および式 (3.3.8) から,

$$(P_{g_{t_0}}(S_{t_0}))_{p_0}(\boldsymbol{v}_1,\boldsymbol{v}_1) \geq \varepsilon_0 - \varepsilon_0(\delta+t_0)\left|\left(\frac{\partial g}{\partial t}\right)_{(p_0,t_0)}(\boldsymbol{v}_1,\boldsymbol{v}_1)\right| \geq \varepsilon_0 - 2\varepsilon_0 C_\delta \delta$$
(3.3.9)

が示される.式 (3.3.5) と式 (3.3.9) から,$C_\delta \delta \geq \dfrac{1}{4}$ をえる.これは,$C_\delta \delta < \dfrac{1}{4}$ に反する.したがって,主張 $(*)$ をえる.

(**ステップ II**) δ を主張 $(*)$ におけるような正の数とする.このとき,任意の $(p,t) \in M \times [0,\delta)$ と任意の $\varepsilon > 0$ に対し,$(S_{\varepsilon,\delta})_{(p,t)} < 0$ となる.それゆえ,任意の $(p,t) \in M \times [0,\delta)$ に対し,$\displaystyle\lim_{\varepsilon \to +0}(S_{\varepsilon,\delta})_{(p,t)} = S_{(p,t)} \leq 0$ が成り立つ.

$$T_1 := \sup\{t_1 \mid S_{(p,t)} \leq 0 \ (\forall\,(p,t) \in M \times [0,t_1])\}$$

とおく.仮に,$T_1 < T$ とする.このとき,$S_{(\cdot,0)}$ の代わりに $S_{(\cdot,T_1)}$ に対しても主張 $(*)$ が成り立つことに注意すると,ある $\delta' > 0$ に対し,$S_{(p,t)} \leq 0$ ($t \in [T_1, T_1+\delta']$) が成り立つことが示される.これは,T_1 の定義に反するので,$T_1 = T$ が示される.つまり,すべての $t \in [0,T)$ に対し $S_{(\cdot,t)} \leq 0$ が成り立つことがわかる. □

同様な証明方法により,この Hamilton の最大値の原理の関数族版がえられる.その内容は,次のとおりである.

定理 3.3.3 (関数族に対する最大値原理 II). $\{\rho_t\}_{t \in [0,T)}$ を閉多様体 M 上の C^∞ 関数の族とする.この族が次の発展方程式を満たしているとする:

$$\frac{\partial \rho_t}{\partial t} = \Delta_t \rho_t + d\rho_t(\boldsymbol{X}) + P \circ \rho_t.$$

ここで,$\boldsymbol{X}$ は M 上のある C^∞ 級のベクトル場であり,P は 1 変数多項式関数を表す.

(i) P が $P(0) \leq 0$ を満たしているとする.このとき,$\rho_0 \leq 0$ ならば,すべての $t \in [0,T)$ に対し,$\rho_t \leq 0$ となる.

(ii) P が $P(0) \geq 0$ を満たしているとする.このとき,$\rho_0 \geq 0$ ならば,すべての $t \in [0,T)$ に対し,$\rho_t \geq 0$ となる.

3.4 ヘルダー空間・ソボレフ空間・Ascoli-Arzelá の定理

この節において,リーマンベクトルバンドルの切断のなすヘルダー空間とソボレフ空間,および,リーマン多様体間の写像のなすヘルダー空間とソボレフ空間を定義するとともに,リーマンベクトルバンドルの切断に対する Ascoli-Arzelá の定理について述べることにする.

最初に,$\mathbb{R}^n$ 内の領域 Ω 上の関数のなすヘルダー空間とソボレフ空間の定義を述べることにする.$p \geq 1$ とする.Ω 上の関数 F をとる.F の L^p ノルム $\|F\|_{L^p}$ が

$$\|F\|_{L^p} := \left(\int_\Omega |F|^p \, dx_1 \cdots dx_n \right)^{\frac{1}{p}}$$

によって定義される.ここで,右辺の積分はルベーグ積分を表す.また,F の L^∞ ノルム $\|F\|_{L^\infty}$ が

$$\|F\|_{L^\infty} := \sup_{x \in \Omega} |F|(x)$$

によって定義される.関数空間 $L^p(\Omega)$, $L^\infty(\Omega)$ が各々,

$$L^p(\Omega) := \{F \mid \|F\|_{L^p} < \infty\}, \quad L^\infty(\Omega) := \{F \mid \|F\|_{L^\infty} < \infty\}$$

によって定義される.Ω 上の関数 F で,Ω 内の任意のコンパクト閉領域 K に対し,ルベーグ積分 $\int_K |F| \, dx_1 \cdots dx_n$ が存在するようなものを**局所積分可能である** (locally integrable) という.Ω 上の局所積分可能な関数全体のなす空間は $L^1_{\text{loc}}(\Omega)$ と表される.$k \in \mathbb{N} \cup \{0\}$ とする.Ω 上の任意の C^k 関数は局所積分可能なので,Ω 上の C^k 関数全体のなす空間は $C^k_{\text{loc}}(\Omega)$ と表される.また,Ω 上の C^∞ 関数全体のなす空間は $C^\infty(\Omega)$ と表される.$\beta = (\beta_1, \ldots, \beta_n) \in (\mathbb{N} \cup \{0\})^n$ に対し,$|\beta| := \beta_1 + \cdots + \beta_n$ とおく.$F \in C^{|\beta|}_{\text{loc}}(\Omega)$ に対し,$\dfrac{\partial^{|\beta|} F}{\partial x_1^{\beta_1} \cdots \partial x_n^{\beta_n}}$ を $D^\beta F$ と略記する.$F \in C^k_{\text{loc}}(\Omega)$ の $\boldsymbol{C^k}$ **ノルム** ($\boldsymbol{C^k}$**-norm**) $\|F\|_{C^k}$ が,

$$\|F\|_{C^k} := \sum_{0 \le |\beta| \le k} \sup_{x \in \Omega} |D^\beta F|(x)$$

によって定義され，関数空間 $C^k(\Omega)$ が

$$C^k(\Omega) := \{F \in C^k_{\mathrm{loc}}(\Omega) \,|\, \|F\|_{C^k} < \infty\}$$

によって定義される．$(C^k(\Omega), \|\cdot\|_{C^k})$ はバナッハ空間になる．$C^\infty(\Omega)$ における関数列 $\{F_i\}_{i=1}^\infty$ がどんな大きな自然数 k に対しても，$\|\cdot\|_{C^k}$ に関して Ω 上のある C^∞ 関数 F に収束するとき，$\{F_i\}_{i=1}^\infty$ は F に **C^∞ 位相に関して収束する**という．また，F のセミノルム $|F|_\alpha$ が

$$|F|_\alpha := \sup_{\substack{x,y \in \Omega \\ (x \ne y)}} \frac{|F(x) - F(y)|}{d_{g_\mathbb{E}}(x,y)^\alpha}$$

によって定義される．$\|\cdot\|_{C^k}, |\cdot|_\alpha$ を用いて，F の $\boldsymbol{C^{k,\alpha}}$ **ヘルダーノルム** ($\boldsymbol{C^{k,\alpha}}$**-Hölder norm**) $\|F\|_{C^{k,\alpha}}$ が

$$\|F\|_{C^{k,\alpha}} := \|F\|_{C^k} + \sum_{|\beta|=k} |D^\beta F|_\alpha$$

によって定義され，関数空間 $C^{k,\alpha}(\Omega)$ が，

$$C^{k,\alpha}(\Omega) := \{F \in C^k_{\mathrm{loc}}(\Omega) \,|\, \|F\|_{C^{k,\alpha}} < \infty\}$$

によって定義される．このノルム空間 $(C^{k,\alpha}(\Omega), \|\cdot\|_{C^{k,\alpha}})$ はバナッハ空間になり，**ヘルダー空間** (**Hölder space**) とよばれる．

次に，Ω 上の超関数とその微分，および，Ω 上の局所積分可能な関数の高次弱微分の定義を述べ，ソボレフ空間 $W^{k,p}(\Omega)$（特に $H^k(\Omega)$）を定義する．Ω 上のコンパクトな台をもつ C^∞ 関数全体のなす空間は $C_c^\infty(\Omega)$ と表される．一般に，線形関数 $\Lambda: C_c^\infty(\Omega) \to \mathbb{R}$ で，次の条件を満たすものを Ω 上の**超関数** (**distribution**) という:

> 0 以上の整数 N と正の数 C が存在して，$|\Lambda(\phi)| \le C\|\phi\|_{C^N}$ ($\forall \phi \in C_c^\infty(\Omega)$) が成り立つ．

3.4 ヘルダー空間・ソボレフ空間・Ascoli-Arzelá の定理

この条件を満たす最小の 0 以上の整数 N は，超関数 Λ の**位数** (order) とよばれる．$\beta = (\beta_1, \ldots, \beta_n) \in (\mathbb{N} \cup \{0\})^n$ とし，超関数 Λ に対し，$D^\beta \Lambda : C_c^\infty(\Omega) \to \mathbb{R}$ を

$$D^\beta \Lambda(\phi) := (-1)^{|\beta|} \Lambda(D^\beta \phi) \quad (\phi \in C_c^\infty(\Omega))$$

によって定義する．$D^\beta \Lambda$ も Ω 上の超関数になり，Λ の位数が N ならば，$D^\beta \Lambda$ の位数は $N + |\beta|$ となる．$D^\beta \Lambda$ は，超関数 Λ の $|\beta|$ 次の微分とよばれる．Ω 上の超関数全体のなす空間を $\mathcal{D}(\Omega)$ と表す．$F \in L^1_{\mathrm{loc}}(\Omega)$ に対し，$\Lambda_F : C_c^\infty(\Omega) \to \mathbb{R}$ を

$$\Lambda_F(\phi) := \int_\Omega F \phi \, dx_1 \cdots dx_n \quad (\phi \in C_c^\infty(\varphi(\Omega)))$$

によって定義する．このとき，Λ_F は Ω 上の位数 0 の超関数になる．対応 $F \mapsto \Lambda_F$ は単射であり，この対応により F と Λ_F を同一視することにより，$L^1_{\mathrm{loc}}(\Omega) \subset \mathcal{D}(\Omega)$ とみなされる．$D^\beta \Lambda_F$ を F の**超関数の意味での $|\beta|$ 次微分**という．$\Lambda_{\widehat{F}} = (D^\beta \Lambda_F)(\phi)$ を満たす $\widehat{F} \in L^1_{\mathrm{loc}}(\Omega)$ が存在するとき，$\widehat{F}$ を F の $|\beta|$ 次**弱微分** (weak derivative) といい，$\dfrac{\partial^{|\beta|} F}{\partial x_1^{\beta_1} \cdots \partial x_n^{\beta_n}}$ または $D^\beta F$ と表してしまう．$k \in \mathbb{N}$ とする．F の k 次までのすべての弱微分が存在するとき，F は k **回弱微分可能である** (weak differentiable) という．$p \geq 1$ とする．k 回弱微分可能な関数 F で，Ω の任意のコンパクト閉領域 K に対し

$$\int_K |D^\beta F|^p \, dx_1 \cdots dx_n < \infty \quad (|\beta| \leq k)$$

を満たすようなもの全体のなす空間は $W^{k,p}_{\mathrm{loc}}(\Omega)$ と表される．また，k 回弱微分可能な関数 F で，

$$\int_\Omega |D^\beta F|^p \, dx_1 \cdots dx_n < \infty \quad (|\beta| \leq k)$$

を満たすようなもの全体のなす空間は $W^{k,p}(\Omega)$ と表される．特に，$W^{k,2}_{\mathrm{loc}}(\Omega)$, $W^{k,2}(\Omega)$ は各々，$H^k_{\mathrm{loc}}(\Omega)$, $H^k(\Omega)$ と表される．$\|\cdot\|_{W^{k,p}} : W^{k,p}(\Omega) \to \mathbb{R}$ を

$$\|F\|_{W^{k,p}} := \left(\sum_{0 \leq |\beta| \leq k} \int_\Omega |D^\beta F|^p \, dx_1 \cdots dx_n \right)^{\frac{1}{p}} \quad (F \in W^{k,p}(\Omega))$$

によって定義する．このとき，$\|\cdot\|_{W^{k,p}}$ は $W^{k,p}(\Omega)$ のノルムを与え，ノルム空間 $(W^{k,p}(\Omega), \|\cdot\|_{W^{k,p}})$ はバナッハ空間になる．この空間は，**ソボレフ空間** (**Sobolev space**) とよばれる．特に，$H^k(\Omega)$ には次のような内積が定義される：

$$\langle F_1, F_2 \rangle_{H^k} := \sum_{0 \leq |\beta| \leq k} \int_\Omega D^\beta F_1 \cdot D^\beta F_2 \, dx_1 \cdots dx_n \quad (F_1, F_2 \in H^k(\Omega)).$$

このとき，$(H^k(\Omega), \langle\,,\,\rangle_{H^k})$ は（可分な）ヒルベルト空間になる．

次に，ファイバー計量を備えたベクトルバンドルの切断のなすヘルダー空間とソボレフ空間を定義する．(M, g) を C^∞ リーマン多様体，∇^g を g のリーマン接続，dv_g を g の体積要素とし，$E \xrightarrow{\pi} M$ を M 上の C^∞ ベクトルバンドル，g_E を E の C^∞ 級ファイバー計量とし，∇^E を g_E と適合する（つまり，$\nabla^E g_E = 0$ を満たす）E の接続とする．ここで，E の C^∞ 級**ファイバー計量** (**fiber metric**) とは，$E^* \otimes E^*$ の C^∞ 級切断で，各点 $x \in M$ でファイバー E_x の内積を与えるようなもののことである．一般に，ファイバー計量を備えたベクトルバンドルは，**リーマンベクトルバンドル** (**Riemannian vector bundle**) とよばれる．$p \geq 1$ とする．$\sigma \in \Gamma(E)$ をとる．関数 $|\sigma| : M \to \mathbb{R}$ を

$$|\sigma|(x) := \sqrt{g_E(\sigma(x), \sigma(x))} \quad (x \in M)$$

によって定義し，σ の L^p ノルム $\|\sigma\|_{L^p}$ を

$$\|\sigma\|_{L^p} := \left(\int_M |\sigma|^p \, dv_g \right)^{\frac{1}{p}}$$

によって定義する．ここで，右辺の積分はルベーグ積分を表す．また，σ の L^∞ ノルム $\|\sigma\|_{L^\infty}$ が

$$\|\sigma\|_{L^\infty} := \sup_{x \in M} |\sigma|(x)$$

によって定義される．切断の空間 $L^p(E), L^\infty(E)$ を各々，

$$L^p(E) := \{\sigma \in \Gamma(E) \,|\, \|\sigma\|_{L^p} < \infty\},$$
$$L^\infty(E) := \{\sigma \in \Gamma(E) \,|\, \|\sigma\|_{L^\infty} < \infty\}$$

によって定義する. $\sigma \in \Gamma(E)$ で, M 内の任意のコンパクト閉領域 K に対し, $\int_K |\sigma|\, dv_g$ が存在するようなものを**局所積分可能である** (locally integrable) という. E の局所積分可能な切断全体のなす空間は $L^1_{\mathrm{loc}}(E)$ と表される. ∇^g, ∇^E を用いて定義される $(\otimes^i T^*M) \otimes E$ ($i = 1, 2, \ldots$) の接続を同一の記号 $\overline{\nabla}$ で表す. E の C^k 級切断全体のなす空間を $\Gamma^k_{\mathrm{loc}}(E)$ と表す. $\sigma \in \Gamma^k_{\mathrm{loc}}(E)$ の C^k ノルム $\|\sigma\|_{C^k}$ は,

$$\|\sigma\|_{C^k} := \|\sigma\|_{L^\infty} + \sum_{i=0}^{k-1} \sup_{x \in M} |\overline{\nabla}^i \nabla^E \sigma|(x)$$

によって定義される. 切断の空間 $\Gamma^k(E)$ が,

$$\Gamma^k(E) := \{\sigma \in \Gamma^k_{\mathrm{loc}}(E) \,|\, \|\sigma\|_{C^k} < \infty\}$$

によって定義される. $(\Gamma^k(E), \|\cdot\|_{C^k})$ はバナッハ空間になる. E の C^∞ 切断の列 $\{\sigma_i\}_{i=1}^\infty$ が, どんな大きな自然数 k に対しても, $\|\cdot\|_{C^k}$ に関してある C^∞ 切断 σ に収束するとき, $\{\sigma_i\}_{i=1}^\infty$ は σ に **C^∞ 位相に関して収束する**という. σ の α ノルム $|\sigma|_\alpha$ は,

$$|\sigma|_\alpha := \sup_{\substack{x, y \in M \\ (x \neq y)}} \inf_{\gamma \in \mathcal{C}_{x,y}} \frac{\|\sigma(x) - P_\gamma^{-1}(\sigma(y))\|_{g_x^E}}{d_g(x, y)^\alpha}$$

によって定義される. ここで $\mathcal{C}_{x,y}$ は, x を始点, y を終点とする M 上の C^∞ 曲線の全体を表し, P_γ は γ に沿う ∇^E に関する平行移動を表し, $\|\cdot\|_{g_x^E}$ は g_x^E に関するノルムを表す. $\|\cdot\|_{C^k}, |\cdot|_\alpha$ を用いて, σ の $C^{k,\alpha}$ ヘルダーノルム $\|\sigma\|_{C^{k,\alpha}}$ が,

$$\|\sigma\|_{C^{k,\alpha}} := \|\sigma\|_{C^k} + |\overline{\nabla}^{k-1} \nabla^E \sigma|_\alpha$$

によって定義される. ここで, $|\overline{\nabla}^{k-1} \nabla^E \sigma|_\alpha$ は $|\sigma|_\alpha$ と同様に, g, g_E から自然に定義されるベクトルバンドル $(\otimes^i T^*M) \otimes E$ のファイバー計量と, g を用いて定義される. 切断の空間 $\Gamma^{k,\alpha}(E)$ が,

$$\Gamma^{k,\alpha}(E) := \{\sigma \in \Gamma^k_{\mathrm{loc}}(E) \,|\, \|\sigma\|_{C^{k,\alpha}} < \infty\}$$

によって定義される．このノルム空間 $(\Gamma^{k,\alpha}(E), \|\cdot\|_{C^{k,\alpha}})$ はバナッハ空間になり，**E の切断のなすヘルダー空間**という．$\sigma \in \Gamma(E)$ とする．M の任意の局所チャート $(U, \varphi = (x_1, \ldots, x_n))$ と U 上で定義されたベクトルバンドル E の任意の C^∞ 局所基底場 $(e_1, \ldots, e_l)$（l は E の階数）に対し，

$$\sigma(q) = \sum_{i=1}^{l} \sigma_i(q)(e_i)_q \quad (q \in U)$$

によって定義される U 上の関数 σ_i と φ の合成 $\sigma_i \circ \varphi^{-1}$ が k 回弱微分可能であるならば，σ は k 回弱微分可能であるという．σ が k 回弱微分可能であるとする．このとき，$\nabla^E \sigma$ を弱微分の意味で次のように定義することができる：

$$\nabla^E_{\frac{\partial}{\partial x_i}} \sigma = \sum_{j=1}^{l} \left(\frac{\partial(\sigma_j \circ \varphi^{-1})}{\partial x_i} e_j + \sigma_j \nabla^E e_j \right).$$

ただし，$\dfrac{\partial(\sigma_j \circ \varphi^{-1})}{\partial x_i}$ は $\sigma_j \circ \varphi^{-1}$ の 1 次の弱微分を表す．以下，同様に $\overline{\nabla}^i \nabla^E \sigma$ $(0 \leq i \leq k-1)$ が弱微分の意味で定義される．$p \geq 1$ とする．k 回弱微分可能な E の切断 σ で，M の任意のコンパクト閉領域 K に対し

$$\int_K |\sigma|^p \, dv_g < \infty, \quad \int_K |\overline{\nabla}^i \nabla^E \sigma|^p \, dv_g < \infty \quad (0 \leq i \leq k-1)$$

を満たすようなもの全体のなす空間は $W^{k,p}_{\mathrm{loc}}(E)$ と表される．また，k 回弱微分可能な E の切断 σ で，

$$\int_M |\sigma|^p \, dv_g < \infty, \quad \int_M |\overline{\nabla}^i \nabla^E \sigma|^p \, dv_g < \infty \quad (0 \leq i \leq k-1)$$

を満たすようなもの全体のなす空間は $W^{k,p}(E)$ と表される．特に，$W^{k,2}_{\mathrm{loc}}(E)$, $W^{k,2}(E)$ は各々，$H^k_{\mathrm{loc}}(E)$, $H^k(E)$ と表される．$W^{k,p}(E)$ のノルム $\|\cdot\|_{W^{k,p}}$ を次式によって定義する：

$$\|\sigma\|_{W^{k,p}} := \left(\int_M |\sigma|^p \, dv_g + \sum_{i=0}^{k-1} \int_M |\overline{\nabla}^i \nabla^E \sigma|^p \, dv_g \right)^{1/p} \quad (\sigma \in W^{k,p}(E)).$$

このとき，ノルム空間 $(W^{k,p}(E), \|\cdot\|_{W^{k,p}})$ はバナッハ空間になる．特に，$H^k(E)$ には次のような内積が定義される：

$$\langle \sigma_1, \sigma_2 \rangle_{H^k} := \int_M \langle \sigma_1, \sigma_2 \rangle \, dv_g + \sum_{i=0}^{k-1} \int_M \langle \overline{\nabla}^i \nabla^E \sigma_1, \overline{\nabla}^i \nabla^E \sigma_2 \rangle \, dv_g$$

$$(\sigma_1, \sigma_2 \in H^k(E)).$$

このとき，$(H^k(E), \langle \ , \ \rangle_{H^k})$ は（可分な）ヒルベルト空間になる．上述のバナッハ空間 $L^p(E)$, $L^\infty(E)$, $\Gamma^{k,\alpha}(E)$, $W^{k,p}(E)$ に属する切断 σ でその台がコンパクトであるようなものからなる部分空間を，各々，$L^p_c(E)$, $L^\infty_c(E)$, $\Gamma^{k,\alpha}_c(E)$, $W^{k,p}_c(E)$ と表す．特に，$\pi: E \to M$ が自明バンドル $\pi: M \times V \to M$ (V はベクトル空間) であるとき，$\Gamma(E)$ は Map(M, V) と同一視されるので，

$L^p(E)$, $L^\infty(E)$, $W^{k,p}(E)$, $\Gamma^{k,\alpha}(E)$, $L^p_c(E)$, $L^\infty_c(E)$, $\Gamma^{k,\alpha}_c(E)$, $W^{k,p}_c(E)$

を各々，

$$L^p(M, V), \ L^\infty(M, V), \ \Gamma^{k,\alpha}(M, V), \ W^{k,p}(M, V),$$
$$L^p_c(M, V), \ L^\infty_c(M, V), \ \Gamma^{k,\alpha}_c(M, V), \ W^{k,p}_c(M, V)$$

と表すことにする．

次に，C^∞ 級リーマンベクトルバンドルの C^∞ 級切断に対する **Ascoli-Arzelá の定理**を紹介することにする．$\pi: E \to M$ をリーマン多様体 (M, g) 上の C^∞ 級ベクトルバンドルとし，g_E をこのベクトルバンドルの C^∞ 級ファイバー計量とする．$\Gamma^0(E)$ に，g, g_E の定める上述のノルム $\|\cdot\|_{L^\infty}$ を与える．まず，E の C^0 級切断の族の同程度連続性と同程度一様連続性を定義する．$\mathcal{S} \subset \Gamma^0(E)$，$x_0 \in M$ とする．任意の $\varepsilon > 0$ に対し，

$$\sup_{\sigma \in \mathcal{S}} \sup_{x \in U} \inf_{\gamma \in \mathcal{C}_{x_0, x}} \|\sigma(x_0) - P_\gamma^{-1}(\sigma(x))\|_{(g_E)_{x_0}} < \varepsilon$$

となるような x_0 の近傍 U が存在するとき，$\mathcal{S}$ は x_0 で**同程度連続 (equicontinuous)** であるという．また，任意の $\varepsilon > 0$ に対し，

$$\sup_{\sigma \in \mathcal{S}} \sup_{d_g(x, x') < \delta} \inf_{\gamma \in \mathcal{C}_{x, x'}} \|\sigma(x) - P_\gamma^{-1}(\sigma(x'))\|_{(g_E)_x} < \varepsilon$$

となるような $\delta > 0$ が存在するとき，$\mathcal{S}$ は**同程度一様連続** (uniformly equicontinuous) であるという．

定理 3.4.1 (Ascoli-Arzelá の定理). (M, g) がコンパクトであるとする（境界をもってもよい）．$\mathcal{S} \subset \Gamma^0(E)$ に対し，次の 3 条件は同値である．

(i) $\mathcal{S}$ は相対コンパクトである．

(ii) $\mathcal{S}$ は各 $x \in M$ で同程度連続であり，各 $x \in M$ に対し，$\mathcal{S}(x) := \{\sigma(x) \,|\, \sigma \in \mathcal{S}\}$ は $(E_x, (g_E)_x)$ において相対コンパクトである．

(iii) $\mathcal{S}$ は同程度一様連続であり，各 $x \in M$ に対し，$\mathcal{S}(x)$ は $(E_x, (g_E)_x)$ において相対コンパクトである．

この系として，次が導かれる．

系 3.4.2. (M, g) がコンパクトであるとする（境界をもってもよい）．$\{\sigma_i\}_{i=1}^{\infty}$ を $\Gamma^0(E)$ における切断の列で，$\mathcal{S} := \{\sigma_i \,|\, i \in \mathbb{N}\}$ が定理 3.4.1 における条件 (ii) または (iii) を満たしているとする．このとき，$\{\sigma_i\}_{i=1}^{\infty}$ は収束部分列をもつ．

証明 $(\Gamma^0(E), \|\cdot\|_{L^{\infty}})$ は距離空間なので，$\mathcal{S}$ の相対コンパクト性と点列コンパクト性は同値である．それゆえ，定理 3.4.1 より直接，この主張が導かれる．

□

次に，n 次元 C^{∞} コンパクトリーマン多様体 (M, g) から m 次元 C^{∞} リーマン多様体 $(\widetilde{M}, \widetilde{g})$ への写像のなす（ヘルダー空間とソボレフ空間に相当する）バナッハ多様体を定義する．バナッハ多様体の定義については，3.7 節を参照のこと．$\nabla, \widetilde{\nabla}$ を $g, \widetilde{g}$ のリーマン接続とする．$\nabla, \widetilde{\nabla}$ を用いて定義される $(\otimes^i T^*M) \otimes f^*T\widetilde{M}$ ($i = 1, 2, \ldots$) の接続を同一の記号 $\overline{\nabla}$ で表す．$f \in C^k(M, \widetilde{M})$ ($k \geq 1$) の微分 $df : TM \to T\widetilde{M}$ に対し，その C^{k-1} ノルム $\|df\|_{C^{k-1}}$ が

$$\|df\|_{C^{k-1}} := \sum_{i=0}^{k-1} \sup_{x \in M} |\overline{\nabla}^i df|(x)$$

によって定義される．df の $C^{k-1,\alpha}$ ヘルダーノルム $\|df\|_{C^{k-1,\alpha}}$ が

3.4 ヘルダー空間・ソボレフ空間・Ascoli-Arzelá の定理   141

$$\|df\|_{C^{k-1,\alpha}} := \|df\|_{C^{k-1}} + |\overline{\nabla}^{k-1}df|_\alpha$$

によって定義される．ここで $|\overline{\nabla}^{k-1}df|_\alpha$ は，前述の $|\overline{\nabla}^{k-1}\nabla^E\sigma|_\alpha$ と同様に，$g, \tilde{g}$ から自然に定義されるベクトルバンドル $(\otimes^k T^*M) \otimes f^*T\widetilde{M}$ のファイバー計量と g を用いて定義される．集合 $C^{k,\alpha}(M, \widetilde{M})$ を

$$C^{k,\alpha}(M, \widetilde{M}) := \{f \in C^k(M, \widetilde{M}) \,|\, df \in \Gamma^{k-1,\alpha}(T^*M \otimes f^*T\widetilde{M})\}$$

によって定義する．この集合 $C^{k,\alpha}(M, \widetilde{M})$ には，次のように自然に定義される C^∞ 級バナッハ多様体の構造を与えることができる．$f_0 \in C^{k,\alpha}(M, \widetilde{M})$ に対し，M の局所チャートの有限族 $\mathcal{U} := \{(U_i, \varphi_i = (x_1^i, \ldots, x_n^i))\}_{i=1}^l$ で，各 U_i が相対コンパクト，かつ $\{U_i\}_{i=1}^l$ が M の開被覆になるようなもの，および，$\widetilde{M}$ の局所チャートの有限族 $\mathcal{V} := \{(V_i, \psi_i = (y_1^i, \ldots, y_m^i))\}_{i=1}^l$ で，$f_0(\overline{U_i}) \subset V_i$ $(i = 1, \ldots, l)$ となるようなものをとる．ここで，$\overline{U_i}$ は U_i の閉包を表す．このような有限族の組の存在は M のコンパクト性により保証される．

$$W_{\mathcal{U},\mathcal{V}} := \{f \in C^{k,\alpha}(M, \widetilde{M}) \,|\, f(\overline{U_i}) \subset V_i \ (i = 1, \ldots, l)\}$$

とおく．

$$\eta_{\mathcal{U},\mathcal{V}} : W_{\mathcal{U},\mathcal{V}} \to C^{k,\alpha}(\varphi_1(U_1), \mathbb{R}^m) \oplus \cdots \oplus C^{k,\alpha}(\varphi_l(U_l), \mathbb{R}^m)$$

を

$$\eta_{\mathcal{U},\mathcal{V}}(f) := (\psi_1 \circ f \circ \varphi_1^{-1}, \ldots, \psi_l \circ f \circ \varphi_l^{-1}) \quad (f \in W_{\mathcal{U},\mathcal{V}})$$

によって定義し，族 $\mathcal{D}$ を

$$\mathcal{D} := \{(W_{\mathcal{U},\mathcal{V}}, \eta_{\mathcal{U},\mathcal{V}}) \,|\, \mathcal{U}, \mathcal{V} \text{ は上述のような組 }\}$$

によって定義する．このとき，$(C^{k,\alpha}(M, \widetilde{M}), \mathcal{D})$ は C^∞ 級バナッハ多様体になる．これは，ヘルダー空間に相当するリーマン多様体間の写像のなすバナッハ多様体である．次に，ソボレフ空間に相当するリーマン多様体間の写像のなすバナッハ多様体（または，ヒルベルト多様体）を定義する．$f \in \mathrm{Map}(M, \widetilde{M})$ とする．M の任意の局所チャート $(U, \varphi = (x_1, \ldots, x_n))$ と $\widetilde{M}$

の $f(U)$ を含む任意の局所チャート $(V, \psi = (y_1, \ldots, y_m))$ に対し，$f_i := y_i \circ f \circ \varphi^{-1}$ $(i = 1, \ldots, m)$ が k 回弱微分可能であるならば，f は k 回弱微分可能であるという．f が k 回弱微分可能であるとする．このとき，df を弱微分の意味で次のように定義することができる：

$$df\left(\frac{\partial}{\partial x_i}\right) = \sum_{j=1}^{l} \frac{\partial f_j}{\partial x_i} \frac{\partial}{\partial y_j}.$$

ただし，$\dfrac{\partial f_j}{\partial x_i}$ は f_j の 1 次の弱微分を表す．以下，同様に $\overline{\nabla}^i df$ $(0 \leq i \leq k-1)$ が弱微分の意味で定義される．$p \geq 1$ とする．$W^{k,p}(M, \widetilde{M})$ を

$$W^{k,p}(M, \widetilde{M}) := \{f \in \mathrm{Map}(M, \widetilde{M}) \,|\, f \text{ は } k \text{ 回弱微分可能}, \ \|df\|_{W^{k-1,p}} < \infty\}$$

によって定義する．特に，$W^{k,2}(M, \widetilde{M})$ を $H^k(M, \widetilde{M})$ と表す．$C^{k,\alpha}(M, \widetilde{M})$ と同様に，$W^{k,p}(M, \widetilde{M})$ は自然に定義される C^∞ 級バナッハ多様体の構造をもち，$H^k(M, \widetilde{M})$ は自然に定義される C^∞ 級**ヒルベルト多様体**の構造をもつ．

3.5 部分多様体に対するソボレフ不等式

1973 年，J. H. Michael と L. M. Simon ([MS]) は，ユークリッド空間内の境界をもつコンパクトリーマン部分多様体（境界をもたなくてもよい）上の境界上で 0 となる C^1 関数に対するソボレフ不等式 (Sobolev inequality) を証明した．明くる年の 1974 年，D. Hoffman と J. Spruck ([HoSp]) は一般のリーマン多様体内の境界をもつコンパクトリーマン部分多様体（境界をもたなくてもよい）上の境界上で 0 となる C^1 関数に対するソボレフ不等式を証明した．ここで，その C^1 関数は（以下に述べるような）その台の体積に関する外の空間の曲率と単射半径を用いた量による上からの評価式を満たさなければならないことを注意しておく．2016 年，N. Edelen ([E]) は，ユークリッド空間内の境界をもつコンパクトリーマン超曲面（境界をもたなくてもよい）上の一般の C^1 関数に対するソボレフ不等式を証明した．ここで，その C^1 関数はその部分多様体の境界上で 0 でなくてもよいことを注意しておく．

最初に，D. Hoffman と J. Spruck によって示された次の**ソボレフ不等式**を述べる．

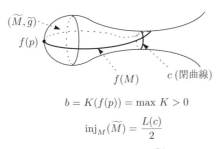

$$b = K(f(p)) = \max K > 0$$
$$\mathrm{inj}_M(\widetilde{M}) = \frac{L(c)}{2}$$

図 3.5.1　最大曲率 b と $\mathrm{inj}_M(\widetilde{M})$ について

定理 3.5.1 ([HoSp]). f を n 次元多様体 M から m 次元リーマン多様体 $(\widetilde{M}, \widetilde{g})$ への C^∞ 級はめ込み写像とする．ここで，M は境界をもってもよいとする（M の境界を ∂M で表す）．$(\widetilde{M}, \widetilde{g})$ が $K \leq b^2$ を満たしているとする．ここで，K は $(\widetilde{M}, \widetilde{g})$ の断面曲率を表し，b は正の実数または純虚数を表す．$(\widetilde{M}, \widetilde{g})$ の p $(\in \widetilde{M})$ における単射半径を $\mathrm{inj}_p(\widetilde{M})$ で表し，$\mathrm{inj}_M(\widetilde{M}) := \inf_{p \in M} \mathrm{inj}_{f(p)}(\widetilde{M})$ とおく．ρ を，$\rho|_{\partial M} = 0$ を満たす M 上の C^1 級の非負値関数で，ρ の台 $\mathrm{supp}\,\rho$ について，次の 2 条件を満たすようなものとする：

(i)　$b^2(1-\alpha)^{-\frac{2}{n}}(\omega_n^{-1} \cdot \mathrm{Vol}(\mathrm{supp}\,\rho))^{\frac{2}{n}} \leq 1,$

(ii)　$\begin{cases} 2b^{-1}\arcsin\{b \cdot (1-\alpha)^{-\frac{1}{n}} \cdot (\omega_n^{-1} \cdot \mathrm{Vol}(\mathrm{supp}\,\rho))^{\frac{1}{n}}\} \leq \mathrm{inj}_M(\widetilde{M}) \\ \qquad\qquad\qquad\qquad\qquad (b \text{ が非負の実数のとき}) \\ 2(1-\alpha)^{-\frac{1}{n}} \cdot (\omega_n^{-1} \cdot \mathrm{Vol}(\mathrm{supp}\,\rho))^{\frac{1}{n}} \leq \mathrm{inj}_M(\widetilde{M}) \\ \qquad\qquad\qquad\qquad\qquad (b \text{ が純虚数のとき}). \end{cases}$

ここで，α は $0 < \alpha < 1$ を満たすある定数を表し，ω_n は n 次元ユークリッド空間内の単位球体の体積を表す．このとき，

$$\left(\int_M \rho^{\frac{n}{n-1}} \, dv_g\right)^{\frac{n-1}{n}} \leq SC(n, \alpha) \int_M (\|\mathrm{grad}\,\rho\| + \rho \|H\|) dv_g$$

が成り立つ．ここで，H は f の平均曲率ベクトル場，$SC(n, \alpha)$ は次式によって定義される定数を表す：

$$SC(n, \alpha) := \frac{\pi}{2} \cdot 2^{n-2} \alpha^{-1}(1-\alpha)^{-\frac{1}{n}} \cdot \frac{n}{n-1} \cdot \omega_n^{-\frac{1}{n}}.$$

特に，外の空間が m 次元ユークリッド空間の場合に，すでに示されていた次の J. H. Michael と L. M. Simon の結果が導かれる．

定理 3.5.2 ([MS])．f を n 次元多様体 M から m 次元ユークリッド空間 $\mathbb{E}^m$ への C^∞ 級はめ込み写像とする．ここで，M は境界をもってもよいとする（M の境界を ∂M で表す）．$\rho|_{\partial M} = 0$ を満たす M 上の C^1 級の非負値関数 ρ に対し，次の不等式が成り立つ：

$$\left(\int_M \rho^{\frac{n}{n-1}} \, dv_g\right)^{\frac{n-1}{n}} \leq SC(n,\alpha) \int_M (\|\mathrm{grad}\,\rho\| + \rho\,\|H\|) dv_g.$$

ここで，$H, SC(n,\alpha)$ は定理 3.5.1 におけるようなものとする．

注意 外の空間が $\mathbb{E}^m$ なので，定理 3.5.1 の主張における b は 0 となり，$\mathrm{inj}_M(\widetilde{M})$ は ∞ となる．それゆえ，定理 3.5.1 の主張における ρ の台に対する 2 条件は，自動的に成り立つ．ゆえに，この主張が導かれる．

次に，N. Edelen の結果を述べることにする．

定理 3.5.3 ([E])．f を境界をもつ n 次元多様体 M から $(n+1)$ 次元ユークリッド空間 $\mathbb{E}^{n+1}$ への C^∞ 級はめ込み写像とする．M 上の任意の C^1 級関数 ρ に対し，次の不等式が成り立つ：

$$\left(\int_M \rho^{\frac{n}{n-1}} \, dv_g\right)^{\frac{n-1}{n}}$$
$$\leq SC(n,\alpha)\left(\int_M (\|\mathrm{grad}\,\rho\| + \rho\,\|H\|) dv_g + 4\int_{\partial M} \rho \, dv_{\iota^*g}\right).$$

ここで，$H, SC(n,\alpha)$ は定理 3.5.1 におけるようなものとし，ι は ∂M から M への包含写像を表す．

この定理は ∂M 上で 0 になるようなスローピング関数をとり，Michael と Simon のソボレフ不等式を用いて示される（この証明の詳細に関しては，[E] の Theorem 2.2 の証明を参照のこと）．この定理の証明は，外の空間がユークリッド空間以外の一般のリーマン多様体の場合も有効であるが，Michael と Simon のソボレフ不等式を使う場面で Hoffman と Spruck のソボレフ不等式

を使うため，C^1 関数 ρ に対し，その台の体積に関する曲率と単射半径を用いた上からの評価式を満たすことを要求する必要がある．外の空間がユークリッド空間以外の一般のリーマン多様体の場合に成り立つ事実を述べておく．

定理 3.5.4. f を境界をもつ n 次元多様体 M から $(n+1)$ 次元リーマン多様体 $(\widetilde{M}, \widetilde{g})$ への C^∞ 級はめ込み写像とする．$(\widetilde{M}, \widetilde{g})$ が $K \leq b^2$ を満たしているとする．ここで，K は $(\widetilde{M}, \widetilde{g})$ の断面曲率を表し，b は正の実数または純虚数を表す．ρ を M 上の C^1 級の非負値関数で，ρ の台 $\mathrm{supp}\,\rho$ について，次の2条件を満たすようなものとする:

(i) $b^2(1-\alpha)^{-\frac{2}{n}}(\omega_n^{-1} \cdot \mathrm{Vol}(\mathrm{supp}\,\rho))^{\frac{2}{n}} \leq 1$.

(ii) $\begin{cases} 2b^{-1}\arcsin\{b \cdot (1-\alpha)^{-\frac{1}{n}} \cdot (\omega_n^{-1} \cdot \mathrm{Vol}(\mathrm{supp}\,\rho))^{\frac{1}{n}}\} \leq \mathrm{inj}_M(\widetilde{M}) \\ \qquad\qquad\qquad\qquad (b\text{ が非負の実数のとき}) \\ 2(1-\alpha)^{-\frac{1}{n}} \cdot (\omega_n^{-1} \cdot \mathrm{Vol}(\mathrm{supp}\,\rho))^{\frac{1}{n}} \leq \mathrm{inj}_M(\widetilde{M}) \\ \qquad\qquad\qquad\qquad (b\text{ が純虚数のとき}). \end{cases}$

ここで，α は $0 < \alpha < 1$ を満たすある定数を表し，ω_n は定理 3.5.1 におけるようなものとする．このとき，

$$\left(\int_M \rho^{\frac{n}{n-1}}\,dv_g\right)^{\frac{n-1}{n}} \leq SC(n, \alpha)\left(\int_M (\|\mathrm{grad}\,\rho\| + \rho\|H\|)dv_g + 4\int_{\partial M} \rho\,dv_{\iota^*g}\right)$$

が成り立つ．ここで，H, $SC(n, \alpha)$ は定理 3.5.1 におけるようなものとし，ι は ∂M から M への包含写像を表す．

3.6 基本的な積分不等式（ヘルダー不等式，補間不等式等）

この節において，リーマンベクトルバンドルの切断に対する基本的な積分不等式であるヘルダー不等式，補間不等式，Morrey-Sobolev の不等式等について述べることにする．これらは，第 5 章以降で用いられることになる．最初に，正の数の組に対する Young の不等式を述べることにする．

命題 3.6.1 (Young の不等式). p, q を $\dfrac{1}{p} + \dfrac{1}{q} = 1$ を満たす正の数とする．このとき，任意の正の数 a, b に対し，

$$ab \leq \frac{a^p}{p} + \frac{b^q}{q}$$

が成り立つ．

次に，ヘルダー不等式 (Hölder inequality) を述べることにする．

命題 3.6.2 (ヘルダー不等式). p, q を $\dfrac{1}{p} + \dfrac{1}{q} = 1$ を満たす正の数とする．このとき，$f_1, f_2 \in L^p(\Omega) \cap L^q(\Omega)$ に対し，

$$\|f_1 f_2\|_{L^1} \leq \|f_1\|_{L^p} \cdot \|f_2\|_{L^q}$$

が成り立つ．

命題 3.6.3 (一般化されたヘルダー不等式). $p_1, \ldots, p_k$ を $\displaystyle\sum_{i=1}^{k} \dfrac{1}{p_i} = 1$ を満たす正の数とする．このとき，$f_1, \ldots, f_k \in L^{p_1}(\Omega) \cap \cdots \cap L^{p_k}(\Omega)$ に対し，

$$\|f_1 \cdots f_k\|_{L^1} \leq \|f_1\|_{L^{p_1}} \cdots \|f_k\|_{L^{p_k}}$$

が成り立つ．

(M, g) を n 次元 C^∞ リーマン多様体，∇^g を g のリーマン接続，dv_g を g の体積要素とし，$E \xrightarrow{\pi} M$ を M 上の C^∞ ベクトルバンドル，g_E を E の C^∞ 級ファイバー計量とする．$\sigma \in \Gamma(E)$ に対し，$\|\sigma\|_{L^p}$ を σ の g, g_E に関する L^p ノルムとする．

次に，補間不等式 (interpolation inequality) を述べることにする．

命題 3.6.4 (補間不等式). p, q, r を $1 \leq p < q < r$ を満たす正の数とし，$\theta := \dfrac{1/p - 1/q}{1/p - 1/r}$ とおく．このとき，$\sigma \in L^p(E) \cap L^r(E)$ に対し，

$$\|\sigma\|_{L^q} \leq \|\sigma\|_{L^p}^{1-\theta} \cdot \|\sigma\|_{L^r}^{\theta}$$

が成り立つ．

次に，Sobolev の埋め込み定理 (Sobolev's embedding theorem) のベクトルバンドル切断版を述べることにする．

定理 3.6.5 (Sobolev の埋め込み定理).

(i) $p \geq 1$ とする．このとき，次の包含関係が成り立つ：

$$W_c^{1,p}(E) \subset \begin{cases} L^{\frac{np}{n-p}}(E) & (p < n) \\ \Gamma^{0, 1-\frac{n}{p}}(E) & (p > n). \end{cases}$$

（包含写像は連続になる）．

(ii) $p \geq 1, k \geq 2$ とする．このとき，次の包含関係が成り立つ：

$$W_c^{k,p}(E) \subset \begin{cases} L^{\frac{np}{n-kp}}(E) & (kp < n) \\ \Gamma^{[k-\frac{n}{p}]}(E) & (kp > n). \end{cases}$$

（包含写像は連続になる）．ここで，$[\bullet]$ は，$\bullet$ のガウスの記号を表す．

次に，Morrey-Sobolev の不等式のベクトルバンドル切断版を述べることにする．

定理 3.6.6 (Morrey-Sobolev の不等式).

$n \geq 2$ とし，p を n よりも大きい正の数とする．このとき，n, p のみに依存するある正の定数 $C(n, p)$ に対し，次が成り立つ：

$$\|\sigma\|_{L^\infty} \leq C(p, n) \cdot \mathrm{Vol}_g(\mathrm{supp}\,\sigma)^{\frac{1}{n}-\frac{1}{p}} \cdot \|\nabla \sigma\|_{L^p} \quad (\forall \sigma \in \Gamma_c^\infty(E)).$$

次に，ポアンカレ不等式 (Poincaré inequality) を述べることにする．

命題 3.6.7 (ポアンカレ不等式).

$p \in [1, \infty]$ とし，Ω を (M, g) のリプシッツ境界をもつ有界領域とする．ここで，Ω がリプシッツ境界をもつとは，その境界 $\partial \Omega$ が局所的にリプシッツ連続な関数のグラフとみなせることを意味する．このとき，次の (i), (ii) が成り立つ．

(i) ∇^E を E の接続で $\nabla^E g_E = 0$ を満たすようなものとする．このとき，$g, g_E, \nabla^E, p, \Omega$ のみに依存するある正の定数 $C(g, g_E, \nabla^E, p, \Omega)$ に対し，次の不等式が成り立つ：

$$\|\sigma\|_{L^p(E|_\Omega)} \leq C(g, g_E, \nabla^E, p, \Omega)\|\nabla^E \sigma\|_{L^p(E|_\Omega)} \quad (\forall \sigma \in L^p(E|_\Omega)).$$

(ii) $E = M \times \mathbb{R}$ (1次元自明バンドル) とし,∇ を (M,g) のリーマン接続,$u_{av.}$ を u の平均,つまり

$$u_{av.} := \frac{\int_\Omega u\, dv_g}{\mathrm{Vol}_g(\Omega)}$$

とする.このとき,g, p, Ω のみに依存するある正の定数 $C(g,p,\omega)$ に対し,次の不等式が成り立つ:

$$\|u - u_{av.}\|_{L^p(\Omega)} \leq C(g,p,\Omega) \|\mathrm{grad}_g u\|_{L^p(\Omega)} \quad (\forall u \in L^p(\Omega)).$$

3.7 微分作用素の線形化

この節において,最初に(無限次元)バナッハ多様体を定義し,さらに,バナッハ多様体間の写像に対する逆写像定理について述べる.次に,微分作用素の線形化について説明する.

まず,バナッハ空間の間の写像の C^r 級性を定義する.$(V_i, \|\cdot\|_i)$ $(i=1,2)$ を(無限次元)バナッハ空間とし,f を V_1 から V_2 への写像とする.$\boldsymbol{v} \in V_1$ に対し,

$$\lim_{\boldsymbol{w} \to 0} \frac{\|f(\boldsymbol{v}+\boldsymbol{w}) - f(\boldsymbol{v}) - A\boldsymbol{w}\|_2}{\|\boldsymbol{w}\|_1} = 0$$

となるような V_1 から V_2 への線形作用素 A が存在するとき,f は $\boldsymbol{v}$ で**微分可能である**といい,A を $df_{\boldsymbol{v}}$ と表し,$\boldsymbol{f}$ の $\boldsymbol{v}$ **での微分**という.f が V_1 の各点で微分可能であるとき,写像 $df : V_1 \to \mathrm{L}(V_1, V_2)$ が

$$df(\boldsymbol{v}) := df_{\boldsymbol{v}} \quad (\boldsymbol{v} \in V_1)$$

によって定義される.この写像を $\boldsymbol{f}$ **の微分**という.ここで $\mathrm{L}(V_1, V_2)$ は,V_1 から V_2 への線形作用素の全体を表す.df が連続,つまり有界であるとき,f は C^1 級であるという.V_1 から V_2 への有界線形作用素の全体を $\mathrm{BL}(V_1, V_2)$ と表すことにする.$\mathrm{BL}(V_1, V_2)$ 上で作用素ノルム $\|\cdot\|_{\mathrm{op}}$ が

$$\|A\|_{\mathrm{op}} := \sup_{\boldsymbol{v}(\neq 0) \in V_1} \frac{\|A(\boldsymbol{v})\|_2}{\|\boldsymbol{v}\|_1} \quad (A \in \mathrm{BL}(V_1, V_2))$$

によって定義される.$(\mathrm{BL}(V_1, V_2), \|\cdot\|_{\mathrm{op}})$ はバナッハ空間になる.df が C^1 級であるとき,さらに,$df : V_1 \to \mathrm{BL}(V_1, V_2)$ が V_1 の各点で微分可能であると

き，その微分 $d(df) : V_1 \to \mathrm{L}(V_1, \mathrm{BL}(V_1, V_2))$ が定義される．$d(df)$ が連続，つまり有界であるとき，f は C^2 級であるという．以下，帰納的に f の C^r 級性 ($r \geq 3$)，さらに C^∞ 級性が定義される．

次に，バナッハ多様体を定義する．M をハウスドルフ空間とする．族 $\mathcal{D} := \{(U_\lambda, \varphi_\lambda) \mid \lambda \in \Lambda\}$ で次の3条件を満たすものを M の $\boldsymbol{C^r}$ **構造**とよび，組 $(M, \mathcal{D})$ を $\boldsymbol{C^r}$ **級バナッハ多様体** (Banach manifold of class $\boldsymbol{C^r}$) とよぶ：

(i) $\{U_\lambda \mid \lambda \in \Lambda\}$ は M の開被覆である．
(ii) 各 $\lambda \in \Lambda$ に対し，φ_λ は U_λ からあるバナッハ空間 V のある開集合への同相写像である．
(iii) $U_\lambda \cap U_\mu \neq \emptyset$ のとき，$\varphi_\mu \circ \varphi_\lambda^{-1} : \varphi_\lambda(U_\lambda \cap U_\mu) \to \varphi_\mu(U_\lambda \cap U_\mu)$ は C^r 同型写像（つまり，$\varphi_\mu \circ \varphi_\lambda^{-1}$ および，その逆写像ともに C^r 級）である．

また，各 $(U_\lambda, \varphi_\lambda)$ を**局所チャート**，各 U_λ を**局所座標近傍**，各 φ_λ を**局所座標**とよぶ．C^∞ 級バナッハ多様体間の写像 f の C^r 級性，および微分 $df_\bullet$ は，有限次元多様体の場合と同様に定義される．

次に，バナッハ多様体間の写像に対する**逆写像定理**（[Lang] の XIV 章の Theorem 1.2）を述べることにする．

定理 3.7.1. M_1, M_2 を C^∞ 級バナッハ多様体とし，$f : M_1 \to M_2$ を C^r 級写像とする ($r \geq 1$)．f の $p_0 \in M_1$ における微分 df_{p_0} が同型写像である（つまり，全単射かつ有界線形作用素であり，その逆写像も有界線形作用素である）ならば，p_0 のある開近傍 U_1 に対し，$f|_{U_1}$ は U_1 から $f(p_0)$ のある開近傍 U_2 への C^r 同型写像を与える．

次に，**微分作用素の線形化**について説明する．$E_i \xrightarrow{\pi_i} M$ $(i = 1, 2)$ をリーマン多様体 (M, g) 上の C^∞ 級ベクトルバンドルとし，g_{E_i} $(i = 1, 2)$ をこれらのベクトルバンドルの C^∞ 級ファイバー計量とする．以下，$W(E_i)$ $(i = 1, 2)$ は次のいずれかのバナッハ空間を表す：

$$L^p(E_i),\ L^\infty(E_i),\ W^{k,p}(E_i),\ C^{k,\alpha}(E_i).$$

$\mathcal{D} : W(E_1) \to W(E_2)$ を微分作用素とする．$\mathcal{D}$ の $\sigma_0 \in W(E_1)$ における微分

$$dD_{\sigma_0} : T_{\sigma_0}W(E_1) \to T_{\mathcal{D}(\sigma_0)}W(E_2)$$

を $\mathcal{D}$ の σ_0 における**線形化 (linearization)** という．$W(E_i)$ $(i=1,2)$ はバナッハ空間なので，$d\mathcal{D}_{\sigma_0}$ は $W(E_1)$ から $W(E_2)$ への線形作用素とみなされることに注意する．一般に，非線形微分作用素の線形化は線形微分作用素になり，線形微分作用素の線形化は元の線形作用素と一致する．ここで，微分作用素の線形化の例を1つ挙げる．次式によって定義される（非線形）微分作用素 $\mathcal{D} : W(\mathbb{R}^n \times \mathbb{R}) \to W(\mathbb{R}^n \times \mathbb{R})$ を考える：

$$\mathcal{D} := \sum_{i=1}^n \frac{\partial^2}{\partial x_i^2} \cdot \frac{\partial}{\partial x_i} \quad \left(\sigma \mapsto \sum_{i=1}^n \frac{\partial^2 \sigma}{\partial x_i^2} \cdot \frac{\partial \sigma}{\partial x_i} \right).$$

ここで，$\mathbb{R}^n \times \mathbb{R}$ は $\mathbb{R}^n$ 上の自明な1次元ベクトルバンドルを表し，$(x_1, \ldots, x_n)$ は $\mathbb{R}^n$ の自然な座標系（つまり，$\mathrm{id}_{\mathbb{R}^n} = (x_1, \ldots, x_n)$）を表す．$\mathcal{D}$ の $\sigma_0 \in W(\mathbb{R}^n \times \mathbb{R})$ における線形化 $d\mathcal{D}_{\sigma_0}$ を求めてみよう．$\sigma \in W(\mathbb{R}^n \times \mathbb{R})$ $(= T_{\sigma_0} W(\mathbb{R}^n \times \mathbb{R}))$ に対し，

$$\begin{aligned}
d\mathcal{D}_{\sigma_0}(\sigma) &= \left. \frac{d}{dt} \right|_{t=0} \mathcal{D}(\sigma_0 + t\sigma) \\
&= \left. \frac{d}{dt} \right|_{t=0} \left(\sum_{i=1}^n \frac{\partial^2(\sigma_0 + t\sigma)}{\partial x_i^2} \cdot \frac{\partial(\sigma_0 + t\sigma)}{\partial x_i} \right) \\
&= \sum_{i=1}^n \left(\frac{\partial^2 \sigma}{\partial x_i^2} \cdot \frac{\partial \sigma_0}{\partial x_i} + \frac{\partial^2 \sigma_0}{\partial x_i^2} \cdot \frac{\partial \sigma}{\partial x_i} \right)
\end{aligned}$$

が示される．したがって，

$$d\mathcal{D}_{\sigma_0} = \sum_{i=1}^n \left(\frac{\partial \sigma_0}{\partial x_i} \cdot \frac{\partial^2}{\partial x_i^2} + \frac{\partial^2 \sigma_0}{\partial x_i^2} \cdot \frac{\partial}{\partial x_i} \right)$$

（これは線形作用素）をえる．

注意 非線形微分作用素 $\mathcal{D}$ に上述の逆写像定理を適用することにより，非線形微分方程式 $\mathcal{D}(u) = 0$ の解の存在性等を調べるという議論が様々な場面で行われる（例えば，8.4 節を参照のこと）．

4 CHAPTER ユークリッド空間内の超曲面を発する平均曲率流

　この章では，はじめに，ユークリッド空間内の閉超曲面を発する平均曲率流を，"無限時間まで存在するもの"，"有限時間で特異性が最も弱い特異点を生ずるもの（この特異点は (I) 型の特異点とよばれる）"，"有限時間で特異性が (I) 型よりも強い特異点を生ずるもの（この特異点は (II) 型の特異点とよばれる）"の 3 つに類別されることを述べる．

　次に，(I) 型の特異点を生ずる平均曲率流を（その特異点を基点として）適切にリスケールされた流れが，無限時間まで存在し，無限時間である超曲面に C^∞ 収束することを示す．さらに，その極限として現れる超曲面を発する平均曲率流が自己相似解とよばれる平均曲率流方程式の解になることを示す．また，自己相似解の分類について述べる．

　また，(II) 型の特異点を生ずる平均曲率流を（その特異点の近くの点を基点として）適切にリスケールされた流れの列が，ある流れに収束し，さらに，その極限流がトランスレーティングソリトンとよばれる平均曲率流になることを示す．

4.1　平均曲率流の類別

　この節において，ユークリッド空間内の（向き付け可能な）閉超曲面を発する平均曲率流が次の 3 つのタイプに類別されることを述べる：

(i)　$T = \infty$ となるもの．
(ii)　$T < \infty$ で (I) 型の特異点を生ずるもの．
(iii)　$T < \infty$ で (II) 型の特異点を生ずるもの．

ここで，T は平均曲率流の最大時間（= 爆発時間 = 崩壊時間）を表す．

以下, I 型と II 型の特異点について説明する. M を n 次元閉多様体, $\mathbb{E}^{n+1} = (\mathbb{R}^{n+1}, \widetilde{g}_\mathbb{E})$ を $(n+1)$ 次元ユークリッド空間とし, $\{f_t : M \hookrightarrow \mathbb{E}^{n+1}\}_{t \in [0,T)}$ を平均曲率流とする. M は向き付け可能なので, f_t の単位法ベクトル場 $\boldsymbol{N}_t$ が存在する. g_t を f_t による誘導計量, $\mathcal{A}_t$ を f_t の $-\boldsymbol{N}_t$ に対する形作用素とし, H_t を f_t の平均曲率ベクトル場とする. 最初に, $T = \infty$ であるか, または $T < \infty$ で $t \to T$ のとき, f_t は特異点を生ずるかのいずれかが成り立つことを注意しておく. 実際, $T < \infty$ で $t \to T$ のとき, f_t は C^∞ 級はめ込み写像 (これを f_T で表す) に収束すると, 定理 3.1.1 により f_T を発する平均曲率流の存在が保証され, これと $\{f_t\}_{t \in [0,T)}$ を貼り合わせて f_0 を発する平均曲率流が T を超えて存在してしまうことになり, T が最大時間であることに矛盾する. したがって, $T < \infty$ とすると, $t \to T$ のとき, f_t は C^∞ 級はめ込み写像に収束しない. つまり, 特異点を生ずることがわかる. さらに, この事実から

$$\sup_{t \in [0,T)} \max_{p \in M} \|(\mathcal{A}_t)_p\|^2 = \infty \tag{4.1.1}$$

をえる.

命題 4.1.1. $T < \infty$ のとき, $\max_{p \in M} \|(\mathcal{A}_t)_p\|^2 \geq \dfrac{1}{2(T-t)}$ が成り立つ.

証明 $\rho_t := \|\mathcal{A}_t\|^2$, $\overline{\rho}(t) := \max_{p \in M} \|(\mathcal{A}_t)_p\|^2$ とおく. 外の空間が $\mathbb{E}^{n+1}$ なので, 命題 3.2.11 における $\mathcal{A}_t$ に関する発展方程式によれば,

$$\frac{\partial \rho_t}{\partial t} = \Delta \rho_t - 2\|\overline{\nabla}\mathcal{A}\|^2 + 2\rho_t^2 \leq \Delta \rho_t + 2\rho_t^2 \tag{4.1.2}$$

が成り立つ. $t \mapsto p_t$ を, 各 t に対し p_t が ρ_t の最大点であり, かつ高々可算個の点 $\{t_i\}_{i \geq 1}$ ($0 = t_1 < t_2 < \cdots < T$) を除いて C^∞ 級であるような M 上の曲線とする. このとき, $\overline{\rho}(t) = \rho_t(p_t)$ に注意して式 (4.1.2) を用いることにより, $[0,T) \setminus \{t_i | i \geq 1\}$ 上で

$$\frac{d\overline{\rho}}{dt} = \frac{\partial \rho_t}{\partial t}(p_t) + (d\rho_t)_{p_t}\left(\frac{dp_t}{dt}\right) \leq 2\overline{\rho}(t)^2.$$

それゆえ,

$$\frac{d}{dt}\left(\frac{1}{\overline{\rho}}\right) \geq -2 \tag{4.1.3}$$

をえる. 一方, 式 (4.1.1) から, $\dfrac{1}{\overline{\rho}(t)} \to 0$ $(t \to T)$ をえる. これらの事実から,

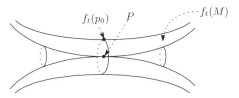

図 4.1.1　I 型の特異点

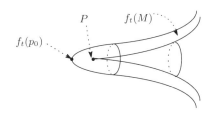

図 4.1.2　II 型の特異点

$\frac{1}{\overline{\rho}} \leq 2(T-t)$, つまり, $\overline{\rho} \geq \dfrac{1}{2(T-t)}$ をえる. □

命題 4.1.1 によれば,

$$\max_{p \in M} \|(\mathcal{A}_t)_p\|^2 \geq \frac{1}{2(T-t)} \quad (t \in [0, T))$$

が成り立つ. ある正の定数 C に対し,

$$\max_{p \in M} \|(\mathcal{A}_t)_p\|^2 \leq \frac{C}{2(T-t)} \quad (t \in [0, T))$$

が成り立つとき, $\{f_t : M \hookrightarrow \mathbb{E}^{n+1}\}_{t \in [0,T)}$ は有限時間 T で **I 型の特異点を生ずる** (arise type I singularity) といい, そのような正の定数 C が存在しないとき, 有限時間 T で **II 型の特異点を生ずる** (arise type II singularity) という.

$p_0 \in M$ で, 次の 2 条件を満たすものが存在するとする:

(i) $\lim_{t \to T} f_t(p_0)$ が存在する.
(ii) $\|(\mathcal{A}_t)_{p_0}\| \to \infty \quad (t \to T)$.

このとき, $P := \lim_{t \to T} f_t(p_0) \ (\in \mathbb{E}^{n+1})$ を $\{f_t\}_{t \in [0,T)}$ の **特異点** (singular point) とよぶ. ある正の定数 C に対し, $\|(\mathcal{A}_t)_{p_0}\|^2 \leq \dfrac{C}{2(T-t)} \ (t \in [0, T))$

が成り立つとき，P を **I 型の特異点** (singular point of type I) とよび，そのような正の定数 C が存在しないとき，P を **II 型の特異点** (singular point of type II) とよぶ．

4.2 I 型の特異点を生ずる平均曲率流と自己相似解

　この節において，有限時間 T で I 型の特異点を生ずる平均曲率流の $t \to T$ のときの振る舞いを調べるために，その特異点を基点として適切にリスケールされた流れを定義し考察する．この節の内容は，G. Huisken ([Hu5]) において示されたものである．$\{f_t\}_{t \in [0,T)}$ をそのような平均曲率流とし，$P \in \mathbb{E}^{n+1}$ をその特異点とする．前節における記号を用いることにする．$\{\widehat{f}_\tau\}_{\tau \in [0,\infty)}$ を

$$\widehat{f}_\tau(p) := \frac{1}{\sqrt{2(T - \psi^{-1}(\tau))}} (f_{\psi^{-1}(\tau)}(p) - P) \quad ((p,\tau) \in M \times [0,\infty)) \quad (4.2.1)$$

によって定義する．ここで，ψ は $\psi(t) := -\frac{1}{2} \log \left(\dfrac{T-t}{T} \right)$ によって定義される関数を表す．このリスケールされた流れ $\{\widehat{f}_\tau\}_{\tau \in [0,\infty)}$ は，

$$\left. \frac{\partial \widehat{f}_\tau}{\partial \tau} \right|_{(p,t)} = (\widehat{H}_\tau)_p + \widehat{f}_\tau(p) \quad ((p,\tau) \in M \times [0,\infty)) \quad (4.2.2)$$

を満たすことが示される．ここで，$\widehat{H}_\tau$ は $\widehat{f}_\tau$ の平均曲率ベクトル場を表す．

　$\widehat{f}_\tau$ による誘導計量を $\widehat{g}_\tau$ で表し，$\widehat{g}_\tau$ のリーマン接続を $\widehat{\nabla}^\tau$ で表す．また，$\widehat{f}_\tau$ の法接続を $\widehat{\nabla}^{\perp_\tau}$ で表し，$\widehat{\nabla}^\tau$ と $\widehat{\nabla}^{\perp_\tau}$ から決まる $\pi_M^*(T^{(0,i)}M \otimes E)$ の接続を $\overline{\nabla}$ で表す．また，$\widehat{\boldsymbol{N}}_\tau$ を $\widehat{f}_\tau$ の単位法ベクトル場とし，$-\widehat{\boldsymbol{N}}_\tau$ に対する形作用素を $\widehat{\mathcal{A}}_\tau$ で表す．

命題 4.2.1. 任意の $k \in \mathbb{N} \cup \{0\}$ に対し，

$$\sup_{\tau \in [0,\infty)} \max_{p \in M} \|(\overline{\nabla}^k \widehat{\mathcal{A}}_\tau)_p\|^2 < \infty$$

が成り立つ．

証明 k に関する帰納法で示す．$k = 1, \ldots, k_0 - 1$ に対し，命題の主張が成り立っているとする．命題 3.2.11 によれば，

$$\frac{\partial \|\mathcal{A}\|^2}{\partial t} = \Delta \|\mathcal{A}\|^2 - 2\|\overline{\nabla}\mathcal{A}\|^2 + 2\|\mathcal{A}\|^4$$

が成り立つ．この発展方程式から

$$\begin{aligned}
\frac{\partial \|\overline{\nabla}^{k_0}\mathcal{A}\|^2}{\partial t} &= \Delta \|\overline{\nabla}^{k_0}\mathcal{A}\|^2 - 2\|\overline{\nabla}^{k_0+1}\mathcal{A}\|^2 \\
&+ \sum_{i_1+i_2+i_3=k_0} (\overline{\nabla}^{i_1}\mathcal{A} * \overline{\nabla}^{i_2}\mathcal{A} * \overline{\nabla}^{i_3}\mathcal{A} * \overline{\nabla}^{k_0}\mathcal{A})
\end{aligned} \quad (4.2.3)$$

を導出することができる．ここで，$\overline{\nabla}^{i_1}\mathcal{A} * \overline{\nabla}^{i_2}\mathcal{A} * \overline{\nabla}^{i_3}\mathcal{A} * \overline{\nabla}^{k_0}\mathcal{A}$ は，Hamilton が用いた記号で，$\overline{\nabla}^{i_j}\mathcal{A}$ ($j = 1, 2, 3$) および $\overline{\nabla}^{k_0}\mathcal{A}$ のテンソル積を g を用いて縮約をとったものの 1 次結合を表す．式 (4.2.3) と帰納法の仮定から，

$$\begin{aligned}
\frac{\partial \|\overline{\nabla}^{k_0}\widehat{\mathcal{A}}\|^2}{\partial \tau} &\leq \widehat{\Delta}\|\overline{\nabla}^{k_0}\widehat{\mathcal{A}}\|^2 - 2\|\overline{\nabla}^{k_0+1}\widehat{\mathcal{A}}\|^2 \\
&+ C_1 \cdot \sum_{i_1+i_2+i_3=k_0} \|\overline{\nabla}^{i_1}\widehat{\mathcal{A}}\| \cdot \|\overline{\nabla}^{i_2}\widehat{\mathcal{A}}\| \cdot \|\overline{\nabla}^{i_3}\widehat{\mathcal{A}}\| \cdot \|\overline{\nabla}^{k_0}\widehat{\mathcal{A}}\| \\
&\leq \widehat{\Delta}\|\overline{\nabla}^{k_0}\widehat{\mathcal{A}}\|^2 + C_2(\|\overline{\nabla}^{k_0}\widehat{\mathcal{A}}\| + \|\overline{\nabla}^{k_0}\widehat{\mathcal{A}}\|^2)
\end{aligned} \quad (4.2.4)$$

が導出される．ここで C_i ($i = 1, 2$) は，ある正の定数を表す．さらに，式 (4.2.4) と帰納法の仮定から，

$$\begin{aligned}
&\frac{\partial}{\partial \tau}\left(\frac{\tau}{\tau+1}\|\overline{\nabla}^{k_0}\widehat{\mathcal{A}}\|^2 + C_2\|\overline{\nabla}^{k_0-1}\widehat{\mathcal{A}}\|^2\right) \\
&\leq \widehat{\Delta}\left(\frac{\tau}{\tau+1}\|\overline{\nabla}^{k_0}\widehat{\mathcal{A}}\|^2 + C_2\|\overline{\nabla}^{k_0-1}\widehat{\mathcal{A}}\|^2\right) - (C_2-1)\|\overline{\nabla}^{k_0}\widehat{\mathcal{A}}\|^2 + C_3
\end{aligned}$$

が導出される．ここで C_3 は，ある正の定数を表す．

$$\rho_\tau := \frac{\tau}{\tau+1}\|\overline{\nabla}^{k_0}\widehat{\mathcal{A}}_\tau\|^2 + C_2\|\overline{\nabla}^{k_0-1}\widehat{\mathcal{A}}_\tau\|^2$$

とおく．このとき上式は，$\max_{p \in M} \rho_0(p)$ 以上の十分大きな正の定数 $\overline{C}$ に対し，$P(\overline{C}) \leq 0$ を満たすある多項式関数 P を用いて，次のように記述される：

$$\frac{\partial \rho}{\partial \tau} \leq \widehat{\Delta}\rho_\tau + P \circ \rho_\tau.$$

ここで，再び帰納法の仮定を用いた．したがって，最大値の原理（定理 3.3.3）を用いて，

$$\sup_{\tau \in [0,\infty)} \max_{p \in M} \rho_\tau(p) \leq \overline{C}.$$

それゆえ,

$$\sup_{\tau \in [0,\infty)} \max_{p \in M} \|(\overline{\nabla}^{k_0} \widehat{\mathcal{A}}_\tau)_p\|^2 \leq \overline{C}$$

をえる. □

次の関数 $\rho_{\mathbb{E},t_0} : \mathbb{E}^{n+1} \times [0,t_0) \to \mathbb{R}$ は, $\mathbb{E}^{n+1}$ における**後方型熱核 (backward heat kernel)** とよばれる:

$$\rho_{\mathbb{E},t_0}(p,t) := \frac{1}{(4\pi(t_0-t))^{\frac{n}{2}}} \cdot \exp\left(-\frac{\|p\|^2}{4(t_0-t)}\right) \quad ((p,t) \in \mathbb{E}^{n+1} \times [0,t_0)).$$

$\rho_{\mathbb{E},t_0}$ は $\mathbb{E}^{n+1}$ における後方型熱方程式の解を与え, つまり $\dfrac{\partial \rho_{\mathbb{E},t_0}}{\partial t} = -\Delta_{g_\mathbb{E}} \rho_{\mathbb{E},t_0}$ を満たし, さらに

$$\lim_{t \to t_0} \rho_{\mathbb{E},t_0}(p,t) = \begin{cases} \infty & (p = O) \\ 0 & (p \neq O) \end{cases}$$

を満たす. このように, $\rho_{\mathbb{E},t_0}$ は, t_0 時に熱が原点 O に集中するような熱分布のマイナス時間方向への発展の様子を表す関数である. $\rho_{\mathbb{E},t_0}$ に関して, 次の**単調性公式 (monotonicity formula)** が成り立つ.

定理 4.2.2 (単調性公式, [Hu5]). $t_0 \in [0,T)$ を固定する. 平均曲率流 $\{f_t\}_{t \in [0,T)}$ に沿って, $[0,t_0)$ 上で次の単調性公式が成り立つ:

$$\frac{d}{dt} \int_M ((\rho_{\mathbb{E},t_0})_t \circ f_t) dv_t = -\int_M ((\rho_{\mathbb{E},t_0})_t \circ f_t) \cdot \left\| H_t + \frac{1}{2(t_0-t)} f_t^\perp \right\|^2 dv_t.$$

ここで, dv_t は g_t の体積要素を表し, $f_t^\perp$ は位置ベクトル $f_t = \overrightarrow{Of_t}$ の $T^{\perp t} M$ 成分を表す.

証明 簡単のため, $\rho := \rho_{\mathbb{E},t_0}$ とおく. 系 3.2.4 を用いて,

4.2 I型の特異点を生ずる平均曲率流と自己相似解　157

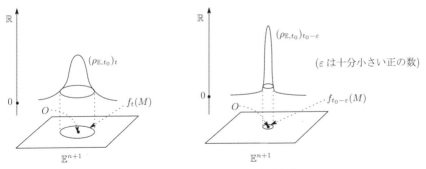

図 4.2.1　単調性公式の幾何学的意味

$$\frac{d}{dt}\int_M (\rho_t \circ f_t) dv_t = \int_M \left(\frac{d(\rho_t \circ f_t)}{dt} + (\rho_t \circ f_t)\cdot(-\mathcal{H}_t^2)\right) dv_t$$

$$= -\int_M (\rho_t \circ f_t)\left(\mathcal{H}_t^2 - \frac{n}{2(t_0-t)} + \frac{1}{2(t_0-t)}\widetilde{g}(f_t, H_t)\right.$$

$$\left. + \frac{\|f_t\|^2}{4(t_0-t)^2}\right) dv_t$$

$$= -\int_M (\rho_t \circ f_t)\left\|H_t + \frac{1}{2(t_0-t)}f_t\right\|^2 dv_t$$

$$+ \int_M \frac{(\rho_t \circ f_t)}{2(t_0-t)}\widetilde{g}(f_t, H_t) dv_t + \int_M \frac{n(\rho_t \circ f_t)}{2(t_0-t)} dv_t.$$

一方，$\mathrm{Tr} f_{t*}^{-1}((\widetilde{\nabla}_{f_{t*}(\bullet)} f_t)_T) = \mathrm{div}_t f_t^T - \widetilde{g}(f_t, H_t)$ と発散定理（系 2.3.4）を用いて，

$$\int_M \frac{(\rho_t \circ f_t)}{2(t_0-t)}\widetilde{g}(f_t, H_t) dv_t = \int_M (\rho_t \circ f_t)\left(-\frac{n}{2(t_0-t)} + \frac{|f_t^T|^2}{4(t_0-t)^2}\right) dv_t$$

が示される．ここで，f_t は位置ベクトル $\overrightarrow{Of_t}$ を表し，$(\bullet)^T$ は $(\bullet)$ の $f_{t*}(TM)$ 成分を表し，$\mathrm{div}_t(\bullet)$ は g_t に関する $\bullet$ の発散を表す．これらの関係式から，求めるべき単調性公式を導出することができる．　□

関数 $\widehat{\rho}_\tau : M \to \mathbb{R}$ を次式によって定義する：

$$\widehat{\rho}_\tau(p) := \exp\left(-\frac{1}{2}\|\widehat{f}_\tau(p)\|^2\right) \quad (p \in M).$$

系 4.2.3（単調性公式）. リスケールされた平均曲率流 $\{\widehat{f}_\tau\}_{\tau\in[0,\infty)}$ に沿って，次の単調性公式が成り立つ：

$$\frac{d}{d\tau}\int_M \widehat{\rho}_\tau\, d\widehat{v}_\tau = -\int_M \widehat{\rho}_\tau \cdot \|\widehat{H}_\tau + \widehat{f}_\tau^\perp\|^2\, d\widehat{v}_\tau.$$

ここで，$d\widehat{v}_\tau$ は $\widehat{g}_\tau$ の体積要素を表し，$\widehat{f}_\tau^\perp$ は位置ベクトル $\widehat{f}_\tau = \overrightarrow{O\widehat{f}_\tau}$ の法成分を表す．

証明 命題 3.2.4 に類似して，

$$\frac{\partial d\widehat{v}}{\partial \tau} = \left(n - H_{\psi^{-1}(\tau)}^2\right) d\widehat{v} \tag{4.2.5}$$

が示される．ここで，$d\widehat{v}$ は，$\widehat{g}_\tau$ の体積要素 $d\widehat{v}_\tau$ を用いて定義される $\pi_M^*(\wedge^n T^*M)$ の元を表す．これを用いて，定理 4.2.2 の証明を模倣して求めるべき単調性公式を導出することができる． □

命題 4.2.4. ある $p \in M$ において，$\displaystyle\sup_{\tau\in[0,\infty)} \|\widehat{f}_\tau(p)\| < \infty$ が成り立つ．

証明 一般性を失うことなく，$\{f_t\}_{t\in[0,T)}$ の特異点 P が $\mathbb{E}^{n+1}$ の原点 O であるとしよい．特異点の定義より，$f_t(p) \to O\ (t \to T)$ となる $p \in M$ が存在する．このとき，$P = O$ がⅠ型の特異点であることより，ある正の定数 C に対し，

$$\|f_t(p)\| \leq \int_t^T \|H_t(p)\| dt \leq \int_t^T \frac{C}{\sqrt{2(T-t)}} dt \leq C\sqrt{2(T-t)} \quad (t \in [0,T))$$

となる．それゆえ，任意の $\tau \in [0,\infty)$ に対し，$\|\widehat{f}_\tau(p)\| \leq \widehat{C}$ が成り立つ．つまり

$$\sup_{\tau\in[0,\infty)} \|\widehat{f}_\tau(p)\| \leq \widehat{C} < \infty$$

をえる． □

命題 4.2.5. $\tau_i \to \infty\ (i \to \infty)$ を満たす任意の数列 $\{\tau_i\}_{i=1}^\infty$ に対し，その部分列 $\{\tau_{i(j)}\}_{j=1}^\infty$ で，$\{\widehat{f}_{\tau_{i(j)}}\}_{j=1}^\infty$ が C^∞ 位相に関してある C^∞ 級はめ込み写像 $\widehat{f}_\infty$ に収束するようなものが存在する．

証明 $\mathbb{E}^{n+1}$ における r 近傍を $B_r(\cdot)$ で表す. 命題 4.2.4 によれば, 十分大きい正の数 R_0 に対し, $\bigcup_{\tau \in [0,\infty)} \widehat{f}_\tau(p_0) \subset B_{R_0}(O)$ となる M の点 p_0 が存在する. 命題 4.2.1 により,

$$\sup_{\tau \in [0,\infty)} \max_{p \in M} \|(\widehat{\mathcal{A}}_\tau)_p\|^2 < \infty$$

が成り立つ. それゆえ, 正の数 r_0 で, 次の条件を満たすものが存在する:

"任意の $p \in M$ と任意の $\tau \in [0,\infty)$ に対し, $\widehat{f}_\tau(B_{r_0}^M(p))$ がアフィン部分空間 $(\widehat{f}_\tau)_*(T_pM)$ 上の関数のグラフになる."

ここで, $B_{r_0}^M(p)$ は p の M における r_0 近傍を表す. また, 命題 4.2.1 により, 任意の $k \in \mathbb{N}$ に対し,

$$\sup_{\tau \in [0,\infty)} \max_{p \in M} \|(\overline{\nabla}^k \widehat{\mathcal{A}}_\tau)_p\|^2 < \infty$$

が成り立つ. これらの事実から, [Lange] における議論を模倣して, 主張におけるような $\{\tau_i\}_{i=1}^\infty$ の部分列 $\{\tau_{i(j)}\}_{j=1}^\infty$ の存在を示すことができる. □

命題 4.2.6. 命題 4.2.5 における極限として現れる C^∞ 級はめ込み写像 $\widehat{f}_\infty$ は,

$$\widehat{\mathcal{H}}_\infty = \widetilde{g}_\mathbb{E}(\widehat{f}_\infty, \widehat{\boldsymbol{N}}_\infty)$$

を満たす. ここで, $\widehat{\mathcal{H}}_\infty, \widehat{\boldsymbol{N}}_\infty$ は各々, $\widehat{f}_\infty$ の平均曲率, 単位法ベクトル場を表す.

証明 命題 4.2.3 によれば,

$$\frac{d}{d\tau}\int_M \exp\left(-\frac{1}{2}\|\widehat{f}_\tau\|^2\right) d\widehat{v}_\tau = -\int_M \widehat{\rho}_\tau \cdot \|\widehat{H}_\tau + \widehat{f}_\tau^\perp\|^2 d\widehat{v}_\tau$$

が成り立つ. 一方, $\{\widehat{f}_{\tau_{i(j)}}\}_{j=1}^\infty$ は $\widehat{f}_\infty$ に C^∞ 収束するので, 数列

$$\left\{\int_M \exp\left(-\frac{1}{2}\|\widehat{f}_{\tau_{i(j)}}\|^2\right) d\widehat{v}_{\tau_{i(j)}}\right\}_{j=1}^\infty$$

は収束列になる. これらの事実から,

$$\|\widehat{H}_{\tau_{i(j)}} + \widehat{f}_{\tau_{i(j)}}\| \to 0 \quad (j \to \infty).$$

つまり，
$$-\widehat{\mathcal{H}}_{\tau_{i(j)}} + \widetilde{g}_{\mathbb{E}}(\widehat{f}_{\tau_{i(j)}}, \widehat{\boldsymbol{N}}_{\tau_{i(j)}}) \to 0 \quad (j \to \infty)$$
が示される．この事実から，求めるべき関係式が導出される． □

命題 4.2.7. C^∞ 級はめ込み写像 $f : M \hookrightarrow \mathbb{E}^{n+1}$ が

$$\mathcal{H} = \widetilde{g}_{\mathbb{E}}(f, \boldsymbol{N}) \tag{4.2.6}$$

を満たしているとする．ここで $\boldsymbol{N}$ は f の単位法ベクトル場を表す．このとき，任意の正の数 T に対し $\left\{\overline{f}_t := \sqrt{2(T-t)}f\right\}_{t \in [0,T)}$ は，

$$\left(\frac{\partial \overline{F}}{\partial t}\right)^\perp = \overline{H}_t$$

を満たす．ここで，$\overline{F}$ は $\overline{F}(p,t) := \overline{f}_t(p)$ によって定義され，$\left(\frac{\partial \overline{F}}{\partial t}\right)^\perp$ は $\frac{\partial \overline{F}}{\partial t}$ の法成分を表し，$\overline{H}_t$ は $\overline{f}_t$ の平均曲率ベクトル場を表す．

証明 $\overline{\boldsymbol{N}}_t = \boldsymbol{N}_t = \boldsymbol{N}$ に注意して，

$$\widetilde{g}_{\mathbb{E}}\left(\frac{\partial \overline{F}}{\partial t}, \overline{\boldsymbol{N}}_t\right) = -\frac{1}{\sqrt{2(T-t)}}\widetilde{g}_{\mathbb{E}}(f, \boldsymbol{N}) = -\frac{\mathcal{H}}{\sqrt{2(T-t)}} = -\overline{\mathcal{H}}_t$$

をえる．ここで，$\overline{\mathcal{H}}_t$ は $\overline{f}_t$ の平均曲率を表す．これは，求めるべき関係式を意味する． □

命題 4.2.7 の式 (4.2.6) を満たす C^∞ 級はめ込み写像 f に対して，$\left\{\overline{f}_t := \sqrt{2(T-t)}f\right\}_{t \in [0,T)}$ は接成分を無視すれば平均曲率流になり，しかも，$\{\overline{f}_t(M)\}_{t \in [0,T)}$ は互いに相似な超曲面の族になるので，平均曲率流方程式の**自己相似解**（self-similar solution）とよばれる．平均曲率流方程式の自己相似解は，次のように分類される．

定理 4.2.8 ([Hu5]). 平均曲率流方程式の自己相似解は，$\mathbb{E}^{n+1}$ 内の次のいずれかの超曲面の包含写像を発する平均曲率流である：

(i) 全臍的超球面 S^n,
(ii) 全臍的球面上のシリンダー $S^k \times \mathbb{E}^{n-k}$ ($1 \leq k \leq n-1$)
(iii) Abresch-Langer 曲線 $\gamma_{l,m}$ の像 $\mathrm{Im}\,\gamma_{l,m}$ ($\subset \mathbb{R}^2$) 上のシリンダー $\mathrm{Im}\,\gamma_{l,m} \times \mathbb{E}^{n-1}$.

ここで，**Abresch-Langer 曲線**とは，弧長でパラーメーターづけられた $\mathbb{R}^2$ 上の閉曲線で，その曲率関数 κ が

$$\frac{d}{ds}\left(\frac{2\log \kappa}{\lambda}\right) + 2\lambda^2\left(\exp\left(\frac{2\log\kappa}{\lambda}\right) - 1\right) = 0$$

を満たすようなもののことである．$\frac{1}{2} < \frac{l}{m} < \frac{1}{\sqrt{2}}$ を満たす各 $(l,m) \in \mathbb{Z}_+^2$ に対し，回転数 l，周期 m の Abresch-Langer 曲線が存在し，その相似類は一意に定まる．定理 4.2.8 の主張における $\gamma_{l,m}$ は，回転数 l，周期 m の Abresch-Langer 曲線を表す．

この節の最後に，ユークリッド空間以外のリーマン多様体内の自己相似解に相当する平均曲率流，および擬ユークリッド空間内の自己相似解をいくつか紹介する．

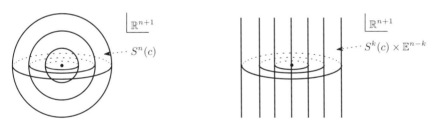

図 4.2.2 自己相似解
左は $S^n(c)$ を発する平均曲率流，右は $S^k(c) \times \mathbb{E}^{n-k}$ を発する平均曲率流．

図 4.2.3 Abresch-Langer 曲線

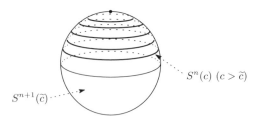

図 4.2.4 球面内の自己相似解に類似した平均曲率流
全臍的超球面 $S^n(c)$ を発する平均曲率流.

定理 4.2.8 の (i), (ii) の超曲面はいずれも $\mathbb{E}^{n+1}$ 内の**等径超曲面**であり，これらの超曲面を発する平均曲率流はその平行超曲面からなり，有限時間でその**焦部分多様体（focal submanifold）**に崩壊する．より一般に，定曲率空間内の**等径部分多様体**，コンパクト型対称空間内の**等焦部分多様体**，または非コンパクト型対称空間内の**複素等焦部分多様体**に対して同じ事実が成り立つ．等径部分多様体，等焦部分多様体，および複素等焦部分多様体の概念については，[Te], [TT], [Ko2,3,6] を参照のこと．

この事実について詳しく述べることにする．はじめに，平行部分多様体と焦部分多様体の定義を述べることにする．M を f によってはめ込まれた $\mathbb{E}^{n+1}$ 内の向きづけ可能な部分多様体とし，M が法接続に関して平行な法ベクトル場 ξ を許容するとする．このとき，写像 $f_\xi : M \to \mathbb{E}^{n+1}$ を

$$f_\xi(p) = \exp_p^\perp(\xi_p) \quad (p \in M)$$

によって定義する．f_ξ がはめ込み写像になるとき，$M_\xi := f_\xi(M)$ を M の ξ に対する**平行部分多様体（parallel submanifold）**とよび，f_ξ の各点 $p \in M$ における微分 df_p の階数が n よりも小さい一定の値をとるとき，M_ξ を M の ξ に対する**焦部分多様体（focal submanifold）**とよぶ．M を f によってはめ込まれた定曲率空間内の等径部分多様体，コンパクト型対称空間内の等焦部分多様体，または非コンパクト型対称空間内の複素等焦部分多様体とする．任意に $p \in M$ を固定する．M の主曲率を用いて記述される，ある常微分方程式の解として与えられる法空間 $T_p^\perp M$ 内の曲線を $t \mapsto \xi(t)$ $(t \in [0, T))$ とし，$\xi(t)$ を M 上の平行法ベクトル場として拡張したものを $\widetilde{\xi(t)}$ とする．このとき，M を発する平均曲率流は，M の平行部分多様体の族 $\{f_{\widetilde{\xi(t)}}(M)\}_{t \in [0, T)}$

として与えられ，次のいずれかが成り立つ：

(i) $T<\infty$ で $t\to T$ のとき，この流れは M の焦部分多様体 $f_{\widetilde{\xi(T)}}(M)$ に崩壊する．

(ii) $T=\infty$ で $t\to T$ のとき，この流れはある同次元の全測地的部分多様体に C^∞ 位相に関して収束する．

詳細については [LT], [Ko4,5] を参照のこと．ここで，[Ko4,5] では，ある（擬）リーマン沈め込み写像による無限次元（擬）ヒルベルト空間へリフトされた（正則化された）平均曲率流を利用して研究されていることを注意しておく．無限次元ヒルベルト空間内の（正則化された）平均曲率流の本格的研究については，[Ko8,9] を参照のこと．

4.3 II 型の平均曲率流とトランスレーティングソリトン

この節において，コンパクトな平均凸超曲面（境界をもってもよい）を発する平均曲率流で有限時間 T で II 型の特異点を生ずるものについて $t\to T$ のときの振る舞いを調べる．時空 $M\times[0,T)$ における $M\times\{T\}$ に漸近する点列をとり，それらを基点として適切にリスケールされた流れの列を定義し，その流れの列の極限流を考察する．この節の内容は，G. Huisken と C. Sinestrari ([HuSi1]) によるものである．

$\{f_t\}_{t\in[0,T)}$ をコンパクトな平均凸超曲面を発する平均曲率流で，有限時間 T で II 型の特異点を生ずるものとする．$F:M\times[0,T)\to\mathbb{E}^{n+1}$ を $F(p,t):=f_t(p)$ によって定義する．$T_1:=\sup\{t\in[0,T)|\mathcal{H}_t>0\}$ とおく．関数 $\rho:M\times[0,T_1)\to\mathbb{R}$ を

$$\rho:=\frac{\|\mathcal{A}\|^2}{\|\mathcal{H}\|^2}$$

によって定義し，各 $t\in[0,T_1)$ に対し，$\rho_t:M\to\mathbb{R}$ を $\rho_t(p):=\rho(p,t)$ によって定義する．最初に，次の事実を示す．

命題 4.3.1. $\dfrac{\|\mathcal{A}_t\|^2}{\mathcal{H}_t^2}$ に関して，次の事実が成り立つ：

$$\sup_{t\in[0,T_1)}\max_{p\in M}\frac{\|(\mathcal{A}_t)_p\|^2}{\mathcal{H}_t^2(p)}<\infty.$$

証明 系 3.2.10 と命題 3.2.11 を用いて，ρ に関する次の発展方程式が導出される：

$$\frac{\partial \rho}{\partial t} = \Delta \rho + \frac{2}{\mathcal{H}_t} \mathrm{Tr}_g^{\bullet}(d\mathcal{H}_t(\bullet) \cdot d\rho(\bullet)) - \frac{2}{\mathcal{H}_t^4} \cdot \|S_t\|^2.$$

ここで，S_t は，次式によって定義される $\pi_M^*(T^{(0,3)}M)$ の C^∞ 級切断を表す：

$$S_t := h_t^S \otimes d\mathcal{H}_t - \mathcal{H}_t(\overline{\nabla} h_t^S).$$

この発展方程式における反応項 $-\frac{2}{\mathcal{H}_t^4} \cdot \|S_t\|^2$ は非正なので，最大値の原理（定理 3.3.1）の証明より，すべての $t \in [0, T_1)$ に対し

$$\rho_t \leq \max_{p \in M} \rho_0(p)$$

をえる．それゆえ，主張が示される． □

系 4.3.2. すべての $t \in [0, T)$ に対し，$\mathcal{H}_t > 0$ が成り立つ．

証明 仮に，$T_1 < T$ とする．このとき，系 3.2.10 を用いて，$\mathcal{H}_{T_1} \geq \min_{p \in M}(\mathcal{H}_0)_p > 0$ が示される．それゆえ，すべての $t \in [0, T_1 + \delta)$ に対し，$\mathcal{H}_t > 0$ となるような正の数 δ が存在することがわかる．これは，T_1 の定義に反する．したがって，$T_1 = T$ をえる． □

I 型の特異点を生ずる場合，

$$\sup_{t \in [0,T)} \max_{p \in M} 2(T-t) \cdot \|(\mathcal{A}_t)_p\|^2 < \infty$$

が成り立つので，その特異点 P を基点として適切にリスケールされた流れとして，式 (4.2.1) におけるような流れを考えた．

一方，II 型の特異点を生ずる場合，上述の 2 つの命題より

$$\sup_{t \in [0,T)} \max_{p \in M} \frac{\|(\mathcal{A}_t)_p\|^2}{\mathcal{H}_t^2(p)} < \infty$$

が成り立つので，その特異点 P を基点として適切にリスケールされた流れを考えようとすると，次のような流れを考えることになる：

$$\widehat{f}_\tau(p) := \mathcal{H}(P,T) \cdot (f_{\psi^{-1}(\tau)}(p) - P) \quad ((p,\tau) \in M \times [0,\infty)).$$

4.3 II 型の平均曲率流とトランスレーティングソリトン

ここで，$\mathcal{H}(P,T)$ は，$\lim_{t \to T} \mathcal{H}(P,t)$ を表す．

しかしながら，$\mathcal{H}(P,T) = \lim_{t \to T} \mathcal{H}(P,t) = \infty$ なので，このような流れは定義されない．そこで，以下のように，適切にリスケールされた流れの列を定義し，その極限流を考えることにする．$M \times [0,T)$ 内の点列 $\{(p_k, t_k)\}_{k=1}^{\infty}$ を

$$\mathcal{H}^2(p_k, t_k)\left(T - \frac{1}{k} - t_k\right)$$
$$= \max\left\{\mathcal{H}^2(p,t)\left(T - \frac{1}{k} - t\right) \middle| (p,t) \in M \times \left[0, T - \frac{1}{k}\right]\right\}$$

を満たすようにとり，$\varepsilon_k := \dfrac{1}{\mathcal{H}(p_k, t_k)}$ とおく．ここで，$F = \{f_t\}_{t \in [0,T)}$ が II 型の特異点を生ずることから，命題 4.3.1 を用いて，

$$\mathcal{H}^2(p_k, t_k)\left(T - \frac{1}{k} - t_k\right) \to \infty \quad (k \to \infty)$$

が示されることを注意しておく．各 k に対し，F をリスケールした流れ

$$F_k : M \times \left[-\frac{t_k}{\varepsilon_k^2}, \frac{T - \frac{1}{k} - t_k}{\varepsilon_k^2}\right] \to \mathbb{E}^{n+1}$$

を次式によって定義する：

$$F_k(p,\tau) := \frac{1}{\varepsilon_k}\left(F(\gamma_p(\varepsilon_k^2), t_k + \varepsilon_k^2 \tau) - F(p_k, t_k)\right)$$
$$\left((p,\tau) \in M \times \left[-\frac{t_k}{\varepsilon_k^2}, \frac{T - \frac{1}{k} - t_k}{\varepsilon_k^2}\right]\right).$$

ここで，γ_p は p_k を始点，p を終点とする $g_{t_k + \varepsilon_k^2 \tau}$ に関する ($[0,1]$ を定義域とする) 最短測地線を表す．$(f_k)_\tau := F_k(\cdot, \tau)$ とおき，$\alpha_k := -\dfrac{t_k}{\varepsilon_k^2}$, $\beta_k := \dfrac{T - \frac{1}{k} - t_k}{\varepsilon_k^2}$ とおく．$(f_k)_\tau$ の平均曲率を $(\mathcal{H}_k)_\tau$ で表し，$\mathcal{H}_k$ を $\mathcal{H}_k(p,\tau) := (\mathcal{H}_k)_\tau(p)$ によって定義する．F_k の定義より，

$$\mathcal{H}_k^2(p,\tau) = \varepsilon_k^2 \mathcal{H}^2(p, t_k + \varepsilon_k^2 \tau) \tag{4.3.1}$$

が示される．一方，ε_k の定義によれば，

$$\varepsilon_k^2 \cdot \mathcal{H}^2(p,t) \leq \frac{T - \frac{1}{k} - t_k}{T - \frac{1}{k} - t}$$

が成り立つ. それゆえ,

$$\mathcal{H}_k^2(p,\tau) \leq \frac{T - \frac{1}{k} - t_k}{T - \frac{1}{k} - t_k - \varepsilon_k^2 \tau} \to 1 \quad (k \to \infty) \tag{4.3.2}$$

をえる. したがって, どんな小さな $\delta > 0$ とどんな大きな $\overline{T} > 0$ に対しても,

$$\sup_{k \geq k_0} \max_{\tau \in [-\overline{T}, \overline{T}]} \max_{p \in M} (\mathcal{H}_k)_\tau(p) \leq 1 + \delta \tag{4.3.3}$$

を満たす自然数 k_0 が存在することが容易に示される. この事実を用いて, 次の結果を導出することができる.

定理 4.3.3 ([HuSi1]). $\{F_k\}_{k=1}^\infty$ の部分列 $\{F_{k_i}\}_{i=1}^\infty$ で, ある C^∞ 写像 $F_\infty : M \times (-\infty, \infty) \to \mathbb{E}^{n+1}$ に C^∞ 位相に関して収束するようなものが存在する. さらに, この極限流 F_∞ は平均曲率流になり, 各 $\tau \in (-\infty, \infty)$ に対し, $F_\infty(\cdot, \tau) : M \hookrightarrow \mathbb{E}^{n+1}$ の平均曲率 $(\mathcal{H}_\infty)_\tau$ は $(\mathcal{H}_\infty)_\tau \leq 1$ を満たし, $(\mathcal{H}_\infty)_\tau(x) = 1$ となる点 x が存在する.

証明 任意に $\overline{T} > 0$ を固定する. この $\overline{T}$ に対し, 式 (4.3.3) を満たすような自然数 k_0 と $\delta > 0$ をとることができる. $F_k : M \times [-\overline{T}, \overline{T}] \to \mathbb{E}^{n+1}$ をそのグラフ埋め込み写像と同一視することにより, $M \times [-\overline{T}, \overline{T}]$ 上の自明なベクトルバンドル $(M \times [-\overline{T}, \overline{T}]) \times \mathbb{E}^{n+1} \to M \times [-\overline{T}, \overline{T}]$ の C^∞ 切断とみなす. 式 (4.3.3) と命題 4.3.1 より,

$$\sup_{k \geq k_0} \max_{\tau \in [-\overline{T}, \overline{T}]} \max_{p \in M} \|(\mathcal{A}_k)_\tau\|(p) < C_0$$

となる $\overline{T}$ に依存しない正の定数 C_0 が存在することが示される. ここで, $(\mathcal{A}_k)_\tau$ は, $F_k(\cdot, \tau)$ の形作用素を表す. それゆえ, リッチ流の研究で Hamilton が用いた方法（本書の 5.10 節の議論を参照）により, 任意の自然数 l に対し,

$$\sup_{k \geq k_0} \max_{\tau \in [-\overline{T}, \overline{T}]} \max_{p \in M} \|(\nabla^l \mathcal{A}_k)_\tau\|(p) < C_l \tag{4.3.4}$$

となる $\overline{T}$ に依存しない正の定数 C_l が存在することが示される.

一方, 族 $\{F_k|_{M \times [-\overline{T}, \overline{T}]}\}_{k \geq k_0}$, および族 $\{\|\nabla^l \mathcal{A}_k\||_{M \times [-\overline{T}, \overline{T}]}\}_{k \geq k_0}$ が各々, 同程度一様連続であることが示される. したがって, Ascoli-Arzelá の定理（定理 3.4.1）を用いて, 切断の列 $\{F_k|_{M \times [-\overline{T}, \overline{T}]}\}_{k \geq k_0}$ が収束部分列

$\{F_{a_1(k)}|_{M\times[-\overline{T},\overline{T}]}\}_{k=1}^{\infty}$ をもつこと,$\{\|\mathcal{A}_{a_1(k)}\|\|_{M\times[-\overline{T},\overline{T}]}\}_{k=1}^{\infty}$ が収束部分列 $\{\|\mathcal{A}_{a_1(a_2(k))}\|\|_{M\times[-\overline{T},\overline{T}]}\}_{k=1}^{\infty}$ をもつこと,さらに,$\{\|\nabla\mathcal{A}_{a_1(a_2(k))}\|\|_{M\times[-\overline{T},\overline{T}]}\}_{k=1}^{\infty}$ が収束部分列 $\{\|\nabla\mathcal{A}_{a_1(a_2(a_3(k)))}\|\|_{M\times[-\overline{T},\overline{T}]}\}_{k=1}^{\infty}$ をもつことが示される.

以下,同様な議論を繰り返すことにより,増加関数 $a_j : \mathbb{N} \to \mathbb{N}$ ($j=4,5,\ldots$) を定義していく.簡単のため,$a_{12\cdots j} := a_1 \circ a_2 \circ \cdots \circ a_j$ ($j=2,3,\ldots$) とおく.このとき,部分列 $\{F_{a_{12\cdots k}(k)}|_{M\times[-\overline{T},\overline{T}]}\}_{k\geq k_0}$ が C^∞ 位相に関して収束することがわかる.この収束部分列の極限流を $F_\infty(\cdot : [-\overline{T},\overline{T}] \to \mathbb{E}^{n+1})$ と表す.$\overline{T}$ は任意に固定した定数なので,$\overline{T} = \infty$ としてよい.以上で,定理の前半部の主張が示された.

後半部の主張は,次のように示される.$F_\infty(\cdot,\tau)$ の平均曲率を $(\mathcal{H}_\infty)_\tau$ と表し,$\mathcal{H}_\infty : M \times (-\infty,\infty) \to \mathbb{E}$ を $\mathcal{H}_\infty(p,\tau) := (\mathcal{H}_\infty)_\tau(p)$ によって定義する.このとき,式 (4.3.2) より,$\mathcal{H}_\infty \leq 1$ が示される.また,F_k の定義と式 (4.3.1) から,

$$\left.\frac{\partial F_k}{\partial \tau}\right|_{(p,\tau)} = \varepsilon_k \left.\frac{\partial F}{\partial t}\right|_{(p,t_k+\varepsilon_k\tau^2)} = -\varepsilon_k \mathcal{H}(p, t_k+\varepsilon_k^2\tau)\boldsymbol{N}_{(p,t_k+\varepsilon_k^2\tau)}$$
$$= -\mathcal{H}_k(p,\tau)(\boldsymbol{N}_k)_{(p,\tau)}$$

が示される.このように,各 $k \in \mathbb{N}$ に対し F_k は平均曲率流になるので,F_∞ も平均曲率流になる.式 (4.3.1) より,各 $k \in \mathbb{N}$ に対し,

$$\mathcal{H}_k^2(p_k, 0) = \varepsilon_k^2 \mathcal{H}^2(p_k, t_k) = 1$$

となるので,$\mathcal{H}_\infty(p) = 1$ となる点 p が存在する.以上で,後半部の主張が示された. □

次に,平均曲率流方程式の**ソリトン解**であるトランスレーティングソリトンを定義する.$\{f_t : M \hookrightarrow \mathbb{E}^{n+1}\}_{t\in(-\infty,\infty)}$ を平均曲率流とする.任意の $(p,t) \in M \times (-\infty,\infty)$ に対し,$\boldsymbol{V} + \mathcal{H}(p,t)\boldsymbol{N}_{(p,t)} \in (df_t)_p(T_pM)$ が成り立つような $\mathbb{E}^{n+1}$ の定ベクトル $\boldsymbol{V}$ が存在するとき,$\{f_t\}_{t\in(-\infty,\infty)}$ は,**トランスレーティングソリトン**とよばれる.

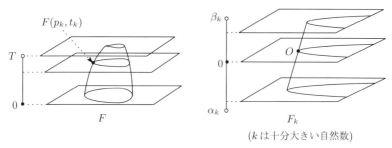

図 4.3.1 II 型の特異点を生ずる平均曲率流のリスケール流

$\{f_t\}_{t\in(-\infty,\infty)}$ をトランスレーティングソリトンとする．$\boldsymbol{X}$ を

$$(df_t)_p(\boldsymbol{X}_{(p,t)}) = \boldsymbol{V} + \mathcal{H}(p,t)\boldsymbol{N}_{(p,t)} \quad ((p,t) \in M \times (-\infty,\infty)) \tag{4.3.5}$$

によって定義される $\pi_M^*(TM)$ の元とする．このとき，次の事実が成り立つ．

補題 4.3.4.

(i) $\nabla \boldsymbol{X} - \mathcal{H}\mathcal{A} = 0$．

(ii) $\boldsymbol{X}_\sharp(\cdot) := g(\boldsymbol{X},\cdot)$ とする．このとき，$d\boldsymbol{X}_\sharp = 0$ が成り立つ．

(iii) $h^S(\boldsymbol{X},\cdot) + d\mathcal{H} = 0$．

(iv) $\dfrac{\partial h^S}{\partial t} + \nabla_{\boldsymbol{X}} h^S = 0$．

(v) $\dfrac{\partial \mathcal{H}}{\partial t} + 2d\mathcal{H}(\boldsymbol{X}) + h^S(\boldsymbol{X},\boldsymbol{X}) = 0$．

証明 (i), (iii) の関係式は，式 (4.3.5) の両辺に ∇ を作用させて，接成分と法成分に注目することにより，容易に導かれる．(ii) の事実は，(i) より容易に導かれる．(iv) の関係式は，次のように導かれる．(i), (iii) の関係式，およびコダッチの方程式により，任意の $\boldsymbol{Y} \in TM$ に対し，

$$\begin{aligned}
0 &= \nabla_{\boldsymbol{Y}}\left(h_t^S(\boldsymbol{X},\cdot) + d\mathcal{H}_t\right) = (\nabla_{\boldsymbol{Y}} h_t^S)(\boldsymbol{X},\cdot) + h_t^S(\nabla_{\boldsymbol{Y}}\boldsymbol{X},\cdot) + \nabla_{\boldsymbol{Y}} d\mathcal{H}_t \\
&= (\nabla_{\boldsymbol{Y}} h_t^S)(\boldsymbol{X},\cdot) - \mathcal{H}_t h_t^S(\mathcal{A}_t \boldsymbol{Y},\cdot) + \nabla_{\boldsymbol{Y}} d\mathcal{H}_t \\
&= (\nabla_{\boldsymbol{X}} h_t^S)(\boldsymbol{Y},\cdot) - \mathcal{H}_t h_t^S(\mathcal{A}_t \boldsymbol{Y},\cdot) + \nabla_{\boldsymbol{Y}} d\mathcal{H}_t
\end{aligned}$$

をえる．一方，系 3.2.7 と式 (3.2.4) を用いて，

$$\frac{\partial h^S}{\partial t}(\boldsymbol{X},\cdot) = \nabla_{\boldsymbol{X}} d\mathcal{H}_t - \mathcal{H}_t h_t^S(\mathcal{A}_t(\boldsymbol{X}),\cdot)$$

をえる．これらの関係式から，(iv) の関係式が導かれる．(v) の関係式は，(i), (iv) の関係式から直接導かれる． □

次に，**Li-Yau の不等式**を述べることにする．

定理 4.3.5. $\{f_t\}_{t\in(-\infty,\infty)}$ を平均曲率流で，各 $t \in (-\infty,\infty)$ に対し，f_t が弱い意味で凸であり，かつ，$\|\mathcal{A}_t\|$ が有界であるとする（ここで，M のコンパクト性は仮定していない）．このとき，任意の $\boldsymbol{Y} \in TM$ に対し，次の不等式が成り立つ：

$$\frac{\partial \mathcal{H}}{\partial t} + 2d\mathcal{H}(\boldsymbol{Y}) + h^S(\boldsymbol{Y},\boldsymbol{Y}) \geq 0.$$

証明は省略する（[Ham6], または，[Z] の 9.2 節を参照）．Li-Yau の不等式を用いて，トランスレーティングソリトンの特徴づけに関する次の定理が示される．

定理 4.3.6. $\{f_t\}_{t\in(-\infty,\infty)}$ を平均曲率流で，各 $t \in (-\infty,\infty)$ に対し f_t が強凸であり，かつ，$\mathcal{H}$ が $M \times (-\infty,\infty)$ 上で最大点をもつとする（ここで，M のコンパクト性は仮定していない）．このとき，$\{f_t\}_{t\in(-\infty,\infty)}$ は，トランスレーティングソリトンでなければならない．

証明は省略する（[Ham6], または [Z] の 9.3 節を参照）．この定理と定理 4.3.3 から，次の事実が導かれる．

定理 4.3.7. 定理 4.3.3 における極限流 F_∞ は，トランスレーティングソリトンである．

5 強凸閉超曲面を発する平均曲率流
CHAPTER

この章では主に，1984 年に G. Huisken によって発表されたユークリッド空間内の強凸閉超曲面を発する平均曲率流の崩壊定理（この定理によれば，この平均曲率流は有限時間で 1 点へ崩壊することがわかる），および，その崩壊点を基点として適切にリスケールされた平均曲率流に対する収束定理を証明する．

次に，1986 年に G. Huisken によって発表された，ある有界曲率条件（および，ある単射半径条件）を満たす完備リーマン多様体内の（強凸性よりも強い）ある凸性条件を満たす閉超曲面を発する平均曲率流の崩壊定理，および，その崩壊点を基点として適切にリスケールされた平均曲率流に対する収束定理を紹介する（証明は省く）．

5.1 ユークリッド空間内の強凸閉超曲面を発する平均曲率流

M を $n\,(\geq 2)$ 次元向き付けられた C^∞ 級閉多様体，$\{f_t:M\hookrightarrow\mathbb{E}^{n+1}\}_{t\in[0,T)}$ を f を発する平均曲率流とする．ここで，T は最大時間とする．$\boldsymbol{N}_t$ を f_t の外向きの単位法ベクトル場，$g_t,\,A_t,\,h_t,\,H_t$ を f_t の誘導計量，形テンソル場，第 2 基本形式，平均曲率ベクトル場とし，$\mathcal{A}_t,\,h^S_t,\,\mathcal{H}_t$ を f_t の $-\boldsymbol{N}_t$ に対する形作用素，（スカラー値）第 2 基本形式，平均曲率とする．1984 年，G. Huisken ([Hu1]) は，ユークリッド空間内の**強凸閉超曲面**を発する平均曲率流に関する次の**崩壊定理** (collapsing theorem) を証明した．

定理 5.1.1 (崩壊定理). f_0 が強凸であるとする．このとき $T<\infty$ であり，すべての $t\in[0,T)$ に対し f_t は強凸であり，$t\to T$ のとき f_t は定点写像に（C^∞ 位相に関して）収束する．それゆえ，$f_t(M)$ は 1 点集合に崩壊する．

以下，定理 5.1.1 の主張における崩壊点を $\mathbb{E}^{n+1}$ の原点とする．Huisken ([Hu1]) は，この平均曲率流に対し**リスケールされた流れ** (rescaled mean curvature flow) を次のように定義した．ψ を $\psi(0) = 1$，および $\widetilde{f}_t := \psi(t) f_t$ として

$$\mathrm{Vol}(M, \widetilde{f}_t^* \widetilde{g}_0) = \mathrm{Vol}(M, f^* \widetilde{g}_0) \tag{5.1.1}$$

が成り立つような $[0,T)$ 上の正値 C^∞ 関数とする．$\tau = \eta(t) := \int_0^t \psi(t)^2 \, dt$ とし，

$$\widehat{f}_\tau := \widetilde{f}_{\eta^{-1}(\tau)}$$

とおき，$\widehat{F} : M \times [0, \widehat{T}) \to \mathbb{E}^{n+1}$ を $\widehat{F}(p, \tau) := \widehat{f}_\tau(p) \ ((p, \tau) \in M \times [0, \widehat{T}))$ によって定義する．ここで，$\widehat{T}$ は $\int_0^T \psi(t)^2 \, dt$ を表す．このとき，

$$\frac{\partial \widehat{F}}{\partial \tau}(p, \tau) = (\widehat{H}_\tau)_p + \frac{1}{n} \cdot (\widehat{\mathcal{H}}_\tau^2)_{av.} \cdot \widehat{F}(p, \tau) \quad ((p, \tau) \in M \times [0, \infty)) \tag{RMCF$_\psi$}$$

および，$\widehat{f}_0 = f$ が成り立つ．ここで，$\widehat{g}_\tau, \widehat{H}_\tau, \widehat{\mathcal{H}}_\tau$ は各々，$\widehat{f}_\tau$ の誘導計量，平均曲率ベクトル場，平均曲率を表し，$(\widehat{\mathcal{H}}_\tau^2)_{av.}$ は $\widehat{\mathcal{H}}_\tau^2$ の平均を表す．つまり，

$$(\widehat{\mathcal{H}}_\tau^2)_{av.} := \frac{\int_M \widehat{\mathcal{H}}_\tau^2 \, dv_{\widehat{g}_\tau}}{\mathrm{Vol}(M, \widehat{g}_\tau)}.$$

注意 この平均曲率流 $\{f_t\}_{t \in [0,T)}$ が I 型の特異点を生ずるとき，上記のリスケールされた平均曲率流は，4.1.2 節で述べたリスケールされた平均曲率流と一致するかどうか気になるが，4.1.2 節で述べたリスケール流とは多少異なることを注意しておく．実際，式 (4.2.5) によれば，4.1.2 節で述べたリスケール流に沿って，超曲面の体積の保存性 (5.1.1) は成り立たない．

Huisken ([Hu1]) は，このリスケールされた平均曲率流に対し，次の**収束性定理** (convergence theorem) を証明した．

定理 5.1.2 (収束定理)． f が強凸であるとする．このとき上述の定理により，$t \to T$ のとき，$f_t(M)$ は 1 点集合に崩壊する．$\{\widehat{f}_\tau\}_{\tau \in [0, \widehat{T})}$ を，この崩壊点を

原点として上述のようにリスケールした平均曲率流とする．このとき，$\widehat{T} = \infty$ であり，すべての $\tau \in [0,\infty)$ に対し $\widehat{f_\tau}$ は強凸であり，$\tau \to \widehat{T}$ のとき，$\widehat{f_\tau}$ は $f_0(M)$ と同じ体積をもつ全臍的超球面を与える埋め込みに（C^∞ 位相に関して）収束する．

5.2 強凸性保存性

この節において，定理 5.1.1 の主張の強凸性保存性の部分，つまり

"f_0 が強凸であるならば，すべての $t \in [0,T)$ に対し，f_t は強凸である．"

および，最大時間 T の有限性 ($T < \infty$) を証明する．

強凸性保存性の証明　外の空間が $\mathbb{E}^{n+1}$ なので，系 3.2.7 によれば，各 $\boldsymbol{X}, \boldsymbol{Y} \in TM$ に対し次式が成り立つ：

$$\frac{\partial h^S}{\partial t}(\boldsymbol{X},\boldsymbol{Y}) = (\Delta h^s)(\boldsymbol{X},\boldsymbol{Y}) - 2\mathcal{H}h^S(\mathcal{A}(\boldsymbol{X}),\boldsymbol{Y}) + \mathrm{Tr}\,(\mathcal{A}^2)h^S(\boldsymbol{X},\boldsymbol{Y}). \tag{5.2.1}$$

$P_g : \mathcal{S}_M \to \mathcal{S}_M$ を

$$P_g(h^S)(\boldsymbol{X},\boldsymbol{Y}) := -2\mathcal{H}h^S(\mathcal{A}\boldsymbol{X},\boldsymbol{Y}) + \|\mathcal{A}\|_g^2 h^S(\boldsymbol{X},\boldsymbol{Y})$$

を満たすような多項式型写像とする．このとき，

$$\widehat{S}(v,\bullet) = 0 \;\Rightarrow\; P_g(\widehat{S})(v,v) = 0$$

が成り立つ．したがって，最大値の原理（定理 3.3.2）により主張をえる．　□

$T < \infty$ の証明　外の空間が $\mathbb{E}^{n+1}$ なので，系 3.2.10 によれば，

$$\frac{\partial \mathcal{H}}{\partial t} = \Delta \mathcal{H} + \mathcal{H} \cdot \|\mathcal{A}\|^2 \tag{5.2.2}$$

が成り立つ．一方，一般に

$$\|\mathcal{A}\|^2 \geq \frac{\mathcal{H}^2}{n} \tag{5.2.3}$$

が成り立つので，

$$\frac{\partial \mathcal{H}}{\partial t} \geq \Delta \mathcal{H} + \frac{\mathcal{H}^3}{n} \tag{5.2.4}$$

をえる．$t \mapsto p_t \ (t \in [0,T))$ を，各 t に対し，p_t が $\mathcal{H}_t$ の極小点を与えるような M 上の C^∞ 級曲線とし，$\rho(t) = (\mathcal{H}_t)_{p_t}$ とおく．このとき，式 (5.2.4) より

$$\frac{\partial \rho}{\partial t} \geq \frac{\rho^3}{n}.$$

それゆえ，

$$\rho(t) \geq \frac{\rho(0)}{\sqrt{1 - \frac{2}{n} \cdot \rho(0)^2 t}} \quad (t \in [0,T))$$

をえる．この事実から，$T < \frac{n}{2\rho(0)^2}$ をえる． □

5.3 全臍的はめ込みを発する平均曲率流への漸近性

この節において，定理 5.1.1 の主張における平均曲率流 $\{f_t\}_{t \in [0,T)}$ の全臍的埋め込みを発する平均曲率流への漸近性に関して，次の事実を証明する．

命題 5.3.1. ある $\delta \in \left(0, \frac{1}{2}\right)$ と，f_0 のみに依存するある正の定数 $C(f_0)$ に対し，次が成り立つ：

$$\|\mathcal{A}_t\|^2 - \frac{\mathcal{H}_t^2}{n} \leq C(f_0) \mathcal{H}_t^{2-\delta} \quad (t \in [0,T)). \tag{5.3.1}$$

注意 $(\mathcal{A}_t)_p$ の固有値を $\lambda_1(t), \ldots, \lambda_n(t) \ (\lambda_1(t) \leq \cdots \leq \lambda_n(t))$ としたとき，式 (5.3.1) は $\frac{\lambda_n(t)}{\lambda_1(t)} \to 1 \ (t \to T)$ を意味する．これは $t \to T$ のとき，f_t が全臍的埋め込み写像に近づくことを意味する．さらに，全臍的埋め込み写像を発する平均曲率流が全臍的埋め込み写像のまま，定値写像に崩壊していくことを考慮すると，$t \to T$ のとき，$\{f_t\}_{t \in [0,T)}$ がある全臍的埋め込み写像を発する平均曲率流 $\{f_t^u\}_{t \in [0,T^u)}$ に漸近していくことを意味する．

M 上の関数 $(\psi_\sigma)_t$ を

$$(\psi_\sigma)_t := \frac{1}{\mathcal{H}_t^{2-\sigma}} \left(\|\mathcal{A}_t\|^2 - \frac{\mathcal{H}_t^2}{n} \right)$$

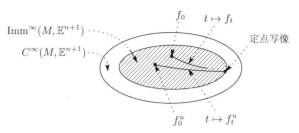

図 5.3.1 全臍的埋め込みを発する平均曲率流への漸近性

によって定義し，$M \times [0,T)$ 上の関数 ψ_σ を $\psi_\sigma(p,t) := (\psi_\sigma)_t(p)$ によって定義する．簡単のため，$\alpha := 2 - \sigma$ とおく．命題 5.3.1 を証明するために，最初に次の補題を準備する．

補題 5.3.2. $\{(\psi_\sigma)_t\}_{t \in [0,T)}$ は次の発展方程式を満たす：

$$\frac{\partial \psi_\sigma}{\partial t} = \Delta \psi_\sigma + \frac{2(\alpha-1)}{\mathcal{H}} \cdot g(\operatorname{grad} \mathcal{H}, \operatorname{grad} \psi_\sigma) - \frac{2}{\mathcal{H}^{\alpha+2}} \cdot \|\mathcal{H}\overline{\nabla} h^S - d\mathcal{H} \otimes h^S\|^2$$
$$- \frac{(2-\alpha)(\alpha-1)}{\mathcal{H}^{\alpha+2}} \left(\|\mathcal{A}\|^2 - \frac{\mathcal{H}^2}{n} \right) \|\operatorname{grad} \mathcal{H}\|^2$$
$$+ (2-\alpha)\|\mathcal{A}\|^2 \psi_\sigma. \tag{5.3.2}$$

証明 外の空間がユークリッド空間なので，系 3.2.10 により，$\mathcal{H}_t$ に対する発展方程式 (5.2.2) が成り立つ．また，命題 3.2.11 を用いて，$\|\mathcal{A}_t\|^2$ に対する発展方程式

$$\frac{\partial \|\mathcal{A}\|^2}{\partial t} = \Delta \|\mathcal{A}\|^2 - 2\|\overline{\nabla}\mathcal{A}\|^2 + 2\|\mathcal{A}\|^4 \tag{5.3.3}$$

が導かれる．これらの発展方程式を用いて，求めるべき発展方程式を導くことができる． □

命題 5.3.1 を示すためには，$\{(\psi_\sigma)_t\}_{t \in [0,T)}$ の一様有界性，つまり $\sup_{t \in [0,T)} \sup_M (\psi_\sigma)_t < \infty$ を示せばよい．発展方程式 (5.3.2) に最大値の原理（定理 3.3.3）を適用して，その一様有界性を示したいところであるが，発展方

式 (5.3.2) における反応項

$$-\frac{2}{\mathcal{H}^{\alpha+2}} \cdot \|\mathcal{H}\overline{\nabla} h^S - d\mathcal{H} \otimes h^S\|^2 - \frac{(2-\alpha)(\alpha-1)}{\mathcal{H}^{\alpha+2}} \left(\|\mathcal{A}\|^2 - \frac{\mathcal{H}^2}{n} \right) \|\operatorname{grad} \mathcal{H}\|^2$$
$$+ (2-\alpha)\|\mathcal{A}\|^2 \psi_\sigma$$

において正の値をとる項 $(2-\alpha)\|\mathcal{A}\|^2\psi_\sigma$ があるため，最大値の原理を適用することができない．そこで $\{(\psi_\sigma)_t\}_{t\in[0,T)}$ の一様有界性を示すために，以下に述べるような議論を行う．まず，次の補題を準備する．

補題 5.3.3. ある正の数 $\varepsilon > 0$ に対し，$\mathcal{A}_0 \geq \varepsilon \mathcal{H}_0 \mathrm{id}$ が成り立っているならば，すべての $t \in [0,T)$ に対し $\mathcal{A}_t \geq \varepsilon \mathcal{H}_t \mathrm{id}$ が成り立つ．

証明 $S_t := \frac{1}{\mathcal{H}_t} h_t^S - \varepsilon g_t$ とおく．明らかに，$\mathcal{A}_t \geq \varepsilon \mathcal{H}_t \mathrm{id}$ は $S_t \geq 0$ と同値である．系 3.2.7 と系 3.2.10 より，$\{S_t\}_{t\in[0,T)}$ に対する次の発展方程式をえる：

$$\frac{\partial S}{\partial t} = \Delta S + \frac{2}{\mathcal{H}}\overline{\nabla}_{\operatorname{grad}\mathcal{H}} S + 2\varepsilon \mathcal{H} h^S - 2h^S(\mathcal{A}(\cdot),\cdot).$$

$P_g : \mathcal{S}_M \to \mathcal{S}_M$ を $P_g(S) = 2\varepsilon\mathcal{H}h^S - 2h^S(\mathcal{A}(\cdot),\cdot)$ を満たす多項式型写像とするとき，任意の $\hat{S} \in \mathcal{S}_M$ に対し

$$v \in \operatorname{Ker}\hat{S} \implies P_g(\hat{S})(v,v) = 0$$

が成り立つことが容易に示される．それゆえ，最大値の原理（定理 3.3.2）を用いて，主張が示される． □

$\mathcal{A}_0 > 0$ かつ M がコンパクトなので，ある正の数 ε に対し，M 上で $\mathcal{A}_0 \geq \varepsilon\mathcal{H}_0 \mathrm{id}$ が成り立つ．ε をより小さい正の数にすり替えてもこの関係式は成り立つので，$\varepsilon < \left(\frac{40}{n}\right)^{\frac{1}{4}}$ としてよい．以下，$\varepsilon < \left(\frac{40}{n}\right)^{\frac{1}{4}}$ とする．このようにとる理由は，以下に述べる補題 5.3.6 による．このとき補題 5.3.3 により，すべての $t \in [0,T)$ に対し，M 上で $\mathcal{A}_t \geq \varepsilon\mathcal{H}_t \mathrm{id}$ が成り立つことになる．単純計算により，

$$\|\mathcal{H}_t \nabla^t h_t - d\mathcal{H}_t \otimes h_t\|^2 \geq \frac{1}{2}\varepsilon^2 \mathcal{H}_t^2 |\operatorname{grad}\mathcal{H}_t|^2 \tag{5.3.4}$$

が示される（詳しくは，[Hu1] の Lemma 2.3 の証明を参照）．発展方程式

(5.3.2) および，この不等式を用いて，次の発展不等式が導かれる．

補題 5.3.4.
$$\frac{\partial \psi_\sigma}{\partial t} \leq \Delta \psi_\sigma + \frac{2(\alpha-1)}{\mathcal{H}} \cdot g(\operatorname{grad} \mathcal{H}, \operatorname{grad} \psi_\sigma) - \frac{\varepsilon^2}{\mathcal{H}^\alpha} \cdot \|\operatorname{grad} \mathcal{H}\|^2 + \sigma \|\mathcal{A}\|^2 \psi_\sigma. \tag{5.3.5}$$

一方，発散定理（系 2.3.4）を用いて，次の積分不等式が導かれる．

補題 5.3.5. 2 以上の実数 b を固定する．このとき，任意の $\eta > 0$ と任意の $\sigma \in \left[0, \frac{1}{2}\right]$ に対し，
$$\begin{aligned} n\varepsilon^2 \int_M (\psi_\sigma)_t^b \mathcal{H}_t^2 \, dv_t &\leq (2b\eta + 5) \int_M \frac{1}{\mathcal{H}_t^\alpha} (\psi_\sigma)_t^{b-1} \|\operatorname{grad} \mathcal{H}_t\|^2 \, dv_t \\ &\quad + \frac{b-1}{\eta} \int_M (\psi_\sigma)_t^{b-2} \|\operatorname{grad} (\psi_\sigma)_t\|^2 \, dv_t \end{aligned} \tag{5.3.6}$$
が成り立つ．

証明 単純計算により，
$$\frac{1}{2} \Delta \|\mathcal{A}\|^2 = \langle h^S, \overline{\nabla} d\mathcal{H} \rangle + \|\overline{\nabla} \mathcal{A}\|^2 + \mathcal{H} \cdot \operatorname{Tr} \mathcal{A}^3 - \|\mathcal{A}\|^4 \tag{5.3.7}$$
が導かれる．この関係式を用いて，
$$\begin{aligned} \Delta \psi_\sigma &= \frac{2}{\mathcal{H}^\alpha} \left\langle h^S - \frac{\mathcal{H}}{n} g, \overline{\nabla} d\mathcal{H} \right\rangle + \frac{2}{\mathcal{H}^\alpha} \left(\mathcal{H} \cdot \operatorname{Tr}(\mathcal{A}^3) - \|\mathcal{A}\|^4 \right) \\ &\quad + \frac{2}{\mathcal{H}^{\alpha+2}} |\mathcal{H} \cdot \overline{\nabla} h^S - d\mathcal{H} \otimes h^S|^2 - \frac{\alpha}{\mathcal{H}} \psi_\sigma \Delta \mathcal{H} \\ &\quad + \frac{(2-\alpha)(\alpha-1)}{\mathcal{H}^2} \psi_\sigma \|\operatorname{grad} \mathcal{H}\|^2 - \frac{2(\alpha-1)}{\mathcal{H}} \langle \operatorname{grad} \mathcal{H}, \operatorname{grad} \psi_\sigma \rangle \end{aligned}$$
が導かれる．それゆえ，
$$\begin{aligned} \Delta \psi_\sigma &\geq \frac{2}{\mathcal{H}^\alpha} \left\langle h^S - \frac{\mathcal{H}}{n} g, \overline{\nabla} d\mathcal{H} \right\rangle + \frac{2}{\mathcal{H}^\alpha} \left(\mathcal{H} \cdot \operatorname{Tr}(\mathcal{A}^3) - \|\mathcal{A}\|^4 \right) \\ &\quad - \frac{\alpha}{\mathcal{H}} \psi_\sigma \Delta \mathcal{H} - \frac{2(\alpha-1)}{\mathcal{H}} \langle \operatorname{grad} \mathcal{H}, \operatorname{grad} \psi_\sigma \rangle \end{aligned} \tag{5.3.8}$$
をえる．一方，発散定理（系 2.3.4）を用いて

$$0 = \int_M \Delta((\psi_\sigma)_t^b)\, dv_t = b \int_M (\psi_\sigma)_t^{b-1} \Delta(\psi_\sigma)_t\, dv_t$$
$$+ b(b-1) \int_M (\psi_\sigma)_t^{b-2} \|\mathrm{grad}\,(\psi_\sigma)_t\|^2\, dv_t$$

つまり，
$$\int_M (\psi_\sigma)_t^{b-1} \Delta(\psi_\sigma)_t\, dv_t + (b-1) \int_M (\psi_\sigma)_t^{b-2} \|\mathrm{grad}\,(\psi_\sigma)_t\|^2\, dv_t = 0$$

がえられる．この関係式と式 (5.3.8)，および

$$\frac{2\psi_\sigma^{b-1}}{\mathcal{H}_t^\alpha} \left\langle h^S - \frac{\mathcal{H}}{n} g,\, \overline{\nabla} d\mathcal{H} \right\rangle$$
$$= \frac{2\psi_\sigma^{b-1}}{\mathcal{H}_t^\alpha} \left\{ \mathrm{Tr}_g^{\bullet_1} \mathrm{Tr}_g^{\bullet_2} \left(\overline{\nabla}_{\bullet_1} \left(\left(h^S - \frac{\mathcal{H}}{n} g \right) \otimes (d\mathcal{H}) \right) \right) (\bullet_1, \bullet_2, \bullet_2) \right.$$
$$\left. - \mathrm{Tr}_g^{\bullet_1} \mathrm{Tr}_g^{\bullet_2} \left(\left(\overline{\nabla}_{\bullet_1} \left(h^S - \frac{\mathcal{H}}{n} g \right) \right) \otimes d\mathcal{H} \right) (\bullet_1, \bullet_2, \bullet_2) \right\}$$
$$= \mathrm{Tr}_g^{\bullet_1} \mathrm{Tr}_g^{\bullet_2} \left(\overline{\nabla}_{\bullet_1} \left(\frac{2\psi_\sigma^{b-1}}{\mathcal{H}_t^\alpha} \otimes \left(h^S - \frac{\mathcal{H}}{n} g \right) \otimes d\mathcal{H} \right) \right) (\bullet_1, \bullet_2, \bullet_2)$$
$$- \mathrm{Tr}_g^{\bullet_1} \mathrm{Tr}_g^{\bullet_2} d\left(\frac{2\psi_\sigma^{b-1}}{\mathcal{H}_t^\alpha} \right) (\bullet_1) \cdot \left(h^S - \frac{\mathcal{H}}{n} g \right) (\bullet_1, \bullet_2) \cdot d\mathcal{H}(\bullet_2)$$
$$- \frac{2\psi_\sigma^{b-1}}{\mathcal{H}_t^\alpha} \mathrm{Tr}_g^{\bullet_1} \mathrm{Tr}_g^{\bullet_2} \left(\overline{\nabla}_{\bullet_1} \left(h^S - \frac{\mathcal{H}}{n} g \right) \right) (\bullet_1, \bullet_2) \cdot d\mathcal{H}(\bullet_2)$$

を用いて，

$$0 \geq (b-1) \int_M (\psi_\sigma)_t^{b-2} \|\mathrm{grad}\,(\psi_\sigma)_t\|^2\, dv_t$$
$$+ \int_M \frac{2}{\mathcal{H}_t^\alpha} \left(\mathcal{H}_t \cdot \mathrm{Tr}\,(\mathcal{A}_t^3) - \|\mathcal{A}_t\|^4 \right) (\psi_\sigma)_t^{b-1}\, dv_t$$
$$- \int_M \frac{2(\alpha-1)}{\mathcal{H}_t} \langle \mathrm{grad}\,\mathcal{H}_t,\, \mathrm{grad}\,(\psi_\sigma)_t \rangle (\psi_\sigma)_t^{b-1}\, dv_t$$
$$+ \int_M \frac{2\alpha}{\mathcal{H}_t^{\alpha+1}} \left\langle h_t^S - \frac{\mathcal{H}_t}{n} g,\, d\mathcal{H}_t \otimes d\mathcal{H}_t \right\rangle (\psi_\sigma)_t^{b-1}\, dv_t$$
$$- \int_M \frac{2(n-1)}{n \mathcal{H}_t^\alpha} \|\mathrm{grad}\,\mathcal{H}_t\|^2 (\psi_\sigma)_t^{b-1}\, dv_t$$
$$- \int_M \frac{2(b-1)}{\mathcal{H}_t^\alpha} \left\langle h_t^S - \frac{\mathcal{H}_t}{n} g,\, d\mathcal{H}_t \otimes d(\psi_\sigma)_t \right\rangle \cdot (\psi_\sigma)_t^{b-2}\, dv_t$$

$$-\int_M \frac{\alpha}{\mathcal{H}_t^2} \cdot \|\mathrm{grad}\, \mathcal{H}_t\|^2 \cdot (\psi_\sigma)_t^b \, dv_t + \int_M \frac{\alpha b}{\mathcal{H}_t} \langle d\mathcal{H}_t, d(\psi_\sigma)_t \rangle (\psi_\sigma)_t^{b-1} \, dv_t \tag{5.3.9}$$

がえられる．ここで，コダッチの方程式（定理 2.11.2）と部分積分法を用いた．Young の不等式によれば，任意の正の数 a_1, a_2, η に対し，

$$a_1 a_2 \leq \frac{\eta a_1^2 + \frac{1}{\eta} a_2^2}{2} \tag{5.3.10}$$

が成り立つ．式 (5.3.9), (5.3.10), $\alpha \leq 2$, $\psi_\sigma \leq \frac{\|\mathcal{A}\|^2}{\mathcal{H}^\alpha} \leq \mathcal{H}^{2-\alpha}$, および $\|h^S - \frac{\mathcal{H}}{n} g\|^2 = \psi_\sigma \mathcal{H}^\alpha$ から，

$$\begin{aligned}
&\int_M \frac{1}{\mathcal{H}_t^\alpha} (\psi_\sigma)_t^{b-1} \left(\mathcal{H}_t \cdot \mathrm{Tr}\,(\mathcal{A}_t^3) - \|\mathcal{A}_t\|^4 \right) dv_t \\
&\leq (2b\eta + 5) \int_M \frac{1}{\mathcal{H}_t^\alpha} (\psi_\sigma)_t^{b-1} \|\mathrm{grad}\, \mathcal{H}_t\|^2 \, dv_t \\
&\quad + \frac{b-1}{\eta} \int_M (\psi_\sigma)_t^{b-2} \|\mathrm{grad}\, (\psi_\sigma)_t\|^2 \, dv_t
\end{aligned} \tag{5.3.11}$$

をえる．一方，単純計算により，

$$\mathcal{H} \cdot \mathrm{Tr}\,(\mathcal{A}^3) - \|\mathcal{A}\|^4 \geq n\varepsilon^2 \mathcal{H}^2 \left(\|\mathcal{A}\|^2 - \frac{\mathcal{H}^2}{n} \right)$$

をえる．式 (5.3.11) と，この不等式を用いて，求めるべき不等式が導かれる． $\square$

補題 5.3.4 における発展不等式 (5.3.5) を用いて，$(\psi_\sigma)_t$ の L^b ノルムの一様有界性に関して，次の事実が示される．

補題 5.3.6.

$$\sup_{t \in [0,T)} \sup \left\{ \|(\psi_\sigma)_t\|_{L^b} \,\middle|\, b \geq \frac{100}{\varepsilon^2},\ \sigma \leq \frac{n\varepsilon^3}{8\sqrt{b}} \right\} < \infty$$

が成り立つ．ここで $\|(\psi_\sigma)_t\|_{L^b}$ は，$(\psi_\sigma)_t$ の g_t に関する L^b ノルム $\left(\int_M (\psi_\sigma)_t^b \, dv_t \right)^{\frac{1}{b}}$ を表す．

注意 $b \geq \frac{100}{\varepsilon^2}$, $\sigma \leq \frac{n\varepsilon^3}{8\sqrt{b}}$ より，$\sigma \leq \frac{n\varepsilon^4}{80}$ であり，$\varepsilon < \left(\frac{40}{n} \right)^{\frac{1}{4}}$ としているので，$\sigma < \frac{1}{2}$ となる．

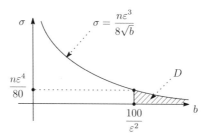

図 5.3.2 (b, σ) の動く領域 D

証明 $[0, T)$ 上で $\dfrac{d}{dt}\displaystyle\int_M (\psi_\sigma)_t^b \, dv_t \leq 0$ が成り立つことが示されれば，補題の主張が示される．以下，これを示す．

$$D := \left\{ (b, \sigma) \,\middle|\, b \geq \frac{100}{\varepsilon^2},\ \sigma \leq \frac{n\varepsilon^3}{8\sqrt{b}} \right\}$$

とおく．$(b, \sigma) \in D$ とする．式 (5.3.5) の両辺に $b(\psi_\sigma)_t^{b-1}$ を掛けて，M 上で dv_t に関して積分し，系 3.2.4 を用いることにより，

$$\begin{aligned}
&\frac{d}{dt}\int_M (\psi_\sigma)_t^b \, dv_t + b(b-1) \int_M (\psi_\sigma)_t^{b-2} \|\mathrm{grad}\,(\psi_\sigma)_t\|^2 \, dv_t \\
&\quad + b\varepsilon^2 \int_M \frac{1}{\mathcal{H}_t^\alpha} (\psi_\sigma)_t^{b-1} \|\mathrm{grad}\,\mathcal{H}_t\|^2 \, dv_t + \int_M \mathcal{H}_t^2 (\psi_\sigma)_t^b \, dv_t \\
&\leq 2(\alpha-1)b \int_M \frac{1}{\mathcal{H}_t} (\psi_\sigma)_t^{b-1} \|\mathrm{grad}\,\mathcal{H}_t\| \cdot \|\mathrm{grad}\,(\psi_\sigma)_t\| \, dv_t \\
&\quad + b\sigma \int_M \|\mathcal{A}_t\|^2 (\psi_\sigma)_t^b \, dv_t
\end{aligned} \quad (5.3.12)$$

をえる．一方，Young の不等式によれば

$$\|\mathrm{grad}\,\mathcal{H}\| \cdot \|\mathrm{grad}\,\psi_\sigma\| \leq \frac{b-1}{4\mathcal{H}^{1-\alpha}} \|\mathrm{grad}\,\psi_\sigma\|^2 + \frac{\mathcal{H}^{1-\alpha}}{b-1} \|\mathrm{grad}\,\mathcal{H}\|^2$$

が成り立つ．この不等式と $\psi_\sigma \leq \mathcal{H}^{2-\alpha}$ を用いて，

$$\begin{aligned}
&2(\alpha-1)b \int_M \frac{1}{\mathcal{H}_t} (\psi_\sigma)_t^{b-1} \|\mathrm{grad}\,\mathcal{H}_t\| \cdot \|\mathrm{grad}\,(\psi_\sigma)_t\| \, dv_t \\
&\leq \frac{b(b-1)}{2} \int_M (\psi_\sigma)_t^{b-2} \|\mathrm{grad}\,(\psi_\sigma)_t\|^2 \, dv_t \\
&\quad + \frac{2b}{b-1} \int_M (\psi_\sigma)_t^{b-1} \mathcal{H}_t^{-\alpha} \|\mathrm{grad}\,\mathcal{H}_t\|^2 \, dv_t
\end{aligned} \quad (5.3.13)$$

5.3 全臍的はめ込みを発する平均曲率流への漸近性

をえる. $(b, \sigma) \in D$ より, $b - 1 \geq \dfrac{4}{\varepsilon^2}$ が成り立つ. 式 (5.3.12), (5.3.13), この不等式, および $\|\mathcal{A}\|^2 \leq \mathcal{H}^2$ から,

$$\begin{aligned}\frac{d}{dt}\int_M (\psi_\sigma)_t^b \, dv_t \leq & -\frac{b(b-1)}{2}\int_M (\psi_\sigma)_t^{b-2}\|\operatorname{grad}(\psi_\sigma)_t\|^2 \, dv_t \\ & -\frac{b\varepsilon^2}{2}\int_M \frac{1}{\mathcal{H}_t^\alpha}(\psi_\sigma)_t^{b-1}\|\operatorname{grad}\mathcal{H}_t\|^2 \, dv_t \\ & +(b\sigma - 1)\int_M \mathcal{H}_t^2 (\psi_\sigma)_t^b \, dv_t\end{aligned} \quad (5.3.14)$$

が導かれ, さらに補題 5.3.5, および $\sigma \leq \dfrac{n\varepsilon^3}{8\sqrt{b}}$ より,

$$\begin{aligned}\frac{d}{dt}\int_M (\psi_\sigma)_t^b \, dv_t \leq & -\frac{b(b-1)}{2}\int_M (\psi_\sigma)_t^{b-2}\|\operatorname{grad}(\psi_\sigma)_t\|^2 \, dv_t \\ & -\frac{b\varepsilon^2}{2}\int_M \frac{1}{\mathcal{H}_t^\alpha}(\psi_\sigma)_t^{b-1}\|\operatorname{grad}\mathcal{H}_t\|^2 \, dv_t \\ & +\frac{\varepsilon\sqrt{b}(2b\eta+5)}{8}\int_M \frac{1}{\mathcal{H}_t^\alpha}(\psi_\sigma)_t^{b-1}\|\operatorname{grad}\mathcal{H}_t\|^2 \, dv_t \\ & +\frac{\varepsilon\sqrt{b}(b-1)}{8\eta}\int_M (\psi_\sigma)_t^{b-2}\|\operatorname{grad}(\psi_\sigma)_t\|^2 \, dv_t\end{aligned}$$

が導かれる. ここで, η は任意の正の数を表す. η として, $\dfrac{\varepsilon}{4\sqrt{b}}$ をとることにより, $\dfrac{d}{dt}\int_M (\psi_\sigma)_t^b \, dv_t < 0$ がえられる. したがって,

$$\|(\psi_\sigma)_t\|_{L^b} = \left(\int_M (\psi_\sigma)_t^b \, dv_t\right)^{\frac{1}{b}} \leq \left(\int_M (\psi_\sigma)_0^b \, dv_0\right)^{\frac{1}{b}}$$
$$\leq \sup_M (\psi_\sigma)_0 \cdot \operatorname{Vol}_{g_0}(M)^{\frac{1}{b}} \leq \sup_M (\psi_\sigma)_0 \cdot \max\{1, \operatorname{Vol}_{g_0}(M)^{\frac{\varepsilon^2}{100}}\}$$

が導かれる. これは, 任意の $(b, \sigma) \in D$ と任意の $t \in [0, T)$ に対し成り立つので, 主張が示される. □

この補題から, 直接 $\mathcal{H}_t^{\frac{m}{b}}(\psi_\sigma)_t$ $(m \in \mathbb{N})$ の L^b ノルムの一様有界性に関して, 次の事実が示される.

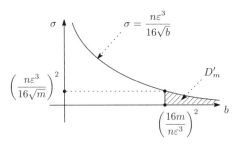

図 5.3.3 (b,σ) の動く領域 D'_m

系 5.3.7.

$$\sup_{t\in[0,T)} \sup \left\{ \|\mathcal{H}_t^{\frac{m}{b}}(\psi_\sigma)_t\|_{L^b} \;\middle|\; b \geq \left(\frac{16m}{n\varepsilon^3}\right)^2,\; \sigma \leq \frac{n\varepsilon^3}{16\sqrt{b}} \right\} < \infty$$

が成り立つ.

証明

$$D'_m := \left\{ (b,\sigma) \;\middle|\; b \geq \left(\frac{16m}{n\varepsilon^3}\right)^2,\; \sigma \leq \frac{n\varepsilon^3}{16\sqrt{b}} \right\}$$

とおく. $(b,\sigma) \in D'_m$, $\sigma' = \sigma + \dfrac{m}{b}$ として, $\|\mathcal{H}_t^{\frac{m}{b}}(\psi_\sigma)_t\|_{L^b} = \|(\psi_{\sigma'})_t\|_{L^b}$, および

$$\sigma' = \sigma + \frac{m}{b} \leq \frac{n\varepsilon^3}{16\sqrt{b}} + \frac{m}{\sqrt{b}} \cdot \frac{n\varepsilon^3}{16m} = \frac{n\varepsilon^3}{8\sqrt{b}}$$

が成り立つので, 補題 5.3.6 から主張におけるような $\mathcal{H}_t^{\frac{m}{b}}(\psi_\sigma)_t$ ($m \in \mathbb{N}$) の L^b ノルムの一様有界性が示される. □

次に, Stampacchia の反復補題 (iteration lemma) を準備する.

補題 5.3.8 (Stampacchia の反復補題). $\rho: [a,\infty) \to \mathbb{R}$ を非負値非増加関数で, 任意の $t_1, t_2 \in [a,\infty)$ ($t_1 < t_2$) に対し,

$$\rho(t_2) \leq \frac{C}{(t_2 - t_1)^\alpha} \cdot \rho(t_1)^\beta$$

を満たすようなものとする. ここで, C, α はある正の定数を表し, β は 1 よ

5.3 全膵的はめ込みを発する平均曲率流への漸近性　183

りも大きいある定数を表す．このとき，定数

$$d_0 := \left(C\rho(a)^{\beta-1} 2^{\frac{\alpha\beta}{\beta-1}} \right)^{\frac{1}{\alpha}}$$

に対し，$\rho(a+d_0) = 0$ が成り立つ．

さて，補題 5.3.4，系 5.3.7，補題 5.3.8，およびソボレフ不等式（定理 3.5.2）を用いて，命題 5.3.1 を証明することにする．

命題 5.3.1 の証明　$(b,\sigma) \in D'_m$ とする．ここで，D'_m は系 5.3.7 の証明中で定義したものである．$k_0 := \sup_M (\psi_\sigma)_0$ とおく．各 $k \geq k_0$ に対し，M 上の関数 $(\psi_{\sigma,k})_t$ を

$$(\psi_{\sigma,k})_t := \max\{(\psi_\sigma)_t - k, 0\}$$

によって定義し，M の部分集合 $(D_k)_t$ を

$$(D_k)_t := \{p \in M \,|\, (\psi_\sigma)_t(p) > k\}$$

によって定義する（図 5.3.4 を参照）．補題 5.3.6 の証明中の不等式 (5.3.14) に類似して，

$$\begin{aligned}
\frac{d}{dt} \int_{(D_k)_t} (\psi_{\sigma,k})_t^b \, dv_t &\leq -\frac{b(b-1)}{2} \int_{(D_k)_t} (\psi_{\sigma,k})_t^{b-2} \|\mathrm{grad}\,(\psi_\sigma)_t\|^2 \, dv_t \\
&\quad - \frac{b\varepsilon^2}{2} \int_{(D_k)_t} \frac{1}{\mathcal{H}_t^\alpha} (\psi_{\sigma,k})_t^{b-1} \|\mathrm{grad}\,\mathcal{H}_t\|^2 \, dv_t \\
&\quad + b\sigma \int_{(D_k)_t} \mathcal{H}_t^2 (\psi_{\sigma,k})_t^b \, dv_t
\end{aligned}$$

を導くことができ，それゆえ

$$\begin{aligned}
\frac{d}{dt} \int_{(D_k)_t} (\psi_{\sigma,k})_t^b \, dv_t &\leq -\frac{b(b-1)}{2} \int_{(D_k)_t} (\psi_{\sigma,k})_t^{b-2} \|\mathrm{grad}\,(\psi_\sigma)_t\|^2 \, dv_t \\
&\quad + b\sigma \int_{(D_k)_t} \mathcal{H}_t^2 (\psi_{\sigma,k})_t^b \, dv_t
\end{aligned} \quad (5.3.15)$$

をえる．この不等式の右辺の第 1 項目の被積分関数は，次のように下から評価される：

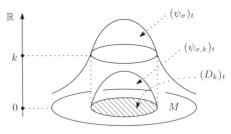

図 5.3.4　$(\psi_{\sigma,k})_t$ と $(D_k)_t$

$$\frac{b(b-1)}{2}(\psi_{\sigma,k})_t^{b-2}\|\mathrm{grad}\,(\psi_\sigma)_t\|^2 \geq \|\mathrm{grad}\,((\psi_{\sigma,k})_t^{\frac{b}{2}})\|^2. \tag{5.3.16}$$

それゆえ，$\rho_t := (\psi_{\sigma,k})_t^{\frac{b}{2}}$ として，

$$\frac{d}{dt}\int_{(D_k)_t}\rho_t^2\,dv_t + \int_{(D_k)_t}\|\mathrm{grad}\,\rho_t\|^2\,dv_t \leq b\sigma\int_{(D_k)_t}\mathcal{H}_t^2(\psi_\sigma)_t^b\,dv_t \tag{5.3.17}$$

をえる．$q := \dfrac{n}{2(n-1)}$ とおく．ソボレフ不等式（定理 3.5.2）とヘルダー不等式（命題 3.6.2）より，n のみに依存するある正の定数 c_n に対し

$$\left(\int_M \rho_t^{2q}\,dv_t\right)^{\frac{1}{q}} \leq c_n^2\left(\int_M \|\mathrm{grad}\,\rho_t\|\,dv_t + \int_M \mathcal{H}_t\rho_t\,dv_t\right)^2$$
$$\leq c_n^2\left(\|\mathrm{grad}\,\rho_t\|_{L^2}\cdot\|1\|_{L^2} + \|\mathcal{H}_t\|_{L^n}\|\rho_t\|_{L^{\frac{n}{n-1}}}\right)^2$$
$$\leq 2c_n^2\left\{\mathrm{Vol}_{g_t}(M)^2\int_M\|\mathrm{grad}\,\rho_t\|^2\,dv_t + \left(\int_M\mathcal{H}_t^n\,dv_t\right)^{\frac{2}{n}}\left(\int_M\rho_t^{\frac{n}{n-1}}\,dv_t\right)^{\frac{2(n-1)}{n}}\right\} \tag{5.3.18}$$

が導かれる．系 5.3.7 より，

$$\sup_{t\in[0,T)}\sup\left\{\|\mathcal{H}_t^{\frac{m}{b}}(\psi_{\hat\sigma})_t\|_{L^b}\ \Big|\ (\hat{b},\hat\sigma)\in D'_m\right\} < \infty.$$

この上限を C_1 と表す．このとき，$(b,\sigma)\in D'_m$ なので，

$$\left(\int_{\mathrm{supp}\,\rho_t}\mathcal{H}_t^n\,dv_t\right)^{\frac{2}{n}} \leq \frac{1}{k^{\frac{2b}{n}}}\left(\int_{(D_k)_t}\mathcal{H}_t^n(\psi_\sigma)_t^b\,dv_t\right)^{\frac{2}{n}} \leq \frac{1}{k^{\frac{2b}{n}}}C_1^{\frac{2b}{n}} \tag{5.3.19}$$

が導かれる．式 (5.3.18), (5.3.19) より，

$$\frac{1}{\mathrm{Vol}_{g_0}(M)}\left(\frac{1}{2c_n^2}-\frac{1}{k^{\frac{2b}{n}}}\cdot C_1^{\frac{2b}{n}}\right)\left(\int_M \rho_t^{2q}\,dv_t\right)^{\frac{1}{q}} \leq \int_M \|\mathrm{grad}\,\rho_t\|^2\,dv_t \quad (5.3.20)$$

をえる．ここで，$\mathrm{Vol}_{g_t}(M) \leq \mathrm{Vol}_{g_0}(M)$（これは命題 3.2.3 より示される）を用いている．$c_{n,k} := \dfrac{1}{\mathrm{Vol}_{g_0}(M)}\cdot\left\{\dfrac{1}{2c_n^2}-\dfrac{1}{k^{\frac{2b}{n}}}\cdot C_1^{\frac{2b}{n}}\right\}$ とおく．明らかに，$c_{n,k_1} \geq 1$ となる $k_1 \in [k_0,\infty)$ が存在する．以下，$k \geq k_1$ とする．この式 (5.3.17), (5.3.20) より，

$$\frac{d}{dt}\int_{(D_k)_t}\rho_t^2\,dv_t + c_{n,k}\cdot\left(\int_M \rho_t^{2q}\,dv_t\right)^{\frac{1}{q}} \leq b\sigma\int_{(D_k)_t}\mathcal{H}_t^2(\psi_\sigma)_t^b\,dv_t$$

が導かれ，この両辺を t について 0 から T まで積分することにより，

$$\sup_{t\in[0,T)}\int_{(D_k)_t}\rho_t^2\,dv_t + c_{n,k}\int_0^T\left(\int_M \rho_t^{2q}\,dv_t\right)^{\frac{1}{q}}dt \\ \leq 2b\sigma\int_0^T\int_{(D_k)_t}\mathcal{H}_t^2(\psi_\sigma)_t^b\,dv_t\,dt \quad (5.3.21)$$

をえる．ここで $k \geq k_1 \geq k_0$ なので，$\int_{(D_k)_0}\rho_0^{2q}\,dv_0 = 0$ が成り立つことを用いている．$q_0 := 2 - \dfrac{1}{2q}\left(=\dfrac{n+1}{n}\right)$ とおく．以下，$n \geq 3$ とする（$n = 2$ の場合も，以下の議論と同様に示される）．$1 < q_0 < 2q$, $\dfrac{1-\frac{1}{q_0}}{1-\frac{1}{2q}} = \dfrac{1}{q_0}$ となるので，補間不等式（命題 3.6.4）によれば，

$$\left(\int_{(D_k)_t}\rho_t^{2q_0}\,dv_t\right)^{\frac{1}{q_0}} \leq \left(\int_{(D_k)_t}\rho_t^2\,dv_t\right)^{1-\frac{1}{q_0}}\cdot\left(\int_{(D_k)_t}\rho_t^{2q}\,dv_t\right)^{\frac{1}{2qq_0}} \quad (5.3.22)$$

が成り立つ．さらに，この両辺を t について 0 から T まで積分して，Young の不等式を用いることにより，

$$\left(\int_0^T \int_{(D_k)_t} \rho_t^{2q_0}\, dv_t\, dt\right)^{\frac{1}{q_0}}$$
$$\leq \left(\int_0^T \left(\left(\int_{(D_k)_t} \rho_t^2 dv_t\right)^{q_0-1} \left(\int_{(D_k)_t} \rho_t^{2q} dv_t\right)^{\frac{1}{q}}\right) dt\right)^{\frac{1}{q_0}}$$
$$\leq \sup_{t\in[0,T)} \left(\int_{(D_k)_t} \rho_t^2 dv_t\right)^{\frac{q_0-1}{q_0}} \times \left(\int_0^T \left(\int_{(D_k)_t} \rho_t^{2q} dv_t\right)^{\frac{1}{q}} dt\right)^{\frac{1}{q_0}} \quad (5.3.23)$$
$$\leq \frac{q_0-1}{q_0} \cdot \sup_{t\in[0,T)} \left(\int_{(D_k)_t} \rho_t^2 dv_t\right) + \frac{1}{q_0} \int_0^T \left(\int_{(D_k)_t} \rho_t^{2q} dv_t\right)^{\frac{1}{q}} dt$$
$$\leq \frac{q_0-1}{q_0} \left\{ \sup_{t\in[0,T)} \left(\int_{(D_k)_t} \rho_t^2 dv_t\right) + \int_0^T \left(\int_{(D_k)_t} \rho_t^{2q} dv_t\right)^{\frac{1}{q}} dt \right\}$$

が示される．式 (5.3.21), (5.3.23) から，

$$\left(\int_0^T \int_{(D_k)_t} \rho_t^{2q_0}\, dv_t\, dt\right)^{\frac{1}{q_0}} \leq \frac{2b\sigma(q_0-1)}{q_0} \int_0^T \int_{(D_k)_t} \mathcal{H}_t^2 (\psi_\sigma)_t^b\, dv_t\, dt \quad (5.3.24)$$

をえる．一方，ヘルダーの不等式を用いて，任意の $r>1$ に対し

$$\int_0^T \int_{(D_k)_t} \mathcal{H}_t^2 (\psi_\sigma)_t^b\, dv_t\, dt$$
$$\leq \left(\int_0^T \mathrm{Vol}_{g_t}(D_k)_t\, dt\right)^{\frac{r-1}{r}} \cdot \left(\int_0^T \int_{(D_k)_t} \mathcal{H}_t^{2r} (\psi_\sigma)_t^{br}\, dv_t\, dt\right)^{\frac{1}{r}} \quad (5.3.25)$$

が成り立つことが示される．簡単のため，$\|D_k\| := \int_0^T \mathrm{Vol}_{g_t}(D_k)_t\, dt$ とおく．
式 (5.3.24), (5.3.25) から，

$$\left(\int_0^T \int_{(D_k)_t} \rho_t^{2q_0}\, dv_t\, dt\right)^{\frac{1}{q_0}}$$
$$\leq \frac{2b\sigma(q_0-1)}{q_0} \cdot \|D_k\|^{\frac{r-1}{r}} \cdot \left(\int_0^T \int_{(D_k)_t} \mathcal{H}_t^{2r} (\psi_\sigma)_t^{br}\, dv_t\, dt\right)^{\frac{1}{r}} \quad (5.3.26)$$

をえる．一方，ヘルダーの不等式により，

$$\int_0^T \int_{(D_k)_t} \rho_t^2 \, dv_t \, dt \leq \left(\int_0^T \int_{(D_k)_t} 1^{\frac{q_0}{q_0-1}} \, dv_t, dt \right)^{\frac{q_0-1}{q_0}} \cdot \left(\int_0^T \int_{(D_k)_t} \rho_t^{2q_0} \, dv_t \, dt \right)^{\frac{1}{q_0}}$$
$$= \|D_k\|^{\frac{q_0-1}{q_0}} \cdot \left(\int_0^T \int_{(D_k)_t} \rho_t^{2q_0} \, dv_t \, dt \right)^{\frac{1}{q_0}}$$

が成り立つ．式 (5.3.26) と連立させて，

$$\int_0^T \int_{(D_k)_t} \rho_t^2 \, dv_t \, dt$$
$$\leq \|D_k\|^{\frac{q_0-1}{q_0}} \cdot \frac{2b\sigma(q_0-1)}{q_0} \cdot \|D_k\|^{\frac{r-1}{r}} \cdot \left(\int_0^T \int_{(D_k)_t} \mathcal{H}_t^{2r}(\psi_\sigma)_t^{br} \, dv_t \, dt \right)^{\frac{1}{r}} \tag{5.3.27}$$

が導かれる．r を次の条件を満たすようにとり直す：

$$\gamma := 2 - \frac{1}{q_0} - \frac{1}{r} > 1, \quad b > \frac{2^{10}}{n^2 \varepsilon^6 r}, \quad \sigma < \frac{\varepsilon^3}{8\sqrt{br}}.$$

系 5.3.7 によれば，

$$\sup_{t \in [0,T)} \sup \left\{ \|\mathcal{H}_t^{\frac{2r}{b}}(\psi_\sigma)_t\|_{L^b} \,\middle|\, (\hat{b}, \sigma) \in D_2' \right\} < \infty.$$

この上限を $\hat{C}_1$ とおく．$(br, \sigma) \in D_2'$ なので，$\|\mathcal{H}_t^{\frac{2}{b}}(\psi_\sigma)_t\|_{L^{br}} \leq \hat{C}_1$ が成り立つ．式 (5.3.27) から，

$$\int_0^T \int_{(D_k)_t} \rho_t^2 \, dv_t \, dt \leq \|D_k\|^\gamma \cdot \frac{2b\sigma(q_0-1)}{q_0} \cdot \hat{C}_1^b T^{\frac{1}{r}} \tag{5.3.28}$$

が成り立つ．簡単のため，$\hat{C}_2 := \dfrac{2b\sigma(q_0-1)}{q_0} \cdot \hat{C}_1^b T^{\frac{1}{r}}$ とおく．一方，任意の $\hat{k} \in [k, \infty)$ に対し，

$$|\hat{k} - k|^b \cdot \|D_{\hat{k}}\| \leq \int_0^T \int_{(D_{\hat{k}})_t} ((\psi_{\sigma,k})_t - (\psi_{\sigma,\hat{k}})_t)^b \, dv_t \, dt$$
$$\leq \int_0^T \int_{(D_k)_t} ((\psi_{\sigma,k})_t - (\psi_{\sigma,\hat{k}})_t)^b \, dv_t \, dt$$
$$\leq \int_0^T \int_{(D_k)_t} \rho_t^2 \, dv_t \, dt$$

が成り立つ．それゆえ，任意の $\hat{k}, k \in [k_1, \infty)$ $(\hat{k} > k)$ に対し，

$$|\hat{k}-k|^b \|D_{\hat{k}}\| \leq \hat{C}_2 \cdot \|D_k\|^\gamma \tag{5.3.29}$$

が成り立つ．また，明らかに $k \mapsto \|D_k\|$ は非負値非増加関数である．したがって，Stampacchia の反復補題（補題 5.3.8）によれば，

$$\|D_{k_1+d_0}\| = 0 \qquad \left(d_0 := \left(\hat{C}_2 \|D_{k_1}\|^{\gamma-1} 2^{\frac{b\gamma}{\gamma-1}}\right)^{\frac{1}{b}}\right),$$

つまり，

$$\sup_{t \in [0,T)} \sup_M (\psi_\sigma)_t \leq k_1 + d_0$$

が成り立つ．これは，命題 5.3.1 の主張を意味する． □

5.4 平均曲率のグラジエント評価

この節において，定理 5.1.1 の主張における平均曲率流 $\{f_t\}_{t\in[0,T)}$ に沿う平均曲率のグラジエント評価に関する次の結果を証明する．

命題 5.4.1. 任意の正の数 η に対し，

$$\|\mathrm{grad}\,\mathcal{H}_t\|^2 \leq \eta \mathcal{H}_t^4 + C(\eta, f_0) \quad (t \in [0,T))$$

となるような η と f_0 のみに依存する正の定数 $C(\eta, f_0)$ が存在する．

系 3.2.2 と系 3.2.10 を用いて，次の発展方程式が導かれる．

補題 5.4.2. $\{\|\mathrm{grad}\,\mathcal{H}_t\|^2\}_{t\in[0,T)}$ は，次の発展方程式を満たす：

$$\begin{aligned}\frac{\partial \|\mathrm{grad}\,\mathcal{H}\|^2}{\partial t} &= \Delta(\|\mathrm{grad}\,\mathcal{H}\|^2) - 2\|\nabla d\mathcal{H}\|^2 + 2\|\mathcal{A}\|^2 \cdot \|\mathrm{grad}\,\mathcal{H}\|^2 \\ &\quad + 2\langle \mathrm{grad}\,\mathcal{H} \otimes h^S, \mathrm{grad}\,\mathcal{H} h \otimes h^S\rangle \\ &\quad + 2\mathcal{H}\langle \mathrm{grad}\,\mathcal{H}, \mathrm{grad}\,(\|\mathcal{A}\|^2)\rangle\end{aligned}$$

を満たす．それゆえ，

$$\begin{aligned}\frac{\partial \|\mathrm{grad}\,\mathcal{H}\|^2}{\partial t} &\leq \Delta(\|\mathrm{grad}\,\mathcal{H}\|^2) - 2\|\nabla d\mathcal{H}\|^2 + 4\|\mathcal{A}\|^2 \cdot \|\mathrm{grad}\,\mathcal{H}\|^2 \\ &\quad + 2\mathcal{H}\langle \mathrm{grad}\,\mathcal{H}, \mathrm{grad}\,(\|\mathcal{A}\|^2)\rangle\end{aligned}$$

が成り立つ.

この発展方程式と系 3.2.10 から，次の発展方程式が導かれる.

補題 5.4.3. $\left\{\dfrac{\|\mathrm{grad}\,\mathcal{H}_t\|^2}{\mathcal{H}}\right\}_{t\in[0,T)}$ は，次の発展不等式を満たす：

$$\frac{\partial}{\partial t}\left(\frac{\|\mathrm{grad}\,\mathcal{H}\|^2}{\mathcal{H}}\right) \leq \Delta\left(\frac{\|\mathrm{grad}\,\mathcal{H}\|^2}{\mathcal{H}}\right) + 3\|\mathcal{A}\|^2\left(\frac{\|\mathrm{grad}\,\mathcal{H}\|^2}{\mathcal{H}}\right) \\ + 2\langle \mathrm{grad}\,\mathcal{H}, \mathrm{grad}\,(\|\mathcal{A}\|^2)\rangle. \tag{5.4.1}$$

系 3.2.10 と命題 3.2.11 から，次の発展方程式が導かれる.

補題 5.4.4. 次の発展方程式が成り立つ：

$$\frac{\partial \mathcal{H}^3}{\partial t} = \Delta(\mathcal{H}^3) - 6\mathcal{H}\|\mathrm{grad}\,\mathcal{H}\|^2 + 3\|\mathcal{A}\|^2\mathcal{H}^3, \tag{5.4.2}$$

$$\frac{\partial}{\partial t}\left(\left(\|\mathcal{A}\|^2 - \frac{\mathcal{H}^2}{n}\right)\mathcal{H}\right) = \Delta\left(\left(\|\mathcal{A}\|^2 - \frac{\mathcal{H}^2}{n}\right)\mathcal{H}\right) \\ - 2\mathcal{H}\left(\|\nabla\mathcal{A}\|^2 - \frac{1}{n}\|\mathrm{grad}\,\mathcal{H}\|^2\right) \\ - 2\left\langle \mathrm{grad}\,\mathcal{H}, \mathrm{grad}\left(\|\mathcal{A}\|^2 - \frac{\mathcal{H}^2}{n}\right)\right\rangle \\ + 3\|\mathcal{A}\|^2\mathcal{H}\left(\|\mathcal{A}\|^2 - \frac{\mathcal{H}^2}{n}\right). \tag{5.4.3}$$

ここで，次の補題を準備する.

補題 5.4.5. 次の不等式が成り立つ：

$$\|\nabla\mathcal{A}\|^2 \geq \frac{3}{n+2}\|\mathrm{grad}\,\mathcal{H}\|^2.$$

証明 $S_1 \in \Gamma^\infty(\pi_M^* T^{(0,3)}M)$ を，

$$S_1(\boldsymbol{X}_1, \boldsymbol{X}_2, \boldsymbol{X}_3) := \frac{1}{n+2}\{(\operatorname{grad}\mathcal{H} \otimes g)(\boldsymbol{X}_1, \boldsymbol{X}_2, \boldsymbol{X}_3)$$
$$+ (\operatorname{grad}\mathcal{H} \otimes g)(\boldsymbol{X}_2, \boldsymbol{X}_3, \boldsymbol{X}_1)$$
$$+ (\operatorname{grad}\mathcal{H} \otimes g)(\boldsymbol{X}_3, \boldsymbol{X}_1, \boldsymbol{X}_2)\}$$
$$(\boldsymbol{X}_1, \boldsymbol{X}_2, \boldsymbol{X}_3 \in \Gamma^\infty(\pi_M^* TM))$$

によって定義し，$S_2 := \nabla h^S - S_1$ とおく．このとき，容易に $\langle S_1, S_2 \rangle = 0$ と $\|S_1\|^2 = \dfrac{3}{n+2}\|\operatorname{grad}\mathcal{H}\|^2$ が示される．それゆえ，

$$\|\nabla \mathcal{A}\|^2 = \|\nabla h^S\|^2 \geq \|S_1\|^2 = \frac{3}{n+2}\|\operatorname{grad}\mathcal{H}\|^2$$

が導かれる． □

発展方程式 (5.4.3) とこの補題から，次の発展不等式が導かれる．

補題 5.4.6. 次の発展不等式が成り立つ：

$$\frac{\partial}{\partial t}\left(\left(\|\mathcal{A}\|^2 - \frac{\mathcal{H}^2}{n}\right)\mathcal{H}\right) \leq \Delta\left(\left(\|\mathcal{A}\|^2 - \frac{\mathcal{H}^2}{n}\right)\mathcal{H}\right) - \frac{2(n-1)}{n(n+1)}\mathcal{H}\|\nabla\mathcal{A}\|^2$$
$$+ \hat{C}(n, C(f_0), \delta)\|\nabla\mathcal{A}\|^2$$
$$+ 3\|\mathcal{A}\|^2\mathcal{H}\left(\|\mathcal{A}\|^2 - \frac{\mathcal{H}^2}{n}\right).$$
(5.4.4)

ここで $\hat{C}(n, C(f_0), \delta)$ は，n, δ および命題 5.3.1 における定数 $C(f_0)$ のみに依存するある正の定数を表す．

証明 $\|\mathcal{A}\|^2 - \dfrac{\mathcal{H}^2}{n}$ が $\mathcal{A}$ のトレースレス部分 $\mathring{\mathcal{A}}$ のノルムの2乗 $\|\mathring{\mathcal{A}}\|^2$ に等しいことに注意して，命題 5.3.1 を用いることにより，

$$\|\mathring{\mathcal{A}}\|^2 \leq C(f_0)\mathcal{H}^{2-\delta} \tag{5.4.5}$$

が導かれる．また，容易に

$$\|\nabla \mathcal{A}\|^2 \geq \frac{1}{n}\|\nabla \mathcal{A}\| \cdot \|\operatorname{grad}\mathcal{H}\|$$

が示される．これらを用いて，

$$\left|\left\langle \operatorname{grad} \mathcal{H}, \operatorname{grad}\left(\|\mathcal{A}\|^2 - \frac{\mathcal{H}^2}{n}\right)\right\rangle\right| = 2\left|\left\langle \operatorname{grad} \mathcal{H} \otimes \mathring{\mathcal{A}}, \nabla \mathring{\mathcal{A}}\right\rangle\right|$$
$$\leq 2\|\operatorname{grad} \mathcal{H}\| \cdot \|\mathring{\mathcal{A}}\| \cdot \|\nabla \mathcal{A}\|$$
$$\leq 2n\sqrt{C(f_0)}\mathcal{H}^{1-\frac{\delta}{2}} \cdot \|\nabla \mathcal{A}\|^2$$

をえる．一方，Young の不等式を用いて

$$2n\sqrt{C(f_0)}\mathcal{H}^{1-\frac{\delta}{2}} \cdot \|\nabla \mathcal{A}\|^2$$
$$= \left(\left(1-\frac{\delta}{2}\right)^{-1}\frac{n-1}{n(n+1)}\mathcal{H}\|\nabla \mathcal{A}\|^2\right)^{1-\frac{\delta}{2}} \cdot \left(\left(1-\frac{\delta}{2}\right)^{1-\frac{\delta}{2}}\left(\frac{n-1}{n(n+1)}\right)^{\frac{\delta}{2}-1} 2n\sqrt{C(f_0)}\|\nabla \mathcal{A}\|^\delta\right)$$
$$\leq \frac{n-1}{n(n+1)}\mathcal{H}\|\nabla \mathcal{A}\|^2 + \frac{\delta}{2}\left(\left(1-\frac{\delta}{2}\right)^{1-\frac{\delta}{2}}\left(\frac{n-1}{n(n+1)}\right)^{\frac{\delta}{2}-1} 2n\sqrt{C(f_0)}\|\nabla \mathcal{A}\|^\delta\right)^{\frac{2}{\delta}}$$
$$= \frac{n-1}{n(n+1)}\mathcal{H}\|\nabla \mathcal{A}\|^2 + \frac{\delta}{2}\left(\left(1-\frac{\delta}{2}\right)^{1-\frac{\delta}{2}}\left(\frac{n-1}{n(n+1)}\right)^{\frac{\delta}{2}-1} 2n\sqrt{C(f_0)}\right)^{\frac{2}{\delta}} \cdot \|\nabla \mathcal{A}\|^2$$

をえる．したがって，

$$\left|\left\langle \operatorname{grad} \mathcal{H}, \operatorname{grad}\left(\|\mathcal{A}\|^2 - \frac{\mathcal{H}^2}{n}\right)\right\rangle\right| \leq \frac{n-1}{n(n+1)}\mathcal{H}\|\nabla \mathcal{A}\|^2 + \frac{\hat{C}(n, C(f_0), \delta)}{2}\|\nabla \mathcal{A}\|^2$$

をえる．ここで，

$$\hat{C}(n, C(f_0), \delta) := \delta\left(\left(1-\frac{\delta}{2}\right)^{1-\frac{\delta}{2}}\left(\frac{n-1}{n(n+1)}\right)^{\frac{\delta}{2}-1} 2n\sqrt{C(f_0)}\right)^{\frac{2}{\delta}}$$

とおいた．この不等式と式 (5.4.3) と補題 5.4.5 から，求めるべき発展不等式が導かれる． □

補題 5.4.3 と補題 5.4.6 を用いて，命題 5.4.1 を証明することにする．

命題 5.4.1 の証明 関数 $\rho: M \times [0, T) \to \mathbb{R}$ を

$$\rho := \frac{\|\operatorname{grad} \mathcal{H}\|^2}{\mathcal{H}} + k\left(\|\mathcal{A}\|^2 - \frac{\mathcal{H}^2}{n}\right)\mathcal{H} + k\hat{C}(n, C(f_0), \delta)\|\mathcal{A}\|^2 - \frac{\eta}{2} \cdot \mathcal{H}^3$$

によって定義する．ここで k は，n と η のみに依存して十分に大きくとった正の定数を表す．補題 5.4.3 と補題 5.4.6 を用いて，

$$\frac{\partial \rho}{\partial t} \leq \Delta \rho + 3\|\mathcal{A}\|^2 \cdot \frac{\|\operatorname{grad}\mathcal{H}\|^2}{\mathcal{H}} + 2\widetilde{g}(\operatorname{grad}\mathcal{H}, \operatorname{grad}(\|\mathcal{A}\|^2))$$
$$+ 6\eta\mathcal{H}\|\operatorname{grad}\mathcal{H}\|^2 - k \cdot \frac{2(n-1)}{n(n+1)} \cdot \mathcal{H}\|\nabla \mathcal{A}\|^2$$
$$+ 2k\hat{C}(n, C(f_0), \delta)\|\mathcal{A}\|^4 + 3k\|\mathcal{A}\|^2 \mathcal{H}\left(\|\mathcal{A}\|^2 - \frac{\mathcal{H}^2}{n}\right) - \frac{3\eta}{2}\|\mathcal{A}\|^2 \mathcal{H}^3$$

をえる．さらに，$\dfrac{\mathcal{H}^2}{n} \leq \|\mathcal{A}\|^2 \leq \mathcal{H}^2$, $\|\operatorname{grad}\mathcal{H}\|^2 \leq n\|\nabla\mathcal{A}\|^2$, $\eta \leq 1$, および k のとり方より,

$$\frac{\partial \rho}{\partial t} \leq \Delta \rho + 2k\hat{C}(n, C(f_0), \delta)\|\mathcal{A}\|^4 + 3k\mathcal{H}^3\left(\|\mathcal{A}\|^2 - \frac{\mathcal{H}^2}{n}\right) - \frac{3}{2n}\eta\mathcal{H}^5$$

が導かれる．一方，命題 5.3.1 を用いて，

$$2k\hat{C}(n, C(f_0), \delta)\|\mathcal{A}\|^4 + 3k\mathcal{H}^3\left(\|\mathcal{A}\|^2 - \frac{\mathcal{H}^2}{n}\right)$$
$$\leq 2k\hat{C}(n, C(f_0), \delta)\mathcal{H}^4 + 3kC(f_0)\mathcal{H}^{5-\delta}$$

をえる．一方，Young の不等式を用いて，

$$2h\hat{C}(n, C(f_0), \delta)\mathcal{H}^4 + 3kC(f_0)\mathcal{H}^{5-\delta}$$
$$\leq \frac{3\eta}{2n}\mathcal{H}^5 + \bar{C}(\eta, \delta, n, C_0, \hat{C}(n, C(f_0), \delta))$$

をえる．ここで，$\bar{C}(\eta, \delta, n, C_0, \hat{C}(n, C(f_0), \delta))$ はある正の定数を表す.

以下，簡単のため $\bar{C}(\eta, \delta, n, C_0, \hat{C}(n, C(f_0), \delta))$ を $\bar{C}$ と略記する．したがって,

$$\frac{\partial \rho}{\partial t} \leq \Delta \rho + \bar{C}$$

をえる．この発展不等式から,

$$\sup_{t \in [0,T)} \max_M \rho_t \leq \max_M \rho_0 + \bar{C}T$$

が示され，それゆえ，ρ の定義から,

$$\|\operatorname{grad}\mathcal{H}\|^2 \leq \frac{\eta}{2}\cdot\mathcal{H}^4 + \bar{C}T\mathcal{H}$$

をえる．一方，Young の不等式を用いて，

$$\mathcal{H} = \left(\frac{2\eta}{\bar{C}T}\right)^{\frac{1}{4}}\mathcal{H}\cdot\left(\frac{2\eta}{\bar{C}T}\right)^{-\frac{1}{4}} \leq \frac{\eta}{2\bar{C}T}\cdot\mathcal{H}^4 + \frac{3}{4}\left(\frac{2\eta}{\bar{C}T}\right)^{-\frac{1}{3}}$$

が示される．したがって，

$$\|\operatorname{grad}\mathcal{H}\|^2 \leq \eta\mathcal{H}^4 + \frac{3\bar{C}T}{4}\left(\frac{2\eta}{\bar{C}T}\right)^{-\frac{1}{3}}$$

が導かれ，命題 5.4.1 の主張が示される． $\square$

5.5 $\|\overline{\nabla}^k\mathcal{A}\|$ の評価

この節において，定理 5.1.1 の主張における平均曲率流 $\{f_t\}_{t\in[0,T)}$ に沿う $\mathcal{A}$ の高階微分のノルム，つまり $\|\overline{\nabla}^k\mathcal{A}\|$ $(k=1,2,\ldots)$ の積分 $\int_M\|\overline{\nabla}^k\mathcal{A}\|^2\,dv_t$ に関する次の発展不等式を証明する．

命題 5.5.1. $\left\{\int_M\|\overline{\nabla}^k\mathcal{A}\|^2\,dv_t\right\}_{t\in[0,T)}$ は，次の発展不等式を満たす：

$$\frac{d}{dt}\int_M\|\overline{\nabla}^k\mathcal{A}\|^2\,dv_t + 2\int_M\|\overline{\nabla}^{k+1}\mathcal{A}\|^2\,dv_t$$
$$\leq C(n,k)\cdot\max_M\|\mathcal{A}\|^2\cdot\int_M\|\overline{\nabla}^k\mathcal{A}\|^2\,dv_t.$$

最初に，次の補間不等式を準備する．

補題 5.5.2. p,q,r を $\frac{1}{p}+\frac{1}{q}=\frac{1}{r}$ を満たす正の数とする．ただし，$r\geq 1$ とする．このとき，任意の $S\in\Gamma^\infty(\pi_M^*T^{(k,l)}M)$ に対し，

$$\left(\int_M \|\overline{\nabla} S_t\|^{2r}\, dv_t\right)^{\frac{1}{r}} \leq (n+2r-2)\left(\int_M \|\overline{\nabla}^2 S_t\|^p\, dv_t\right)^{\frac{1}{p}} \cdot \left(\int_M \|S_t\|^q\, dv_t\right)^{\frac{1}{q}}$$

が成り立つ.

証明 簡単のため, $S \in \Gamma^\infty(\pi_M^*(T^{(0,1)}M))$ の場合に示す. まず, 部分積分法, 発散定理（系 2.3.4）および一般化されたヘルダーの不等式（命題 3.6.3）を用いて,

$$\begin{aligned}
&\int_M \|\overline{\nabla} S_t\|^{2r}\, dv_t \\
&= \int_M \mathrm{Tr}_{g_t}^{\bullet_1} \mathrm{Tr}_{g_t}^{\bullet_2}(\overline{\nabla} S_t)(\bullet_1,\bullet_2)(\overline{\nabla} S_t)(\bullet_1,\bullet_2)\|\overline{\nabla} S_t\|^{2r-2}\, dv_t \\
&= \int_M \mathrm{Tr}_{g_t}^{\bullet_1} \overline{\nabla}\left(\mathrm{Tr}_{g_t}^{\bullet_2}(S_t)(\bullet_2)(\overline{\nabla} S_t)(\bullet_1,\bullet_2)\|\overline{\nabla} S_t\|^{2r-2}\right)(\bullet_1,\bullet_1)\, dv_t \\
&\quad - \int_M \mathrm{Tr}_{g_t}^{\bullet_1}\mathrm{Tr}_{g_t}^{\bullet_2}(S_t)(\bullet_2)(\overline{\nabla}^2 S_t)(\bullet_1,\bullet_1,\bullet_2)\|\overline{\nabla} S_t\|^{2r-2}\, dv_t \\
&\quad - \int_M \Big(\mathrm{Tr}_{g_t}^{\bullet_1}\mathrm{Tr}_{g_t}^{\bullet_2}(S_t)(\bullet_2)(\overline{\nabla} S_t)(\bullet_1,\bullet_2) \\
&\qquad \times 2(r-1)\|\overline{\nabla} S_t\|^{2r-4}\mathrm{Tr}_{g_t}^{\bullet_3}\mathrm{Tr}_{g_t}^{\bullet_4}(\overline{\nabla}^2 S_t)(\bullet_1,\bullet_3,\bullet_4)(\overline{\nabla} S_t)(\bullet_3,\bullet_4)\Big)\, dv_t \\
&\leq (n+2r-2)\int_M \|S_t\| \cdot \|\overline{\nabla}^2 S_t\| \cdot \|\overline{\nabla} S_t\|^{2r-2}\, dv_t \\
&\leq (n+2r-2)\left(\int_M \|\overline{\nabla}^2 S_t\|^p\, dv_t\right)^{\frac{1}{p}} \cdot \left(\int_M \|S_t\|^q\, dv_t\right)^{\frac{1}{q}} \cdot \left(\int_M \|\overline{\nabla} S_t\|^{2r}\, dv_t\right)^{\frac{r-1}{r}}
\end{aligned}$$

が示され, それゆえ求めるべき不等式がえられる. $\square$

特に, 上述の補題において $p = r\ (\geq 1)$, $q = \infty$ として, 次の不等式をえる.

系 5.5.3. 任意の $S \in \Gamma^\infty(\pi_M^* T^{(k,l)}M)$ に対し,

$$\left(\int_M \|\overline{\nabla} S_t\|^{2p}\, dv_t\right)^{\frac{1}{p}} \leq (n+2p-2)\max_M \|S_t\| \cdot \left(\int_M \|\overline{\nabla}^2 S_t\|^p\, dv_t\right)^{\frac{1}{p}}$$

が成り立つ.

さらに, この系から, [Ham1] の第 12 節の議論を模倣して, 次の積分不等式を導くことができる.

系 5.5.4. i を m 以下の任意の自然数とする．任意の $S \in \Gamma^\infty(\pi_M^* T^{(k,l)}M)$ に対し，

$$\int_M \|\overline{\nabla}^i S_t\|^{\frac{2m}{i}} \, dv_t \leq C(n,m) \max_M \|S_t\|^{2(\frac{m}{i}-1)} \cdot \int_M \|\overline{\nabla}^m S_t\|^2 \, dv_t$$

が成り立つ．ここで $C(n,m)$ は，n, m のみに依存する正の定数を表す．

3.3 節で定義された多項式型写像の一般化を定義する．P_{g_t} を，各

$$(S_1, \ldots, S_m) \in \prod_{i=1}^m \Gamma^\infty(T^{(k_i,l_i)}M)$$

に $S_1, \ldots, S_m$ のテンソル積を g_t を用いて縮約をとってえられる $\Gamma^\infty(T^{(k,l)}M)$ の元いくつかの和を対応させることにより定義される，$\prod_{i=1}^m \Gamma^\infty(T^{(k_i,l_i)}M)$ から $\Gamma^\infty(T^{(k,l)}M)$ への写像とする．これは 3.3 節で定義された多項式型写像の一般化である．このような写像も**多項式型写像 (map of polynomial type)** とよぶことにし，このような元 $P(S_1, \ldots, S_m)$ を Hamilton ([Ham1]) が用いた記号 $S_1 * \cdots * S_m$ で表すことにする．

補題 5.5.5. $S \in \Gamma^\infty(\pi_M^*(T^{(k,l)}M))$ が

$$\frac{\partial S}{\partial t} = \Delta S + \mathcal{B}$$

を満たしているとする．このとき，

$$\frac{\partial \overline{\nabla} S}{\partial t} = \Delta(\overline{\nabla} S) + \mathcal{A} * \overline{\nabla}\mathcal{A} * S + \mathcal{A} * \mathcal{A} * \overline{\nabla} S + \overline{\nabla}\mathcal{B}$$

が成り立つ．

証明 最初に，ガウスの方程式により

$$R = \mathcal{A} * \mathcal{A}, \quad \overline{\nabla} R = \mathcal{A} * \overline{\nabla}\mathcal{A} \tag{5.5.1}$$

が成り立つこと，および系 3.2.2 により

$$\frac{\partial g}{\partial t} = -2\mathcal{H} \, h^S = \mathcal{A} * \mathcal{A} \tag{5.5.2}$$

が成り立つことを注意しておく．式 (5.5.2) を用いて，

$$\frac{\partial \overline{\nabla} S}{\partial t} = \overline{\nabla}\left(\frac{\partial S}{\partial t}\right) + \mathcal{A} * \overline{\nabla} \mathcal{A} * S \tag{5.5.3}$$

が示される．一方，リッチの恒等式（命題 2.4.3）および式 (5.5.1) を用いて，

$$\begin{aligned}\overline{\nabla}(\Delta S) &= \Delta(\overline{\nabla} S) + \overline{\nabla} R * S + R * \overline{\nabla} S \\ &= \Delta(\overline{\nabla} S) + \mathcal{A} * \overline{\nabla}\mathcal{A} * S + \mathcal{A} * \mathcal{A} * \overline{\nabla} S\end{aligned} \tag{5.5.4}$$

が示される．それゆえ，求めるべき関係式が導かれる． □

この補題を用いて，次の事実が導かれる．

補題 5.5.6. $\left\{\overline{\nabla}^m \mathcal{A}_t\right\}_{t \in [0,T)}$ は，次の発展方程式を満たす：

$$\frac{\partial \overline{\nabla}^m \mathcal{A}}{\partial t} = \Delta(\overline{\nabla}^m \mathcal{A}) + \sum_{i+j+k=m} \overline{\nabla}^i \mathcal{A} * \overline{\nabla}^j \mathcal{A} * \overline{\nabla}^k \mathcal{A}.$$

証明 系 3.2.7 によれば，

$$\frac{\partial \mathcal{A}}{\partial t} = \Delta \mathcal{A} - 2\mathcal{H} \cdot \mathcal{A}^2 + \|\mathcal{A}\|^2 \cdot \mathcal{A}.$$

それゆえ，

$$\frac{\partial \mathcal{A}}{\partial t} = \Delta \mathcal{A} + \mathcal{A} * \mathcal{A} * \mathcal{A}$$

が成り立つ．この発展方程式と補題 5.5.5 を用いて，

$$\frac{\partial \overline{\nabla} \mathcal{A}}{\partial t} = \Delta(\overline{\nabla}\mathcal{A}) + \mathcal{A} * \mathcal{A} * \overline{\nabla}\mathcal{A}$$

が示される．さらに，この発展方程式と補題 5.5.5 を用いて，

$$\frac{\partial \overline{\nabla}^2 \mathcal{A}}{\partial t} = \Delta(\overline{\nabla}^2 \mathcal{A}) + \mathcal{A} * \overline{\nabla}\mathcal{A} * \overline{\nabla}\mathcal{A} + \mathcal{A} * \mathcal{A} * \overline{\nabla}^2 \mathcal{A}$$

が示される．以下，同じ議論を繰り返すことにより，3 以上の自然数 m に対しても，主張におけるような発展方程式が成り立つことが示される． □

さらに，次の事実が示される．

補題 5.5.7. $\{\|\overline{\nabla}^m \mathcal{A}_t\|^2\}_{t \in [0,T)}$ は，次の発展方程式を満たす：

$$\frac{\partial \|\overline{\nabla}^m \mathcal{A}\|^2}{\partial t} = \Delta(\|\overline{\nabla}^m \mathcal{A}\|^2) + \sum_{i+j+k=m} \overline{\nabla}^i \mathcal{A} * \overline{\nabla}^j \mathcal{A} * \overline{\nabla}^k \mathcal{A} * \overline{\nabla}^m \mathcal{A} - 2\|\overline{\nabla}^{m+1} \mathcal{A}\|^2.$$

証明 式 (5.5.2) を用いて，

$$\frac{\partial \|\overline{\nabla}^m \mathcal{A}\|^2}{\partial t} = 2\left\langle \frac{\partial \overline{\nabla}^m \mathcal{A}}{\partial t}, \overline{\nabla}^m \mathcal{A} \right\rangle + \mathcal{A} * \mathcal{A} * \overline{\nabla}^m \mathcal{A} * \overline{\nabla}^m \mathcal{A}$$

が示される．一方，

$$\Delta \|\overline{\nabla}^m \mathcal{A}\|^2 = 2\langle \Delta(\overline{\nabla}^m \mathcal{A}), \overline{\nabla}^m \mathcal{A}\rangle + 2\|\overline{\nabla}^{m+1} \mathcal{A}\|^2$$

が導かれる．これらの関係式，および補題 5.5.6 における発展方程式を用いて，求めるべき発展方程式をえる． □

命題 5.5.1 の証明 補題 5.5.7 における発展方程式の両辺を M 上で dv_t に関して積分し，発散定理（系 2.3.4）と一般化されたヘルダーの不等式（命題 3.6.3）を用いることにより，

$$\frac{d}{dt} \int_M \|\overline{\nabla}^m \mathcal{A}_t\|^2 \, dv_t + 2 \int_M \|\overline{\nabla}^{m+1} \mathcal{A}_t\|^2 \, dv_t$$
$$\leq C \left(\int_M \|\overline{\nabla}^i \mathcal{A}_t\|^{\frac{2m}{i}} \, dv_t \right)^{\frac{i}{2m}} \cdot \left(\int_M \|\overline{\nabla}^j \mathcal{A}_t\|^{\frac{2m}{j}} \, dv_t \right)^{\frac{j}{2m}}$$
$$\cdot \left(\int_M \|\overline{\nabla}^k \mathcal{A}_t\|^{\frac{2m}{k}} \, dv_t \right)^{\frac{k}{2m}} \cdot \left(\int_M \|\overline{\nabla}^m \mathcal{A}_t\|^2 \, dv_t \right)^{\frac{1}{2}}$$

が示される．さらに，系 5.5.4 を用いてこの不等式の右辺を上から評価することにより，求めるべき発展不等式がえられる． □

5.6 $\|\mathcal{A}\|$ の非有界性

この節において，定理 5.1.1 の主張における平均曲率流 $\{f_t\}_{t \in [0,T)}$ に沿う $\|\mathcal{A}_t\|$ の非一様有界性を証明する．

命題 5.6.1. $\sup_{t \in [0,T)} \max_M \|\mathcal{A}_t\| = \infty$ が成り立つ．

証明 仮に, $\sup_{t \in [0,T)} \max_M \|\mathcal{A}_t\| < \infty$ とする. この上限を C と表すことにする. このとき, 一般に

$$\|\mathcal{A}_t\|^2 \geq \frac{\mathcal{H}_t^2}{n} \tag{5.6.1}$$

が成り立つので,

$$\sup_{t \in [0,T)} \max_M \mathcal{H}_t \leq \sqrt{n} C \tag{5.6.2}$$

が成り立つ. $p \in M$ とする. このとき, 任意の $t_1, t_2 \in [0, T)$ に対し

$$\|f_{t_1}(p) - f_{t_2}(p)\| = \left\|\int_{t_2}^{t_1} \frac{\partial f}{\partial t}(p)\,dt\right\| = \left\|\int_{t_2}^{t_1} (\mathcal{H}_t)_p (\boldsymbol{N}_t)(p)\,dt\right\|$$
$$\leq \int_{t_2}^{t_1} |(\mathcal{H}_t)_p|\,dt \leq \sqrt{n} C |t_1 - t_2|$$

が成り立つ. p の任意性より,

$$\|f_{t_1} - f_{t_2}\|_{L^\infty} \leq \sqrt{n} C |t_1 - t_2|$$

が導かれる. この事実から, 族 $\{f_t\}_{t \in [0,T)}$ がバナッハ空間 $(C^0(M, \mathbb{R}^{n+1}), \|\cdot\|_{L^\infty})$ において, 同程度連続であることがわかる. したがって, Ascoli-Arzelá の定理 (系 3.4.2) によれば, この族は収束列 $\{f_{t_i}\}_{i=1}^\infty$ をもつ. この収束列の極限を f_T と表すことにする. $f_T \in C^0(M, \mathbb{R}^{n+1})$, つまり f_T は連続であることを注意しておく.

TM 上の C^∞ 関数 ρ_t を $\rho_t(v) := \log g_t(v, v)$ $(v \in TM)$ によって定義する. $v \in TM$ をとり, 固定する. 単純計算により,

$$\left|\frac{d}{dt}\rho_t(v)\right| = \left|\frac{\frac{\partial g}{\partial t}(v,v)}{g_t(v,v)}\right| = \left|\frac{\partial g}{\partial t}\left(\frac{v}{\|v\|_{g_t}}, \frac{v}{\|v\|_{g_t}}\right)\right| \leq \left\|\frac{\partial g}{\partial t}\right\|_{g_t}^2 \tag{5.6.3}$$
$$= 4|\mathcal{H}_t|^2 \cdot \|\mathcal{A}_t\|^2 \leq 4nC^4$$

が示され, それゆえ, 任意の $t_1, t_2 \in [0, T)$ に対し

$$|\rho_{t_1}(v) - \rho_{t_2}(v)| = \left|\int_{t_2}^{t_1} \frac{d}{dt}\rho_t(v)\,dt\right| \leq \int_{t_2}^{t_1} \left|\frac{d}{dt}\rho(v)\right|\,dt \leq 4nC^4 \cdot |t_1 - t_2|$$

が示される. v の任意性から

$$\|\rho_{t_1} - \rho_{t_2}\|_{L^\infty} = \max_{TM} |\rho_{t_1} - \rho_{t_2}| \leq 4nC^4 \cdot |t_1 - t_2|$$

が導かれる．この事実から，関数族 $\{\rho_t\}_{t\in[0,T)}$ がバナッハ空間 $(C^0(TM), \|\cdot\|_{L^\infty})$ において，同程度連続であることがわかる．したがって，Ascoli-Arzelá の定理 (系 3.4.2) によれば，この関数族は収束列 $\{\rho_{t_i}\}_{i=1}^\infty$ をもつ．この収束列の極限を ρ_T と表すことにする．$\rho_T \in C^0(TM)$，つまり，ρ_T は連続関数であることを注意しておく．M 上の 2 次対称共変テンソル場 g_T を

$$g_T(v_1, v_2) := \frac{1}{2}\left(e^{\rho_T(v_1+v_2)} - e^{\rho_T(v_1)} - e^{\rho_T(v_2)}\right) \quad (v_1, v_2 \in TM)$$

によって定義する．これは，M 上の C^0 級リーマン計量になる．

次に，f_T, g_T が C^∞ 級であることを示す．命題 5.5.1 により，任意の $m \in \mathbb{N}$ に対し

$$\frac{d}{dt}\int_M \|\overline{\nabla}^m \mathcal{A}_t\|^2 \, dv_t \leq C(n,m) \cdot \max_M \|\mathcal{A}_t\|^2 \cdot \int_M \|\overline{\nabla}^m \mathcal{A}_t\|^2 \, dv_t$$
$$\leq C(n,m) \cdot C \cdot \int_M \|\overline{\nabla}^m \mathcal{A}_t\|^2 \, dv_t$$

が成り立ち，ゆえに

$$\int_M \|\overline{\nabla}^m \mathcal{A}_t\|^2 \, dv_t \leq \int_M \|\overline{\nabla}^m \mathcal{A}_0\|^2 \, dv_0 \cdot e^{C(n,m)Ct}$$

が成り立つ．したがって

$$\sup_{t\in[0,T)}\int_M \|\overline{\nabla}^m \mathcal{A}_t\|^2 \, dv_t \leq \int_M \|\overline{\nabla}^m \mathcal{A}_0\|^2 \, dv_0 \cdot e^{C(n,m)CT} \tag{5.6.4}$$

をえる．この右辺を $\bar{C}(f_0, n, m, T)$ と表すことにする．系 3.5.6 のソボレフ不等式，およびシュワルツの不等式によれば，

$$\|\|\overline{\nabla}^m \mathcal{A}_t\|^2\|_{L^{\frac{n}{n-1}}} = \left(\int_M \|\overline{\nabla}^m \mathcal{A}_t\|^{\frac{2n}{n-1}}\right)^{\frac{n-1}{n}}$$
$$\leq SC(n,\alpha)\left\{\int_M \|\mathrm{grad}(\|\overline{\nabla}^m \mathcal{A}_t\|^2)\| \, dv_t + \int_M \mathcal{H}_t \cdot \|\overline{\nabla}^m \mathcal{A}_t\|^2 \, dv_t\right\}$$

$$\leq SC(n,\alpha)\left\{2\int_M \langle \overline{\nabla}^m \mathcal{A}_t, \overline{\nabla}^{m+1}\mathcal{A}_t\rangle\,dv_t\right.$$
$$\left.+\left(\int_M \mathcal{H}_t^2\,dv_t\right)^{\frac{1}{2}}\cdot\left(\left(\int_M \|\overline{\nabla}^m\mathcal{A}_t\|^2\,dv_t\right)^{\frac{1}{2}}\right)^2\right\}$$
$$\leq SC(n,\alpha)\left\{2\left(\int_M \|\overline{\nabla}^m\mathcal{A}_t\|^2\,dv_t\right)^{\frac{1}{2}}\cdot\left(\int_M \|\overline{\nabla}^{m+1}\mathcal{A}_t\|^2\,dv_t\right)^{\frac{1}{2}}\right.$$
$$\left.+\left(\int_M \mathcal{H}_t^2\,dv_t\right)^{\frac{1}{2}}\cdot\left(\int_M \|\overline{\nabla}^m\mathcal{A}_t\|^2\,dv_t\right)\right\}$$

が示され，式 (5.6.2) および式 (5.6.4) から，

$$\sup_{t\in[0,T)}\|\,\|\overline{\nabla}^m\mathcal{A}_t\|^2\,\|_{L^{\frac{n}{n-1}}}$$
$$\leq SC(n,\alpha)\left\{2\sqrt{\bar{C}(f_0,n,m,T)\cdot\bar{C}(f_0,n,m+1,T)}+\sqrt{C}\cdot\bar{C}(f_0,n,m,T)\right\}$$
$$<\infty$$

が導かれる．さらに，Morrey-Sobolev の不等式（定理 3.6.6）を用いて，

$$\sup_{t\in[0,T)}\max_M \|\overline{\nabla}^m\mathcal{A}_t\|^2 = \sup_{t\in[0,T)}\|\,\|\overline{\nabla}^m\mathcal{A}_t\|^2\,\|_{L^\infty}<\infty$$

をえる．この事実は，

$$\sup_{t\in[0,T)}\max_M \|\overline{\nabla}^m f_t\|^2 < \infty \quad (m\geq 3)$$

を表し，また $\sup_{t\in[0,T)}\max_M \|\mathcal{A}_t\|^2 < \infty$ は，

$$\sup_{t\in[0,T)}\max_M \|\overline{\nabla}^2 f_t\|^2 < \infty$$

を表す．さらに，

$$\sup_{t\in[0,T)}\max_M \|\overline{\nabla}^m f_t\|^2 < \infty \quad (m=0,1)$$

が成り立つことが，ユークリッド空間内の閉超曲面を発する平均曲率流の基本的な性質からわかるので，結局 $\{f_t\}_{t\in[0,T)}$ は，C^∞ 位相に関して有界であることが導かれ，f_T が C^∞ 級であることが示される．$g_t = f_t^*\tilde{g}$ $(t\in[0,T))$，および g_T が (C^0 級の) リーマン計量であることから，f_T が C^∞ 級はめ込み写像であることが示される．f_0 を発する平均曲率流 $\{f_t\}_{t\in[0,T)}$ は，f_T を

発する平均曲率流に滑らかに接続されるので，f_0 を発する平均曲率流の最大時間は T より大きいことになり，これは T の定義に反する．したがって，$\sup_{t \in [0,T)} \max_M \|\mathcal{A}_t\| = \infty$ をえる． □

この証明に類似した議論により，一般の平均曲率流に対し次の事実が成り立つことが示される．

事実 5.6.2. 一般の平均曲率流 $\{f_t\}_{t \in [0,T)}$ を考える．もし，$\{f_t\}_{t \in [0,T)}$ に対し $\sup_{t \in [0,T)} \max_M \|\mathcal{A}_t\| < \infty$ が成り立つならば $T = \infty$ であり，$t \to T$ のとき，f_t は (C^∞ 位相に関して) ある C^∞ はめ込み写像に収束する．

5.7 平均曲率の最大値と最小値の比率の収束性

この節において，定理 5.1.1 の主張における平均曲率流 f_t の平均曲率 $\mathcal{H}_t$ の最大値 (これを $(\mathcal{H}_{\max})_t$ と表す) と最小値 (これを $(\mathcal{H}_{\min})_t$ と表す) の比 $\dfrac{(\mathcal{H}_{\max})_t}{(\mathcal{H}_{\min})_t}$ の収束性について，次の事実を示す．

命題 5.7.1. $\lim_{t \to T} \dfrac{(\mathcal{H}_{\max})_t}{(\mathcal{H}_{\min})_t} = 1$ が成り立つ．

f_0 は強凸なので，ある $\varepsilon > 0$ に対し，$\mathcal{A}_0 \geq \varepsilon \mathcal{H}_0 \, \mathrm{id}$ が成り立つ．補題 5.3.3 によれば，すべての $t \in [0, T)$ に対し，$\mathcal{A}_t \geq \varepsilon \mathcal{H}_t \, \mathrm{id}$ が成り立つ．最初に，次の補題を準備する．

補題 5.7.2. $\mathrm{Ric}_t \geq (n-1)\varepsilon^2 (\mathcal{H}_{\min})_t^2 g_t$ が成り立つ．

証明 ガウスの方程式を用いて，

$$\mathrm{Ric}_t(\boldsymbol{X}, \boldsymbol{X}) = \mathcal{H}_t h_t^S(\boldsymbol{X}, \boldsymbol{X}) - h_t^S(\mathcal{A}_t \boldsymbol{X}, \boldsymbol{X})$$
$$\geq (n-1)\varepsilon^2 (\mathcal{H}_{\min})_t^2 g_t(\boldsymbol{X}, \boldsymbol{X}) \qquad (\boldsymbol{X} \in TM)$$

をえる．このように，求めるべき不等式を導くことができる． □

命題 5.4.1，命題 5.6.1，Myers の定理 (定理 2.7.1)，およびこの補題を用いて，命題 5.7.1 を示すことにする．

命題 5.7.1 の証明 命題 5.4.1 によれば，任意の正の数 η に対し，

$$\|\operatorname{grad}\mathcal{H}_t\|^2 \leq \eta \mathcal{H}_t^4 + C(\eta, f_0) \quad (t \in [0, T)) \tag{5.7.1}$$

となるような η と f_0 のみに依存する正の定数 $C(\eta, f_0)$ が存在する．ここで，

$$\|\operatorname{grad}\mathcal{H}_t\|^2 \leq \eta \mathcal{H}_t^4 + C(\eta, f_0) \implies \|\operatorname{grad}\mathcal{H}_t\| \leq \sqrt{\eta}\mathcal{H}_t^2 + \sqrt{C(\eta, f_0)}$$

に注意する．一方，命題 5.6.1 によれば

$$\lim_{t \to T}(\mathcal{H}_{\max})_t = \infty$$

となる．それゆえ，任意の $\eta > 0$ に対し

$$t \in (t(\eta), T) \implies (\mathcal{H}_{\max})_t > \eta$$

となるような $t(\eta) \in (0, T)$ が存在する．$\theta(\eta) := \left(\dfrac{C(\eta, f_0)}{\eta}\right)^{\frac{1}{4}}$ とおく．$t > t(\theta(\eta))$ とすると，$\sqrt{\eta}(\mathcal{H}_{\max})_t^2 \geq \sqrt{C(\eta, f_0)}$ となるので，

$$\|\operatorname{grad}\mathcal{H}_t\| \leq \sqrt{\eta}\mathcal{H}_t^2 + \sqrt{C(\eta, f_0)} \leq 2\sqrt{\eta}(\mathcal{H}_{\max})_t^2$$

をえる．$t \in (t(\theta(\eta)), T)$ とし，p_t を $\mathcal{H}_t$ の最大点とし，$\gamma : [0, \infty) \to M$ を p_t を発する速さ 1 の (M, g) 上の測地線とする．$\rho_\gamma := \mathcal{H}_t \circ \gamma (: [0, \infty) \to \mathbb{R})$ とおく．このとき，

$$\frac{d\rho_\gamma}{ds} = (d\mathcal{H}_t)_{\gamma(s)}(\gamma'(s)) = g_{\gamma(s)}((\operatorname{grad}\mathcal{H}_t)_{\gamma(s)}, \gamma'(s))$$
$$\geq -\|(\operatorname{grad}\mathcal{H}_t)_{\gamma(s)}\| \geq -2\sqrt{\eta}(\mathcal{H}_{\max})_t^2.$$

それゆえ，

$$\rho_\gamma(s) \geq (1 - 2\sqrt{\eta}(\mathcal{H}_{\max})_t \cdot s)(\mathcal{H}_{\max})_t \quad \left(s \in \left[0, \frac{1}{2\eta^{\frac{1}{4}}(\mathcal{H}_{\max})_t}\right)\right)$$

が示される．よって，$\gamma\left(\left[0, \dfrac{1}{2\eta^{\frac{1}{4}}(\mathcal{H}_{\max})_t}\right)\right)$ 上で，$\mathcal{H}_t \geq (1 - \eta^{\frac{1}{4}})(\mathcal{H}_{\max})_t$ が成り立つことが示される．さらに，γ の任意性により，$B_{p_t}\left(\dfrac{1}{2\eta^{\frac{1}{4}}(\mathcal{H}_{\max})_t}\right)$ の内部上で $\mathcal{H}_t \geq (1 - \eta^{\frac{1}{4}})(\mathcal{H}_{\max})_t$ が成り立つことが示される．この事実は，任意の $t \in (t(\theta(\eta)), T)$ に対し成り立つことを注意しておく．一方，補題 5.7.2 と Myers の定理（定理 2.7.1）によれば，$B_{p_t}\left(\dfrac{\pi}{\varepsilon(\mathcal{H}_{\min})_t}\right) = M$ が示される．

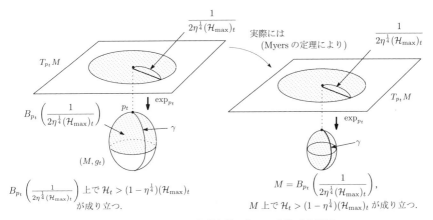

図 5.7.1　Myers の定理を用いた M 全体での評価

必要ならば，η を十分小さな正の数にとり直すことにより，

$$\frac{1}{2\eta^{\frac{1}{4}}(\mathcal{H}_{\max})_t} > \frac{\pi}{\varepsilon(\mathcal{H}_{\min})_t}$$

としてよい．したがって，任意の $t \in (t(\theta(\eta)), T)$ に対して，$\mathcal{H}_t > (1-\eta^{\frac{1}{4}})(\mathcal{H}_{\max})_t$ が M 全体で成り立つこと，ゆえに，

$$(\mathcal{H}_{\min})_t > (1-\eta^{\frac{1}{4}})(\mathcal{H}_{\max})_t$$

が成り立つことが示される．この事実は，十分小さな任意の正の数 η に対し成り立つので，

$$\lim_{t \to T} \frac{(\mathcal{H}_{\max})_t}{(\mathcal{H}_{\min})_t} = 1$$

が導かれる．ここで，$\lim_{\eta \to 0} t(\theta(\eta)) = T$ に注意する．　　□

5.8　崩壊定理の証明

この節において，命題 5.3.1，命題 5.7.1 を用いて，定理 5.1.1 の主張の崩壊性の部分，つまり

"f_0 が強凸であるならば，$t \to T$ のとき，$f_t(M)$ は 1 点集合に崩壊する."

を証明する．まず，次の補題を準備する．

補題 5.8.1. $\lim_{t \to T} \dfrac{\|\mathcal{A}_t\|^2}{\mathcal{H}_t^2} = \dfrac{1}{n}$ となる.

証明 命題 5.3.1 によれば,
$$\frac{\|\mathcal{A}_t\|^2}{\mathcal{H}_t^2} - \frac{1}{n} \leq C(f_0)\,\mathcal{H}_t^{-\delta} \leq C(f_0)\,(\mathcal{H}_{\min})_t^{-\delta}$$
が成り立つ. 一方, 命題 5.6.1 と命題 5.7.1 より, $\lim_{t \to T}(\mathcal{H}_{\min})_t = \infty$ となる. それゆえ, $\lim_{t \to T} \dfrac{\|\mathcal{A}_t\|^2}{\mathcal{H}_t^2} = \dfrac{1}{n}$ が導かれる. □

崩壊性の証明 $\mathcal{H}_t > 0$ なので, $\boldsymbol{H}_t = -\mathcal{H}_t \boldsymbol{N}_t$ は $f_t(M)$ の各点で内側向きの法ベクトルを与えている. それゆえ, 時間 t の経過とともに, $f_t(M)$ は内側向きに変形していく. ゆえに, $0 < t_1 < t_2 < T$ ならば, $f_{t_2}(M)$ が $f_{t_1}(M)$ によって囲まれる領域に含まれることがわかる. この事実は, $\lim_{t \to T}(\mathcal{H}_{\min})_t = \infty$ および $\lim_{t \to T} \dfrac{\|\mathcal{A}_t\|^2}{\mathcal{H}_t^2} = \dfrac{1}{n}$ とともに, $t \to T$ のとき, $f_t(M)$ が 1 点集合に崩壊することを導く. □

次の補題は, 次節において用いられることになる.

補題 5.8.2. $\displaystyle\int_0^T (\mathcal{H}_{\min})_t^2\,dt = \infty$ となる.

証明 初期条件 $y(0) = (\mathcal{H}_{\max})_0$ を満たす常微分方程式 $\dfrac{dy}{dt} = (\mathcal{H}_{\max})_t^2\,y$ の解を ρ とする. ここで, $t \mapsto (\mathcal{H}_{\max})_t$ は連続なのでこの解は存在し,
$$\rho(t) = (\mathcal{H}_{\max})_0 \cdot e^{\int_0^t (\mathcal{H}_{\max})_t^2\,dt}$$
となることを注意しておく. 系 3.2.10 によれば,
$$\frac{\partial \mathcal{H}}{\partial t} = \Delta\mathcal{H}_t + \mathcal{H}_t\|\mathcal{A}_t\|^2 \leq \Delta\mathcal{H}_t + (\mathcal{H}_{\max})_t^2\,\mathcal{H}_t$$
が成り立ち, それゆえ
$$\frac{\partial(\mathcal{H} - \rho)}{\partial t} \leq \Delta(\mathcal{H}_t - \rho) + (\mathcal{H}_{\max})_t^2(\mathcal{H}_t - \rho)$$
をえる. $(\mathcal{H} - \rho)(0) = \mathcal{H}_0 - (\mathcal{H}_{\max})_0 \leq 0$ なので, 最大値の原理(定理 3.3.3)により, すべての $t \in [0, T)$ に対し, $(\mathcal{H} - \rho)(t) \leq 0$ となる. それゆえ, 式 (5.8.1) から

$$e^{\int_0^t (\mathcal{H}_{\max})_t^2 \, dt} \geq \frac{(\mathcal{H}_{\max})_t}{(\mathcal{H}_{\max})_0}$$

が導かれる.したがって,$(\mathcal{H}_{\max})_t \to \infty \ (t \to T)$ より $\int_0^T (\mathcal{H}_{\max})_t^2 \, dt = \infty$ が導かれ,さらに,命題 5.7.1 より $\int_0^T (\mathcal{H}_{\min})_t^2 \, dt = \infty$ が導かれる. □

5.9 リスケールされた平均曲率流に関する基本的事実

$\{\widehat{f}_\tau\}_{\tau \in [0,\widehat{T})}$ を 5.1.1 節で述べたリスケールされた平均曲率流とし,$\widehat{g}_\tau, \widehat{\mathcal{A}}_t,$ $\widehat{h}_\tau^S, \widehat{\mathcal{H}}_\tau$ を $\widehat{f}_\tau$ の誘導計量,形作用素,(スカラー値)第 2 基本形式,平均曲率とし,$d\widehat{v}_\tau$ を $\widehat{g}_\tau$ のリーマン体積要素とする.容易に,

$$\widehat{g}_\tau = \psi^2(\eta^{-1}(\tau)) g_{\eta^{-1}(\tau)}, \quad \widehat{h}_\tau^S = \psi(\eta^{-1}(\tau)) h_{\eta^{-1}(\tau)}^S,$$
$$\widehat{\mathcal{H}}_\tau = \psi^{-1}(\eta^{-1}(\tau)) \mathcal{H}_{\eta^{-1}(\tau)}, \quad \|\widehat{\mathcal{A}}_\tau\|^2 = \psi^{-2}(\eta^{-1}(\tau)) \|\mathcal{A}_{\eta^{-1}(\tau)}\|^2, \quad (5.9.1)$$
$$d\widehat{v}_\tau = \psi^n(\eta^{-1}(\tau)) dv_{\eta^{-1}(\tau)}$$

が示される.また,系 3.2.4 と $d\widehat{v}_\tau = \psi^n(\eta^{-1}(\tau)) dv_{\eta^{-1}(\tau)}$ を用いて,

$$\frac{\partial d\widehat{v}_\tau}{\partial \tau}(\eta(t)) \cdot \frac{d\eta}{dt} = n\psi(t)^{n-1} \frac{d\psi}{dt} \cdot d\widehat{v}_{\eta(t)} - \psi(t)^n \mathcal{H}_t^2 \cdot dv_t$$

つまり

$$\frac{\partial d\widehat{v}_\tau}{\partial \tau}(\eta(t)) = \left(\frac{d\eta}{dt}\right)^{-1} \left\{ n\psi(t)^{n-1} \frac{d\psi}{dt} \cdot d\widehat{v}_{\eta(t)} - \psi(t)^n \mathcal{H}_t^2 \cdot dv_t \right\}$$

が示される.両辺を M 上で積分して $\mathrm{Vol}(M, \widehat{f}_\tau^* \widetilde{g}_{\mathbb{E}}) = \mathrm{Vol}(M, \widehat{f}_0^* \widetilde{g}_{\mathbb{E}})$ を用いることにより,

$$0 = \left(\frac{d\eta}{dt}\right)^{-1} \left\{ n\psi(t)^{n-1} \frac{d\psi}{dt} \cdot \int_M d\widehat{v}_{\eta(t)} - \psi(t)^n \int_M \mathcal{H}_t^2 \, dv_t \right\}$$

が示される.それゆえ,

$$\frac{1}{\psi(t)} \frac{d\psi}{dt} = \frac{1}{n} (\mathcal{H}_t^2)_{av}. \quad (5.9.2)$$

が導かれる.

$P : \mathrm{Imm}^\infty(M, \mathbb{E}^{n+1}) \to \Gamma^\infty(T^{(k,l)}M)$ を,各 $f \in \mathrm{Imm}^\infty(M, \mathbb{E}^{n+1})$ に対し,f の誘導計量と形作用素を用いて定義される $\Gamma^\infty(T^{(k,l)}M)$ の元を対応させる写像で,$P(\widehat{f}_{\eta(t)}) = \psi(t)^\alpha P(f_t)$ を満たすようなものとする.ここで,α

はある整数を表す．このような写像 P を **α 次の写像**とよぶことにする．例えば，式 (5.9.1) によれば，$P_1 : f \mapsto g$ は 2 次の写像，$P_2 : f \mapsto h^S$ は 1 次の写像，$P_3 : f \mapsto \mathcal{H}$ は -1 次の写像，$P_4 : f \mapsto \|\mathcal{A}\|^2$ は -2 次の写像，$P_1 : f \mapsto dv_g$ は n 次の写像である．ここで，h^S, $\mathcal{H}$ は，f のスカラー値第 2 基本形式，平均曲率を表す．

補題 5.9.1. P を α 次の写像とする．$\{P(f_t)\}_{t \in [0,T)}$ が，
$$\frac{\partial P(f_t)}{\partial t} = \Delta_{g_t} P(f_t) + Q(f_t)$$
を満たしているならば，$\{P(\widehat{f}_\tau)\}_{\tau \in [0,\widehat{T})}$ は
$$\frac{\partial P(\widehat{f}_\tau)}{\partial \tau} = \Delta_{\widehat{g}_\tau} P(\widehat{f}_\tau) + \psi(\eta^{-1}(\tau))^{\alpha-2} Q(f_{\eta^{-1}(\tau)}) + \frac{\alpha}{n} \cdot (\widehat{\mathcal{H}}_\tau^2)_{av.} \cdot P(\widehat{f}_\tau)$$
を満たす．

証明 $\dfrac{dt}{d\tau} = \dfrac{1}{\frac{d\tau}{dt}} = \dfrac{1}{\frac{d\eta}{dt}} = \psi(t)^{-2}$, $\psi(t)^{-2} \Delta_{g_t} = \Delta_{\widehat{g}_\tau}$, および式 (5.9.2) を用いて，次のように求めるべき発展方程式をえる：

$$\begin{aligned}
\frac{\partial P(\widehat{f}_\tau)}{\partial \tau} &= \frac{\partial P(\widehat{f}_{\eta(t)})}{\partial t} \cdot \frac{dt}{d\tau} = \frac{\partial (\psi(t)^\alpha P(f_t))}{\partial t} \cdot \psi(t)^{-2} \\
&= \alpha \psi(t)^{\alpha-3} \frac{d\psi}{dt} \cdot P(f_t) + \psi(t)^{\alpha-2} \frac{\partial P(f_t)}{\partial t} \\
&= \alpha \psi(t)^{-3} \frac{d\psi}{dt} \cdot P(\widehat{f}_\tau) + \psi(t)^{\alpha-2} (\Delta_{g_t} P(f_t) + Q(f_t)) \\
&= \frac{\alpha}{n} \cdot \psi(t)^{-2} \cdot (\mathcal{H}_t^2)_{av.} \cdot P(\widehat{f}_\tau) + \Delta_{\widehat{g}_\tau} P(\widehat{f}_\tau) + \psi(t)^{\alpha-2} Q(f_t) \\
&= \frac{\alpha}{n} \cdot (\widehat{\mathcal{H}}_\tau^2)_{av.} \cdot P(\widehat{f}_\tau) + \Delta_{\widehat{g}_\tau} P(\widehat{f}_\tau) + \psi(\eta^{-1}(\tau))^{\alpha-2} Q(f_{\eta^{-1}(\tau)}).
\end{aligned}$$

□

注意 ある $(\alpha - 2)$ 次の写像 $\bar{Q}$ に対し，
$$\bar{Q}(f_t) = Q(f_t), \quad \bar{Q}(\widehat{f}_\tau) = \psi(t)^{\alpha-2} Q(f_t) \quad (\tau = \eta(t))$$
となる．

式 (5.9.1)，補題 5.3.3，命題 5.7.1，補題 5.8.1，およびこの補題を用いて，

リスケールされた平均曲率流 $\{\widehat{f}_\tau\}_{\tau\in[0,\widehat{T})}$ について次の事実が示される.

命題 5.9.2.

(i) $\widehat{h}_\tau^s \geq \varepsilon \widehat{\mathcal{H}}_\tau \widehat{g}_\tau \quad (\tau \in [0, \widehat{T}))$.

(ii) $\displaystyle\lim_{\tau\to\widehat{T}} \frac{(\widehat{\mathcal{H}}_{\max})_\tau}{(\widehat{\mathcal{H}}_{\min})_\tau} = 1$.

(iii) $\displaystyle\lim_{\tau\to\widehat{T}} \frac{\|\widehat{\mathcal{A}}\|^2}{\widehat{\mathcal{H}}_\tau^2} = \frac{1}{n}$.

補題 5.9.3. $\displaystyle\sup_{\tau\in[0,\widehat{T})} (\widehat{\mathcal{H}}_{\max})_\tau < \infty$, および $\displaystyle\inf_{\tau\in[0,\widehat{T})} (\widehat{\mathcal{H}}_{\min})_\tau > 0$ が成り立つ.

証明 $\mathbb{E}^{n+1}$ 上のベクトル場 $\mathbb{P}$ を
$$\mathbb{P}_p := \overrightarrow{Op} \quad (p \in \mathbb{E}^{n+1})$$
によって定義する. $\widehat{M}_\tau := \widehat{f}_\tau(M)$ によって囲まれる領域を D_τ と表す. $\operatorname{div} \mathbb{P} = n+1$ なので, ガウスの発散定理 (定理 2.3.3) により,
$$(n+1)\operatorname{Vol}(D_\tau, g_\mathbb{E}) = \int_{D_\tau} \operatorname{div} \mathbb{P} \, dv_{g_\mathbb{E}} = \int_{\widehat{M}_\tau} g_\mathbb{E}(f_\tau, \widehat{\mathbf{N}}_\tau) \, d\widehat{v}_\tau \tag{5.9.3}$$
をえる. 元の平均曲率流の崩壊点を $\mathbb{E}^{n+1}$ の原点 O としているので, すべての $\tau \in [0, \widehat{T})$ に対し, D_τ は O を含む. それゆえ, $\widehat{M}_\tau$ が強凸超曲面であることから, $g_\mathbb{E}(f_\tau, \widehat{\mathbf{N}}_\tau) > 0$ となる. 等周不等式によれば,
$$\operatorname{Vol}(D_\tau, g_\mathbb{E}) \leq \frac{\operatorname{Vol}(B^{n+1}(1))}{\operatorname{Vol}(S^n(1))^{\frac{n+1}{n}}} \cdot \operatorname{Vol}(M, \widehat{g}_\tau)^{\frac{n+1}{n}} \tag{5.9.4}$$
が成り立つ. ここで, $B^{n+1}(1)$ は $\mathbb{E}^{n+1}$ 内の単位球体を表す. 一方, リスケールの仕方から
$$\operatorname{Vol}(M, \widehat{g}_\tau) = \operatorname{Vol}(M, g_0) \tag{5.9.5}$$
が成り立つ. それゆえ,
$$\operatorname{Vol}(D_\tau, g_\mathbb{E}) \leq \frac{\operatorname{Vol}(B^{n+1}(1))}{\operatorname{Vol}(S^n(1))^{\frac{n+1}{n}}} \cdot \operatorname{Vol}(M, g_0)^{\frac{n+1}{n}} \tag{5.9.6}$$
が導かれる. 一方, 第 1 変分公式 (定理 2.13.1), 式 (5.9.5) および (RMCF_ψ) を用いて,

$$0 = \frac{d}{d\tau}\mathrm{Vol}(M,\widehat{g}_\tau) = \frac{1}{n}\int_M \widehat{\mathcal{H}}_\tau \, g_\mathbb{E}\left(\widehat{\boldsymbol{N}}_\tau, \frac{\partial \widehat{f}_\tau}{\partial \tau}\right) d\widehat{v}_\tau$$
$$= -\frac{1}{n}\int_M \widehat{\mathcal{H}}_\tau^2 \, d\widehat{v}_\tau + \frac{1}{n^2}\cdot (\widehat{\mathcal{H}}_\tau^2)_{av.} \cdot \int_M \widehat{\mathcal{H}}_\tau \, g_\mathbb{E}(\widehat{\boldsymbol{N}}_\tau, \widehat{F}_\tau)\, d\widehat{v}_\tau.$$

それゆえ

$$\mathrm{Vol}(M,g_0) = \mathrm{Vol}(M,\widehat{g}_\tau) = \frac{1}{n}\cdot \int_M \widehat{\mathcal{H}}_\tau \, g_\mathbb{E}(\widehat{\boldsymbol{N}}_\tau, \widehat{F}_\tau) \, d\widehat{v}_\tau \tag{5.9.7}$$

が示される．この式と式 (5.9.3) から，

$$\mathrm{Vol}(M,g_0) \leq \frac{(\widehat{\mathcal{H}}_{\max})_\tau}{n}\cdot \int_M g_\mathbb{E}(\widehat{\boldsymbol{N}}_\tau, \widehat{F}_\tau)\, d\widehat{v}_\tau = \frac{n+1}{n}(\widehat{\mathcal{H}}_{\max})_\tau \cdot \mathrm{Vol}(D_\tau, g_\mathbb{E}) \tag{5.9.8}$$

をえる．この不等式と補題 5.9.2 の (ii) から $\inf_{\tau \in [0,\widehat{T})}(\widehat{\mathcal{H}}_{\min})_\tau > 0$ が導かれる．

命題 5.9.2 の (i) によれば，$\widehat{M}_\tau$ は $\mathbb{E}^{n+1}$ 内のある半径 $\dfrac{1}{\varepsilon(\widehat{\mathcal{H}}_{\min})_\tau}$ の球体に含まれる．それゆえ，

$$\mathrm{Vol}(D_\tau) \leq \mathrm{Vol}(B^{n+1}(1))\left(\frac{1}{\varepsilon(\widehat{\mathcal{H}}_{\min})_\tau}\right)^{n+1} \tag{5.9.9}$$

をえる．一方，式 (5.9.8) によれば，

$$\mathrm{Vol}(D_\tau, g_\mathbb{E}) \geq \frac{n\, \mathrm{Vol}(M,g_0)}{(n+1)(\widehat{\mathcal{H}}_{\max})_\tau}$$

が成り立つので，

$$(\widehat{\mathcal{H}}_{\min})_\tau^n \leq \frac{n+1}{n\,\varepsilon^{n+1}}\cdot \frac{\mathrm{Vol}(B^{n+1}(1))}{\mathrm{Vol}(M,g_0)}\cdot \frac{(\widehat{\mathcal{H}}_{\max})_\tau}{(\widehat{\mathcal{H}}_{\min})_\tau}$$

をえる．この不等式と補題 5.9.2 の (ii) から $\sup_{\tau\in[0,\widehat{T})}(\widehat{\mathcal{H}}_{\max})_\tau < \infty$ が導かれる． □

命題 5.9.4. $\widehat{T} = \infty$ である．

証明 リスケールの仕方と式 (5.9.1) によれば，

$$\frac{d\tau}{dt} = \psi^2(t), \quad \widehat{\mathcal{H}}_\tau^2 = \psi^{-2}(t)\mathcal{H}_t^2$$

となるので,

$$\int_0^{\widehat{T}} (\widehat{\mathcal{H}}_\tau^2)_{av.}\, d\tau = \int_0^T (\mathcal{H}_t^2)_{av.}\, dt$$

が成り立つ. また, 補題 5.8.2 によれば

$$\int_0^T (\mathcal{H}_t^2)_{av.}\, dt = \infty$$

となる. それゆえ,

$$\int_0^{\widehat{T}} (\widehat{\mathcal{H}}_\tau^2)_{av.}\, d\tau = \infty$$

をえる. 一方, 補題 5.9.3 によれば

$$\sup_{\tau\in[0,\widehat{T})} (\widehat{\mathcal{H}}_\tau^2)_{av.} \leq \sup_{\tau\in[0,\widehat{T})} (\widehat{\mathcal{H}}_{\max})_\tau^2 < \infty$$

となるので, $\widehat{T} = \infty$ をえる. □

5.10 収束定理の証明

この節において, 定理 5.1.2（収束定理）を証明する. 最初に, 次の発展方程式を準備する.

補題 5.10.1.

(i) $\dfrac{\partial \widehat{g}_\tau}{\partial \tau} = -2\widehat{\mathcal{H}}_\tau \widehat{h}_\tau^S + \dfrac{2(\widehat{\mathcal{H}}_\tau^2)_{av.}}{n} \widehat{g}_\tau$ が成り立つ.

(ii) $\dfrac{\partial\, d\widehat{v}_\tau}{\partial \tau} = \left(-\widehat{\mathcal{H}}_\tau^2 + (\widehat{\mathcal{H}}_\tau^2)_{av.}\right) d\widehat{v}_\tau$ が成り立つ.

これらの発展方程式は, 命題 3.2.1, 命題 3.2.3 の証明における計算と類似した計算を行うことにより示される. この補題の (ii) における発展方程式を用いて, 次の事実が示される.

補題 5.10.2. ある正の定数 δ と C に対し,

$$\int_M \left(\|\widehat{\mathcal{A}}_\tau\|^2 - \frac{\widehat{\mathcal{H}}_\tau^2}{n}\right) d\widehat{v}_\tau \le Ce^{-\delta\tau} \quad (\tau \in [0,\infty))$$

が成り立つ.

証明 ε を $\mathcal{A}_0 \ge \varepsilon \mathcal{H}_0 \,\mathrm{id}$ を満たす $\frac{1}{n}$ よりも小さい正の数とし，b を $\frac{100}{\varepsilon^2}$ よりも大きい正の数とする．M 上の関数 $\widehat{\rho}_\tau, \rho_t$ を

$$\widehat{\rho}_\tau := \frac{\|\widehat{\mathcal{A}}_\tau\|^2}{\widehat{\mathcal{H}}_\tau^2} - \frac{1}{n}, \quad \rho_t := \frac{\|\mathcal{A}_t\|^2}{\mathcal{H}_t^2} - \frac{1}{n}$$

によって定義する．式 (5.9.1) によれば，

$$\|\widehat{\mathcal{A}}_\tau\|^2 = \psi^{-2}(\eta^{-1}(\tau))\|\mathcal{A}_{\eta^{-1}(\tau)}\|^2, \quad \widehat{\mathcal{H}}_\tau^2 = \psi^{-2}(\eta^{-1}(\tau))\mathcal{H}_{\eta^{-1}(\tau)}^2,$$
$$d\widehat{v}_\tau = \psi^n(\eta^{-1}(\tau))dv_{g_{\eta^{-1}(\tau)}}$$

が成り立つので，$\widehat{\rho}_\tau = \rho_{\eta^{-1}(\tau)}$ が示され，それゆえ

$$\frac{\partial \widehat{\rho}_\tau^b}{\partial \tau} = \frac{dt}{d\tau} \left.\frac{\partial \rho_t^b}{\partial t}\right|_{t=\eta^{-1}(\tau)} = \psi^{-2}(\eta^{-1}(\tau)) \cdot \left.\frac{\partial \rho_t^b}{\partial t}\right|_{t=\eta^{-1}(\tau)}$$

がえられる．したがって，

$$\frac{d}{d\tau}\int_M \widehat{\rho}_\tau^b \, d\widehat{v}_\tau = \int_M \frac{\partial \widehat{\rho}_\tau^b}{\partial \tau}\, d\widehat{v}_\tau + \int_M \widehat{\rho}_\tau^b \frac{d}{d\tau} d\widehat{v}_\tau$$
$$= \psi^{n-2}(\eta^{-1}(\tau))\int_M \left.\frac{\partial \rho_t^b}{\partial t}\right|_{t=\eta^{-1}(\tau)} dv_{g_{\eta^{-1}(\tau)}} + \int_M \widehat{\rho}_\tau^b \left(-\widehat{\mathcal{H}}_\tau^2 + \frac{(\widehat{\mathcal{H}}_\tau^2)_{av.}}{n}\right) d\widehat{v}_\tau$$

が示される．一方，ρ_t は 5.3 節で定義した関数 $(\psi_\sigma)_t$ の記号を用いると $(\psi_0)_t$ のことである．よって，上述の b のとり方より式 (5.3.14) が成り立ち，それを用いて

$$\int_M \left.\frac{\partial \rho_t^b}{\partial t}\right|_{t=\eta^{-1}(\tau)} dv_{g_{\eta^{-1}(\tau)}} \le -n\varepsilon^2 \int_M \rho_{\eta^{-1}(\tau)}^b \mathcal{H}_{\eta^{-1}(\tau)}^2 \, dv_{g_{\eta^{-1}(\tau)}}$$

をえる．これらの関係式から，

$$\frac{d}{d\tau}\int_M \widehat{\rho}^b_\tau \, d\widehat{v}_\tau \leq -n\varepsilon^2 \int_M \widehat{\rho}^b_\tau \widehat{\mathcal{H}}^2_\tau \, d\widehat{v}_\tau + \int_M \widehat{\rho}^b_\tau \left(-\widehat{\mathcal{H}}^2_\tau + (\widehat{\mathcal{H}}^2_\tau)_{av.}\right) d\widehat{v}_\tau$$
(5.10.1)

が導かれる．命題 5.9.2 の (ii) から，十分大きな τ に対し $-\widehat{\mathcal{H}}^2_\tau + (\widehat{\mathcal{H}}^2_\tau)_{av.} < \dfrac{\eta}{\inf\limits_{\tau\in[0,\infty)}(\widehat{\mathcal{H}}_{\min})_\tau}$ となることがわかる．一方，補題 5.9.3 によれば，$\inf\limits_{\tau\in[0,\infty)}(\widehat{\mathcal{H}}_{\min})_\tau > 0$ である．このとき，式 (5.10.1) から，ある十分大きな τ_0 に対し，

$$\frac{d}{d\tau}\int_M \widehat{\rho}^b_\tau \, d\widehat{v}_\tau \leq -\delta \int_M \widehat{\rho}^b_\tau \, d\widehat{v}_\tau \quad (\tau \in [\tau_0, \infty))$$

が成り立つ．ここで，δ は $\dfrac{n\varepsilon^2}{2}\left(\inf\limits_{\tau\in[0,\infty)}(\widehat{\mathcal{H}}_{\min})_\tau\right)^2$ を表す．それゆえ，

$$\int_M \widehat{\rho}^b_\tau \, d\widehat{v}_\tau \leq \int_M \widehat{\rho}^b_{\tau_0} \, dv_{\widehat{g}_{\tau_0}} \cdot e^{-\delta(\tau-\tau_0)} \quad (\tau \in [\tau_0, \infty))$$

をえる．この事実から，ある正の数 $\widehat{C}$ に対し，

$$\int_M \widehat{\rho}^b_\tau \, d\widehat{v}_\tau \leq \widehat{C} \cdot e^{-\delta\tau} \quad (\tau \in [0, \infty))$$

が成り立つことがわかる．それゆえ，補題の主張が $\sup\limits_{\tau\in[0,\infty)}\widehat{\mathcal{H}}_\tau < \infty$ とヘルダーの不等式を用いて導かれる． □

補題 5.9.2，補題 5.9.3，および補題 5.10.2 を用いて，次の事実が示される．

補題 5.10.3. ある正の定数 δ と C に対し，

$$\int_M \left(\widehat{\mathcal{H}}_\tau - (\widehat{\mathcal{H}}_\tau)_{av.}\right)^2 d\widehat{v}_\tau \leq Ce^{-\delta\tau} \quad (\tau \in [0, \infty))$$

が成り立つ．

証明 ポアンカレ不等式（命題 3.6.7. の (ii)）によれば，$\widehat{g}_\tau, 2, M$ のみに依存するある正の定数 $C(\widehat{g}_\tau, 2, M)$ に対し，

$$\left(\int_M (\widehat{\mathcal{H}}_\tau - (\widehat{\mathcal{H}}_\tau)_{av.})^2 \, d\widehat{v}_\tau\right)^{\frac{1}{2}} \leq C(\widehat{g}_\tau, 2, M)\left(\int_M \|\mathrm{grad}_{\widehat{g}_\tau}\widehat{\mathcal{H}}_\tau\|^2 \, d\widehat{v}_\tau\right)^{\frac{1}{2}}$$
(5.10.2)

が成り立つ．補題 5.9.2，補題 5.9.3 によれば，$\widehat{g}_\tau$ $(\tau \in [0, \infty))$ の曲率の族の

一様有界性が示されるので，$\sup\limits_{\tau\in[0,\infty)} C(\widehat{g}_\tau,2,M) < \infty$ が示される．この上限の値の 2 乗を $\widehat{C}$ と表すことにする．このとき，式 (5.10.2) によれば，

$$\int_M (\widehat{\mathcal{H}}_\tau - (\widehat{\mathcal{H}}_\tau)_{av.})^2\, d\widehat{v}_\tau \leq \widehat{C} \int_M \|\mathrm{grad}_{\widehat{g}_\tau} \widehat{\mathcal{H}}_\tau\|^2\, d\widehat{v}_\tau \quad (\forall\, \tau \in [0,\infty)) \tag{5.10.3}$$

が成り立つ．n に比べ十分大きな正の定数 b に対し，M 上の関数 $(\rho_b)_t$, $(\widehat{\rho}_b)_\tau$ を

$$(\rho_b)_t := \frac{\|\mathrm{grad}_{g_t} \mathcal{H}_t\|^2}{\mathcal{H}_t} + b\left(\|\mathcal{A}_t\|^2 - \frac{\mathcal{H}_t^2}{n}\right)\mathcal{H}_t,$$

$$(\widehat{\rho}_b)_\tau := \frac{\|\mathrm{grad}_{\widehat{g}_\tau} \widehat{\mathcal{H}}_\tau\|^2}{\widehat{\mathcal{H}}_\tau} + b\left(\|\widehat{\mathcal{A}}_\tau\|^2 - \frac{\widehat{\mathcal{H}}_\tau^2}{n}\right)\widehat{\mathcal{H}}_\tau$$

によって定義する．$(\widehat{\rho}_b)_\tau = \psi(\eta^{-1}(\tau))^{-3}(\rho_b)_{\eta^{-1}(\tau)}$ となるので，

$$\frac{\partial (\widehat{\rho}_b)_\tau}{\partial \tau} = \frac{dt}{d\tau} \cdot \frac{\partial (\psi^{-3}(t)(\rho_b)_t)}{\partial t}\bigg|_{t=\eta^{-1}(\tau)}$$

$$= -3\psi^{-6}(\eta^{-1}(\tau)) \frac{\partial \psi}{\partial t}\bigg|_{t=\eta^{-1}(\tau)} \cdot (\rho_b)_{\eta^{-1}(\tau)} + \psi^{-5}(\eta^{-1}(\tau)) \cdot \frac{\partial (\rho_b)_t}{\partial t}\bigg|_{t=\eta^{-1}(\tau)}$$

および

$$\widehat{\Delta}\,(\widehat{\rho}_b)_\tau = \psi^{-5}(\eta^{-1}(\tau)) \Delta\,(\rho_b)_{\eta^{-1}(\tau)}$$

が示される．それゆえ，

$$\frac{\partial (\widehat{\rho}_b)_\tau}{\partial \tau} - \widehat{\Delta}\,(\widehat{\rho}_b)_\tau = \psi^{-5}(\eta^{-1}(\tau))\left(\frac{\partial (\rho_b)_t}{\partial t}\bigg|_{t=\eta^{-1}(\tau)} - \Delta\,(\rho_b)_{\eta^{-1}(\tau)}\right)$$

$$- 3\psi^{-6}(\eta^{-1}(\tau)) \frac{\partial \psi}{\partial t}\bigg|_{t=\eta^{-1}(\tau)} (\rho_b)_{\eta^{-1}(\tau)}$$

が導かれる．系 3.2.10 における $\mathcal{H}_t$ の発展方程式，補題 5.3.2 における $(\psi_\sigma)_t = \dfrac{1}{\mathcal{H}_t^{2-\sigma}}\left(\|\mathcal{A}_t\|^2 - \dfrac{\|\mathcal{H}_t\|^2}{n}\right)$ の発展方程式，補題 5.4.3 における $\dfrac{\|\mathrm{grad}_{g_t}\mathcal{H}_t\|^2}{\mathcal{H}_t}$ の発展不等式，および式 (5.9.1), (5.9.2) を用いて，ある十分大きな $\tau_0 > 0$ に対し，

$$\frac{\partial(\widehat{\rho}_b)_\tau}{\partial \tau} - \widehat{\Delta}\,(\widehat{\rho}_b)_\tau \leq 3b\|\widehat{\mathcal{A}}_\tau\|^2\,\widehat{\mathcal{H}}_\tau\left(\|\widehat{\mathcal{A}}_\tau\|^2 - \frac{\widehat{\mathcal{H}}_\tau^2}{n}\right) - \frac{3(\widehat{\mathcal{H}}_\tau^2)_{av.}}{n}(\widehat{\rho}_b)_\tau$$
$$(\forall\,\tau \in [\tau_0, \infty))$$
(5.10.4)

をえる．ここで，$\|\widehat{\mathcal{A}}_\tau\|^2 - \frac{\widehat{\mathcal{H}}_\tau^2}{n} \to 0\ (\tau \to \infty)$ も用いた．この両辺を M 上で $d\widehat{v}_\tau$ に関して積分して，補題 5.10.1 の (ii)，補題 5.10.2，補題 5.9.3，および発散定理（定理 2.3.3）を用いることにより，ある正の定数 $\widehat{\delta}, C$ に対し，

$$\frac{d}{d\tau}\int_M (\widehat{\rho}_b)_\tau\,d\widehat{v}_\tau \leq -\widehat{\delta}\int_M (\widehat{\rho}_b)_\tau\,d\widehat{v}_\tau + Ce^{-\widehat{\delta}\tau} + \int_M ((\widehat{\mathcal{H}}_\tau^2)_{av.} - \widehat{\mathcal{H}}_\tau^2)(\widehat{\rho}_b)_\tau\,d\widehat{v}_\tau$$
$$(\forall\,\tau \in [\tau_0, \infty))$$
(5.10.5)

が成り立つことが示される．一方，補題 5.9.2 の (ii) によれば，$(\widehat{\mathcal{H}}_\tau^2)_{av.} - \widehat{\mathcal{H}}_\tau^2 \to 0\ (t \to \infty)$ となるので，ある十分大きな $\tau_1\,(\geq \tau_0)$ に対し

$$(\widehat{\mathcal{H}}_\tau^2)_{av.} - \widehat{\mathcal{H}}_\tau^2 \leq \frac{\widehat{\delta}}{2} \quad (\forall\,\tau \in [\tau_1, \infty))$$

となる．よって，

$$\frac{d}{d\tau}\int_M (\widehat{\rho}_b)_\tau\,d\widehat{v}_\tau \leq -\frac{\widehat{\delta}}{2}\int_M (\widehat{\rho}_b)_\tau\,d\widehat{v}_\tau + Ce^{-\widehat{\delta}\tau} \quad (\forall\,\tau \in [\tau_1, \infty))$$

をえる．したがって，

$$\frac{d}{d\tau}\left(e^{\frac{\widehat{\delta}\tau}{2}}\int_M (\widehat{\rho}_b)_\tau\,d\widehat{v}_\tau\right) \leq C\,e^{-\frac{\widehat{\delta}\tau}{2}} \quad (\forall\,\tau \in [\tau_1, \infty))$$

それゆえ，

$$\int_M (\widehat{\rho}_b)_\tau\,d\widehat{v}_\tau \leq \left(\frac{2C}{\delta}e^{-\frac{\widehat{\delta}}{2}\tau_1} + e^{\frac{\widehat{\delta}}{2}\tau_1}\int_M (\rho_b)_0\,dv_{g_0}\right)e^{-\frac{\widehat{\delta}\tau}{2}} \quad (\forall\,\tau \in [\tau_1, \infty))$$

をえる．一方，補題 5.9.3 により $C_1 := \sup\limits_{\tau \in [0,\infty)} (\widehat{\mathcal{H}}_{\max})_\tau < \infty$ となるので，

$$\int_M \|\mathrm{grad}_{\widehat{g}_\tau}\widehat{\mathcal{H}}_\tau\|^2\,d\widehat{v}_\tau \leq C_1\int_M \frac{\|\mathrm{grad}_{\widehat{g}_\tau}\widehat{\mathcal{H}}_\tau\|^2}{\widehat{\mathcal{H}}_\tau}\,d\widehat{v}_\tau \leq C_1\int_M (\widehat{\rho}_b)_\tau\,d\widehat{v}_\tau$$

をえる．したがって，

$$\int_M \|\mathrm{grad}_{\widehat{g}_\tau} \widehat{\mathcal{H}}_\tau\|^2 \, d\widehat{v}_\tau \leq C_1 \left(\frac{2C}{\delta} + \int_M (\rho_b)_0 \, dv_{g_0} \right) e^{-\frac{\delta\tau}{2}} \quad (\forall\, \tau \in [\tau_1, \infty))$$
(5.10.6)

をえる．式 (5.10.3) と式 (5.10.6) から，

$$\int_M \left(\widehat{\mathcal{H}}_\tau - (\widehat{\mathcal{H}}_\tau)_{av.} \right)^2 d\widehat{v}_\tau$$
$$\leq \widehat{C} \cdot C_1 \left(\frac{2C}{\delta} + \int_M (\rho_b)_0 \, dv_{g_0} \right) e^{-\frac{\delta\tau}{2}} \quad (\forall\, \tau \in [\tau_1, \infty)).$$

この事実から，補題の主張が導かれることは明らかである． □

ここで，Hamilton によって示された次の補間不等式を準備する．

定理 5.10.4 ([Ham1, Corollary 12.7]). (M, g) を n 次元コンパクトリーマン多様体とし，S を M 上の C^∞ 級のテンソル場とする．このとき，$0 \leq l \leq k$ を満たす任意の整数の組 k, l に対し，

$$\int_M \|\overline{\nabla}^l S\|^2 \, dv_g \leq C(k, l) \left(\int_M \|\overline{\nabla}^k S\|^2 \, dv_g \right)^{\frac{l}{k}} \cdot \left(\int_M \|S\|^2 \, dv_g \right)^{1 - \frac{l}{k}}$$

が成り立つ．ここで，$C(k, l)$ は k, l のみに依存するある正の定数である．

命題 5.5.1 と，この定理を用いて，次の事実が示される．

命題 5.10.5. 任意の 0 以上の整数 k に対し，$\displaystyle\sup_{\tau \in [0, \infty)} \int_M \|\overline{\nabla}^k \widehat{\mathcal{A}}_\tau\|^2 \, d\widehat{v}_\tau < \infty$ が成り立つ．

証明 命題 5.5.1 における $\mathcal{A}_t$ の高階微分に関する発展不等式から，容易に次の $\widehat{\mathcal{A}}_\tau$ の高階微分に関する発展不等式が導かれる：

$$\frac{d}{d\tau} \int_M \|\overline{\nabla}^k \widehat{\mathcal{A}}_\tau\|^2 \, d\widehat{v}_\tau + 2 \int_M \|\overline{\nabla}^{k+1} \widehat{\mathcal{A}}_\tau\|^2 \, d\widehat{v}_\tau$$
$$\leq C(k) \cdot \max_M \|\widehat{\mathcal{A}}_\tau\|^2 \cdot \int_M \|\overline{\nabla}^k \widehat{\mathcal{A}}_\tau\|^2 \, d\widehat{v}_\tau.$$

命題 5.9.3 と $\|\widehat{\mathcal{A}}_\tau\|^2 \leq \widehat{\mathcal{H}}_\tau^2$ によれば，

$$\sup_{\tau \in [0,\infty)} \max_M \|\widehat{\mathcal{A}}\|^2 \leq \sup_{\tau \in [0,\infty)} (\widehat{\mathcal{H}}_{\max})_\tau^2 < \infty.$$

$$\overline{C} := \sup_{\tau \in [0,\infty)} \max_M \|\widehat{\mathcal{A}}\|^2$$

とおく．このとき，

$$\frac{d}{d\tau} \int_M \|\overline{\nabla}^k \widehat{\mathcal{A}}_\tau\|^2 \, d\widehat{v}_\tau + 2 \int_M \|\overline{\nabla}^{k+1} \widehat{\mathcal{A}}_\tau\|^2 \, d\widehat{v}_\tau \leq C(k) \cdot \overline{C} \cdot \int_M \|\overline{\nabla}^k \widehat{\mathcal{A}}_\tau\|^2 \, d\widehat{v}_\tau. \tag{5.10.7}$$

$\widehat{\mathcal{B}}_\tau := \widehat{\mathcal{A}}_\tau - \dfrac{(\widehat{\mathcal{H}}_\tau)_{av.}}{n} \, \mathrm{id}$ とおく．$S = \mathcal{B}_\tau$ として定理 5.10.4 を用い，$\overline{\nabla}^l \widehat{\mathcal{A}}_\tau = \overline{\nabla}^l \widehat{\mathcal{B}}_\tau$ $(l = k, k+1)$ に注意することにより，

$$\int_M \|\overline{\nabla}^k \widehat{\mathcal{A}}_\tau\|^2 \, d\widehat{v}_\tau$$
$$\leq C(k, k+1) \left(\int_M \|\overline{\nabla}^{k+1} \widehat{\mathcal{A}}_\tau\|^2 \, d\widehat{v}_\tau \right)^{\frac{k}{k+1}} \left(\int_M \|\widehat{\mathcal{B}}_\tau\|^2 \, d\widehat{v}_\tau \right)^{\frac{1}{k+1}}$$

がえられ，さらに Young の不等式により，

$$\int_M \|\overline{\nabla}^k \widehat{\mathcal{A}}_\tau\|^2 \, d\widehat{v}_\tau$$
$$\leq C(k, k+1) \left(\eta \int_M \|\overline{\nabla}^{k+1} \widehat{\mathcal{A}}_\tau\|^2 \, d\widehat{v}_\tau + \eta^{-k} \int_M \|\widehat{\mathcal{B}}_\tau\|^2 \, d\widehat{v}_\tau \right) \tag{5.10.8}$$

をえる．ここで，η は任意の正の定数である．η を $\eta \leq \dfrac{2}{C(k) \cdot \overline{C} \cdot \widehat{C}(k, k+1)}$ を満たすようにとることにより，式 (5.10.7), (5.10.8) から，

$$\frac{d}{d\tau} \int_M \|\overline{\nabla}^k \widehat{\mathcal{A}}_\tau\|^2 \, d\widehat{v}_\tau \leq C(k) \cdot \overline{C} \cdot C(k, k+1) \cdot \eta^{-k} \cdot \int_M \|\widehat{\mathcal{B}}_\tau\|^2 \, d\widehat{v}_\tau$$

が導かれる．一方，

$$\int_M \|\widehat{\mathcal{B}}_\tau\|^2 \, d\widehat{v}_\tau = \int_M \left(\|\widehat{\mathcal{A}}_\tau\|^2 - \frac{2}{n} \widehat{\mathcal{H}}_\tau (\widehat{\mathcal{H}}_\tau)_{av.} + \frac{1}{n} (\widehat{\mathcal{H}}_\tau)_{av.}^2 \right) d\widehat{v}_\tau$$
$$= \int_M \left(\|\widehat{\mathcal{A}}_\tau\|^2 - \frac{1}{n} \widehat{\mathcal{H}}_\tau^2 \right) d\widehat{v}_\tau + \frac{1}{n} \int_M \left(\widehat{\mathcal{H}}_\tau - (\widehat{\mathcal{H}}_\tau)_{av.} \right)^2 d\widehat{v}_\tau$$

が成り立つ．これらの関係式，および補題 5.10.2 と補題 5.10.3 から，$\sup_{\tau \in [0,\infty)} \max_M \int_M \|\overline{\nabla}^k \widehat{\mathcal{A}}_\tau\|^2 \, d\widehat{v}_\tau < \infty$ が導かれる． $\square$

この命題，系 5.5.4，および Morrey-Sobolev の不等式（定理 3.6.6）から，次の事実が導かれる．

命題 5.10.6. 任意の 0 以上の整数 k に対し，$\sup\limits_{\tau\in[0,\infty)}\max\limits_M\|\overline{\nabla}^k\widehat{\mathcal{A}}_\tau\|<\infty$ が成り立つ．

証明 l を n よりも大きい自然数とする．命題 5.10.5，系 5.5.4，および

$$\sup_{\tau\in[0,\infty)}\max_M\|\widehat{\mathcal{A}}_\tau\|^2 \leq \sup_{\tau\in[0,\infty)}\max_M\widehat{\mathcal{H}}_\tau^2 < \infty$$

（補題 5.9.3 による）から，

$$\sup_{\tau\in[0,\infty)}\int_M\|\overline{\nabla}^{k+1}\widehat{\mathcal{A}}_\tau\|^l\,d\widehat{v}_\tau < \infty$$

が導かれる．それゆえ，Morrey-Sobolev の不等式（定理 3.6.6）から

$$\sup_{\tau\in[0,\infty)}\max_M\|\overline{\nabla}^k\widehat{\mathcal{A}}_\tau\| < \infty$$

が導かれる． □

系 5.5.4，補題 5.10.2，定理 5.10.4，および命題 5.10.6 を用いて，次の事実が示される．

命題 5.10.7. ある正の定数 δ と C に対し，

$$\|\widehat{\mathcal{A}}_\tau\|^2 - \frac{\widehat{\mathcal{H}}_\tau^2}{n} \leq Ce^{-\delta\tau} \quad (\tau\in[0,\infty))$$

が成り立つ．

証明 $\overset{\circ}{\widehat{\mathcal{A}}}_\tau := \widehat{\mathcal{A}}_\tau - \dfrac{\widehat{\mathcal{H}}_\tau}{n}\mathrm{id}$ とおく．このとき，

$$\|\overset{\circ}{\widehat{\mathcal{A}}}_\tau\|^2 = \|\widehat{\mathcal{A}}_\tau\|^2 - \frac{\widehat{\mathcal{H}}_\tau^2}{n}$$

が示される．k を任意の自然数とし，l を n よりも大きい任意の偶数とする．$\|\overline{\nabla}^{\frac{kl}{2}}\widehat{\mathcal{H}}_\tau\| \leq \sqrt{n}\|\overline{\nabla}^{\frac{kl}{2}}\widehat{\mathcal{A}}_\tau\|$ より，

$$\|\overline{\nabla}^{\frac{kl}{2}}\overset{\circ}{\mathcal{A}}_\tau\|^2 \leq \|\overline{\nabla}^{\frac{kl}{2}}\widehat{\mathcal{A}}_\tau\|^2 + \frac{2}{\sqrt{n}}\|\overline{\nabla}^{\frac{kl}{2}}\widehat{\mathcal{A}}_\tau\|\cdot\|\overline{\nabla}^{\frac{kl}{2}}\widehat{\mathcal{H}}_\tau\| + \frac{1}{n}\|\overline{\nabla}^{\frac{kl}{2}}\widehat{\mathcal{H}}_\tau\|^2$$
$$\leq 4\|\overline{\nabla}^{\frac{kl}{2}}\widehat{\mathcal{A}}_\tau\|^2$$

が容易に示される．それゆえ，命題 5.10.6 から

$$\sup_{\tau\in[0,\infty)}\max_M \|\overline{\nabla}^{\frac{kl}{2}}\overset{\circ}{\mathcal{A}}_\tau\|^2 < \infty$$

が導かれる．したがって，定理 5.10.4 を用いて，ある n, kl のみに依存する正の定数 $C_1(n, kl)$ に対し，

$$\int_M \|\overline{\nabla}^{\frac{kl}{2}}\overset{\circ}{\mathcal{A}}_\tau\|^2 \, d\widehat{v}_\tau \leq C_1(n, kl) \left(\int_M \|\overset{\circ}{\mathcal{A}}_\tau\|^2 \, d\widehat{v}_\tau\right)^{\frac{2}{kl+2}}$$
$$= C_1(n, kl) \left(\int_M \left(\|\widehat{\mathcal{A}}_\tau\|^2 - \frac{\widehat{\mathcal{H}}_\tau^2}{n}\right) d\widehat{v}_\tau\right)^{\frac{2}{kl+2}}$$

が成り立つことが示される．また，補題 5.10.2 を用いて，n, kl のみに依存するある正の定数 $C_2(n, kl)$ に対し，

$$\int_M \|\overline{\nabla}^{\frac{kl}{2}}\overset{\circ}{\mathcal{A}}_\tau\|^2 \, d\widehat{v}_\tau \leq C_2(n, kl)\cdot e^{-\delta\tau}$$

が成り立つことが示される．さらに，系 5.5.4 を用いて，k, n, l のみに依存するある正の定数 $C_3(n, kl)$ に対し，

$$\int_M \|\overline{\nabla}^k\overset{\circ}{\mathcal{A}}_\tau\|^l \, d\widehat{v}_\tau \leq C_3(n, kl)\cdot e^{-\delta\tau}$$

が成り立つことが示される．したがって，この不等式（$k = 1$ の場合）と Morrey-Sobolev の不等式により，命題の主張が示される． □

命題 5.10.8. ある正の定数 δ と C に対し，

$$(\widehat{\mathcal{H}}_{\max})_\tau - (\widehat{\mathcal{H}}_{\min})_\tau \leq Ce^{-\delta\tau} \quad (\tau\in[0,\infty))$$

が成り立つ．

証明 十分大きな正の数 b に対し，M 上の関数 $(\tilde{\rho}_b)_\tau$ を

$$(\check{\rho}_b)_\tau := \frac{\|\operatorname{grad}_{\widehat{g}_\tau} \widehat{\mathcal{H}}_\tau\|^2}{\widehat{\mathcal{H}}_\tau} + b\left(\|\widehat{\mathcal{A}}_\tau\|^2 - \frac{\widehat{\mathcal{H}}_\tau^2}{n}\right)\widehat{\mathcal{H}}_\tau$$

によって定義する．補題 5.9.1，系 3.2.10，補題 5.3.2，補題 5.4.3，補題 5.9.3，および命題 5.10.7 を用いて，ある正の数 $\check{C}$ と $\check{\delta}$ に対し，

$$\frac{\partial \check{\rho}_b}{\partial \tau} \leq \Delta (\check{\rho}_b)_\tau + \check{C} e^{-\check{\delta}\tau} - \check{\delta}(\check{\rho}_b)_\tau$$

が成り立つことが示される．この不等式は次のように変形される：

$$\frac{\partial}{\partial \tau}\left(e^{\check{\delta}\tau}(\check{\rho}_b)_\tau - \check{C}\tau\right) \leq \Delta\left(e^{\check{\delta}\tau}(\check{\rho}_b)_\tau - \check{C}\tau\right).$$

それゆえ，最大値の原理より

$$e^{\check{\delta}\tau}(\check{\rho}_b)_\tau - \check{C}\tau \leq e^{\check{\delta}\tau_0}\max_M(\rho_b)_0 - C\tau_0$$

つまり，

$$(\check{\rho}_b)_\tau \leq (\max_M(\rho_b)_0 + \check{C}(\tau - \tau_0))e^{-\check{\delta}(\tau - \tau_0)}$$

をえる．したがって，

$$\|\operatorname{grad}_{\widehat{g}_\tau}\widehat{\mathcal{H}}_\tau\|^2 \leq \widehat{C}(\max_M(\rho_b)_0 + \check{C}(\tau - \tau_0))e^{-\check{\delta}(\tau - \tau_0)}$$

をえる．一方，補題 5.9.3 と $\operatorname{Vol}(M, \widehat{g}_\tau)$ が τ によらず一定であることから，

$$\sup_{\tau \in [0, \infty)} \operatorname{diam}(M, \widehat{g}_\tau) < \infty$$

が示される．これらの事実から，この命題の主張が導かれる． □

命題 5.10.7，命題 5.10.8 から，次の事実が導かれる．

命題 5.10.9. ある正の定数 δ と C に対し，

$$\left\|\widehat{\mathcal{A}}_\tau - \frac{(\widehat{\mathcal{H}}_\tau)_{av.}}{n}\operatorname{id}\right\| \leq C e^{-\delta\tau} \quad (\tau \in [0, \infty))$$

が成り立つ．

証明

$$\left\|\widehat{\mathcal{A}}_\tau - \frac{(\widehat{\mathcal{H}}_\tau)_{av.}}{n}\,\mathrm{id}\right\| \leq \left\|\widehat{\mathcal{A}}_\tau - \frac{\widehat{\mathcal{H}}_\tau}{n}\,\mathrm{id}\right\| + \frac{1}{\sqrt{n}}\left(\widehat{\mathcal{H}}_\tau - (\widehat{\mathcal{H}}_\tau)_{av.}\right)$$

となるので，命題 5.10.7, 命題 5.10.8 からこの命題の主張が導かれる． □

命題 5.10.10. k を任意の自然数とする．このとき，ある正の定数 C, δ に対し，

$$\max_M \|\overline{\nabla}^k \widehat{\mathcal{A}}_\tau\| < C e^{-\delta\tau} \quad (\tau \in [0, \infty))$$

が成り立つ．

証明 k を任意の自然数とし，l を n よりも大きい任意の偶数とする．系 5.5.4 を $S = \widehat{\mathcal{A}}_\tau - \dfrac{(\widehat{\mathcal{H}}_\tau)_{av.}}{n}\,\mathrm{id},\ (i, m) = \left(k+1, \dfrac{(k+1)l}{2}\right)$ として用いることにより，

$$\int_M \|\overline{\nabla}^{k+1}\widehat{\mathcal{A}}_\tau\|^l\, d\widehat{v}_\tau \leq C_1(n, (k+1)l) \cdot \max_M \left\|\widehat{\mathcal{A}}_\tau - \frac{(\widehat{\mathcal{H}}_\tau)_{av.}}{n}\,\mathrm{id}\right\|^{l-2}$$
$$\cdot \int_M \|\overline{\nabla}^{\frac{(k+1)l}{2}}\widehat{\mathcal{A}}_\tau\|^2\, d\widehat{v}_\tau \qquad (5.10.9)$$

をえる．命題 5.10.6 の証明によれば，ある正の定数 C_2 に対し

$$\sup_{\tau \in [0, \infty)} \int_M \|\overline{\nabla}^{\frac{(k+1)l}{2}}\widehat{\mathcal{A}}\|^2\, d\widehat{v}_\tau < C_2$$

が成り立ち，命題 5.10.9 によれば，ある正の定数 C_3, δ に対し

$$\max_M \left\|\widehat{\mathcal{A}}_\tau - \frac{(\widehat{\mathcal{H}}_\tau)_{av.}}{n}\,\mathrm{id}\right\|^{l-2} < C_3 e^{-\delta\tau} \quad (\tau \in [0, \infty))$$

が成り立つ．したがって，式 (5.10.9) から

$$\int_M \|\overline{\nabla}^{k+1}\widehat{\mathcal{A}}_\tau\|^l\, d\widehat{v}_\tau \leq C_1(n, k) \cdot C_2 \cdot C_3 \cdot e^{-\delta\tau} \quad (\tau \in [0, \infty))$$

が導かれる．したがって，Morrey-Sobolev の不等式により，この命題の主張が示される． □

定理 5.1.2 の証明　補題 5.10.1 の (i) における $\{\widehat{g}_\tau\}_{\tau\in[0,\infty)}$ の発展方程式によれば，補題 5.9.3，命題 5.10.9 から，

$$\left|\frac{d}{d\tau}\widehat{g}_\tau\right| \leq C e^{-\delta\tau} \quad (\tau \in [0,\infty))$$

が示される．これは，命題 5.6.1 の証明中の式 (5.6.3) に相当する．それゆえ，命題 5.6.1 の証明の前半部の議論により，ある列 $\{\widehat{g}_{\tau_i}\}_{i=1}^{\infty}$ $(\tau_i \to \infty \ (i \to \infty))$ はある C^0 級リーマン計量 $\widehat{g}_\infty$ に一様収束することがわかる．さらに，命題 5.10.10 によれば，

$$\max_M \|\overline{\nabla}^k \widehat{\mathcal{A}}_\tau\| < C e^{-\delta\tau} \quad (\tau \in [0,\infty))$$

が成り立つので，命題 5.6.1 の証明の最後の部分の議論により，$t \to \infty$ のとき，$\widehat{f}_\tau$ がある C^∞ 級はめ込み写像 $\widehat{f}_\infty$ に C^∞ 位相に関して収束し，極限計量 $\widehat{g}_\infty$ が C^∞ 級であることが示される．また，命題 5.10.7 により，$\widehat{f}_\infty$ が全臍的であること，つまり $\widehat{f}_\infty(M)$ が $\mathbb{E}^{n+1}$ 内の超球面であることが示される ($\widehat{g}_\infty$ は一定の正の断面曲率をもつリーマン計量になる)．　□

5.11　有界曲率をもつリーマン多様体内の強凸閉超曲面を発する平均曲率流

定理 5.1.1，定理 5.1.2 の一般化として，一般の完備リーマン多様体内の強凸閉超曲面を発する平均曲率流に対して，類似した事実が成り立つかどうかという問題が自然に提起される．この問題に関して，1986 年，G. Huisken ([Hu2]) は，以下に述べる**有界曲率条件**と**単射半径条件**を満たす完備リーマン多様体内で，強凸性よりも強い凸性条件を満たす閉超曲面を発する平均曲率流について類似した結果をえた．この節において，この Huisken の結果を紹介する．

$(\widetilde{M},\widetilde{g})$ を $(n+1)$ 次元完備リーマン多様体で，次の有界曲率条件 (BC) と単射半径条件 (IR) を満たすようなものとする：

> (BC)　$\widetilde{K}$ と $\|\widetilde{\nabla}\widetilde{R}\|$ は有界である．　　(IR)　$\mathrm{inj}(\widetilde{M},\widetilde{g}) > 0$.

ここで，$\widetilde{K},\widetilde{\nabla},\widetilde{R}$ は各々，$(\widetilde{M},\widetilde{g})$ の断面曲率，リーマン接続，曲率テンソル場を表す．非負の定数 K_1, K_2, L を

5.11 有界曲率をもつリーマン多様体内の強凸閉超曲面を発する平均曲率流

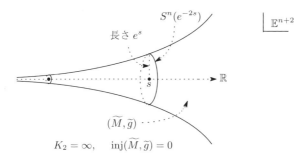

図 5.11.1 有界曲率条件 (BC) と単射半径条件 (IR) を満たさない例

$$K_1 := -\min\left\{0, \inf_{G_2(T\widetilde{M})} \widetilde{K}\right\}, \quad K_2 := \max\left\{0, \sup_{G_2(T\widetilde{M})} \widetilde{K}\right\},$$

$$L := \sup_{\widetilde{M}} \|\widetilde{\nabla}\widetilde{R}\|$$

によって定義する.

M を $n \, (\geq 2)$ 次元向き付けられた C^∞ 級閉多様体, $\{f_t : M \hookrightarrow \widetilde{M}\}_{t\in[0,T)}$ を f を発する平均曲率流とする. ここで, T は最大時間とする. $\boldsymbol{N}_t$ を f_t の外向きの単位法ベクトル場, g_t, A_t, h_t, H_t を f_t の誘導計量, 形テンソル場, 第 2 基本形式, 平均曲率ベクトル場とし, $\mathcal{A}_t, h_t^S, \mathcal{H}_t$ を f_t の $-\boldsymbol{N}_t$ に対する形作用素, (スカラー値) 第 2 基本形式, 平均曲率とする. 1986 年, G. Huisken ([Hu2]) は, 初期はめ込み写像 f_0 が次の強凸性よりも強い凸性条件を満たす場合を考察した:

$$\mathcal{H}_0 h_0^S > nK_1 g_0 + \frac{n^2}{\mathcal{H}_0} L g_0. \tag{SC}$$

注意 (i) $(\widetilde{M}, \widetilde{g})$ がユークリッド空間の場合, $K_1 = L = 0$ なので, 条件 (SC) は強凸性条件と一致する.

(ii) $(\widetilde{M}, \widetilde{g})$ が球面をはじめとするコンパクト型対称空間の場合, $K_1 = L = 0$ なので, 条件 (SC) は強凸性条件と一致する.

(iii) $(\widetilde{M}, \widetilde{g})$ が双曲空間をはじめとする非コンパクト型対称空間の場合, $L = 0$ なので, 条件 (SC) は $\mathcal{H}_0 h_0^S > nK_1 g_0$ を意味する. 特に, $(\widetilde{M}, \widetilde{g})$ が双曲空間 $H^{n+1}(c)$ の場合, $K_1 = -c$ なので, 条件 (SC) は $\mathcal{H}_0 h_0^S > -ncg_0$ を意味

し，f_0 が全臍的の場合，その主曲率が $\sqrt{-c}$ より大きいこと，つまり，$f_0(M)$ が $H^{n+1}(c)$ 内の全臍的超球面 ($S^n(c') \subset H^{n+1}(c)$) であることを意味する．それゆえ，主曲率が $\sqrt{-c}$ よりも小さい全臍的超曲面，つまり，全臍的双曲空間 ($H^n(c') \subset H^{n+1}(c)$ $(c' > c)$)，および主曲率が $\sqrt{-c}$ に等しい全臍的超曲面，つまり，ホロ球面 ($\mathbb{E}^n \subset H^{n+1}(c)$) は条件 (SC) を満たさない強凸超曲面である．Huisken ([Hu2]) は，条件 (SC) を満たす閉曲面を発する平均曲率流について次の崩壊定理を証明した．

定理 5.11.1（崩壊定理）． f_0 が条件 (SC) を満たすとき $T < \infty$ であり，すべての $t \in [0, T)$ に対し f_t は条件 (SC) を満たし，$t \to T$ のとき，f_t は定点写像に（C^∞ 位相に関して）収束する．それゆえ，$f_t(M)$ は 1 点集合に崩壊する．

注意 証明途中で，部分多様体に対するソボレフの不等式（定理 3.5.1）を用いるため，外の空間 $(\widetilde{M}, \widetilde{g})$ に有界曲率条件 (BC) と単射半径条件 (IR) を課す必要がある．

G. Huisken ([Hu2]) は，この平均曲率流に対し，リスケールされた流れを次のように定義した．上述の定理の主張における崩壊点を O と表し，O における $(\widetilde{M}, \widetilde{g})$ の指数写像を $\widetilde{\exp}_O$ と表す．$f_t^L : M \hookrightarrow T_O\widetilde{M}$ を $\widetilde{\exp}_O \circ f_t^L = f_t$ によって定義されるはめ込み写像とする．ψ を，$\psi(0) = 1$，および $\widetilde{f}_t := \widetilde{\exp}_O \circ \psi(t) f_t^L$ として

$$\mathrm{Vol}(M, \widetilde{f}_t^* \widetilde{g}_0) = \mathrm{Vol}(M, f^* \widetilde{g}_0) \tag{5.11.1}$$

が成り立つような $[0, T)$ 上の正値 C^∞ 関数とする．$\tau = \eta(t) := \int_0^t \psi(t)^2 \, dt$ とし，

$$\widehat{f}_\tau := \widetilde{f}_{\eta^{-1}(\tau)}$$

とおき，$\widehat{F} : M \times [0, \widehat{T}) \to \widetilde{M}$ を $\widehat{F}(p, \tau) := \widehat{f}_\tau(p)$ $((p, \tau) \in M \times [0, \widehat{T}))$ によって定義する．ここで，$\widehat{T}$ は $\int_0^T \psi(t)^2 \, dt$ を表す．

G. Huisken ([Hu2]) は，このリスケールされた平均曲率流について次の収束性定理を証明した．

5.11 有界曲率をもつリーマン多様体内の強凸閉超曲面を発する平均曲率流　223

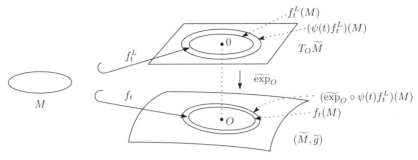

図 5.11.2　指数写像を利用したリスケール

定理 5.11.2 (収束定理). f が強凸条件 (SC) を満たすとする．このとき上述の定理により，$t \to T$ のとき，$f_t(M)$ は 1 点集合に崩壊する．$\{\widehat{f}_\tau\}_{\tau \in [0,\widehat{T})}$ を，この崩壊点を原点として上述のようにリスケールした平均曲率流とする．このとき $\widehat{T} = \infty$ であり，すべての $\tau \in [0,\infty)$ に対し，$\widehat{f}_\tau$ は強凸条件 (SC) を満たし，$\tau \to \infty$ のとき，$\widehat{f}_\tau$ は $f_0(M)$ と同じ体積をもつある閉超曲面（これは n 次元球面と C^∞ 同相）を与える埋め込み写像に，C^∞ 位相に関して収束する．

注意　上述のリスケールした平均曲率流の極限である (n 次元球面と同相な) 閉超曲面は，$(\widetilde{M},\widetilde{g})$ 内の O を中心とする測地球面であるとは限らない．なぜならば，その極限超曲面は平均曲率一定の超曲面になることが期待されるが，一般のリーマン多様体内の測地球面は平均曲率一定になるとは限らないからである．例えば，階数 2 以上の既約対称空間内の測地球面は平均曲率一定でないので，外の空間が階数 2 以上の既約対称空間の場合，その極限超曲面が測地球面ではない．

　有界曲率をもつリーマン多様体内の一般余次元の閉部分多様体を発する平均曲率流に関しては，[AB], [Ba], [LXZ], [LXYZ], [PiSi1], [KMU] 等を参照のこと．

6 保存則をもつ平均曲率流

この章において，一般の保存則をもつ平均曲率流を定義し，2つの基本的な例として体積を保存する平均曲率流と表面積を保存する平均曲率流を紹介する．これらの2つの流れは，ある閉超曲面に収束する場合，その流れの性質（以下に述べる (VPP) と (APP)）からその極限として現れる閉超曲面が等周問題の解（つまり，等周不等式の等号を成立させる閉超曲面）を与えることが期待され，等周問題の研究において強力な武器となることを認識してもらう．

具体的に，1987年，G. Huisken ([Hu4]) によって示された「ユークリッド空間内の閉凸超曲面を発する体積を保存する平均曲率流は，ユークリッド球面，つまり等周問題の解を与える閉曲面に収束する」という事実を紹介し，その証明のストーリーを述べる．さらに，2007年，E. Cabezas-Rivas と V. Miquel ([CM1]) によって示された「双曲空間 H^{n+1} 内のホロ球面よりも凸性の強い閉凸超曲面を発する体積を保存する平均曲率流は，測地球面，つまり (H^{n+1} における) 等周問題の解を与える閉超曲面に収束する」という事実を紹介する．

また，1997年，M. Athanassenas ([At1]) によって示された「ユークリッド空間内のある回転対称性を満たす境界付きコンパクト超曲面を発するノイマン条件を満たす体積を保存する平均曲率流の挙動に関する事実を紹介し，その証明の概略を述べる．さらに，2009年に E. Cabezas-Rivas と V. Miquel ([CM2]) によって発表された回転対称な空間内での類似した事実，および，2017年に [Ko7] で発表された階数1の非コンパクト型対称空間内での類似した事実を紹介する．

6.1 保存則をもつ平均曲率流

この節において，一般の保存則をもつ平均曲率流を定義し，2つの基本的な例として，体積を保存する平均曲率流と表面積を保存する平均曲率流を紹介する．M を n 次元閉多様体，$(\widetilde{M}, \widetilde{g})$ を $(n+1)$ 次元完備リーマン多様体とし，M から $\widetilde{M}$ への C^∞ 級はめ込み写像の C^∞ 族 $\{f_t\}_{t \in [0,T)}$ を考える．各 f_t が単位法ベクトル場 $\boldsymbol{N}_t$ をもつとする．$F : M \times [0,T) \to \widetilde{M}$ を次式によって定義する：

$$F(p,t) := f_t(p) \quad ((p,t) \in M \times [0,T)).$$

g_t を f_t による誘導計量，dv_t を g_t のリーマン体積要素とし，$\mathcal{A}_t, \mathcal{H}_t$ を f_t の $-\boldsymbol{N}_t$ に対する形作用素，平均曲率とする．また，$\overline{\mathcal{H}}_t$ を f_t の $\mathcal{H}_t$ を含む関数の dv_t に関する積分等を用いて定義される $M_t := f_t(M)$ の大域的幾何学量とする．族 $\{f_t\}_{t \in [0,T)}$ が

$$\frac{\partial F}{\partial t} = (\overline{\mathcal{H}}_t - \mathcal{H}_t) \boldsymbol{N}_t \tag{6.1.1}$$

を満たすとき，$\{f_t\}_{t \in [0,T)}$ を **保存則をもつ平均曲率流** (mean curvature flow with conservation law) とよぶ．平均曲率流と保存則をもつ平均曲率流の動きには大きな差異がある．なぜならば，平均曲率流のスタート直後の初期超曲面 $f_0(M)$ の点 $f_0(p)$ の動きは初期超曲面 $f_0(M)$ の点 $f_0(p)$ の近傍の形状で決まるのに比べ，保存則をもつ平均曲率流のスタート直後の初期超曲面 $f_0(M)$ の点 $f_0(p)$ の動きは，上述の定義式 (6.1.1) の右辺に大域的幾何学量の項 $\overline{\mathcal{H}}_t$ が含まれているため，初期超曲面 $f_0(M)$ の点 $f_0(p)$ の近傍の形状だけでは決まらず，$f_0(M)$ 全体の形状によって決まるからである（図 6.1.1, 図 6.1.2 も参照）．$(\overline{\mathcal{H}}_{v.p.})_t, (\overline{\mathcal{H}}_{a.p.})_t$ を

$$(\overline{\mathcal{H}}_{v.p.})_t := \frac{\int_M \mathcal{H}_t dv_t}{\mathrm{Vol}(M, g_t)}, \quad (\overline{\mathcal{H}}_{a.p.})_t := \frac{\int_M \mathcal{H}_t^2 dv_t}{\int_M \mathcal{H}_t dv_t}$$

によって定義する．族 $\{f_t\}_{t \in [0,T)}$ が

$$\frac{\partial F}{\partial t} = ((\overline{\mathcal{H}}_{v.p.})_t - \mathcal{H}_t) \boldsymbol{N}_t \tag{6.1.2}$$

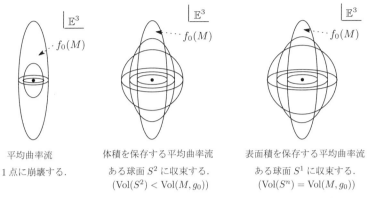

図 6.1.1　平均曲率流・体積を保存する平均曲率流・表面積を保存する平均曲率流

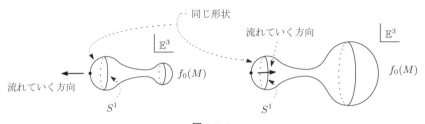

図 6.1.2
体積（または，表面積）を保存する平均曲率流の挙動は大域的構造によって決まる．

を満たすとき，$\{f_t\}_{t\in[0,T)}$ を **体積を保存する平均曲率流** (volume-preserving mean curvature flow) とよぶ．この流れの基本的な性質は，次のとおりである：

(VPP)　$f_t(M)$ によって取り囲まれる 2 つの領域のうち，$\bm{N}_t$ を外側向きとする領域を D_t とすると，$\mathrm{Vol}(D_t, \widetilde{g})$ は t によらず一定であり，表面積 $\mathrm{Vol}(M, g_t)$ は減小する．

一方，族 $\{f_t\}_{t\in[0,T)}$ が

$$\frac{\partial F}{\partial t} = ((\overline{\mathcal{H}}_{a.p.})_t - \mathcal{H}_t)\bm{N}_t \tag{6.1.3}$$

を満たすとき，$\{f_t\}_{t\in[0,T)}$ を **表面積を保存する平均曲率流** (area-preserving mean curvature flow) とよぶ．この流れの基本的な性質は，次のとおりで

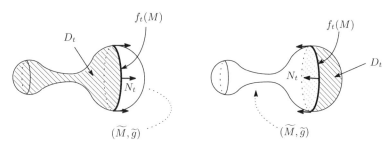

図 6.1.3 $f_t(M)$ によって取り囲まれる領域 D_t

ある:

(APP) 表面積 $\mathrm{Vol}(M, g_t)$ は t によらず一定であり,$f_t(M)$ によって取り囲まれる領域のうち,$\boldsymbol{N}_t$ を外側向きとする方の領域を D_t とすると,$\mathrm{Vol}(D_t, \widetilde{g})$ は増加する.

体積を保存する平均曲率流および表面積を保存する平均曲率流は各々,上述の性質 (VPP), (APP) をもつので,その流れがある超曲面に収束する場合,その極限超曲面はリーマン多様体 $(\widetilde{M}, \widetilde{g})$ における**等周問題** (isoperimetric problem) の解,つまり**等周不等式** (isoperimetric inequality) の等号を成立させる閉超曲面を与えることが期待される.

注意 表面積を保存する平均曲率流を考える場合,$\overline{\mathcal{H}}_{a.p.}$ の定義式の分母が $\displaystyle\int_M \mathcal{H}_t dv_t$ であるため,初期超曲面 M_0 が $\displaystyle\int_M \mathcal{H}_0 dv_0 \neq 0$ を満たすことを仮定しなければならない.例えば,M_0 が平均凸閉超曲面であるならば,この条件は満たされる.

6.2 保存則をもつ平均曲率流に沿う基本的な幾何学量の発展

この節において,保存則をもつ平均曲率流 (6.1.1) に沿う基本的な幾何学量の発展について述べることにする.M を n 次元閉多様体,$(\widetilde{M}, \widetilde{g})$ を $(n+1)$ 次元完備リーマン多様体とし,M から $\widetilde{M}$ への C^∞ 級はめ込み写像の C^∞ 族 $\{f_t\}_{t\in[0,T)}$ が保存則をもつ平均曲率流であるとする.この節において,前節および 3.2 節における記号を用いることにする.

命題 3.2.1 の証明を模倣して，誘導リーマン計量の族 $\{g_t\}_{t\in[0,T)}$ に対する次の発展方程式が導かれる．

命題 6.2.1. 各 $(p,t) \in M \times [0,T)$ に対し，
$$\left(\frac{\partial g}{\partial t}\right)_{(p,t)}(\boldsymbol{X},\boldsymbol{Y}) = 2((\overline{\mathcal{H}})_t - \mathcal{H}_t) \cdot (g_t)_p((\mathcal{A}_t)_p(\boldsymbol{X}),\boldsymbol{Y}) \quad (\boldsymbol{X},\boldsymbol{Y} \in T_pM)$$
が成り立つ．

命題 3.2.3 の証明を模倣して，g_t のリーマン体積要素 dv_t の族 $\{dv_t\}_{t\in[0,T)}$ に対する次の発展方程式が導かれる．

命題 6.2.2. $\{dv_t\}_{t\in[0,T)}$ は，次の発展方程式を満たす：
$$\frac{\partial dv_t}{\partial t} = ((\overline{\mathcal{H}})_t - \mathcal{H}_t)\mathcal{H}_t dv_t.$$
それゆえ，
$$\frac{d}{dt}\mathrm{Vol}(M, g_t) = -\int_M ((\overline{\mathcal{H}}_{v.p.})_t - \mathcal{H}_t)^2 dv_t \, (\leq 0)$$
が成り立つ．

命題 3.2.6 の証明を模倣して，$\{\boldsymbol{N}_t\}_{t\in[0,T)}$ に対する次の発展方程式が導かれる．

命題 6.2.3. $\{\boldsymbol{N}_t\}_{t\in[0,T)}$ は，次の発展方程式を満たす：
$$\frac{\partial \boldsymbol{N}}{\partial t} = f_{t*}(\mathrm{grad}_{g_t}\mathcal{H}_t).$$

命題 3.2.5 の証明を模倣して，$\{h_t\}_{t\in[0,T)}$ に対する次の発展方程式が導かれる．

命題 6.2.4. 各 $\boldsymbol{X},\boldsymbol{Y} \in TM$ に対し，次式が成り立つ：
$$\begin{aligned}
&\frac{\partial h}{\partial t}(\boldsymbol{X},\boldsymbol{Y}) - \Delta h(\boldsymbol{X},\boldsymbol{Y}) \\
&= (\overline{\mathcal{H}} - 2\mathcal{H})\,h(\mathcal{A}\boldsymbol{X},\boldsymbol{Y}) + \overline{\mathcal{H}}\left(\widetilde{R}(\boldsymbol{N}, f_{t*}(\boldsymbol{X}))f_{t*}(\boldsymbol{Y})\right)^{\perp_t} \\
&\quad + \mathrm{Tr}_g^{\bullet_1}\mathrm{Tr}_g^{\bullet_2}\widetilde{g}(h(\boldsymbol{X},\boldsymbol{Y}), h(\bullet_1,\bullet_2))h(\bullet_1,\bullet_2)
\end{aligned}$$

$$
\begin{aligned}
&- 2\operatorname{Tr}_g^{\bullet_1}\operatorname{Tr}_g^{\bullet_2}\widetilde{g}(h(\boldsymbol{X},\bullet_1),h(\boldsymbol{Y},\bullet_2))h(\bullet_1,\bullet_2)\\
&+ \operatorname{Tr}_g^{\bullet_1}\operatorname{Tr}_g^{\bullet_2}\widetilde{g}(h(\boldsymbol{X},\bullet_1),h(\bullet_1,\bullet_2))h(\boldsymbol{Y},\bullet_2)\\
&+ \operatorname{Tr}_g^{\bullet_1}\operatorname{Tr}_g^{\bullet_2}\widetilde{g}(h(\boldsymbol{Y},\bullet_1),h(\bullet_1,\bullet_2))h(\boldsymbol{X},\bullet_2)\\
&+ \operatorname{Tr}_g^{\bullet}(\widetilde{R}(h(\boldsymbol{X},\boldsymbol{Y}),f_{t*}(\bullet))f_{t*}(\bullet))^{\perp_t}\\
&- \operatorname{Tr}_g^{\bullet}h((\widetilde{R}(f_{t*}(\boldsymbol{Y}),f_{t*}(\bullet))f_{t*}(\bullet))^{T_t},\boldsymbol{X})\\
&- \operatorname{Tr}_g^{\bullet}h((\widetilde{R}(f_{t*}(\boldsymbol{X}),f_{t*}(\bullet))f_{t*}(\bullet))^{T_t},\boldsymbol{Y})\\
&+ 2\operatorname{Tr}_g^{\bullet}h(\bullet,(\widetilde{R}(f_{t*}(\bullet),f_{t*}(\boldsymbol{X}))f_{t*}(\boldsymbol{Y}))^{T_t})\\
&- 2\operatorname{Tr}_g^{\bullet}(\widetilde{R}(f_{t*}(\bullet),f_{t*}(\boldsymbol{X}))h(\boldsymbol{Y},\bullet))^{\perp_t}\\
&- 2\operatorname{Tr}_g^{\bullet}(\widetilde{R}(f_{t*}(\bullet),f_{t*}(\boldsymbol{Y}))h(\boldsymbol{X},\bullet))^{\perp_t}\\
&+ \operatorname{Tr}_g^{\bullet}((\widetilde{\nabla}_{f_{t*}(\boldsymbol{X})}\widetilde{R})(f_{t*}(\boldsymbol{Y}),f_{t*}(\bullet))f_{t*}(\bullet))^{\perp_t}\\
&- \operatorname{Tr}_g^{\bullet}((\widetilde{\nabla}_{f_{t*}(\bullet)}\widetilde{R})(f_{t*}(\bullet),f_{t*}(\boldsymbol{X}))f_{t*}(\boldsymbol{Y}))^{\perp_t}.
\end{aligned}
$$

ここで $(\widetilde{R}(\cdot,\cdot)\cdot)^{T_t}$ は, $f_{t*}((\widetilde{R}(\cdot,\cdot)\cdot)^{T_t})$ が $\widetilde{R}(\cdot,\cdot)\cdot$ の $f_t(M)$ の接成分を与えるような M 上の接ベクトル場を表し, $(\widetilde{R}(\cdot,\cdot)\cdot)^{\perp_t}$ は, $\widetilde{R}(\cdot,\cdot)\cdot$ の $f_t(M)$ に関する法成分を表す.

命題 6.2.3 と命題 6.2.4 を用いて, $\{h_t^S\}_{t\in[0,T)}$ に対する次の発展方程式が導かれる.

系 6.2.5. 各 $\boldsymbol{X},\boldsymbol{Y}\in TM$ に対し, 次式が成り立つ:

$$
\begin{aligned}
&\frac{\partial h^S}{\partial t}(\boldsymbol{X},\boldsymbol{Y}) - (\Delta h^s)(\boldsymbol{X},\boldsymbol{Y})\\
&= (\overline{\mathcal{H}}-2\mathcal{H})h^S(\mathcal{A}(\boldsymbol{X}),\boldsymbol{Y}) + \overline{\mathcal{H}}\widetilde{g}(\widetilde{R}(\boldsymbol{N})(f_{t*}(\boldsymbol{X})),f_{t*}(\boldsymbol{Y}))\\
&\quad + \operatorname{Tr}(\mathcal{A}^2)h^S(\boldsymbol{X},\boldsymbol{Y}) + \widetilde{\operatorname{Ric}}(\boldsymbol{N},\boldsymbol{N})h^S(\boldsymbol{X},\boldsymbol{Y}) - \widetilde{\operatorname{Ric}}(f_{t*}(\mathcal{A}(\boldsymbol{X})),f_{t*}(\boldsymbol{Y}))\\
&\quad + \widetilde{g}(\widetilde{R}(\boldsymbol{N})(f_{t*}(\mathcal{A}(\boldsymbol{X}))),f_{t*}(\boldsymbol{Y})) - \widetilde{\operatorname{Ric}}(f_{t*}(\mathcal{A}(\boldsymbol{Y})),f_{t*}(\boldsymbol{X}))\\
&\quad + \widetilde{g}(\widetilde{R}(\boldsymbol{N})(f_{t*}(\mathcal{A}(\boldsymbol{Y}))),f_{t*}(\boldsymbol{X})) + 2\operatorname{Tr}\left(\mathcal{A}\circ(\widetilde{R}(f_{t*}(\cdot),f_{t*}(\boldsymbol{X}))f_{t*}(Y))^{T_t}\right)\\
&\quad - \widetilde{g}(\operatorname{Tr}_g^{\bullet}(\widetilde{\nabla}_{f_{t*}(\boldsymbol{X})}\widetilde{R})(f_{t*}(\boldsymbol{Y}),f_{t*}(\bullet))f_{t*}(\bullet),\boldsymbol{N})\\
&\quad + \widetilde{g}(\operatorname{Tr}_g^{\bullet}(\widetilde{\nabla}_{f_{t*}(\bullet)}\widetilde{R})(f_{t*}(\bullet),f_{t*}(\boldsymbol{X}))f_{t*}(\boldsymbol{Y}),\boldsymbol{N}).
\end{aligned}
$$

6.2 保存則をもつ平均曲率流に沿う基本的な幾何学量の発展

補題3.2.8の証明を模倣して，次の事実が示される．

補題 6.2.6. X, Y を $\pi_M^*(TM)$ の局所切断で $g(X, Y)$ が一定であるようなものとする．このとき，次式が成り立つ：

$$g(\nabla_{\frac{\partial}{\partial t}} X, Y) + g(X, \nabla_{\frac{\partial}{\partial t}} Y) = -2(\overline{\mathcal{H}} - \mathcal{H}) h^S(X, Y).$$

命題6.2.4とこの補題を用いて，$\{H_t\}_{t \in [0,T)}$ に対する次の発展方程式が導かれる．

命題 6.2.7. $\{H_t\}_{t \in [0,T)}$ は，次の発展方程式を満たす：

$$\frac{\partial H}{\partial t} = \Delta H - 2(\overline{\mathcal{H}} - \mathcal{H}) \mathrm{Tr}_g^\bullet h(\mathcal{A}(\bullet), \bullet) + \mathrm{Tr}_g \mathcal{S}.$$

ここで，$\mathcal{S}$ は次式によって定義される $\Gamma^\infty(\pi_M^*(T^{(0,2)}M))$ の元を表す：

$$\begin{aligned}
\mathcal{S}(X, Y) = {} & \left(\overline{\mathcal{H}} - 2\mathcal{H}\right) h(\mathcal{A}X, Y) + \overline{\mathcal{H}} \left(\widetilde{R}(N, f_{t*}(X)) f_{t*}(Y)\right)^{\perp_t} \\
& + \mathrm{Tr}_g^{\bullet_1} \mathrm{Tr}_g^{\bullet_2} \widetilde{g}(h(X, Y), h(\bullet_1, \bullet_2)) h(\bullet_1, \bullet_2) \\
& - 2\mathrm{Tr}_g^{\bullet_1} \mathrm{Tr}_g^{\bullet_2} \widetilde{g}(h(X, \bullet_1), h(Y, \bullet_2)) h(\bullet_1, \bullet_2) \\
& + \mathrm{Tr}_g^{\bullet_1} \mathrm{Tr}_g^{\bullet_2} \widetilde{g}(h(X, \bullet_1), h(\bullet_1, \bullet_2)) h(Y, \bullet_2) \\
& + \mathrm{Tr}_g^{\bullet_1} \mathrm{Tr}_g^{\bullet_2} \widetilde{g}(h(Y, \bullet_1), h(\bullet_1, \bullet_2)) h(X, \bullet_2) \\
& + \mathrm{Tr}_g^\bullet (\widetilde{R}(h(X, Y), f_{t*}(\bullet)) f_{t*}(\bullet))^{\perp_t} \\
& - \mathrm{Tr}_g^\bullet h((\widetilde{R}(f_{t*}(Y), f_{t*}(\bullet)) f_{t*}(\bullet))^{T_t}, X) \\
& - \mathrm{Tr}_g^\bullet h((\widetilde{R}(f_{t*}(X), f_{t*}(\bullet)) f_{t*}(\bullet))^{T_t}, Y) \\
& + 2\mathrm{Tr}_g^\bullet h(\bullet, (\widetilde{R}(f_{t*}(\bullet), f_{t*}(X)) f_{t*}(Y))^{T_t}) \\
& - 2\mathrm{Tr}_g^\bullet (\widetilde{R}(f_{t*}(\bullet), f_{t*}(X)) h(Y, \bullet))^{\perp_t} \\
& - 2\mathrm{Tr}_g^\bullet (\widetilde{R}(f_{t*}(\bullet), f_{t*}(Y)) h(X, \bullet))^{\perp_t} \\
& + \mathrm{Tr}_g^\bullet ((\widetilde{\nabla}_{f_{t*}(X)} \widetilde{R})(f_{t*}(Y), f_{t*}(\bullet)) f_{t*}(\bullet))^{\perp_t} \\
& - \mathrm{Tr}_g^\bullet ((\widetilde{\nabla}_{f_{t*}(\bullet)} \widetilde{R})(f_{t*}(\bullet), f_{t*}(X)) f_{t*}(Y))^{\perp_t}.
\end{aligned}$$

この命題を用いて，$\{\mathcal{H}_t\}_{t \in [0,T)}$ に対する次の発展方程式が導かれる．

系 6.2.8. $\{\mathcal{H}_t\}_{t \in [0,T)}$ は,次の発展方程式を満たす:
$$\frac{\partial \mathcal{H}}{\partial t} = \Delta \mathcal{H} - (\overline{\mathcal{H}} - \mathcal{H})\left(\|\mathcal{A}\|^2 + \widetilde{\mathrm{Ric}}(\boldsymbol{N}, \boldsymbol{N})\right).$$

系 6.2.1,系 6.2.5 および補題 6.2.6 を用いて,次の発展方程式をえる.

命題 6.2.9. $\|\mathcal{A}\|^2$ は,平均曲率流に沿って次のように時間発展する:
$$\begin{aligned}
\frac{\partial \|\mathcal{A}\|^2}{\partial t} =\ & \Delta \|\mathcal{A}\|^2 - 2\|\overline{\nabla}\mathcal{A}\|^2 - 2\overline{\mathcal{H}} \cdot \mathrm{Tr}(\mathcal{A}^3) \\
& + 2\overline{\mathcal{H}} \cdot \mathrm{Tr}(\mathcal{A} \circ \widetilde{R}(\boldsymbol{N})^T) + 2\|\mathcal{A}\|^2 \left(\|\mathcal{A}\|^2 + \widetilde{\mathrm{Ric}}(\boldsymbol{N}, \boldsymbol{N})\right) \\
& - 4\mathrm{Tr}((\widetilde{\mathrm{Ric}}^\sharp)^T \circ \mathcal{A}^2) + 4\mathrm{Tr}(\widetilde{R}(\boldsymbol{N})^T \circ \mathcal{A}^2) \\
& + 4\mathrm{Tr}\mathrm{Tr}_g^\bullet(\mathcal{A} \circ (\widetilde{R}(f_{t*}(\cdot), f_{t*}(\bullet))f_{t*}(\mathcal{A}(\bullet)))^{T_t}) \\
& - 2\mathrm{Tr}_g^\bullet(\widetilde{\nabla}_{f_{t*}(\bullet)}\widetilde{\mathrm{Ric}})(f_{t*}(\mathcal{A}(\bullet)), \boldsymbol{N}) \\
& + 2\mathrm{Tr}_g^{\bullet_1}\mathrm{Tr}_g^{\bullet_2}\widetilde{g}((\widetilde{\nabla}_{f_{t*}(\bullet_1)}\widetilde{R})(f_{t*}(\bullet_1), f_{t*}(\bullet_2))f_{t*}(\mathcal{A}(\bullet_2)), \boldsymbol{N}).
\end{aligned}$$

ここで,$(\widetilde{\mathrm{Ric}}^\sharp)^T$ と $\widetilde{R}(\boldsymbol{N})^T$ は各々,命題 3.2.11 で述べたものである.

この節の最後に,(VPP) が成り立つことを証明する.

(VPP) の証明 命題 6.2.2 を用いて,
$$\begin{aligned}
\frac{d}{dt}\mathrm{Vol}(M, g_t) &= \int_M \frac{\partial dv_t}{\partial t} = \int_M \mathcal{H}_t((\overline{\mathcal{H}}_{v.p.})_t - \mathcal{H}_t) dv_t \\
&= (\overline{\mathcal{H}}_{v.p.})_t^2 \cdot \mathrm{Vol}(M, g_t) - \int_M \mathcal{H}_t^2 dv_t \\
&= -\int_M (\mathcal{H}_t^2 - (\overline{\mathcal{H}}_{v.p.})_t^2) dv_t \\
&= -\int_M (\mathcal{H}_t^2 - 2(\overline{\mathcal{H}}_{v.p.})_t^2 + (\overline{\mathcal{H}}_{v.p.})_t^2) dv_t \\
&= -\int_M \mathcal{H}_t^2 dv_t + 2(\overline{\mathcal{H}}_{v.p.})_t \int_M \mathcal{H}_t dv_t - \int_M (\overline{\mathcal{H}}_{v.p.})_t^2 dv_t \\
&= -\int_M (\mathcal{H}_t - (\overline{\mathcal{H}}_{v.p.})_t)^2 dv_t \leq 0.
\end{aligned}$$

このように,表面積 $\mathrm{Vol}(M, g_t)$ は時間の経過とともに減少する.

次に,体積 $\mathrm{Vol}(D_t, \widetilde{g})$ が t によらず一定であることを示す.$t_0 \in [0, T)$ を 1 つとり固定する.$p_0 \in D_{t_0}$ をとり,p_0 からの距離関数 $d(p_0, \cdot) : \widetilde{M} \to \mathbb{R}$ を簡

単のため，r と表すことにする．D_{t_0} の閉包 $\overline{D}_{t_0}$ を含む測地球 $B_{p_0}(a)$ 上のベクトル場 $\mathbb{P}$ を

$$\mathbb{P} := \rho \cdot \mathrm{grad}_{\widetilde{g}} r$$

によって定義する．ここで，ρ は $B_{p_0}(a)$ 上の C^∞ 級の非負値増加関数で，次の条件を満たすものとする：

$$\rho(0) = 0, \quad \mathrm{div}_{\widetilde{g}}(\rho \cdot \mathrm{grad}_{\widetilde{g}} r) = 1.$$

このような関数 ρ は一意に定まる．例えば，$(\widetilde{M}, \widetilde{g}) = \mathbb{E}^{n+1}$ の場合，

$$\mathbb{P} = \frac{1}{n+1} r \cdot \mathrm{grad}_{\widetilde{g}} r$$

となる．このベクトル場 $\mathbb{P}$ を利用して，発散定理（定理 2.3.3）および命題 6.2.2，命題 6.2.3 を用いることにより，

$$\begin{aligned}
\frac{d}{dt}\bigg|_{t=t_0} \mathrm{Vol}(D_t, \widetilde{g}) &= \frac{d}{dt}\bigg|_{t=t_0} \int_{D_t} \mathrm{div}_{\widetilde{g}} \mathbb{P} \, d\widetilde{v} \\
&= \frac{d}{dt}\bigg|_{t=t_0} \int_M \widetilde{g}(\mathbb{P} \circ f_t, \boldsymbol{N}_t) dv_t \\
&= \int_M \widetilde{g}\left(\widetilde{\nabla}^F_{\frac{\partial}{\partial t}}(\mathbb{P} \circ F)\bigg|_{t=t_0}, \boldsymbol{N}_{t_0}\right) dv_{t_0} \\
&\quad + \int_M \widetilde{g}\left(\mathbb{P} \circ f_{t_0}, \frac{\partial \boldsymbol{N}}{\partial t}\bigg|_{t=t_0}\right) dv_{t_0} \\
&\quad + \int_M \widetilde{g}(\mathbb{P} \circ f_{t_0}, \boldsymbol{N}_{t_0}) \frac{\partial dv}{\partial t}\bigg|_{t=t_0} = 0
\end{aligned}$$

をえる．t_0 の任意性により，体積 $\mathrm{Vol}(D_t, \widetilde{g})$ が t によらず一定であることが示される． □

6.3 ユークリッド空間内の強凸閉超曲面を発する体積を保存する平均曲率流

この節では主に，1987 年に G. Huisken ([Hu4]) によって発表された，ユークリッド空間内の強凸閉超曲面を発する体積を保存する平均曲率流の球面へ

の収束定理について紹介する.M を n (≥ 2) 次元向き付けられた C^∞ 級閉多様体,$\{f_t : M \hookrightarrow \mathbb{E}^{n+1}\}_{t \in [0,T)}$ を f を発する体積を保存する平均曲率流とする.ここで,T は最大時間とする.$\boldsymbol{N}_t$ を f_t の外向きの単位法ベクトル場,g_t, A_t, h_t, H_t を f_t の誘導計量,形テンソル場,第 2 基本形式,平均曲率ベクトル場とし,$\mathcal{A}_t, h_t^S, \mathcal{H}_t$ を f_t の $-\boldsymbol{N}_t$ に対する形作用素,(スカラー値) 第 2 基本形式,平均曲率とする.また,D_t を $f_t(M)$ の取り囲む領域とする.G. Huisken ([Hu4]) は,ユークリッド空間内の強凸閉超曲面を発する体積を保存する平均曲率流に関する,次の球面への収束定理を証明した.

定理 6.3.1 (収束定理). f_0 が強凸であるとする.このとき,$T = \infty$ であり,すべての $t \in [0, \infty)$ に対し f_t は強凸であり,$t \to \infty$ のとき,f_t はある全臍的埋め込み写像 (これを f_∞ と表す) に (C^∞ 位相に関して) 収束する.それゆえ,M は n 次元球面に C^∞ 同相であり,$f_\infty(M)$ は $\mathbb{E}^{n+1}$ 内のある (全臍的) 球面になる (この (全臍的) 球面の取り囲む領域の体積は $\mathrm{Vol}_{g_{\mathbb{E}}}(D_0)$ に等しい).

注意 $\mathbb{E}^{n+1}$ 内のある (全臍的) 球面は,$\mathbb{E}^{n+1}$ における等周問題の解,つまり等周不等式の等号を成立させる閉超曲面である.

この定理の証明は,基本的に定理 5.1.1 および 5.1.2 の証明に類似しているので,証明のストーリーだけ述べることにする.最初に,強凸性保存性,つまり

 "f_0 が強凸であるならば,すべての $t \in [0, T)$ に対し f_t は強凸である"

を示す.

強凸性保存性の証明 外の空間が $\mathbb{E}^{n+1}$ なので,系 6.2.5 によれば,各 $\boldsymbol{X}, \boldsymbol{Y} \in TM$ に対して次式が成り立つ:
$$\frac{\partial h^S}{\partial t}(\boldsymbol{X}, \boldsymbol{Y}) = (\Delta h^S)(\boldsymbol{X}, \boldsymbol{Y}) + (\overline{\mathcal{H}}_{v.p.} - 2\mathcal{H}) h^S(\mathcal{A}(\boldsymbol{X}), \boldsymbol{Y}) \\ + \|\mathcal{A}\|_g^2 \cdot h^S(\boldsymbol{X}, \boldsymbol{Y}). \tag{6.3.1}$$

多項式型写像 $P_g : \mathcal{S}_M \to \mathcal{S}_M$ を

$$P_g(h^S)(\boldsymbol{X}, \boldsymbol{Y}) := (\overline{\mathcal{H}}_{v.p.} - 2\mathcal{H})h^S(\mathcal{A}(\boldsymbol{X}), \boldsymbol{Y}) + \|\mathcal{A}\|_g^2 h^S(\boldsymbol{X}, \boldsymbol{Y})$$

を満たすようなものとする．このとき，

$$\widehat{S}(v, \bullet) = 0 \Rightarrow P_g(\widehat{S})(v, v) = 0$$

が成り立つ．したがって，最大値の原理（定理 3.3.2）により主張をえる． □

さらに，次の事実が示される．

補題 6.3.2. ある $\varepsilon \in (0, \frac{1}{n}]$ に対し，$\mathcal{A}_0 \geq \varepsilon \mathcal{H}_0 \mathrm{id}$ が成り立っているならば，すべての $t \in [0, T)$ に対し，$\mathcal{A}_t \geq \varepsilon \mathcal{H}_t \mathrm{id}$ が成り立つ．

証明 $S_t := h_t^S - \varepsilon \mathcal{H}_t g_t$ とおく．明らかに，条件 $\mathcal{A}_t \geq \varepsilon \mathcal{H}_t \mathrm{id}$ は $S_t \geq 0$ と同値である．外の空間がユークリッド空間なので，系 6.2.8 より次の発展方程式が成り立つ：

$$\frac{\partial \mathcal{H}}{\partial t} = \Delta \mathcal{H} - (\overline{\mathcal{H}} - \mathcal{H})\|\mathcal{A}\|^2. \tag{6.3.2}$$

発展方程式 (6.3.1) と式 (6.3.2) から，$\{S_t\}_{t \in [0,T)}$ に対する次の発展方程式をえる：

$$\frac{\partial S}{\partial t} = \Delta S + (\overline{\mathcal{H}}_{v.p.} - 2\mathcal{H})h^S(\mathcal{A}\boldsymbol{X}, \boldsymbol{Y}) + \|\mathcal{A}\|^2 h^S(\boldsymbol{X}, \boldsymbol{Y})$$
$$+ \varepsilon(\overline{\mathcal{H}}_{v.p.} - \mathcal{H})\|\mathcal{A}\|^2 g(\boldsymbol{X}, \boldsymbol{Y}) - 2\varepsilon(\overline{\mathcal{H}}_{v.p.} - \mathcal{H})\mathcal{H}h^S(\boldsymbol{X}, \boldsymbol{Y}).$$

この発展方程式の反応項は，ある多項式型写像 $P_g : \mathcal{S}_M \to \mathcal{S}_M$ を用いて $P_g(S)$ と表される．$S(\boldsymbol{X}, \cdot) = 0$ とすると，$\varepsilon \leq \frac{1}{n}$ なので

$$P_g(S)(\boldsymbol{X}, \boldsymbol{X}) = \varepsilon \overline{\mathcal{H}}_{v.p.}(\|\mathcal{A}\|^2 - \varepsilon \mathcal{H}^2) \geq 0$$

をえる．したがって，最大値の原理（定理 3.3.2）により主張をえる． □

次に，定理 6.3.1 の主張における体積を保存する平均曲率流 $\{f_t\}_{t \in [0,T)}$ の全臍的埋め込みを発する平均曲率流への漸近性に関する次の結果を証明する．

命題 6.3.3. ある $\delta \in (0, \frac{1}{2})$ と f_0 のみに依存する，ある正の定数 $C(f_0)$ に対し，次が成り立つ：

$$\|\mathcal{A}_t\|^2 - \frac{\|\mathcal{H}_t\|^2}{n} \leq C(f_0)\mathcal{H}_t^{2-\delta} \quad (t \in [0,T)). \tag{6.3.3}$$

証明 M 上の関数 $(\psi_\sigma)_t$ を

$$(\psi_\sigma)_t := \frac{1}{\mathcal{H}_t^{2-\sigma}}\left(\|\mathcal{A}_t\|^2 - \frac{\mathcal{H}_t^2}{n}\right)$$

によって定義し，$M \times [0,T)$ 上の関数 ψ_σ を $\psi_\sigma(p,t) := (\psi_\sigma)_t(p)$ によって定義する．簡単のため，$\alpha := 2 - \sigma$ とおく．外の空間がユークリッド空間なので，命題 6.2.9 より次の発展方程式が成り立つ：

$$\frac{\partial \|\mathcal{A}\|^2}{\partial t} = \Delta\|\mathcal{A}\|^2 - 2\|\overline{\nabla}\mathcal{A}\|^2 - 2\overline{\mathcal{H}}\cdot\mathrm{Tr}(\mathcal{A}^3). \tag{6.3.4}$$

発展方程式 (6.3.2) と式 (6.3.4) を用いて

$$\begin{aligned}\frac{\partial \psi_\sigma}{\partial t} &= \Delta\psi_\sigma + \frac{2(\alpha-1)}{\mathcal{H}}\cdot g(\mathrm{grad}\,\mathcal{H}, \mathrm{grad}\,\psi_\sigma) \\ &\quad - \frac{2}{\mathcal{H}^{\alpha+2}}\cdot\|\mathcal{H}\overline{\nabla}h^S - d\mathcal{H}\otimes h^S\|^2 \\ &\quad - \frac{(2-\alpha)(\alpha-1)}{\mathcal{H}^{\alpha+2}}\left(\|\mathcal{A}\|^2 - \frac{\mathcal{H}^2}{n}\right)\|\mathrm{grad}\,\mathcal{H}\|^2 \\ &\quad + \frac{2\overline{\mathcal{H}}_{v.p.}}{\mathcal{H}^{3-\sigma}}\left(\|\mathcal{A}\|^4 - \mathcal{H}\mathrm{Tr}(\mathcal{A}^3)\right) - \sigma\|\mathcal{A}\|^2\cdot\frac{\overline{\mathcal{H}}_{v.p.} - \mathcal{H}}{\mathcal{H}}\cdot\psi_\sigma\end{aligned} \tag{6.3.5}$$

をえる．さらに，この発展方程式から，式 (5.3.5) に類似して次の発展不等式が導かれる：

$$\begin{aligned}\frac{\partial \psi_\sigma}{\partial t} &\leq \Delta\psi_\sigma + \frac{2(\alpha-1)}{\mathcal{H}}\cdot g(\mathrm{grad}\,\mathcal{H}, \mathrm{grad}\,\psi_\sigma) - \frac{\varepsilon^2}{\mathcal{H}^\alpha}\cdot\|\mathrm{grad}\,\mathcal{H}\|^2 \\ &\quad + \sigma\|\mathcal{A}\|^2\psi_\sigma - 2\varepsilon^2\overline{\mathcal{H}}_{v.p.}\mathcal{H}\psi_\sigma.\end{aligned} \tag{6.3.6}$$

この発展不等式を用いて，補題 5.3.6 に類似した次の事実が示される：

$$\sup_{t\in[0,T)}\sup\left\{\|(\psi_\sigma)_t\|_{L^b}\,\Big|\, b\geq\frac{100}{\varepsilon^2},\,\sigma\leq\frac{n\varepsilon^3}{8\sqrt{b}}\right\} < \infty.$$

$k_0 := \sup_M(\psi_\sigma)_0$ とおく．各 $k \geq k_0$ に対し，M 上の関数 $(\psi_{\sigma,k})_t$ を

$$(\psi_{\sigma,k})_t := \max\{(\psi_\sigma)_t - k, 0\}$$

によって定義し，M の部分集合 $(D_k)_t$ を

6.3 ユークリッド空間内の強凸閉超曲面を発する体積を保存する平均曲率流　237

$$(D_k)_t := \{p \in M \mid (\psi_\sigma)_t(p) > k\}$$

によって定義する．さらに，$\|D_k\| := \int_0^T \mathrm{Vol}_{g_t}((D_k)_t) dt$ とおく．このとき，5.3 節の系 5.3.7 以降の議論を模倣して，ある $k_1 \geq k_0$ と $\gamma > 1$ に対し，次の事実が成り立つことが示される：

$$|\hat{k} - k|^b \|D_{\hat{k}}\| \leq \hat{C}_2 \cdot \|D_k\|^\gamma \quad (\forall \hat{k}, \; \forall k \in [k_1, \infty) \; (\hat{k} > k))$$

また，明らかに，$k \mapsto \|D_k\|$ は非負値減小関数である．したがって，Stampacchia の反復補題（補題 5.3.8）によれば，

$$\|D_{k_1+d_0}\| = 0 \qquad \left(d_0 := \left(\hat{C}_2 \|D_{k_1}\|^{\gamma-1} 2^{\frac{b\gamma}{\gamma-1}}\right)^{\frac{1}{b}}\right),$$

つまり

$$\sup_{t \in [0, T)} \sup_M (\psi_\sigma)_t \leq k_1 + d_0$$

が成り立つ．これは，命題 6.3.3 の主張を意味する． □

次に，平均曲率のグラジエント評価に関する補題 5.4.2 に類似した結果を導くことにする．そのために，いくつかの補題を準備する．命題 6.2.1 と系 6.2.8 を用い，補題 5.4.2 の証明と同様の議論を行うことにより，次の発展方程式が導かれる．

補題 6.3.4. $\{\|\mathrm{grad}\,\mathcal{H}_t\|^2\}_{t \in [0, T)}$ は，次の発展方程式を満たす：

$$\begin{aligned}
\frac{\partial \|\mathrm{grad}\,\mathcal{H}\|^2}{\partial t} =\; & \Delta(\|\mathrm{grad}\,\mathcal{H}\|^2) - 2\|\nabla d\mathcal{H}\|^2 + 2\|\mathcal{A}\|^2 \cdot \|\mathrm{grad}\,\mathcal{H}\|^2 \\
& + 2\langle \mathrm{grad}\,\mathcal{H} \otimes h^S, \mathrm{grad}\,\mathcal{H} \otimes h^S \rangle \\
& - 2(\overline{\mathcal{H}}_{v.p.} - \mathcal{H})\langle \mathrm{grad}\,\mathcal{H}, \mathrm{grad}(\|\mathcal{A}\|^2) \rangle \\
& - 2\overline{\mathcal{H}}_{v.p.} h^S(\mathrm{grad}\,\mathcal{H}, \mathrm{grad}\,\mathcal{H}).
\end{aligned} \qquad (6.3.7)$$

それゆえ，

$$\frac{\partial \|\mathrm{grad}\,\mathcal{H}\|^2}{\partial t} \leq \Delta(\|\mathrm{grad}\,\mathcal{H}\|^2) + 8n\mathcal{H}(\overline{\mathcal{H}}_{v.p.} + \mathcal{H}) \cdot \|\nabla \mathcal{A}\|^2 \qquad (6.3.8)$$

が成り立つ.

命題 6.3.3 と式 (6.3.8) を用いて,平均曲率のグラジエント評価に関する次の結果が導かれる.

命題 6.3.5. $T_0 \in [0,T)$ を任意に 1 つとり固定する. $\mathcal{H}_{\max}^{T_0} := \max\limits_{t \in [0,T_0]} \max\limits_{M} \mathcal{H}_t$ とおく.このとき,任意の正の数 η に対し,

$$\|\mathrm{grad}\,\mathcal{H}_t\|^2 \leq \eta \cdot (\mathcal{H}_{\max}^{T_0})^4 + C(\eta, f_0) \quad (t \in [0, T_0])$$

となるような η と f_0 のみに依存する正の定数 $C(\eta, f_0)$ が存在する.

この証明については,[Hu4] の第 3 節の後半部を参照のこと.

次に,f_t の平均曲率 $\mathcal{H}_t$ の最大値 $(\mathcal{H}_{\max})_t$ と最小値 $(\mathcal{H}_{\min})_t$ の比 $\dfrac{(\mathcal{H}_{\max})_t}{(\mathcal{H}_{\min})_t}$ の収束性,および,$\{\mathcal{H}_t\}_{t \in [0,T)}$ の一様有界性に関する次の事実を示す.

命題 6.3.6. $\{\mathcal{H}_t\}_{t \in [0,T)}$ は一様有界である.

証明 仮に,$\sup\limits_{t \in [0,T)} (\mathcal{H}_{\max})_t = \infty$ とする.このとき,各 $\eta > 0$ に対し

$$t \in (t(\eta), T) \Rightarrow (\mathcal{H}_{\max})_t > \eta$$

となる $t(\eta) \in (0,T)$ が存在する.$\theta(\eta) := \left(\dfrac{C(\eta, f_0)}{\eta}\right)^{\frac{1}{4}}$ とおく.ここで,$C(\eta, f_0)$ は命題 6.3.5 におけるようなものである.このとき,

$$\|\mathrm{grad}\,\mathcal{H}_t\| \leq 2\sqrt{\eta}\,(\mathcal{H}_{\max})_t^2 \quad (t \in (t(\theta(\eta)), T))$$

が成り立ち,$t_i \to T\ (i \to \infty)$ および $(\mathcal{H}_{\max})_{t_i} \to \infty\ (i \to \infty)$ を満たす $(t(\theta(\eta)), T)$ における数列 $\{t_i\}_{i=1}^{\infty}$ が存在する.$t_i \in (t(\theta(\eta)), T)$ なので,

$$\|\mathrm{grad}\,\mathcal{H}_{t_i}\| \leq 2\sqrt{\eta}\,(\mathcal{H}_{\max})_{t_i}^2 \quad (i \in \mathbb{N})$$

が成り立つ.p_{t_i} を $\mathcal{H}_{t_i}$ の最大点とし,$\gamma_i : [0, \infty) \to M$ を p_{t_i} を発する速さ 1 の (M,g) 上の測地線とする.$\rho_{\gamma_i} := \mathcal{H}_{t_i} \circ \gamma_i\,(:[0,\infty) \to \mathbb{R})$ とおく.このとき,

6.3 ユークリッド空間内の強凸閉超曲面を発する体積を保存する平均曲率流　239

$$\frac{d\rho_{\gamma_i}}{ds} = (d\mathcal{H}_{t_i})_{\gamma_i(s)}(\gamma_i'(s)) = g_{\gamma_i(s)}((\operatorname{grad}\mathcal{H}_{t_i})_{\gamma_i(s)}, \gamma_i'(s))$$
$$\geq -\|(\operatorname{grad}\mathcal{H}_t)_{\gamma_i(s)}\| \geq -2\sqrt{\eta}(\mathcal{H}_{\max})_{t_i}^2.$$

それゆえ，

$$\rho_{\gamma_i}(s) \geq (1 - 2\sqrt{\eta}(\mathcal{H}_{\max})_{t_i} \cdot s)(\mathcal{H}_{\max})_{t_i} \quad (s \in [0,\infty))$$

が示される．よって，$\gamma_i\left(\left[0, \dfrac{1}{2\eta^{\frac{1}{4}}(\mathcal{H}_{\max})_{t_i}}\right]\right)$ 上で，$\mathcal{H}_{t_i} > (1 - \eta^{\frac{1}{4}})(\mathcal{H}_{\max})_{t_i}$ が成り立つことが示される．さらに γ_i の任意性により，$B_{p_{t_i}}\left(\dfrac{1}{2\eta^{\frac{1}{4}}(\mathcal{H}_{\max})_{t_i}}\right)$ の内部上で，$\mathcal{H}_{t_i} > (1 - \eta^{\frac{1}{4}})(\mathcal{H}_{\max})_{t_i}$ が成り立つことが示される．この事実は，任意の $i \in \mathbb{N}$ に対し成り立つことを注意しておく．一方，補題 6.3.2 によれば $\mathcal{A}_t \geq \varepsilon \mathcal{H}_t \operatorname{id} (t \in [0, T))$ となるので，ガウスの方程式により，

$$\operatorname{Ric}_t(\boldsymbol{X}, \boldsymbol{Y}) = \mathcal{H}_t h_t^S(\boldsymbol{X}, \boldsymbol{Y}) - h_t^S(\mathcal{A}_t \boldsymbol{X}, \boldsymbol{Y})$$
$$\geq (n-1)\varepsilon^2(\mathcal{H}_{\min})_t^2 g_t(\boldsymbol{X}, \boldsymbol{Y}) \quad (\boldsymbol{X}, \boldsymbol{Y} \in TM, t \in [0, T))$$

をえる．それゆえ，Myers の定理（定理 2.7.1）によれば，$B_{p_t}\left(\dfrac{\pi}{\varepsilon(\mathcal{H}_{\min})_t}\right) = M$ が示される．必要ならば η を十分小さな正の数にとり直すことにより，

$$\frac{1}{2\eta^{\frac{1}{4}}(\mathcal{H}_{\max})_t} > \frac{\pi}{\varepsilon(\mathcal{H}_{\min})_t}$$

としてよい．したがって，任意の $i \in \mathbb{N}$ に対し，$\mathcal{H}_{t_i} > (1 - \eta^{\frac{1}{4}})(\mathcal{H}_{\max})_{t_i}$ が M 全体で成り立ち，それゆえ

$$(\mathcal{H}_{\min})_{t_i} > (1 - \eta^{\frac{1}{4}})(\mathcal{H}_{\max})_{t_i}$$

が成り立つことが示される．この事実は，十分小さな任意の正の数 η に対し成り立つので，

$$\lim_{i \to \infty} \frac{(\mathcal{H}_{\max})_{t_i}}{(\mathcal{H}_{\min})_{t_i}} = 1$$

が導かれる．この事実と $t \mapsto \operatorname{Vol}_{g_t}(D_t)$ の一定性から，$\sup_{i \in \mathbb{N}}(\mathcal{H}_{\max})_{t_i} < \infty$ が導かれる．これは $\lim_{i \to \infty}(\mathcal{H}_{\max})_{t_i} = \infty$ に矛盾する．したがって，$\{\mathcal{H}_t\}_{t \in [0,T)}$ の一様有界性が示される． □

命題 6.3.7. 任意の $m \in \mathbb{N}$ に対し, $\{\|\overline{\nabla}^m \mathcal{A}_t\|^2\}_{t \in [0,T)}$ は一様有界である.

証明 補題 5.5.6 の発展方程式に類似して, 次の発展方程式が示される:

$$\begin{aligned}
\frac{\partial \|\overline{\nabla}^m \mathcal{A}\|^2}{\partial t} &= \Delta(\|\overline{\nabla}^m \mathcal{A}\|^2) - 2\|\overline{\nabla}^{m+1} \mathcal{A}\|^2 \\
&\quad + \sum_{i+j+k=m} \overline{\nabla}^i \mathcal{A} * \overline{\nabla}^j \mathcal{A} * \overline{\nabla}^k \mathcal{A} * \overline{\nabla}^m \mathcal{A} + \overline{\mathcal{H}}_{v.p.} \\
&\quad \cdot \sum_{i+j=m} \overline{\nabla}^i \mathcal{A} * \overline{\nabla}^j \mathcal{A} * \overline{\nabla}^m \mathcal{A}.
\end{aligned} \tag{6.3.9}$$

前命題より $\{\mathcal{H}_t\}_{t \in [0,T)}$ は一様有界なので, $\{(\overline{\mathcal{H}}_{v.p.})_t\}_{t \in [0,T)}$ も $\{\|\mathcal{A}_t\|^2\}_{t \in [0,T)}$ も一様有界である.

m に関する帰納法で示すことにする. 任意の $m \leq m_0$ に対し, $\{\|\overline{\nabla}^m \mathcal{A}\|^2\}_{t \in [0,T)}$ が一様有界であるとする. $\overline{C} := \sup_{t \in [0,T)} (\overline{\mathcal{H}}_{v.p.})_t$, $C_{m_0} := \max_{0 \leq m \leq m_0} \sup_{t \in [0,T)} \max_M \|(\overline{\nabla}^m \mathcal{A})_t\|^2$ とおく. このとき, 式 (6.3.9) より

$$\frac{\partial \|\overline{\nabla}^{m_0+1} \mathcal{A}\|^2}{\partial t} \leq \Delta(\|\overline{\nabla}^{m_0+1} \mathcal{A}\|^2) + C_1 \|\overline{\nabla}^{m_0+1} \mathcal{A}\|^2$$

をえる. ここで, C_1 は C_{m_0} と $\mathcal{H}^T_{\max} (:= \sup_{t \in [0,T)} \mathcal{H}_t)$ のみに依存する正の定数である. $\rho_t := \|\overline{\nabla}^{m_0+1} \mathcal{A}_t\|^2 + 2C_1 \|\overline{\nabla}^{m_0} \mathcal{A}_t\|^2$ とおく. このとき,

$$\begin{aligned}
\frac{\partial \rho}{\partial t} &\leq \Delta \rho_t - 2C_1 \|\overline{\nabla}^{m_0+1} \mathcal{A}_t\|^2 + C_2 \\
&\leq \Delta \rho_t - 2C_1 \rho_t + 4C_1^2 C_{m_0} + C_2
\end{aligned}$$

をえる. ここで, C_2 は C_{m_0} と $\mathcal{H}^T_{\max}$ のみに依存する正の定数である. それゆえ, 最大値の原理を用いて,

$$\sup_{t \in [0,T)} \max_M \rho_t \leq \max \left\{ \max_M \rho_0, 2C_1 C_{m_0} + \frac{C_2}{2C_1} \right\}$$

が示される. したがって, $\left\{\|\overline{\nabla}^{m_0+1} \mathcal{A}\|^2\right\}_{t \in [0,T)}$ が一様有界であることが示される. □

この命題から, 次の事実が導かれる.

命題 6.3.8. $T = \infty$ であり, $t \to \infty$ のとき, f_t はある C^∞ 級はめ込み写像

に（C^∞ 位相に関して）収束する．

証明 前命題により，任意の $m \in \mathbb{N}$ に対し $\{\|\overline{\nabla}^m \mathcal{A}\|^2\}_{t \in [0,T)}$ は一様有界なので，命題 5.6.1 の証明における議論（この議論により事実 5.6.2 が示される）を模倣して $t \to T$ のとき，f_t がある C^∞ 級はめ込み写像 f_T に（C^∞ 位相に関して）収束することがわかる．さらに，この事実から容易に $T = \infty$ であることが示される． □

以上の準備のもとに，定理 6.3.1 を証明することにする．

定理 6.3.1 の証明

（ステップ I） 命題 6.2.2 から，
$$\int_0^\infty \int_M ((\overline{\mathcal{H}}_{v.p.})_t - \mathcal{H}_t)^2 dv_t dt = \mathrm{Vol}(M, g_0) - \mathrm{Vol}(M, g_\infty) \leq \mathrm{Vol}(M, g_0)$$
が示される．

命題 6.3.6 と命題 6.3.7 より，$\{\mathcal{H}_t\}_{t \in [0,\infty)}$ と $\{\overline{\nabla}^m \mathcal{A}_t\}_{t \in [0,\infty)}$ は一様有界なので，$\{\int_M ((\overline{\mathcal{H}}_{v.p.})_t - \mathcal{H}_t)^2 dv_t\}_{t \in [0,\infty)}$ と $\{\frac{d}{dt} \int_M ((\overline{\mathcal{H}}_{v.p.})_t - \mathcal{H}_t)^2 dv_t\}_{t \in [0,\infty)}$ が一様有界であることが示される．それゆえ，
$$\int_M ((\overline{\mathcal{H}}_{v.p.})_t - \mathcal{H}_t)^2 dv_t \to 0 \quad (t \to \infty) \tag{6.3.10}$$
が示される（図 6.3.1 を参照）．一方，命題 6.3.5 と命題 6.3.6 より，ある正の定数 $\check{C}$ に対し，$\{\|\mathrm{grad}\,\mathcal{H}_t\|\}_{t \in [0,\infty)}$ が一様有界であることが示される．これらの事実から，
$$\max_M |(\overline{\mathcal{H}}_{v.p.})_t - \mathcal{H}_t| \to 0 \quad (t \to \infty) \tag{6.3.11}$$
が導かれる（図 6.3.2 を参照）．$t \mapsto \mathrm{Vol}_{g_t}(D_t)$ が一定であるから，式 (6.3.11) は
$$\inf_{t \in [0,\infty)} \min_M \mathcal{H}_t > 0$$
を導く．この下限を $2\widehat{\delta}$ と表す．

（ステップ II） $\mathring{\mathcal{A}}_t := \mathcal{A}_t - \dfrac{\mathcal{H}_t}{n}\mathrm{id}$ とおく．このとき，

が成り立つ. k を任意の自然数とし, l を n よりも大きい自然数とする. 単純計算により,

$$\|\overline{\nabla}^{\frac{kl}{2}} \mathring{\mathcal{A}}_t\|^2 \leq \|\overline{\nabla}^{\frac{kl}{2}} \mathcal{A}_t\|^2 + \frac{2}{\sqrt{n}} \|\overline{\nabla}^{\frac{kl}{2}} \mathcal{A}_t\| \cdot \|\overline{\nabla}^{\frac{kl}{2}} \mathcal{H}_t\| + \frac{1}{n}\|\overline{\nabla}^{\frac{kl}{2}} \mathcal{H}_t\|^2$$
$$\leq 4\|\overline{\nabla}^{\frac{kl}{2}} \mathcal{A}_t\|^2$$

が示される. この関係式と定理 5.10.4, および命題 6.3.7 より,

$$\int_M \|\overline{\nabla}^{\frac{kl}{2}} \mathring{\mathcal{A}}_t\|^2 dv_t \leq C_1(n, kl) \left(\int_M \|\mathring{\mathcal{A}}_t\|^2 dv_t\right)^{\frac{2}{kl+2}}$$
$$= C_1(n, kl) \left(\int_M \left(\|\mathcal{A}_t\|^2 - \frac{\mathcal{H}_t^2}{n}\right) dv_t\right)^{\frac{2}{kl+2}} \quad (6.3.12)$$

が導かれる. ここで, $C_1(n, kl)$ は n, kl のみに依存する正の定数である. 一方, 第 5 章における式 (5.3.5) から式 (5.3.14) を導き出し, さらに, 式 (5.3.14) から補題 5.10.2 を導き出す過程における議論を模倣することにより, 式 (6.3.6) ($\sigma = 0$ の場合) および $\inf\limits_{t \in [0, \infty)} \min_M \mathcal{H}_t \geq 2\widehat{\delta}$ から

$$\int_M \left(\|\mathcal{A}_t\|^2 - \frac{\mathcal{H}_t^2}{n}\right) dv_t \leq Ce^{-\widehat{\delta}t} \quad (t \in [0, \infty)) \quad (6.3.13)$$

が導かれる. ここで, C はある正の定数である. 式 (6.3.12), (6.3.13) および系 5.5.4 を用いて, n, k, l のみに依存するある正の定数 $C_2(n, k, l)$ に対し

$$\int_M \|\overline{\nabla}^k \mathring{\mathcal{A}}_t\|^l dv_t \leq C_2(n, k, l) e^{-\frac{2\widehat{\delta}}{kl+2} \cdot t} \quad (t \in [0, \infty)) \quad (6.3.14)$$

が成り立つことが示される. $\delta := \dfrac{2\widehat{\delta}}{kl+2}$ とおく. 特に $k = 0$ の場合を考え, Morrey-Sobolev の不等式 (定理 3.6.6) を用いることにより,

$$\max_M \left(\|\mathcal{A}_t\|^2 - \frac{\mathcal{H}_t^2}{n}\right) = \max_M \|\mathring{\mathcal{A}}_t\|^2 \leq \check{C} e^{-\delta t} \quad (t \in [0, \infty)) \quad (6.3.15)$$

が導かれる.

(**ステップ III**) k を任意の自然数とし, l を n よりも大きい任意の自然数とする. 系 5.5.4 を $S = \mathcal{A}_t - \dfrac{(\overline{\mathcal{H}}_{v.p.})_t}{n}\mathrm{id}$, $(i, m) = (k+1, \frac{(k+1)l}{2})$ として用いるこ

6.3 ユークリッド空間内の強凸閉超曲面を発する体積を保存する平均曲率流　243

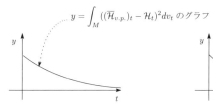

- $\{\int_M ((\overline{\mathcal{H}}_{v.p.})_t - \mathcal{H}_t)^2 dv_t\}_{t \in [0,\infty)}$：一様有界
- $\{\frac{d}{dt} \int_M ((\overline{\mathcal{H}}_{v.p.})_t - \mathcal{H}_t)^2 dv_t\}_{t \in [0,\infty)}$：一様有界
- $\lim_{t \to \infty} \int_M ((\overline{\mathcal{H}}_{v.p.})_t - \mathcal{H}_t)^2 dv_t = 0$

- $\{\int_M ((\overline{\mathcal{H}}_{v.p.})_t - \mathcal{H}_t)^2 dv_t\}_{t \in [0,\infty)}$：一様有界
- $\{\frac{d}{dt} \int_M ((\overline{\mathcal{H}}_{v.p.})_t - \mathcal{H}_t)^2 dv_t\}_{t \in [0,\infty)}$：一様有界でない
- $\not\exists \lim_{t \to \infty} \int_M ((\overline{\mathcal{H}}_{v.p.})_t - \mathcal{H}_t)^2 dv_t$

図 6.3.1　$\int_M ((\overline{\mathcal{H}}_{v.p.})_t - \mathcal{H}_t)^2 dv_t \to 0 \ (t \to \infty)$ について

とにより，

$$\int_M \|\overline{\nabla}^{k+1} \mathcal{A}_t\|^l dv_t \leq C_1(n, (k+1)l) \cdot \max_M \left\| \mathcal{A}_t - \frac{(\overline{\mathcal{H}}_{v.p.})_t}{n} \mathrm{id} \right\|^{l-2} \cdot \int_M \left\| \overline{\nabla}^{\frac{(k+1)l}{2}} \mathcal{A}_t \right\|^2 dv_t \tag{6.3.16}$$

をえる．命題 6.3.7 より，

$$\sup_{t \in [0,\infty)} \max_M \left\| \overline{\nabla}^{\frac{(k+1)l}{2}} \mathcal{A}_t \right\| < \infty$$

が成り立つ．さらに，$t \mapsto \mathrm{Vol}(M, g_t)$ が t によらず一定であることより，ある正の定数 C_2 に対し，

$$\sup_{t \in [0,\infty)} \max_M \int_M \left\| \overline{\nabla}^{\frac{(k+1)l}{2}} \mathcal{A}_t \right\|^2 dv_t < C_2 \tag{6.3.17}$$

が成り立つ．定理 5.10.8 の証明を模倣して，ある正の定数 C_3 と δ' に対し，

$$\max_M |(\overline{\mathcal{H}}_{v.p.})_t - \mathcal{H}_t| < C_3 e^{-\delta' t} \quad (t \in [0, \infty)) \tag{6.3.18}$$

が成り立つことが示される．式 (6.3.15) と式 (6.3.18) から，

$$\max_M \left\| \mathcal{A}_t - \frac{(\overline{\mathcal{H}}_{v.p.})_t}{n} \mathrm{id} \right\| < \check{C} e^{-\check{\delta} t} \quad (\tau \in [0, \infty)) \tag{6.3.19}$$

が成り立つ．したがって，式 (6.3.16), (6.3.17), (6.3.19) から，

$$\int_M \|\overline{\nabla}^{k+1} \mathcal{A}_t\|^l dv_t \leq C_1(n, (k+1)l) \cdot C_2 \cdot \check{C}^{l-2} \cdot e^{-\check{\delta}(l-2)t} \quad (t \in [0, \infty))$$

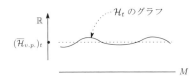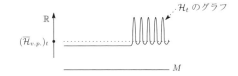

- $\|\int_M ((\overline{\mathcal{H}}_{v.p.})_t - \mathcal{H}_t)^2 dv_t\|$: 十分小さい
- $\|\mathrm{grad}_{g_t} \mathcal{H}_t\|$: 普通の大きさ
- $\max_M \|(\overline{\mathcal{H}}_{v.p.})_t - \mathcal{H}_t\|$: 十分小さい

- $\|\int_M ((\overline{\mathcal{H}}_{v.p.})_t - \mathcal{H}_t)^2 dv_t\|$: 十分小さい
- $\|\mathrm{grad}_{g_t} \mathcal{H}_t\|$: かなり大きい
- $\max_M \|(\overline{\mathcal{H}}_{v.p.})_t - \mathcal{H}_t\|$: かなり大きい

図 6.3.2　$\max_M |(\overline{\mathcal{H}}_{v.p.})_t - \mathcal{H}_t| \to 0 \ (t \to \infty)$ について

が導かれる．したがって，Morrey-Sobolev の不等式により，

$$\max_M \|\overline{\nabla}^k \mathcal{A}_t\| \leq \overline{C} e^{-\delta(l-2)t} \quad (t \in [0, \infty))$$

をえる．したがって，定理 5.1.2 の証明における議論を模倣して，$t \to \infty$ のとき，f_t がある C^∞ 級はめ込み写像 f_∞ に C^∞ 位相に関して収束することが示される．さらに，式 (6.3.15) から f_∞ が全臍的であること，つまり，$f_\infty(M)$ が $\mathbb{E}^{n+1}$ 内の超球面であることが示される（f_∞ による誘導計量は一定の正の断面曲率をもつリーマン計量になる）．　　□

6.4　双曲空間内の強ホロ凸閉超曲面を発する体積を保存する平均曲率流

前節で述べた，ユークリッド空間内の強凸閉超曲面を発する体積を保存する平均曲率流に対する収束定理（定理 6.3.1）に類似した結果が，一般の完備リーマン多様体内で成り立つかという問題が考えられる．答えはノーである．例えば，正の定曲率 c をもつ球面 $S^{n+1}(c)$ 内の初期強凸閉超曲面 $f_0(M)$ が図 6.4.1 におけるように，ある開部分がおおよそ全測地的であり，残りの部分が凸度が強い場合，その流れに沿って強凸性が崩れる．

負の定曲率 c をもつ双曲空間 $H^{n+1}(c)$ 内の初期強凸閉超曲面 $f_0(M)$ が同じく図 6.4.2 におけるように，ある開部分がおおよそ全測地的であり，残りの部分が凸度が強い場合，その流れに沿って強凸性が崩れる可能性があるように思われる．しかしながら，2007 年に，E. Cabezas-Rivas と V. Miquel ([CM1]) は，双曲空間内の強凸性よりも強いある条件を満たす閉超曲面を発する体積を保存する平均曲率流に沿ってその条件が保存され，無限時間で測地球面（＝

6.4 双曲空間内の強ホロ凸閉超曲面を発する体積を保存する平均曲率流   245

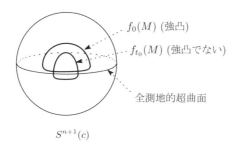

図 6.4.1　強凸性が崩れる例

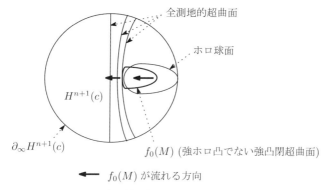

図 6.4.2　強凸性が保存されるかどうか微妙な例

全臍的超球面) に収束することを示した．この節において，この E. Cabezas-Rivas と V. Miquel の収束性定理について紹介する．

一定の断面曲率 $c\,(<0)$ をもつ $(n+1)$ 次元双曲空間 $H^{n+1}(c)$ 内の全測地的超曲面は $H^n(c)$ に等長であり，$H^{n+1}(c)$ 内のホロ球面は $\mathbb{E}^n$ に等長であり，この主曲率は $\sqrt{-c}$ となる（2.15 節参照）．E. Cabezas-Rivas と V. Miquel は，形作用素 $\mathcal{A}$ が $\mathcal{A} > \sqrt{-c}\,\mathrm{id}$ を満たす超曲面を強 h-凸超曲面とよんだ．本書では，この超曲面を**強ホロ凸超曲面 (strongly horospherically convex hypersurface)** とよぶことにする．

条件 $\mathcal{A} > \sqrt{-c}\,\mathrm{id}$ は，その超曲面を $f : M \hookrightarrow H^{n+1}(c)$ として，各点 $p \in M$ に対し p の十分小さな近傍の f による像が $f(p)$ で $f(M)$ に接するホロ球面 $b^{-1}_{\gamma_{-N_p}}(0)$ の $-N_p$ 側の領域に含まれることを意味する（図 6.4.3 参照）．

M を $n\,(\geq 2)$ 次元向き付けられた C^∞ 級閉多様体とし，$\{f_t : M \hookrightarrow H^{n+1}(c)\}_{t \in [0,T)}$ を f を発する体積を保存する平均曲率流とする．ここで，T

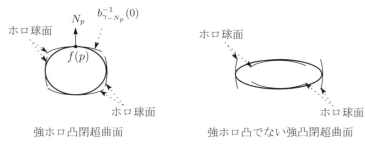

図 6.4.3　強ホロ凸超曲面

は最大時間を表す．N_t を f_t の外向きの単位法ベクトル場，g_t，A_t，h_t，H_t を f_t の誘導計量，形テンソル場，第2基本形式，平均曲率ベクトル場とし，$\mathcal{A}_t$，h_t^S，$\mathcal{H}_t$ を f_t の $-N_t$ に対する形作用素，（スカラー値）第2基本形式，平均曲率とする．また，D_t を $f_t(M)$ が取り囲む領域とし，$H^{n+1}(c)$ のリーマン計量を $\tilde{g}$ で表す．E. Cabezas-Rivas と V. Miquel ([CM1]) は，双曲空間内の強ホロ凸閉超曲面を発する体積を保存する平均曲率流に対する，次の測地球面への収束定理を証明した．

定理 6.4.1（収束定理）．f_0 が強ホロ凸であるとする．このとき，$T = \infty$ であり，すべての $t \in [0,\infty)$ に対し f_t は強ホロ凸であり，$t \to \infty$ のとき，f_t はある全臍的埋め込み写像（これを f_∞ と表す）に（C^∞ 位相に関して）収束する．それゆえ，M は n 次元球面に C^∞ 同相であり，$f_\infty(M)$ は $H^{n+1}(c)$ 内のある全臍的球面（= 測地球面）になる（この全臍的球面の取り囲む領域の体積は $\mathrm{Vol}_{\tilde{g}}(D_0)$ に等しい）．

　この定理の証明の概略を述べることにする．最初に，強ホロ凸性保存性，つまり

"f_0 が強ホロ凸であるならば，すべての $t \in [0,T)$ に対し f_t は強ホロ凸である"

を示す．

強ホロ凸性保存性の証明　M 上の対称 2 次共変テンソル場 S_t を $S_t := h_t^S - \sqrt{-c}g_t$ によって定義する．$\{g_t\}_{t \in [0,T)}$，$\{h_t^S\}_{t \in [0,T)}$ に対する発展方程式（命題 6.2.1，系 6.2.5）より，

6.4 双曲空間内の強ホロ凸閉超曲面を発する体積を保存する平均曲率流 247

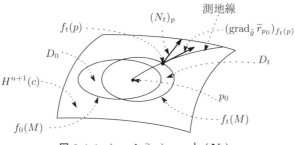

図 6.4.4 $(\mathrm{grad}_{\tilde{g}}\tilde{r}_{p_0})_{f_t(p)}$ と $(\boldsymbol{N}_t)_p$

$$\frac{\partial S}{\partial t} = \Delta S_t + P_{g_t}(S_t)$$

が導かれる．ここで，P_{g_t} は次を満たす多項式写像である：

$$P_{g_t}(S_t) = ((\overline{\mathcal{H}}_{v.p.})_t - 2\mathcal{H}_t)(h_t^S(\mathcal{A}_t\cdot,\cdot) + cg_t) \\ + (\|\mathcal{A}_t\|^2 + nc - 2\sqrt{-c}((\overline{\mathcal{H}}_{v.p.})_t - \mathcal{H}_t))h_t^S.$$

$S_t(\boldsymbol{v}) = 0$ とする．このとき，$P_{g_t}(S_t)(\boldsymbol{v},\boldsymbol{v}) \geq 0$ を示すことができる．それゆえ，最大値の原理（定理 3.3.2）により，すべての時間 t に対し，$S_t > 0$ が成り立つことが示される． □

$p_0 \in D_0$ を任意にとり固定する．p_0 からの距離関数 $d_{\tilde{g}}(p_0,\cdot) : H^{n+1}(c) \to \mathbb{R}$ を $\tilde{r}_{p_0}$ と表す．$(r_{p_0})_t := \tilde{r}_{p_0} \circ f_t$ とおく．M 上の C^∞ 関数 $(\sigma_{p_0})_t$ を次式によって定義する：

$$(\sigma_{p_0})_t(p) := \frac{\sinh(\sqrt{-c}(r_{p_0})_t(p))}{\sqrt{-c}} \cdot \tilde{g}\left((\boldsymbol{N}_t)_p, (\mathrm{grad}_{\tilde{g}}\tilde{r}_{p_0})_{f_t(p)}\right) \quad (p \in M).$$

命題 6.2.3 より，

$$\frac{\partial \sigma_{p_0}}{\partial t} = \Delta_t(\sigma_{p_0})_t + \|\mathcal{A}_t\|^2(\sigma_{p_0})_t + ((\overline{\mathcal{H}}_{v.p.})_t - 2\mathcal{H}_t)\cosh(\sqrt{-c}r_t) \quad (6.4.1)$$

をえる．[CM1] の Theorem 4 によれば，一般に $H^{n+1}(c)$ 内のホロ凸有界領域に対し次の事実が成り立つ．

命題 6.4.2. D を $H^{n+1}(c)$ 内の強ホロ凸有界領域とし，∂D に内接する測地球面のうち半径最大のものの半径を $r(D)$ で表し，その中心を o で表す（$r(D)$ は D の**内半径 (inradius)** とよばれる）．また，

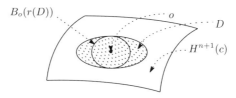

図 6.4.5 $r(D)$ (D の内半径)

$$r(D)_{\tan} := \frac{\tanh(\frac{\sqrt{-c}r(D)}{2})}{\sqrt{-c}}$$

とおく．このとき，次の (i), (ii) が成り立つ．

(i) $\max_{p\in\partial D} d_{\tilde{g}}(o,p) \leq r(D) + \sqrt{-c}\log\frac{(1+\sqrt{r(D)_{\tan}})^2}{1+r(D)_{\tan}} < r(D) + \sqrt{-c}\log 2$.

(ii) $\boldsymbol{N}$ を ∂D の外向きの単位法ベクトル場とする．このとき，任意の $p \in \mathring{D}$ に対し，

$$\tilde{g}(\boldsymbol{N}, \mathrm{grad}_{\tilde{g}}\tilde{r}_p) \geq \tanh\bigl(\sqrt{-c}\max_{q\in\partial D} d_{\tilde{g}}(p,q)\bigr)$$

が成り立つ．ここで，$\tilde{r}_p$ は $d_{\tilde{g}}(p,\cdot)$ を表す．

この命題を用いて，次の事実が示される．

命題 6.4.3. ψ を関数

$$s \mapsto \mathrm{Vol}(S^n(1)) \cdot \int_0^s \frac{\sinh(\sqrt{-c}s)}{\sqrt{-c}}ds$$

の逆関数とし，η を関数

$$s \mapsto s + \sqrt{-c}\log\frac{\left(1+\sqrt{\tanh\left(\frac{\sqrt{-c}s}{2}\right)}\right)^2}{1+\tanh\left(\frac{\sqrt{-c}s}{2}\right)}$$

の逆関数とする．また，$r(D_t)$ を D_t の内半径とする．このとき，

$$\eta(\psi(\mathrm{Vol}_{\tilde{g}}(D_0))) \leq r(D_t) \leq \psi(\mathrm{Vol}_{\tilde{g}}(D_0)) \quad (t \in [0,T))$$

が成り立つ．

6.4 双曲空間内の強ホロ凸閉超曲面を発する体積を保存する平均曲率流

この命題の証明については，[CM1] の Lemma 4.1 の証明を参照のこと．命題 6.4.2 の (i) と命題 6.4.3 から容易に次の事実が導かれる．

命題 6.4.4. $\sup_{t \in [0,T)} \mathrm{diam}_{\bar{g}} D_t < 2(\psi(\mathrm{Vol}(D_0)) + \sqrt{-c}\log 2)$ が成り立つ．

また，命題 6.4.3 を用いて次の事実が示される．

命題 6.4.5. $t_0 \in [0,T)$ と $p_{t_0} \in \mathring{D}_{t_0}$ を任意に固定する．このとき，

$$\tau := -\frac{1}{nc} \cdot \log \frac{\cosh(\sqrt{-c}\eta(\psi(\mathrm{Vol}_{\bar{g}}(D_0))))}{\cosh\left(\frac{\sqrt{-c}\eta(\psi(\mathrm{Vol}_{\bar{g}}(D_0)))}{2}\right)}$$

として，

$$B_{p_{t_0}}\left(\frac{r(D_{t_0})}{2}\right) \subset D_t \quad (t \in [t_0, \min\{t_0 + \tau, T\}))$$

が成り立つ．

この命題の証明については，[CM1] の Lemma 4.3 の証明を参照のこと．命題 6.4.3，命題 6.4.4，命題 6.4.5 から次が導かれる．

命題 6.4.6. t_0, p_{t_0}, τ を上述におけるようなものとする．このとき，

$$\begin{aligned}\frac{1}{2}\eta(\psi(\mathrm{Vol}_{\bar{g}}(D_0))) &\leq \frac{r(D_{t_0})}{2} \leq (r_{p_{t_0}})_t \ (:= \widetilde{r}_{p_{t_0}} \circ f_t) \\ &\leq 2(\psi(\mathrm{Vol}_{\bar{g}}(D_0)) + \sqrt{-c}\log 2) \\ &\qquad (t \in [t_0, \min\{t_0 + \tau, T\}))\end{aligned}$$

が成り立つ．

以下，

$$C_1 := \frac{1}{2}\eta(\psi(\mathrm{Vol}_{\bar{g}}(D_0))), \quad C_2 := 2(\psi(\mathrm{Vol}_{\bar{g}}(D_0)) + \sqrt{-c}\log 2)$$

とおく．命題 6.4.2 の (ii) と命題 6.4.6 より，

$$(\sigma_{p_{t_0}})_t \geq \frac{\sinh(\sqrt{-c}\,C_1)\tanh(\sqrt{-c}\,C_1)}{\sqrt{-c}} \quad (t \in [t_0, \min\{t_0 + \tau, T\}))$$

をえる．

$$a := \frac{\sinh(\sqrt{-c}\,C_1)\tanh(\sqrt{-c}\,C_1)}{2\sqrt{-c}}$$

とおく．M 上の関数 W_t を $W_t := \dfrac{\mathcal{H}_t}{(\sigma_{p_{t_0}})_t - a}$ によって定義する．簡単のため，$r_t := (r_{p_{t_0}})_t$, $\sigma_t := (\sigma_{p_{t_0}})_t$ とおく．式 (6.4.1) と系 6.2.8 より，

$$\frac{\partial W}{\partial t} = \Delta_t W_t + \frac{2}{\sigma_t - a}\cdot g_t(\mathrm{grad}_{g_t} W_t, \mathrm{grad}_{g_t}\sigma_t) + P_{g_t}(W_t) \tag{6.4.2}$$
$$(t \in [t_0, \min\{t_0+\tau, T\}))$$

が導かれる．ここで，P_{g_t} は次を満たす多項式写像である：

$$P_{g_t}(W_t) = -\frac{(\overline{\mathcal{H}}_{v.p.})_t}{\sigma_t - a}\cdot(\|\mathcal{A}_t\|^2 + nc) - \frac{W_t \cdot (\overline{\mathcal{H}}_{v.p.})_t}{\sigma_t - a}\cdot \cosh(\sqrt{-c}\,r_t)$$
$$+ 2W_t^2\cosh(\sqrt{-c}\,r_t) - \frac{aW_t}{\sigma_t - a}\cdot\|\mathcal{A}_t\|^2 + ncW_t.$$

式 (6.4.2) から，容易に

$$\frac{\partial W}{\partial t} \le \Delta_t W_t + \frac{2}{\sigma_t - a}\cdot g_t(\mathrm{grad}_{g_t}W_t, \mathrm{grad}_{g_t}\sigma_t) + 2W_t^2\cosh(\sqrt{-c}\,r_t)$$
$$- \frac{a^2 W_t^3}{n} \qquad (t \in [t_0, \min\{t_0+\tau, T\})) \tag{6.4.3}$$

が導かれる．$[0, T)$ 上の関数 w を $w(t) := \max\limits_M W_t$ によって定義する．式 (6.4.3) から，容易に

$$\frac{dw}{dt} \le w_t^2\left(2\cosh(\sqrt{-c}\,r_t) - \frac{a^2 W_t}{n}\right) \quad (t \in [t_0, \min\{t_0+\tau, T\})) \tag{6.4.4}$$

が導かれ，それゆえ

$$W_t \le w_t \le \max\left\{w(t_0), \frac{2n\cosh(\sqrt{-c}\,C_2)}{a^2}\right\} \quad (t \in [t_0, \min\{t_0+\tau, T\})) \tag{6.4.5}$$

が示される．一方，命題 6.4.6 より

$$W_t = \frac{\mathcal{H}_t}{\sigma_t - a} \ge \frac{\mathcal{H}_t\sqrt{-c}}{\sinh(\sqrt{-c}\,C_2) - a\sqrt{-c}} \quad (t \in [t_0, \min\{t_0+\tau, T\})) \tag{6.4.6}$$

が示される．式 (6.4.5) と式 (6.4.6) から

$$\mathcal{H}_t \leq \left(\frac{\sinh(\sqrt{-c}\, C_2)}{\sqrt{-c}} - a \right) \cdot \max\left\{ \max_M W_{t_0}, \frac{2n\cosh(\sqrt{-c}\, C_2)}{a^2} \right\} \quad (6.4.7)$$
$$(t \in [t_0, \min\{t_0 + \tau, T\}))$$

が導かれる．一方，

$$\max_M W_t \leq \max_M W_{t_0} \quad (t \in [t_0, \min\{t_0 + \tau, T\}))$$

が示されており，t_0 の任意性により

$$\max_M W_t \leq \max_M W_0 \quad (t \in [0, T))$$

が導かれる．したがって，

$$\mathcal{H}_t \leq \left(\frac{\sinh(\sqrt{-c}\, C_2)}{\sqrt{-c}} - a \right) \cdot \max\left\{ \max_M W_0, \frac{2n\cosh(\sqrt{-c}\, C_2)}{a^2} \right\} \quad (t \in [0, T))$$
(6.4.8)

が示される．よって，次の結果がえられる．

命題 6.4.7. $\{\mathcal{H}_t\}_{t \in [0,T)}$ は一様有界である．

前節で述べたように，G. Huisken ([Hu4]) は，誘導計量 g_t のリッチ曲率の下からの評価式を用いた (M, g_t) の上からの直径評価（Myers の定理），および $\|\mathrm{grad}\,\mathcal{H}_t\|$ の上からの評価式を用いて，定理 6.3.1 の主張におけるような流れに沿う平均曲率の族の一様有界性を証明した．一方，上述のように，E. Cabezas-Rivas と V. Miquel は，$\widetilde{r}_{p_{t_0}} \circ f_t$ と $\mathcal{H}_t$ を用いて定義される関数 W_t の発展方程式に（ある時間区間 $[t_0, \min\{t_0 + \tau, T\})$ で）最大値の原理を用いることによるその時間区間上での W_t の上からの一様評価を導き，それを基にして定理 6.4.1 の主張におけるような流れに沿う平均曲率の族の一様有界性を証明した．このように，E. Cabezas-Rivas と V. Miquel による平均曲率の族の一様有界性の証明法は，Huisken による平均曲率の族の一様有界性の証明法と本質的に異なる．

定理 6.4.1 の証明 $\{\mathcal{H}_t\}_{t \in [0,T)}$ の一様有界性から $\{(\overline{\mathcal{H}}_{v.p.})_t\}_{t \in [0,T)}$ の一様有界性が導かれ，また，f_t のホロ凸性により $\|\mathcal{A}_t\|^2 \leq \mathcal{H}_t^2$ が成り立つので，

$\{\|\mathcal{A}_t\|^2\}_{t\in[0,T)}$ の一様有界性が導かれる．この一様有界性から前節における命題 6.3.7 の証明を模倣して，任意の自然数 m に対し，$\{\|\overline{\nabla}^m \mathcal{A}_t\|^2\}_{t\in[0,T)}$ の一様有界性が導かれ，$t \to T$ のとき，f_t が C^∞ 位相に関してある C^∞ はめ込み写像（これを f_T で表す）に収束することが示される．

さらに，この事実から，$T = \infty$ が容易に示される．さらに，定理 6.3.1 の証明における（ステップ I）から（ステップ III）の議論を模倣して，f_T が全臍的埋め込み写像であること，つまり，$f_T(M)$ が $H^{n+1}(c)$ 内の測地球面であることが示される． □

6.5 管状超曲面を発するノイマン条件を満たす体積を保存する平均曲率流 I

1997 年，M. Athanassenas ([At1]) は，ユークリッド空間内のある 2 つの平行なアフィン超平面 Σ_1, Σ_2 上に直交する，あるアフィン直線の Σ_1, Σ_2 に挟まれた部分（この線分を l と表す）上の管状超曲面で，境界に沿って Σ_1, Σ_2 に直交するようなものを初期超曲面とするノイマン条件を満たす体積を保存する平均曲率流を調べた．この節において，M. Athanassenas の定理を紹介するとともに，その証明の概略を述べることにする．

Σ_1, Σ_2 を $(n+1)$ 次元ユークリッド空間 $\mathbb{E}^{n+1}$ 内の互いに平行なアフィン超平面とし，l を Σ_1, Σ_2 と直交するアフィン直線のこれら超平面に挟まれた部分（線分）とする．Σ_1 と Σ_2 の距離（つまり，l の長さ）を d_0 と表す．M を l 上の半径 r の管状超曲面で Σ_1, Σ_2 と直交するようなものとし，$f_0 : M \hookrightarrow \mathbb{E}^{n+1}$ を包含写像とする．M, Σ_1, Σ_2 によって囲まれた領域を D_0 とする．$\{f_t : M \hookrightarrow \mathbb{E}^{n+1}\}_{t\in[0,T)}$ を，M を発する**ノイマン条件**を満たす体積を保存する平均曲率流とし，$M_t := f_t(M)$ とおく．$\boldsymbol{N}_t$ を f_t の外向きの単位法ベクトル場，g_t, A_t, h_t, H_t を f_t の誘導計量，形テンソル場，第 2 基本形式，平均曲率ベクトル場とし，$\mathcal{A}_t, h_t^S, \mathcal{H}_t$ を f_t の $-\boldsymbol{N}_t$ に対する形作用素，（スカラー値）第 2 基本形式，平均曲率とする．M. Athanassenas は次の定理を示した．

定理 6.5.1. $\mathrm{Vol}(M, g_0) \leq \dfrac{\mathrm{Vol}(D_0, \widetilde{g})}{d_0}$ であるとする．このとき $T = \infty$ であり，$t \to \infty$ のとき，$f_t(M)$ は l 上の一定の平均曲率をもつ管状超曲面に C^∞ 位相に関して収束する．

$\widetilde{r} : \mathbb{E}^{n+1} \to [0,\infty)$ を $\widetilde{r}(q) := \min_{q' \in l} d_{\widetilde{g}}(q,q')$ $(q \in \mathbb{E}^{n+1})$ によって定義し，$\widehat{r}_t := \widetilde{r} \circ f_t$ とおく．最初に，次の事実を示す．

補題 6.5.2. $\inf_{t \in [0,T)} \min_{M} \widehat{r}_t > 0$ である．

証明 $\pi_{\Sigma_1} : \mathbb{E}^{n+1} \to \Sigma_1$ を直交射影とする．仮に，$\inf_{t \in [0,T)} \min_M \widehat{r}_t = 0$ とする．このとき，明らかに $\lim_{t \to T} \min_M \widehat{r}_t = 0$ となり，それゆえ，$\mathrm{Vol}(D_t, \widetilde{g})$ が t によらず一定であることを利用して
$$\lim_{t \to T} \mathrm{Vol}(M, g_t) > \lim_{t \to T} \mathrm{Vol}(\pi_{\Sigma_1}(f_t(M))) \geq \frac{\mathrm{Vol}(D_0, \widetilde{g})}{d_0}$$
をえる（図 6.5.2 を参照）．これは，$t \mapsto \mathrm{Vol}(M, g_t)$ が減少関数であるという事実とともに，$\mathrm{Vol}(M, g_0) > \frac{\mathrm{Vol}(D_0, \widetilde{g})}{d_0}$ を誘導する．これは，定理 6.5.1 の主張における仮定に反する．したがって，$\inf_{t \in [0,T)} \min_M \widehat{r}_t > 0$ をえる． □

$T_0 := \sup\{t_0 \,|\, f_t(M) : l$ 上の管状超曲面 $(\forall t \in [0, t_0))\}$ とおく．次に，$\{(\overline{\mathcal{H}}_{v.p.})_t\}_{t \in [0,T_0)}$ の一様有界性を示す．

補題 6.5.3. $C_0 := \inf_{t \in [0,T)} \min_M \widehat{r}_t (> 0)$ とおく．このとき，次式が成り立つ：
$$\sup_{t \in [0,T_0)} (\overline{\mathcal{H}}_{v.p.})_t \leq \frac{n-1}{C_0} \left(\frac{\pi}{2} + 1 \right).$$

証明 $f_t(M)$ から l への射影を π_t と表す．$t \in [0, T_0)$ を任意に固定する．明らかに，$r_t \circ \pi_t \circ f_t = \widehat{r}_t \circ f_t$ を満たす関数 $r_t : l \to \mathbb{R}$ が存在する．$f_t(M)$ は l 上の半径 r_t の管状超曲面なので，式 (2.16.1) によれば，その平均曲率 $\mathcal{H}_t$ は
$$\mathcal{H}_t = -\frac{r_t''}{(1 + r_t'^2)^{\frac{3}{2}}} + \frac{n-1}{r_t \sqrt{1 + r_t'^2}} \tag{6.5.1}$$
によって与えられる．ここで，r_t', r_t'' は r_t の 1 階微分，2 階微分を表す．それゆえ，
$$(\overline{\mathcal{H}}_{v.p.})_t = -\frac{1}{\mathrm{Vol}(M, g_t)} \int_M \frac{r_t''}{(1 + r_t'^2)^{\frac{3}{2}}} dv_{g_t} + \frac{n-1}{\mathrm{Vol}(M, g_t)} \int_M \frac{1}{r_t \sqrt{1 + r_t'^2}} dv_{g_t} \tag{6.5.2}$$

をえる. 明らかに,

$$\frac{n-1}{\mathrm{Vol}(M,g_t)}\int_M \frac{1}{r_t\sqrt{1+r_t'^2}}dv_{g_t} \leq \frac{n-1}{C_0} \tag{6.5.3}$$

が成り立つ. $\mathbb{E}^n$ 内の単位球面の体積要素および体積を各々, $dv_{S^{n-1}(1)}$, $\mathrm{Vol}(S^{n-1}(1))$ で表し, l の弧長パラメーターを s で表すことにする. $dv_{g_t}=r_t^{n-1}\sqrt{1+r_t'^2}dv_{S^{n-1}(1)}\wedge \pi_t^* ds$ なので,

$$\begin{aligned}
&-\frac{1}{\mathrm{Vol}(M,g_t)}\int_M \frac{r_t''}{(1+r_t'^2)^{\frac{3}{2}}}dv_{g_t}\\
&=-\frac{\mathrm{Vol}(S^{n-1}(1))}{\mathrm{Vol}(M,g_t)}\int_0^{d_0}\frac{r_t'' r_t^{n-1}}{1+r_t'^2}ds\\
&=-\frac{\mathrm{Vol}(S^{n-1}(1))}{\mathrm{Vol}(M,g_t)}\int_0^{d_0}(\arctan r_t')'\cdot r_t^{n-1}ds\\
&=\frac{\mathrm{Vol}(S^{n-1}(1))}{\mathrm{Vol}(M,g_t)}\int_0^{d_0}(n-1)\arctan r_t'\cdot r_t'\cdot r_t^{n-2}ds\\
&\leq \frac{(n-1)\pi\mathrm{Vol}(S^{n-1}(1))}{2\mathrm{Vol}(M,g_t)}\int_0^{d_0}\sqrt{1+r_t'^2}\,r_t^{n-2}ds\\
&=\frac{(n-1)\pi}{2\mathrm{Vol}(M,g_t)}\int_M \frac{1}{r_t}dv_{g_t}\\
&\leq \frac{(n-1)\pi}{2C_0}
\end{aligned}$$

が示される. 3つ目の等号は, $r_t'(0)=r_t'(d_0)=0$ に注意して部分積分法を用いることにより示される. 式 (6.5.2), (6.5.3) とこの不等式から, $(\overline{\mathcal{H}}_{v.p.})_t \leq \dfrac{n-1}{C_0}\left(\dfrac{\pi}{2}+1\right)$ をえる. $\square$

補題 6.5.4. $\displaystyle\sup_{t\in[0,T_0)}\max_M \widehat{r}_t \leq \left(\dfrac{\mathrm{Vol}(M,g_0)}{\mathrm{Vol}(B^n(1))}+C_0^n\right)^{\frac{1}{n}}$ が成り立つ. ここで, $\mathrm{Vol}(B^n(1))$ は $\mathbb{E}^n$ 内の単位球体の体積を表す.

証明 簡単のため,

$$\widehat{C}:=\left(\frac{\mathrm{Vol}(M,g_0)}{\mathrm{Vol}(B^n(1))}+C_0^n\right)^{\frac{1}{n}}$$

とおく. 仮に, ある $t_0 \in [0,T_0)$ に対し, $r_{t_0}>\widehat{C}$ とする. このとき,

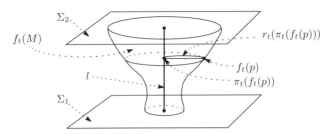

図 6.5.1　管状超曲面を発する体積を保存する平均曲率流

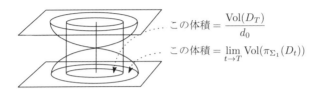

$$\lim_{t\to T}\mathrm{Vol}(M,g_t) \geq \lim_{t\to T}\mathrm{Vol}(\pi_{\Sigma_1}(D_t)) \geq \frac{\mathrm{Vol}(D_0)}{d_0}$$

図 6.5.2　管状超曲面が流れに沿って l にぶつかって崩壊する場合

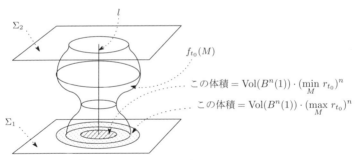

図 6.5.3　$\mathrm{Vol}(M, g_{t_0})$ と $\min_M r_{t_0}$, $\max_M r_{t_0}$ の関係

$$\mathrm{Vol}(M, g_{t_0}) > \mathrm{Vol}(B^n(1))(\widehat{C}^n - C_0^n) = \mathrm{Vol}(M, g_0)$$

が示される（図 6.5.3 参照）．これは，$t \mapsto \mathrm{Vol}(M, g_t)$ が減少関数であることに反する．したがって，すべての $t \in [0, T_0)$ に対し，$r_t \leq \widehat{C}$ が成り立つことが示される． □

M 上の関数 u_t を

$$u_t := \widetilde{g}(\boldsymbol{N}_t, (\mathrm{grad}_{\widetilde{g}}\widetilde{r}) \circ f_t)$$

によって定義し，v_t を $v_t := \dfrac{1}{u_t}$ によって定義する．関数族 $\{\widehat{r}_t\}_{t \in [0, T_0)}$, $\{u_t\}_{t \in [0, T_0)}$, $\{v_t\}_{t \in [0, T_0)}$ に関して次の発展方程式が成り立つ．

補題 6.5.5.

(i) $\{\widehat{r}_t\}_{t \in [0, T_0)}$ は次の発展方程式を満たす：
$$\frac{\partial \widehat{r}}{\partial t} = \Delta_t \widehat{r}_t + \frac{(\overline{\mathcal{H}}_{v.p.})_t}{v_t} - \frac{n-1}{\widehat{r}_t}.$$

(ii) $\{u_t\}_{t \in [0, T_0)}$ は次の発展方程式を満たす：
$$\frac{\partial u}{\partial t} = \Delta_t u_t + \|\mathcal{A}_t\|^2 u_t - \frac{(n-1)u_t}{\widehat{r}_t^2}.$$

(iii) $\{v_t\}_{t \in [0, T_0)}$ は次の発展方程式を満たす：
$$\frac{\partial v}{\partial t} = \Delta_t v_t - \|\mathcal{A}_t\|^2 v_t + \frac{(n-1)v_t}{\widehat{r}_t^2} - \frac{2}{v_t} \cdot \|\mathrm{grad}_{g_t} v_t\|^2.$$

注意 $\{f_t\}_{t \in [0, T_0)}$ が体積を保存する平均曲率流であることと $\{\widehat{r}_t\}_{t \in [0, T_0)}$ が (i) における偏微分方程式を満たすことは同値である．

証明 単純計算により，
$$\frac{\partial \widehat{r}}{\partial t} = \frac{\partial}{\partial t}(\widetilde{r} \circ f_t) = d\widetilde{r}\left(\frac{\partial f_t}{\partial t}\right) = \widetilde{g}\left((\mathrm{grad}_{\widetilde{g}}\widetilde{r})_{f_t(\cdot)}, \frac{\partial f_t}{\partial t}\right) = (\overline{\mathcal{H}}_{v.p.})_t - \mathcal{H}_t) \cdot \frac{1}{v_t}$$

および
$$\Delta_t \widehat{r}_t = (\mathrm{div}_{\widetilde{g}}(\mathrm{grad}\,\widetilde{r}))_{f_t(\cdot)} - \mathcal{H}_t \widetilde{g}((\mathrm{grad}\,\widetilde{r})_{f_t(\cdot)}, \boldsymbol{N}_t) = \frac{n-1}{\widehat{r}_t} - \frac{\mathcal{H}_t}{v_t}$$

をえる．これらの関係式から (i) の発展方程式が導かれる．

命題 6.2.3 を用いて，

6.5 管状超曲面を発するノイマン条件を満たす体積を保存する平均曲率流 I   257

$$
\begin{aligned}
\frac{\partial u}{\partial t} &= \widetilde{g}\left(\widetilde{\nabla}^{f_t}_{\frac{\partial}{\partial t}}(\mathrm{grad}_{\widetilde{g}}\widetilde{r})_{f_t(\cdot)}, \boldsymbol{N}_t\right) + \widetilde{g}\left((\mathrm{grad}_{\widetilde{g}}\widetilde{r})_{f_t(\cdot)}, \frac{\partial \boldsymbol{N}}{\partial t}\right) \\
&= \widetilde{g}\left(\widetilde{\nabla}_{f_{t*}\left(\frac{\partial}{\partial t}\right)}\mathrm{grad}_{\widetilde{g}}\widetilde{r}, \boldsymbol{N}_t\right) + \widetilde{g}((\mathrm{grad}_{\widetilde{g}}\widetilde{r})_{f_t(\cdot)}, f_{t*}(\mathrm{grad}_{g_t}\mathcal{H}_t))
\end{aligned}
$$

が示される．一方，容易に $\widetilde{\nabla}_{f_{t*}\left(\frac{\partial}{\partial t}\right)}\mathrm{grad}_{\widetilde{g}}\widetilde{r} = 0$ が示される（図 6.5.4 参照）．
それゆえ，

$$\frac{\partial u}{\partial t} = \widetilde{g}((\mathrm{grad}_{\widetilde{g}}\widetilde{r})_{f_t(\cdot)}, f_{t*}(\mathrm{grad}_{g_t}\mathcal{H}_t)) \tag{6.5.4}$$

が導かれる．$p \in M$ における g_t に関する正規直交基底 $(e_1, \ldots, e_n)$ で

$$(f_t)_{*\xi}(e_1) \in \mathcal{H}^t_{f_t(\xi)}, \ (f_t)_{*\xi}(e_i) \in \mathcal{V}^t_{f_t(\xi)} \quad (i = 2, \ldots, n)$$

を満たすようなものをとる．ここで，$\mathcal{H}^t_{f_t(\xi)}, \mathcal{V}^t_{f_t(\xi)}$ は各々，管状超曲面 $f_t(M)$ の $f_t(\xi)$ における水平部分空間，鉛直部分空間を表す．また，γ_i を $\gamma'_i(0) = e_i$ となる (M, g_t) 上の測地線とする．このとき，

$$\Delta_{g_t} u_t = \sum_{i=1}^{n} (u_t \circ \gamma_i)''(0) \tag{6.5.5}$$

および

$$
\begin{aligned}
(u_t \circ \gamma_i)''(0) &= \left.\frac{d^2}{ds^2}\right|_{s=0} \widetilde{g}((\mathrm{grad}_{\widetilde{g}}\widetilde{r})_{f_t(\gamma_i(s))}, (\boldsymbol{N}_t)_{\gamma_i(s)}) \\
&= \widetilde{g}\left(\left.\frac{d^2}{ds^2}\right|_{s=0} (\mathrm{grad}_{\widetilde{g}}\widetilde{r})_{f_t(\gamma_i(s))}, (\boldsymbol{N}_t)_p\right) \\
&\quad + 2\widetilde{g}\left(\left.\frac{d}{ds}\right|_{s=0} (\mathrm{grad}_{\widetilde{g}}\widetilde{r})_{f_t(\gamma_i(s))}, \left.\frac{d}{ds}\right|_{s=0} (\boldsymbol{N}_t)_{\gamma_i(s)}\right) \\
&\quad + \widetilde{g}\left((\mathrm{grad}_{\widetilde{g}}\widetilde{r})_{f_t(p)}, \left.\frac{d^2}{ds^2}\right|_{s=0} (\boldsymbol{N}_t)_{\gamma_i(s)}\right)
\end{aligned}
\tag{6.5.6}
$$

が示される．$s \mapsto (\mathrm{grad}_{\widetilde{g}}\widetilde{r})_{f_t(\gamma_i(s))}$ の振る舞いを分析することにより，

$$\frac{d}{ds}(\mathrm{grad}_{\widetilde{g}}\widetilde{r})_{f_t(\gamma_i(s))} = \begin{cases} 0 & (i=1) \\ \in \mathcal{V}^t_{f_t(\gamma_i(s))} & (i=2,\ldots,n) \end{cases} \tag{6.5.7}$$

特に

258　第6章　保存則をもつ平均曲率流

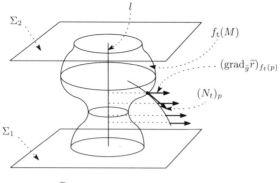

$$\widetilde{\nabla}_{(N_t)_p}\mathrm{grad}_{\widetilde{g}}\widetilde{r} = 0$$

図 6.5.4　$\mathrm{grad}_g\widetilde{r}$ の N_t 方向への平行性

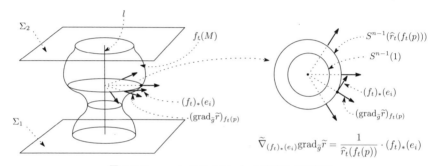

$$\widetilde{\nabla}_{(f_t)_*(e_i)}\mathrm{grad}_{\widetilde{g}}\widetilde{r} = \frac{1}{\widehat{r}_t(f_t(p))} \cdot (f_t)_*(e_i)$$

図 6.5.5　$\mathrm{grad}_g\widetilde{r}$ の $(f_t)_*(e_i)$ 方向への回転度

$$\left.\frac{d}{ds}\right|_{s=0}(\mathrm{grad}_{\widetilde{g}}\widetilde{r})_{f_t(\gamma_i(s))} = \begin{cases} 0 & (i=1) \\ \dfrac{1}{\widehat{r}_t}f_{t*}e_i & (i=2,\ldots,n) \end{cases} \quad (6.5.8)$$

（図 6.5.5 参照）がわかるので，

$$\widetilde{g}\left(\left.\frac{d^2}{ds^2}\right|_{s=0}(\mathrm{grad}_{\widetilde{g}}\widetilde{r})_{f_t(\gamma_i(s))}, (\boldsymbol{N}_t)_p\right)$$
$$= -\widetilde{g}\left(\left.\frac{d}{ds}\right|_{s=0}(\mathrm{grad}_{\widetilde{g}}\widetilde{r})_{f_t(\gamma_i(s))}, \left.\frac{d}{ds}\right|_{s=0}(\boldsymbol{N}_t)_{\gamma_i(s)}\right)$$

が示される．それゆえ，式 (6.5.6) から

$$(u_t \circ \gamma_i)''(0) = \widetilde{g}\left(\frac{d}{ds}\bigg|_{s=0}(\mathrm{grad}_{\widetilde{g}}\widetilde{r})_{f_t(\gamma_i(s))}, \frac{d}{ds}\bigg|_{s=0}(\boldsymbol{N}_t)_{\gamma_i(s)}\right) \\ + \widetilde{g}\left((\mathrm{grad}_{\widetilde{g}}\widetilde{r})_{f_t(p)}, \frac{d^2}{ds^2}\bigg|_{s=0}(\boldsymbol{N}_t)_{\gamma_i(s)}\right) \qquad (6.5.9)$$

をえる．容易に，

$$\frac{d}{ds}\bigg|_{s=0}(\boldsymbol{N}_t)_{\gamma_i(s)} = f_{t*}(\mathcal{A}_t e_i)$$

が示されるので，式 (6.5.8) から

$$\widetilde{g}\left(\frac{d}{ds}\bigg|_{s=0}(\mathrm{grad}_{\widetilde{g}}\widetilde{r})_{f_t(\gamma_i(s))}, \frac{d}{ds}\bigg|_{s=0}(\boldsymbol{N}_t)_{\gamma_i(s)}\right) \\ = \begin{cases} 0 & (i=1) \\ \dfrac{1}{\widehat{r}_t} h_t(e_i, e_i) & (i=2,\dots,n) \end{cases}$$

をえる．それゆえ，

$$\sum_{i=1}^{n}\widetilde{g}\left(\frac{d}{ds}\bigg|_{s=0}(\mathrm{grad}_{\widetilde{g}}\widetilde{r})_{f_t(\gamma_i(s))}, \frac{d}{ds}\bigg|_{s=0}(\boldsymbol{N}_t)_{\gamma_i(s)}\right) = \frac{1}{\widehat{r}_t}(\mathcal{H}_t - g_t(\mathcal{A}_t e_1, e_1)) \qquad (6.5.10)$$

が導かれ，さらに，式 (2.16.4) と

$$u_t = \frac{1}{v_t} = \frac{1}{\sqrt{1+(r'_t \circ \pi_t \circ f_t)^2}} \qquad (6.5.11)$$

から，

$$\sum_{i=1}^{n}\widetilde{g}\left(\frac{d}{ds}\bigg|_{s=0}(\mathrm{grad}_{\widetilde{g}}\widetilde{r})_{f_t(\gamma_i(s))}, \frac{d}{ds}\bigg|_{s=0}(\boldsymbol{N}_t)_{\gamma_i(s)}\right) = \frac{(n-1)u_t(p)}{\widehat{r}_t(f_t(p))^2} \qquad (6.5.12)$$

が導かれる．容易に，

$$\frac{d^2}{ds^2}\bigg|_{s=0}(\boldsymbol{N}_t)_{\gamma_i(s)} = f_{t*}((\nabla^t_{e_i}\mathcal{A}_t)(e_i)) + h_t(e_i, \mathcal{A}_t e_i) \\ = f_{t*}((\nabla^t_{e_i}\mathcal{A}_t)(e_i)) - g_t(\mathcal{A}_t e_i, \mathcal{A}_t e_i)\boldsymbol{N}_t$$

が示される．この関係式とコダッチの方程式（定理 2.11.2）を用いて，

$$\sum_{i=1}^n \widetilde{g}\left((\mathrm{grad}_{\widetilde{g}}\widetilde{r})_{f_t(p)}, \frac{d^2}{ds^2}\bigg|_{s=0} (\boldsymbol{N}_t)_{\gamma_i(s)}\right)$$

$$\begin{aligned}
&= \sum_{i=1}^n \widetilde{g}((\mathrm{grad}_{\widetilde{g}}\widetilde{r})_{f_t(p)}, f_{t*}((\nabla^t_{e_i}\mathcal{A}_t)(e_i))) - \|(\mathcal{A}_t)_p\|^2 \cdot u_t(p) \\
&= \sum_{i=1}^n g_t(e_i, (\nabla^t_{((\mathrm{grad}_{\widetilde{g}}\widetilde{r})_{f_t(p)})_T}\mathcal{A}_t)(e_i)) - \|(\mathcal{A}_t)_p\|^2 \cdot u_t(p) \\
&= \nabla^t_{((\mathrm{grad}_{\widetilde{g}}\widetilde{r})_{f_t(p)})_T}\mathcal{H}_t - \|(\mathcal{A}_t)_p\|^2 \cdot u_t(p) \\
&= \widetilde{g}(f_{t*}((\mathrm{grad}_{g_t}\mathcal{H}_t)_p), (\mathrm{grad}_{\widetilde{g}}\widetilde{r})_{f_t(p)}) - \|(\mathcal{A}_t)_p\|^2 \cdot u_t(p).
\end{aligned} \quad (6.5.13)$$

が導かれる．ここで，$((\mathrm{grad}_{\widetilde{g}}\widetilde{r})_{f_t(p)})_T$ は，$f_{t*}(((\mathrm{grad}_{\widetilde{g}}\widetilde{r})_{f_t(p)})_{T_0})$ が $(\mathrm{grad}_{\widetilde{g}}\widetilde{r})_{f_t(p)}$ の $f_t(M)$ の接成分を与えるような T_pM の元を表す．式 (6.5.5)，(6.5.9)，(6.5.12)，(6.5.13) から，

$$\begin{aligned}
(\Delta_t u_t)_p &= \widetilde{g}((\mathrm{grad}_{\widetilde{g}}\widetilde{r})_{f_t(p)}, f_{t*}((\mathrm{grad}_{g_t}\mathcal{H}_t)_p)) + \frac{(n-1)u_t(p)}{\widehat{r}_t(f_t(p))^2} \\
&\quad - u_t(p)\|(\mathcal{A}_t)_p\|^2
\end{aligned} \quad (6.5.14)$$

をえる．式 (6.5.4)，(6.5.14) から，(ii) における $\{u_t\}_{t\in[0,T_0)}$ の発展方程式をえる．(iii) における $\{v_t\}_{t\in[0,T_0)}$ の発展方程式は，

$$\frac{\partial v}{\partial t} = -v_t^2 \cdot \frac{\partial u}{\partial t}, \quad \Delta_t v_t = -v_t^2 \Delta_t u_t + \frac{2}{v_t} \cdot \|\mathrm{grad}_{g_t} v_t\|^2$$

に注意することにより，$\{u_t\}_{t\in[0,T_0)}$ の発展方程式から直接導かれる． □

補題 6.5.4，および補題 6.5.5 の (i)，(iii) における発展方程式を用いて，次の事実が示される．

命題 6.5.6. すべての $t \in [0,T)$ に対し，$f_t(M)$ は管状超曲面でありつづける．

証明 $w_t := \widehat{r}_t^2 v_t$ とおく．補題 6.5.5 の (i)，(iii) における発展方程式から，

6.5 管状超曲面を発するノイマン条件を満たす体積を保存する平均曲率流 I   *261*

$$\begin{aligned}
\frac{\partial w}{\partial t} &= \Delta_t w_t + \widehat{r}_t^2 \left(-\|\mathcal{A}_t\|^2 v_t + \frac{(n-1)v_t}{\widehat{r}_t^2} - \frac{2}{v_t} \cdot \|\mathrm{grad}_{g_t} v_t\|^2 \right) \\
&\quad + 2\widehat{r}_t v_t \left(\frac{(\overline{\mathcal{H}}_{v.p.})_t}{v_t} - \frac{n-1}{\widehat{r}_t} \right) - 2v_t \|\mathrm{grad}_{g_t} \widehat{r}_t\|^2 \\
&\quad - 4\widehat{r}_t g_t (\mathrm{grad}_{g_t} \widehat{r}_t, \mathrm{grad}_{g_t} v_t) \\
&= \Delta_t w_t - (n-1)v_t - \widehat{r}_t^2 \left(\|\mathcal{A}_t\|^2 v_t + \frac{2}{v_t} \cdot \|\mathrm{grad}_{g_t} v_t\|^2 \right) \\
&\quad + 2\widehat{r}_t (\overline{\mathcal{H}}_{v.p.})_t - 2v_t \|\mathrm{grad}_{g_t} \widehat{r}_t\|^2 - 4\widehat{r}_t g_t (\mathrm{grad}_{g_t} \widehat{r}_t, \mathrm{grad}_{g_t} v_t) \\
&\leq \Delta_t w_t - (n-1)v_t + 2\widehat{r}_t (\overline{\mathcal{H}}_{v.p.})_t \\
&\quad - \frac{2}{v_t} \left(\widehat{r}_t^2 \cdot \|\mathrm{grad}_{g_t} v_t\|^2 + 2\widehat{r}_t v_t g_t(\mathrm{grad}_{g_t} \widehat{r}_t, \mathrm{grad}_{g_t} v_t) \right)
\end{aligned} \qquad (6.5.15)$$

が導かれる．一方，

$$\begin{aligned}
\Delta_t(\rho_1 \rho_2) &= \Delta_t \rho_1 \cdot \rho_2 + 2g_t(\mathrm{grad}_{g_t} \rho_1, \mathrm{grad}_{g_t} \rho_2) \\
&\quad + \rho_1 \Delta_t \rho_2 \quad (\forall \rho_1, \rho_2 \in C^\infty(M))
\end{aligned} \qquad (6.5.16)$$

を用いて，$\Delta_t(\widehat{r}_t^2 v_t^2)$ を 2 通りの方法で変形することにより，

$$\widehat{r}_t^2 \|\mathrm{grad}_{g_t} v_t\|^2 + 2\widehat{r}_t v_t g_t(\mathrm{grad}_{g_t} \widehat{r}_t, \mathrm{grad}_{g_t} v_t) = g_t(\mathrm{grad}_{g_t} w_t, \mathrm{grad}_{g_t} v_t)$$

をえる．式 (6.5.15) とこの関係式を用いて，

$$\frac{\partial w}{\partial t} \leq \Delta_t w_t - (n-1)v_t + 2\widehat{r}_t (\overline{\mathcal{H}}_{v.p.})_t - \frac{2}{v_t} \cdot g_t(\mathrm{grad}_{g_t} w_t, \mathrm{grad}_{g_t} v_t) \qquad (6.5.17)$$

をえる．$C_1 := \max_M \widehat{r}_0$ とおく．さらに，補題 6.5.3 および補題 6.5.4 から，

$$\frac{\partial w}{\partial t} \leq \Delta_t w_t - (n-1)v_t + 2C_1 \cdot \frac{n-1}{C_0} \left(\frac{\pi}{2} + 1 \right) - \frac{2}{v_t} \cdot g_t(\mathrm{grad}_{g_t} w_t, \mathrm{grad}_{g_t} v_t) \qquad (6.5.18)$$

をえる．したがって，最大値の原理を用いて，

$$\sup_{t \in [0, T_0)} \max_M w_t \leq \max \left\{ \max w_0, \frac{C_1}{C_0}(\pi + 2) \right\}$$

が示され，さらに，$r_t \geq C_0$ $(t \in [0, T_0))$ から

$$\sup_{t \in [0, T_0)} \max_M v_t \leq \frac{1}{C_0} \cdot \max \left\{ \max w_0, \frac{C_1}{C_0}(\pi + 2) \right\}$$

が示される．それゆえ，仮に $T_0 < T$ とすると，$f_{T_0}(M)$ が管状超曲面である
ことがわかり，それゆえ十分小さな $\varepsilon > 0$ に対し，f_t $(t \in [0, T_0 + \varepsilon))$ が管
状超曲面であることが示される．これは，T_0 の定義に反する．したがって，
$T_0 = T$ であることが示される． □

次に，$\{\|\mathcal{A}_t\|^2\}_{t \in [0,T)}$ の一様有界性を示す．

命題 6.5.7. $\{\|\mathcal{A}_t\|^2\}_{t \in [0,T)}$ は一様有界である．

証明 M 上の関数 ρ_t を

$$\rho_t := \|\mathcal{A}_t\|^2 \cdot \frac{v_t^2}{1 - kv_t^2} \quad \left(k := \frac{1}{2 \sup_{t \in [0,T)} \max_M v_t^2} \right)$$

によって定義する．単純計算により，

$$\begin{aligned}
\frac{\partial \rho}{\partial t} &= \Delta_t \rho_t + \left(\frac{\partial \|\mathcal{A}\|^2}{\partial t} - \Delta_t \|\mathcal{A}_t\|^2 \right) \cdot \frac{v_t^2}{1 - kv_t^2} \\
&\quad + \|\mathcal{A}_t\|^2 \cdot \frac{2v_t}{(1 - kv_t^2)^2} \cdot \left(\frac{\partial v}{\partial t} - \Delta_t v_t \right) \\
&\quad - \|\mathcal{A}_t\|^2 \cdot \frac{2 + 6kv_t^2}{(1 - kv_t^2)^3} \cdot \|\mathrm{grad}_{g_t} v_t\|^2 \\
&\quad - 2g_t \left(\mathrm{grad}_{g_t} \|\mathcal{A}_t\|^2, \mathrm{grad}_{g_t} \left(\frac{v_t^2}{1 - kv_t^2} \right) \right)
\end{aligned}$$

をえる．この関係式に $\{\|\mathcal{A}_t\|^2\}_{t \in [0,T)}$ の発展方程式（命題6.2.8）と
$\{v_t\}_{t \in [0,T)}$ の発展方程式（補題6.5.5 の (iii)）を代入することにより，

$$\begin{aligned}
\frac{\partial \rho}{\partial t} &= \Delta_t \rho_t - 2k\rho_t^2 - \frac{2v_t^2}{1 - kv_t^2} \cdot \|\nabla^t \mathcal{A}_t\|^2 - \frac{2v_t^2}{1 - kv_t^2} \cdot (\overline{\mathcal{H}}_{v.p.})_t \cdot \mathrm{Tr}(\mathcal{A}_t^3) \\
&\quad + \frac{2(n-1)\rho_t}{r_t^2(1 - kv_t^2)} - \frac{6 + 2kv_t^2}{(1 - kv_t^2)^3} \cdot \|\mathcal{A}_t\|^2 \cdot \|\mathrm{grad}_{g_t} v_t\|^2 \\
&\quad - 2g_t \left(\mathrm{grad}_{g_t} \|\mathcal{A}_t\|^2, \mathrm{grad}_{g_t} \frac{v_t^2}{1 - kv_t^2} \right)
\end{aligned}$$

が導かれる．この右辺の最終項は次のように書き換えられる．

6.5 管状超曲面を発するノイマン条件を満たす体積を保存する平均曲率流 I   263

$$-2g_t\left(\mathrm{grad}_{g_t}\|\mathcal{A}_t\|^2, \mathrm{grad}_{g_t}\frac{v_t^2}{1-kv_t^2}\right) = -\frac{4}{v_t(1-kv_t^2)}\cdot g_t(\mathrm{grad}_{g_t}v_t, \mathrm{grad}_{g_t}\rho_t)$$
$$+ \frac{8}{1-kv_t^2}\cdot\|\mathcal{A}_t\|^2\cdot\|\mathrm{grad}_{g_t}v_t\|^2.$$

それゆえ,

$$\frac{\partial\rho}{\partial t} = \Delta_t\rho_t - 2k\rho_t^2 - \frac{2v_t^2}{1-kv_t^2}\cdot(\overline{\mathcal{H}}_{v.p.})_t\cdot\mathrm{Tr}(\mathcal{A}_t^3) + \frac{2(n-1)\rho_t}{r_t^2(1-kv_t^2)}$$
$$-\frac{2v_t^2}{1-kv_t^2}\cdot\|\nabla^t\mathcal{A}_t\|^2 + \frac{2\rho_t}{v_t^2(1-kv_t^2)}\cdot\|\mathrm{grad}_{g_t}v_t\|^2 \qquad (6.5.19)$$
$$-\frac{4}{v_t(1-kv_t^2)}\cdot g_t(\mathrm{grad}_{g_t}\rho_t, \mathrm{grad}_{g_t}v_t)$$

をえる.この関係式の右辺の項 $-\dfrac{2v_t^2}{1-kv_t^2}\cdot\|\nabla^t\mathcal{A}_t\|^2$ を上から評価する.単純計算により,

$$\mathrm{grad}_{g_t}\rho_t = \frac{2\rho_t}{v_t(1-kv_t^2)}\cdot\mathrm{grad}_{g_t}v_t + \frac{2v_t\sqrt{\rho_t}}{\sqrt{1-kv_t^2}}\cdot\mathrm{grad}_{g_t}\|\mathcal{A}_t\|$$

が示され,一方,**加藤の不等式**によれば,

$$\|\nabla^t\mathcal{A}_t\|^2 \geq \|\mathrm{grad}_{g_t}\|\mathcal{A}_t\|\,\|^2 \qquad (6.5.20)$$

が成り立つので,

$$-\frac{2v_t^2}{1-kv_t^2}\cdot\|\nabla^t\mathcal{A}_t\|^2 \leq -\frac{2v_t^2}{1-kv_t^2}\cdot\|\mathrm{grad}_{g_t}\|\mathcal{A}_t\|\,\|^2$$
$$\leq -\frac{2\rho_t}{v_t^2(1-kv_t^2)^2}\cdot\|\mathrm{grad}_{g_t}v_t\|^2$$
$$+\frac{2}{v_t(1-kv_t^2)}\cdot g_t(\mathrm{grad}_{g_t}\rho_t, \mathrm{grad}_{g_t}v_t)$$

をえる.また,明らかに,$\mathrm{Tr}(\mathcal{A}_t^3) \leq \|\mathcal{A}_t\|^3$ が成り立つ.したがって,式 (6.5.19) から

$$\frac{\partial \rho}{\partial t} \leq \Delta_t \rho_t - 2k\rho_t^2 + \frac{2v_t^2}{1-kv_t^2} \cdot (\overline{\mathcal{H}}_{v.p.})_t \cdot \|\mathcal{A}_t\|^3 + \frac{2(n-1)\rho_t}{r_t^2(1-kv_t^2)}$$
$$- \frac{2k\rho_t}{(1-kv_t^2)^2} \cdot \|\mathrm{grad}_{g_t} v_t\|^2 - \frac{2}{v_t(1-kv_t^2)} \cdot g_t(\mathrm{grad}_{g_t} \rho_t, \mathrm{grad}_{g_t} v_t)$$
(6.5.21)

が導かれる．$\rho_{\max} : [0, T) \to \mathbb{R}$ を

$$\rho_{\max}(t) := \max_M \rho_t \quad (t \in [0, T))$$

によって定義する．このとき，式 (6.5.21) から

$$\rho'_{\max}(t) \leq 2\rho_{\max}(t)\left(-k\rho_{\max}(t) + (\overline{\mathcal{H}}_{v.p.})_t\sqrt{\rho_{\max}(t)} + \frac{n-1}{r_t^2}\right) \quad (6.5.22)$$

をえる．ここで，次のことに注意する．ρ_t の最大点 p が M の境界上にある場合も，$f_t(M)$ と $f_t(p)$ を含む Σ_i に関する $f_t(M)$ の鏡映との和（これは，ノイマン条件により接続部で滑らかである）を考えることにより，$(\Delta_t \rho_t)_p \leq 0$ が示される（図 6.5.6 参照）．補題 6.5.2，補題 6.5.3 および命題 6.5.7 によれば，次が成り立つ：

$$\inf_{t\in[0,T)}\min_M \widehat{r}_t > 0, \quad \sup_{t\in[0,T)}\max_M (\overline{\mathcal{H}}_{v.p})_t < \infty, \quad \sup_{t\in[0,T)}\max_M v_t < \infty.$$

$$C_0 := \inf_{t\in[0,T)}\min_M \widehat{r}_t, \quad C_{\overline{H}} := \sup_{t\in[0,T)}\max_M (\overline{\mathcal{H}}_{v.p})_t < \infty,$$
$$C_v := \sup_{t\in[0,T)}\max_M v_t < \infty$$

とおく．このとき，式 (6.5.22) から，

$$\rho'_{\max}(t) \leq 2\rho_{\max}(t)\left(-k\rho_{\max}(t) + C_{\overline{H}}\sqrt{\rho_{\max}(t)} + \frac{n-1}{C_0^2}\right) \quad (t \in [0, T))$$
(6.5.23)

が導かれる．もし，ある $t_0 \in [0, T)$ に対し

$$\rho_{\max}(t_0) > \left(\frac{C_{\overline{H}} + \sqrt{C_{\overline{H}}^2 + \frac{4k(n-1)}{C_0}}}{2k}\right)^2$$

ならば，$\rho'_{\max}(t_0) \leq 0$ となる．したがって，

6.5 管状超曲面を発するノイマン条件を満たす体積を保存する平均曲率流 I 　265

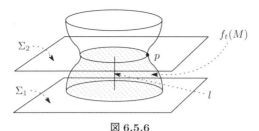

図 6.5.6
ρ_t の最大点が境界上にある場合，$f_t(M)$ のダブルを考える．

$$\sup_{t\in[0,T)} \max_M \rho_t \leq \max\left\{\rho_{\max}(0), \left(\frac{C_{\overline{\mathcal{H}}} + \sqrt{C_{\overline{\mathcal{H}}}^2 + \frac{4k(n-1)}{C_0}}}{2k}\right)^2\right\}$$

が導かれる．さらに，$\rho_t \geq \|\mathcal{A}_t\|^2$ なので，

$$\sup_{t\in[0,T)} \max_M \|\mathcal{A}_t\|^2 \leq \max\left\{\rho_{\max}(0), \left(\frac{C_{\overline{\mathcal{H}}} + \sqrt{C_{\overline{\mathcal{H}}}^2 + \frac{4k(n-1)}{C_0}}}{2k}\right)^2\right\}$$

が導かれる． □

命題 6.5.3 と命題 6.5.7 を用いて，定理 6.5.1 が示される．

定理 6.5.1 の証明　命題 6.5.3 と命題 6.5.7 によれば，$\{(\overline{\mathcal{H}}_{v.p.})_t\}_{t\in[0,T)}$ と $\{\|\mathcal{A}_t\|^2\}_{t\in[0,T)}$ は一様有界である．これらの事実を用いて，命題 5.6.1 の証明と同様な議論（この議論により事実 5.6.2 が示される）により，$\{\|(\nabla^t)^m \mathcal{A}_t\|^2\}_{t\in[0,T)}$ $(m \in \mathbb{N})$ の一様有界性，さらに，$t \to T$ のとき，f_t がある C^∞ 級はめ込み写像 f_T に収束することが示される．また，この事実から $T = \infty$ であることが示される．以下，f_T を f_∞ と表す．次に，$f_\infty(M)$ が一定の平均曲率をもつ管状超曲面であることを示す．$\frac{d}{dt}\mathrm{Vol}(M, g_t) = -\int_M ((\overline{\mathcal{H}}_{v.p.})_t - \mathcal{H}_t)^2 dv_t$ を積分して，

$$\int_0^\infty \int_M ((\overline{\mathcal{H}}_{v.p.})_t - \mathcal{H}_t) \, dv_t \, dt = \mathrm{Vol}(M, g_0) - \mathrm{Vol}(M, g_\infty) \leq \mathrm{Vol}(M, g_0)$$

をえる．一方，$\{\|(\nabla^t)^m \mathcal{A}_t\|^2\}_{t\in[0,T)}$ $(m \in \mathbb{N})$ は一様有界であることから，

$$\sup_{t\in[0,\infty)}\int_M ((\overline{\mathcal{H}}_{v.p.})_t - \mathcal{H}_t)^2 dv_t < \infty, \quad \sup_{t\in[0,\infty)}\frac{d}{dt}\int_M ((\overline{\mathcal{H}}_{v.p.})_t - \mathcal{H}_t)^2 dv_t < \infty$$

が容易に示される．これらの事実から，

$$\int_M ((\overline{\mathcal{H}}_{v.p.})_t - \mathcal{H}_t)^2 dv_t \to 0 \quad (t\to\infty)$$

が導かれる．

一方，$\{\|\nabla^t \mathcal{A}_t\|^2\}_{t\in[0,\infty)}$ の一様有界性から $\{\|\mathrm{grad}_{g_t}\mathcal{H}_t\|^2\}_{t\in[0,\infty)}$ の一様有界性が導かれる．これらの事実から，

$$\max_M |(\overline{\mathcal{H}}_{v.p.})_t - \mathcal{H}_t| \to 0 \quad (t\to\infty)$$

が導かれる．これは，$f_\infty(M)$ が一定の平均曲率をもつ管状超曲面であることを表す． □

6.6 管状超曲面を発するノイマン条件を満たす体積を保存する平均曲率流 II

この節において，E. Cabezas-Rivas と V. Miquel ([CM2]) による回転対称な空間内の回転対称な管状超曲面を発するノイマン条件を満たす体積を保存する平均曲率流に関する定理 6.5.1 の類似結果，および，筆者 ([Ko7]) による階数 1 非コンパクト型対称空間内の全測地的不変部分多様体（これは，鏡映部分多様体とよばれるものになる）の測地球上の管状超曲面を発するノイマン条件を満たす体積を保存する平均曲率流に関する定理 6.5.1 の類似結果を紹介する（証明は省略する）．$(n+1)$ 次元リーマン多様体で等長的な $SO(n)$ 作用で，その固定点集合が 1 次元多様体であるようなものを許容するものを**回転対称な空間 (rotationally symmetric space)** という．この空間は，具体的に次のように構成される．l を $\mathbb{R}^{n+1}$ 内の 1 次元アフィン部分空間とし，$l^\perp$ を l と（$\mathbb{R}^{n+1}$ のユークリッド計量 $g_\mathbb{E}$ に関して）直交する n 次元アフィン部分空間とする．(z) を l の自然な座標とし，$\widetilde{r}:\mathbb{R}^{n+1}\to\mathbb{R}$ を l からの（$g_\mathbb{E}$ に関する）距離関数とする．また，$\pi_l, \pi_{l^\perp}$ を $\mathbb{R}^{n+1}$ から $l, l^\perp$ への直交射影とし，π_S を l と $l^\perp$ の交点 o を発する $l^\perp$ 上の測地線に沿う $l^\perp$ から o を中心とする $l^\perp$ 内の単位球面 $S^{n-1}(1)$ への射影とする．$\mathbb{R}^{n+1}$ 上のリーマン計量 $\widetilde{g}$ を，

6.6 管状超曲面を発するノイマン条件を満たす体積を保存する平均曲率流 II　　267

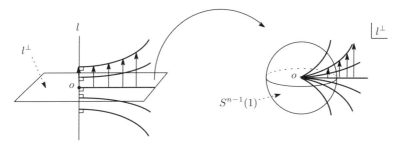

図 6.6.1　負曲率条件 (NC) を満たす回転対称な空間
左：l を発する法測地線に沿うヤコビ場の振る舞いは ρ_1 によって決まる．右：o を発する測地線に沿うヤコビ場の振る舞いは ρ_2 によって決まる．

$$\widetilde{g} := (\rho_1 \circ \widetilde{r})^2 \cdot d(z \circ \pi_l)^2 + d\widetilde{r}^2 + (\rho_2 \circ \widetilde{r})^2 \cdot (\pi_S \circ \pi_{l^\perp})^* dv_{S^{n-1}(1)}$$

によって定義する．ここで，ρ_1, ρ_2 は $[0, \infty)$ 上の正値 C^∞ 級関数である．$(\mathbb{R}^{n+1}, \widetilde{g})$ は l を固定点集合としてもつ等長的な $SO(n)$ 作用を許容するので，回転対称な空間である．

$(\widetilde{M}, \widetilde{g})$ を $(n+1)$ 次元の回転対称な空間とし，l を $SO(n)$ 作用の固定点集合とする．この空間が次の負曲率条件を満たすとする：

$$\mathrm{Sec}(Tl, Tl^\perp) < 0, \quad \mathrm{Sec}(Tl^\perp, Tl^\perp) \leq 0. \tag{NC}$$

関数 δ_i $(i = 1, 2)$ を

$$\delta_1(s) := \int_0^s \rho_1(s)\rho_2(s)^{n-1} ds, \quad \delta_2(s) := \int_0^s \rho_2(s)^{n-1} ds$$

によって定義する．Σ_1, Σ_2 を l と $g_\mathbb{E}$ に関して直交する n 次元アフィン部分空間とし，l の Σ_1 と Σ_2 に挟まれた部分を改めて l' と表し，その長さを d_0 とする．r を l' 上の正値 C^∞ 級関数で $\left.\frac{dr}{ds}\right|_{\partial l'} = 0$ となるようなものとする．$M := t_r(l')$ とおき，M 上の誘導計量を g とし，M と Σ_1, Σ_2 によって囲まれた領域を D とする．M は $SO(n)$ 作用に関して不変である．つまり，回転対称であることを注意しておく．$\{f_t\}_{t \in [0,T)}$ を M（つまり，M から $\widetilde{M}$ への包含写像）を発するノイマン条件を満たす体積を保存する平均曲率流とする．

E. Cabezas-Rivas と V. Miquel ([CM2]) は，次の結果を示した．

定理 6.6.1. $\mathrm{Vol}(M,g) \leq \mathrm{Vol}(S^{n-1}(1)) \cdot (\delta_2 \circ \delta_1^{-1})\left(\dfrac{\mathrm{Vol}(D,\widetilde{g})}{d_0 \mathrm{Vol}(S^{n-1}(1))}\right)$ であるとする．このとき $T = \infty$ であり，$t \to \infty$ のとき，$f_t(M)$ は l' 上の一定の平均曲率をもつ管状超曲面に C^∞ 位相に関して収束する．

次に，階数 1 非コンパクト型対称空間内の全測地的不変部分多様体の測地球上の管状超曲面を発するノイマン条件を満たす体積を保存する平均曲率流に関する定理 6.5.1 の類似結果を紹介する．最初に，球面，双曲空間以外の（2次元以上の）既約対称空間は，回転対称な空間ではないことを注意しておく．

$(\widetilde{M},\widetilde{g})$ を最小の断面曲率 $4c$ (< 0) をもつ階数 1 非コンパクト型対称空間とし，F を $(\widetilde{M},\widetilde{g})$ 内の（実）k 次元全測地的不変部分多様体とする．ただし，$(\widetilde{M},\widetilde{g})$ が球面または，双曲空間の場合は，任意の部分多様体が不変部分多様体であると解釈する．全測地的不変部分多様体は鏡映的とよばれるものになるので，F の各法傘も全測地的不変部分多様体になる．一般に，全測地的不変部分多様体は，それ自身階数 1 の非コンパクト型対称空間になる．

$o \in F$ を固定する．F の点 p における法傘 $\widetilde{\exp}_p(T_p^\perp F)$ を $F_p^\perp$ と表し，特に，$F_o^\perp$ を $F^\perp$ と表すことにする．ここで，$\widetilde{\exp}_p$ は，$(\widetilde{M},\widetilde{g})$ の p における指数写像を表す．$(\widetilde{M},\widetilde{g})$ の等長変換群を G，G の o における等方部分群を K とし，G，K のリー代数を $\mathfrak{g}$，$\mathfrak{k}$ とする．$\mathfrak{g} = \mathfrak{k} \oplus \mathfrak{p}$ を対称対 (G,K) に対するカルタン分解とする．$T_o F$ $(\subset \mathfrak{p} = T_o \widetilde{M} \subset \mathfrak{g})$ の極大アーベル部分空間 $\mathfrak{a}$ をとる．$(\widetilde{M},\widetilde{g})$ は階数 1 なので，$\mathfrak{a}$ は $\mathfrak{p}$ の極大アーベル部分空間でもある．$\mathfrak{a}$ に関する制限ルート系を $\triangle$ $(\subset \mathfrak{a}^*)$ とする．$\triangle$ は $\triangle = \{\pm\sqrt{-c}e^*, \pm 2\sqrt{-c}e^*\}$ によって与えられる．ここで，e^* は $\mathfrak{a}$ の単位ベクトル e の双対を表す．B を o を中心とする F における測地球体とし，$\Sigma := \bigcup_{p \in \partial B} F_p^\perp$ とおく．関数 δ_i $(i = 1,2)$ を，

$$\delta_1(s) := \int_0^s s^{n-k} \cdot \left(\dfrac{\sinh(\sqrt{-c}s)}{\sqrt{-c}s}\right)^{n-k-b} \cdot \left(\dfrac{\sinh(2\sqrt{-c}s)}{2\sqrt{-c}s}\right)^b$$
$$\cdot \cosh^k(\sqrt{-c}s)\,ds,$$

$$\delta_2(s) := \int_0^s s^{n-k} \cdot \left(\dfrac{\sinh(\sqrt{-c}s)}{\sqrt{-c}s}\right)^{n-k-b} \cdot \left(\dfrac{\sinh(2\sqrt{-c}s)}{2\sqrt{-c}s}\right)^b$$
$$\cdot \cosh^{k-1}(\sqrt{-c}s)\,ds$$

6.6 管状超曲面を発するノイマン条件を満たす体積を保存する平均曲率流 II 　269

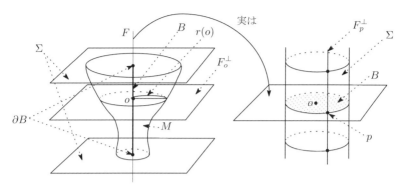

図 6.6.2　全測地的不変部分多様体上の管状超曲面

によって定義する．ここで，b は次によって定義される数とする：

$$b := \begin{cases} 0 & ((\widetilde{M}, \widetilde{g}) \text{ が双曲空間の場合}) \\ 1 & ((\widetilde{M}, \widetilde{g}) \text{ が複素双曲空間の場合}) \\ 3 & ((\widetilde{M}, \widetilde{g}) \text{ が四元数双曲空間の場合}) \\ 7 & ((\widetilde{M}, \widetilde{g}) \text{ が Cayley 双曲空間の場合}). \end{cases}$$

r を B 上の正値 C^∞ 級関数で $\left.\dfrac{dr}{ds}\right|_{\partial B} = 0$ を満たすようなものとし，$M := t_r(B)$ とする．M 上の誘導計量を g とし，M と Σ によって囲まれた領域を D とし，$\{f_t\}_{t \in [0,T)}$ を M（つまり，M から $\widetilde{M}$ への包含写像）を発するノイマン条件を満たす体積を保存する平均曲率流とする．

[Ko7] において，2.14 節の後半部で述べた対称空間内のヤコビ場の記述式 (2.14.1) を用いて複雑なヤコビ場の計算を行うことにより，次の結果が示された．

定理 6.6.2. r が o に関して放射的になっている，つまり，o を中心とする F における各測地球面上で一定であるとし，かつ

$$\mathrm{Vol}(M, g) \leq \mathrm{Vol}(S^{k-1}(1)) \cdot \mathrm{Vol}(S^{n-k}(1)) \\ \cdot (\delta_2 \circ \delta_1^{-1})\left(\frac{\mathrm{Vol}(D, \widetilde{g})}{\mathrm{Vol}(B, g_F) \mathrm{Vol}(S^{n-k}(1))}\right)$$

であるとする．このとき $T = \infty$ であり，$t \to \infty$ のとき，$f_t(M)$ は B 上の一定の平均曲率をもつ管状超曲面に C^∞ 位相に関して収束する．

7 曲率関数の定める曲率流

CHAPTER

この章において，はじめに余次元1の平均曲率流の一般概念である曲率関数 $\mathcal{F}$ を用いて定義される $\mathcal{F}$-曲率流の概念，および，体積を保存する平均曲率流と表面積を保存する平均曲率流の一般概念である混在体積を保存する $\mathcal{F}$-曲率流の概念の定義を述べる．次に，$\mathcal{F}$-曲率流に沿う基本的な幾何学量の発展方程式を導く．特に，$\mathcal{F}$-曲率流の基本的な例の1つである逆平均曲率流に沿う基本的な幾何学量の発展方程式を記述し，それをもとに，G. Huisken と T. Ilmanen ([HI1]) による逆平均曲率流を用いた（リーマン）Penrose 予想に関する結果を証明する．

7.1 曲率流

n 次元内積ベクトル空間 $(V, \langle\,,\,\rangle)$ の対称変換全体からなる集合を $\mathrm{Sym}(V)$ と表す．写像 $\Lambda_V : \mathrm{Sym}(V) \to \mathbb{R}^n$ を

$$\Lambda_V(S) := (\lambda_1(S), \ldots, \lambda_n(S))$$
$$(\lambda_1(S) \leq \cdots \leq \lambda_n(S) \text{ は } S \text{ の固有値の全体})$$

によって定義する．また，$\Gamma (\subset \mathbb{R}^n)$ を

$$\Gamma := \{(y_1, \ldots, y_n) \in \mathbb{R}^n \,|\, y_i > 0 \ (i = 1, \ldots, n)\}$$

によって定義する．Γ を含む $\mathbb{R}^n$ のある領域 $\widetilde{\Gamma}$ 上で定義された対称な C^∞ 関数 $\mathcal{F} : \widetilde{\Gamma} \to \mathbb{R}$ で，次の2条件を満たすようなものを α 次の**曲率関数** (curvature function) とよぶ：

(C-I) Γ 上で，$\dfrac{\partial \mathcal{F}}{\partial y_i} > 0 \ (i = 1, \ldots, n)$ が成り立つ．

(C-II) $\mathcal{F}$ は α 次の斉次関数である，つまり

$$\mathcal{F}(ay_1,\ldots,ay_n) = a^\alpha \mathcal{F}(y_1,\ldots,y_n) \quad ((y_1,\ldots,y_n) \in \widetilde{\Gamma},\, a \in \mathbb{R}_+).$$

曲率関数 $\mathcal{F} : \widetilde{\Gamma} \to \mathbb{R}$ に対し，$\Lambda_V^{-1}(\widetilde{\Gamma})$ 上の関数 $\mathcal{F}_V$ を $\mathcal{F}_V := \mathcal{F} \circ \Lambda_V$ によって定義する．また，$(y_1,\ldots,y_n)$ を $\mathbb{R}^n$ の自然な座標系として，$\mathrm{Sym}\,(V)$ 上の関数 λ_V^i $(i = 1,\ldots,n)$ を $\lambda_V^i := y_i \circ \Lambda_V$ によって定義する．曲率関数の例をいくつか与えることにする．

例 7.1.1.

(i) $k_1 \in \mathbb{N}$ と $k_2 \in \mathbb{Z} \setminus \{0\}$ に対し，対称な C^∞ 関数 $\mathcal{F}_{k_1,k_2} : \widetilde{\Gamma} \to \mathbb{R}$ を

$$\mathcal{F}_{k_1,k_2}(y_1,\ldots,y_n) := \begin{cases} \left(\sum_{i=1}^n y_i^{k_1}\right)^{k_2} & (k_2 > 0) \\ -\left(\sum_{i=1}^n y_i^{k_1}\right)^{k_2} & (k_2 < 0) \end{cases}$$

$$\left(\widetilde{\Gamma} := \begin{cases} \mathbb{R}^n & (k_2 > 0) \\ \left\{(y_1,\ldots,y_n) \in \mathbb{R}^n \,\middle|\, \sum_{i=1}^n y_i^{k_1} > 0\right\} & (k_2 < 0) \end{cases}\right)$$

によって定義する．この関数は，$k_1 k_2$ 次の曲率関数である．

(ii) $\mathbb{R}^n$ 上の対称な C^∞ 関数 $\mathcal{F}_k$ を

$$\mathcal{F}_k(y_1,\ldots,y_n) := \binom{n}{k}^{-1} \cdot \sum_{1 \le i_1 < \cdots < i_k \le n} y_{i_1} \cdots y_{i_k} \quad (k = 1,\ldots,n)$$

によって定義する．$\mathcal{F}_k$ は k 次の曲率関数である．

(iii) $s \in (-\infty, 0) \cup (1, \infty)$ に対し，対称な C^∞ 関数 $\widehat{\mathcal{F}}_s : \Gamma \to \mathbb{R}$ を

$$\widehat{\mathcal{F}}_s(y_1,\ldots,y_n) := \left(\frac{1}{n}\sum_{i=1}^n y_i^s\right)^{1/s}$$

によって定義する．$s \in (-\infty, 0)$ のとき，$\widehat{\mathcal{F}}_s$ は次数 1 の凹な曲率関数であり，$s \in (1, \infty)$ のとき，$\widehat{\mathcal{F}}_s$ は 1 次の凸な曲率関数である．

$(\mathcal{F}_k)_V := \mathcal{F}_k \circ \Lambda_V$ に対し，次式が成り立つ：

$$(\mathcal{F}_k)_V(S) = \mathrm{Tr}(\mathrm{Alt}(S \otimes \cdots \otimes S)) \quad (S \in \mathrm{Sym}(V)).$$

ここで，$S \otimes \cdots \otimes S$ は S の k 乗テンソル積を表し，$\mathrm{Alt}(S \otimes \cdots \otimes S)$ は $S \otimes \cdots \otimes S : V \otimes \cdots \otimes V \to V \otimes \cdots \otimes V$ の交代化を表す．

(M,g) を n 次元リーマン多様体とする．このとき，各 $p \in M$ に対し，写像 $\Lambda_{T_pM} : \mathrm{Sym}(T_pM) \to \mathbb{R}^n$ が定義される．簡単のため，Λ_{T_pM} を Λ_p と表すことにする．$\mathrm{Sym}(TM) := \coprod_{p \in M} \mathrm{Sym}(T_pM)$ から $\mathbb{R}^n$ への写像 Λ_M を $\Lambda_M|_{\mathrm{Sym}(T_pM)} = \Lambda_p$ $(p \in M)$ によって定義する．また，曲率関数 $\mathcal{F}$ に対し $\mathcal{F}_p := \mathcal{F} \circ \Lambda_p$ とおき，$\mathrm{Sym}(TM)$ 上の関数 $\mathcal{F}_M$ を $\mathcal{F}_M|_{\mathrm{Sym}(T_pM)} = \mathcal{F}_p$ $(p \in M)$ によって定義する．

M を n 次元 C^∞ 多様体，$(\widetilde{M},\widetilde{g})$ を $(n+1)$ 次元完備リーマン多様体とし，$\{f_t\}_{t \in [0,T)}$ を M から $\widetilde{M}$ への C^∞ はめ込み写像の C^∞ 族とし，$F : M \times [0,T) \to \widetilde{M}$ を f_t $(t \in [0,T))$ を用いて定義される写像とする．$\boldsymbol{N}_t$ を f_t の単位法ベクトル場とし，$\mathcal{A}_t, h_t^S, \mathcal{H}_t$ を f_t の $-\boldsymbol{N}_t$ に対する形作用素，(スカラー値) 第2基本形式，平均曲率とする．曲率関数 $\mathcal{F} : \widetilde{\Gamma} \to \mathbb{R}^n$ をとる．$\Lambda_p((\mathcal{A}_t)_p) \in \widetilde{\Gamma}$ $((p,t) \in M \times [0,T))$ となり，

$$\frac{\partial F}{\partial t} = -\mathcal{F}_M(\mathcal{A})\boldsymbol{N} \tag{7.1.1}$$

が成り立つとき，$\{f_t\}_{t \in [0,T)}$ を **$\mathcal{F}$-曲率流** ($\mathcal{F}$-**curvature flow**) という．$\mathcal{F}$-曲率流の例をいくつか与える．$\mathcal{F} = \mathcal{F}_{1,1}$ のとき，$(\mathcal{F}_{1,1})_M(\mathcal{A}) = \mathcal{H}$ となるので，$\mathcal{F}_{1,1}$-曲率流は平均曲率流を意味する．$\mathcal{F} = \mathcal{F}_{1,-1}$ のとき，$(\mathcal{F}_{1,-1})_M(\mathcal{A}) = -\dfrac{1}{\mathcal{H}}$ となるので，式 (7.1.1) は

$$\frac{\partial F}{\partial t} = \frac{1}{\mathcal{H}}\boldsymbol{N}$$

となり，これは**逆平均曲率流方程式** (inverse mean curvature flow equation) とよばれる．また，その解は**逆平均曲率流** (inverse mean curvature flow) とよばれる．逆平均曲率流に関する研究結果については，[Ge1,2]，[Pi3,4], [Sch], [KS] 等を参照のこと．$\mathcal{F}_{1,1}$ の定義域 $\widetilde{\Gamma}$ は $\mathbb{R}^n$ 全体なので，任意の初期超曲面を発する平均曲率流が定義されるが，$\mathcal{F}_{1,-1}$ の定義域 $\widetilde{\Gamma}$ は

$$\left\{(y_1,\ldots,y_n)\in\mathbb{R}^n \ \middle|\ \sum_{i=1}^n y_i > 0\right\}$$

なので，平均凸超曲面を発する逆平均曲率流しか定義されないことを注意しておく．$\mathcal{F} = \mathcal{F}_n$ のとき，$(\mathcal{F}_n)_M(\mathcal{A}) = \det \mathcal{A}$ となるので，式 (7.1.1) は

$$\frac{\partial F}{\partial t} = -(\det \mathcal{A})\,\boldsymbol{N}$$

となる．特に $(\widetilde{M},\widetilde{g}) = \mathbb{E}^3$ の場合，$\det \mathcal{A}_t$ は 2 次元リーマン多様体 (M, g_t) のガウス曲率と一致し，この発展方程式は**ガウス曲率流方程式** (Gaussian curvature flow equation) とよばれ，その解は**ガウス曲率流** (Gaussian curvature flow) とよばれる．$\mathcal{F} = \widehat{\mathcal{F}}_{-1}$ のとき，式 (7.1.1) は**調和平均曲率流方程式** (harmonic mean curvature flow equation) とよばれ，その解は**調和平均曲率流** (harmonic mean curvature flow) とよばれる．

D_t を $M_t = f_t(M)$ によって囲まれる領域とする．$V_{g_t}^{n-k}(M)$ を次のように定義する：

$$V_{g_t}^{n-k}(M) := \begin{cases} \mathrm{Vol}_{\widetilde{g}}(D_t)\left(=\int_{D_t} dv_{\widetilde{g}}\right) & (k=-1) \\ \left((n+1)\binom{n}{k}\right)^{-1} \cdot \int_M (\mathcal{F}_k)_M(\mathcal{A}_t) dv_{g_t} & (k=0,1,\ldots,n-1). \end{cases}$$

$V_{g_t}^{n-k}(M)$ は M_t の $(n-k)$ **次混在体積** (mixed volume) とよばれる．また，$(\overline{H}_{\mathcal{F}}^{n-k})_t$ を次のように定義する：

$$(\overline{H}_{\mathcal{F}}^{n-k})_t := \frac{\int_M \mathcal{F}_M(\mathcal{A}_t)(\mathcal{F}_{k+1})_M(\mathcal{A}_t)\,dv_{g_t}}{\int_M (\mathcal{F}_{k+1})_M(\mathcal{A}_t)\,dv_{g_t}}.$$

$\{f_t\}_{t\in[0,T)}$ が

$$\frac{\partial F}{\partial t} = ((\overline{H}_{\mathcal{F}}^{n-k})_t - \mathcal{F}_M(\mathcal{A}_t))\boldsymbol{N}_t \tag{7.1.2}$$

を満たすとき，$\{f_t\}_{t\in[0,T)}$ を $(n-k)$ 次混在体積を保存する $\mathcal{F}$-**曲率流** (mixed volume-preserving $\mathcal{F}$-curvature flow) という．特に，$(n+1)$ 次混在体積

を保存する$\mathcal{F}$-曲率流は，単に**体積を保存する$\mathcal{F}$-曲率流** (volume-preserving $\mathcal{F}$-curvature flow) という．平均曲率流，逆平均曲率流以外の$\mathcal{F}$-曲率流，および体積を保存する平均曲率流，表面積を保存する平均曲率流以外の混在体積を保存する$\mathcal{F}$-曲率流の研究結果については，[An1], [An2], [An3], [An4], [An5], [AM], [CS], [Har], [Mc] 等を参照のこと．

7.2 曲率流に沿う基本的な幾何学量の発展

この節において，$\mathcal{F}$-曲率流に沿う基本的な幾何学量の発展について述べることにする．曲率関数$\mathcal{F}$の次数はαとする．$(y_1, \ldots, y_n)$を$\mathbb{R}^n$の自然な座標系とし，$\mathrm{Sym}(V)$, $\mathbb{R}^n$のユークリッド接続を$\widehat{\nabla}$で表すことにする．最初に，$\mathcal{F}_V (= \mathcal{F} \circ \Lambda_V) : \Lambda_V^{-1}(\widetilde{\Gamma}) \to \mathbb{R}$に関する次の事実を準備しておく．

補題 7.2.1.

(i) $S \in \Lambda_V^{-1}(\widetilde{\Gamma})$とする．このとき，次の関係式が成り立つ：

$$(d\mathcal{F}_V)_S(S) = \alpha \cdot \mathcal{F}_V(S), \tag{7.2.1}$$

$$(d\mathcal{F}_V)_S(S^k) = \sum_{i=1}^n \frac{\partial \mathcal{F}}{\partial y_i}(\Lambda_V(S)) \cdot \lambda_V^i(S)^k \quad (k \in \mathbb{N}), \tag{7.2.2}$$

$$(\widehat{\nabla} d\mathcal{F}_V)_S(S, S) = \alpha(\alpha - 1)\mathcal{F}_V(S), \tag{7.2.3}$$

$$(\widehat{\nabla} d\mathcal{F}_V)_S(S^k, S^k) = \sum_{i,j=1}^n \frac{\partial^2 \mathcal{F}}{\partial y_i \partial y_j}(\Lambda_V(S)) \cdot \lambda_V^i(S)^k \lambda_V^j(S)^k \quad (k \in \mathbb{N}). \tag{7.2.4}$$

(ii) $S_1 \in \Lambda_V^{-1}(\widetilde{\Gamma})$, $S_2 \in \mathrm{Sym}(V)$とし，$\mathbf{e} := (\mathbf{e}_1, \ldots, \mathbf{e}_n)$を$(V, \langle\ ,\ \rangle)$の正規直交基底で$S_1(\mathbf{e}_i) = \lambda_V^i(S_1)\mathbf{e}_i$ $(i = 1, \ldots, n)$を満たすようなものとし，$(S_2^{\mathrm{e}})_i^j := \langle S_2(\mathbf{e}_i), \mathbf{e}_j \rangle$ $(1 \leq i, j \leq n)$とおく．このとき，次の関係式が成り立つ：

$$(d\mathcal{F}_V)_{S_1}(S_2) = \sum_{i=1}^{n} \frac{\partial \mathcal{F}}{\partial y_i}(\Lambda_V(S_1))(S_2^{\mathbf{e}})_i^i, \tag{7.2.5}$$

$$(\widehat{\nabla} d\mathcal{F}_V)_{S_1}(S_2, S_3) = \sum_{i,j=1}^{n} \frac{\partial^2 \mathcal{F}}{\partial y_i \partial y_j}(\Lambda_V(S_1))(S_2^{\mathbf{e}})_i^i(S_3^{\mathbf{e}})_j^j$$
$$+ 2 \sum_{1 \le i < j \le n} \frac{\frac{\partial \mathcal{F}}{\partial y_i}(\Lambda_V(S_1)) - \frac{\partial \mathcal{F}}{\partial y_j}(\Lambda_V(S_1))}{\lambda_V^i(S_1) - \lambda_V^j(S_1)} (S_2^{\mathbf{e}})_i^j(S_3^{\mathbf{e}})_i^j. \tag{7.2.6}$$

$S_1 \in \Lambda_V^{-1}(\widetilde{\Gamma})$, $S_2, S_3 \in \mathrm{Sym}(V)$, $v, w, \in V$ とする.式 (7.2.5) が成り立つことから,本書では $(d\mathcal{F}_V)_{S_1}(S_2)$ を $\mathrm{Tr}_{S_1}^{\mathcal{F}}(S_2)$ と表すことにし,$\mathrm{Tr}_{S_1}^{\mathcal{F}}(S_2 \circ S_3)$ を $\langle S_2, S_3 \rangle_{\mathcal{F}, S_1}$ と表す.特に,$\mathrm{Tr}_{S_1}^{\mathcal{F}}(S_2 \circ S_2)$ を $\|S_2\|_{\mathcal{F}, S_1}^2$ と表し,$\mathrm{Tr}_{S_1}^{\mathcal{F}}(v_\flat \otimes w)$ を $\langle v, w \rangle_{\mathcal{F}, S_1}$ と表すことにする.ここで,$v_\flat$ は $v_\flat(\cdot) := \langle v, \cdot \rangle$ によって定義される V^* の元を表す.$\mathcal{F} = \mathcal{F}_{1,1}$ の場合,$\mathrm{Tr}_{S_1}^{\mathcal{F}}(S_2)$, $\langle S_2, S_3 \rangle_{\mathcal{F}, S_1}$, $\|S_2\|_{\mathcal{F}, S_1}^2$, $\langle v, w \rangle_{\mathcal{F}, S_1}$ は各々,通常のトレース $\mathrm{Tr}(S_2)$,通常の内積 $\langle S_2, S_3 \rangle$,通常のノルムの 2 乗 $\|S_2\|^2$,通常の内積 $\langle v, w \rangle$ と一致する.

M を n 次元閉多様体,$(\widetilde{M}, \tilde{g})$ を $(n+1)$ 次元完備リーマン多様体とし,M から $\widetilde{M}$ への C^∞ 級はめ込み写像の C^∞ 族 $\{f_t\}_{t \in [0,T)}$ が $\mathcal{F}$-曲率流であるとする.この節において,前節および 3.2 節における記号を用いることにする.$S_i \in \Gamma^\infty(\pi_M^*(\mathrm{Sym}(TM)))$ $(i = 1, 2, 3)$ とし,S_1 は $(S_1)_{(p,t)} \in \Lambda_p^{-1}(\widetilde{\Gamma})$ $((p,t) \in M \times [0,T))$ を満たすとする.また,$\boldsymbol{X}, \boldsymbol{Y} \in \Gamma^\infty(\pi_M^*(TM))$ とする.$M \times [0,T)$ 上の C^∞ 関数 $\mathrm{Tr}_{S_1}^{\mathcal{F}}(S_2)$, $\langle S_2, S_3 \rangle_{\mathcal{F}, S_1}$, $\|S_2\|_{\mathcal{F}, S_1}^2$, $\langle \boldsymbol{X}, \boldsymbol{Y} \rangle_{\mathcal{F}, S_1}$ を

$$(\mathrm{Tr}_{S_1}^{\mathcal{F}}(S_2))(p,t) := \mathrm{Tr}_{(S_1)_{(p,t)}}^{\mathcal{F}}((S_2)_{(p,t)})$$
$$\langle S_2, S_3 \rangle_{\mathcal{F}, S_1}(p,t) := \langle (S_2)_{(p,t)}, (S_3)_{(p,t)} \rangle_{\mathcal{F}, (S_1)_{(p,t)}}$$
$$\|S_2\|_{\mathcal{F}, S_1}^2(p,t) := \|(S_2)_{(p,t)}\|_{\mathcal{F}, (S_1)_{(p,t)}}^2$$
$$\langle \boldsymbol{X}, \boldsymbol{Y} \rangle_{\mathcal{F}, S_1}(p,t) := \langle \boldsymbol{X}_{(p,t)}, \boldsymbol{Y}_{(p,t)} \rangle_{\mathcal{F}, (S_1)_{(p,t)}}$$
$$((p,t) \in M \times [0,T))$$

によって定義する.E を M 上の階数 l の C^∞ 級ベクトルバンドルとする.S

7.2 曲率流に沿う基本的な幾何学量の発展　277

$\in \Gamma^\infty(\pi_M^*(T^{(0,s)}M \otimes E))$ に対し, $((\mathrm{Tr}^{\mathcal{F}}_{S_1})^\bullet_g S)(\ldots, \overset{j}{\bullet}, \ldots, \overset{k}{\bullet}, \ldots)$ を

$$(((\mathrm{Tr}^{\mathcal{F}}_{S_1})^\bullet_g S)(\ldots, \overset{j}{\bullet}, \ldots, \overset{k}{\bullet}, \ldots))_{(p,t)}$$
$$= \sum_{i=1}^n \frac{\partial \mathcal{F}}{\partial y_i}(\Lambda_p((S_1)_{(p,t)})) \cdot S_{(p,t)}(\ldots, \overset{j}{e_i}, \ldots, \overset{k}{e_i}, \ldots)$$
$$((p,t) \in M \times [0,T))$$

によって定義する. ここで, $(e_1, \ldots, e_n)$ は T_pM の $(g_t)_p$ に関する正規直交基底で $(S_1)_{(p,t)}(e_i) = \lambda_p^i((S_1)_{(p,t)})e_i$ $(i=1,\ldots,n)$ を満たすようなものである. また, $S^{\sharp_i} \in \Gamma^\infty(T^{(1,s-1)}M \otimes E)$ を次のように定義する. $(\xi_1, \ldots, \xi_l)$ を E_p の基底とし, $S^j_{(p,t)}$ $(j=1,\ldots,l)$ を $S_{(p,t)} = \sum_{j=1}^l S^j_{(p,t)} \otimes \xi_j$ によって定義される T_pM 上の s 次共変テンソルとする. $(S^j_{(p,t)})^{\sharp_i}$ を

$$g_{(p,t)}((S^j_{(p,t)})^{\sharp_i}(v_1, \ldots, v_{i-1}, v_{i+1}, \ldots, v_s), v_i)$$
$$= S^j_{(p,t)}(v_1, \ldots, v_s) \quad (v_1, \ldots, v_s \in T_pM)$$

によって定義される T_pM 上の $(1, s-1)$ 次テンソルとし, $(S^{\sharp_i})_{(p,t)}$ を

$$(S^{\sharp_i})_{(p,t)}(v_1, \ldots, v_{s-1})$$
$$= \sum_{j=1}^l (S^j_{(p,t)})^{\sharp_i}(v_1, \ldots, v_{s-1}) \otimes \xi_j \quad (v_1, \ldots, v_{s-1} \in T_pM)$$

によって定義する. 2階微分作用素 $\mathcal{D} : \Gamma^\infty(T^{(s,r)}M) \to \Gamma^\infty(T^{(s,r)}M)$ を

$$(\mathcal{D}S)_p(v_1, \ldots, v_r, \omega_1, \ldots, \omega_s)$$
$$:= \mathrm{Tr}^{\mathcal{F}}_{(\mathcal{A}_t)_p}(((\nabla^t \nabla^t S)_p(v_1, \ldots, v_r, \omega_1, \ldots, \omega_s))^{\sharp_2})$$
$$(S \in \Gamma^\infty(T^{(s,r)}M),\ p \in M,\ v_1, \ldots, v_r \in T_pM,\ \omega_1, \ldots, \omega_s \in T_p^*M)$$

によって定める. 本書では, この2階微分作用素を $\triangle^{\mathcal{F}}_{\mathcal{A}_t}$ と表すことにする. $\mathbf{e} = (e_1, \ldots, e_n)$ を T_pM の $(g_t)_p$ に関する正規直交基底で $(\mathcal{A}_t)_p(e_i) = \lambda_p^i((\mathcal{A}_t)_p)e_i$ $(i=1,\ldots,n)$ を満たすようなものとする. このとき, 式 (7.2.5) から,

$$(\triangle_{A_t}^{\mathcal{F}} S)_p(\boldsymbol{v}_1,\ldots,\boldsymbol{v}_r,\omega_1,\ldots,\omega_s)$$
$$= \sum_{i=1}^{n} \left(\frac{\partial \mathcal{F}}{\partial y_i}\right)(\Lambda_p((A_t)_p)) \cdot (\nabla_{\boldsymbol{e}_i}^{t} \nabla_{\boldsymbol{e}_i}^{t} S)_p(\boldsymbol{v}_1,\ldots,\boldsymbol{v}_r,\omega_1,\ldots,\omega_s) \quad (7.2.7)$$

が導かれる．以下，簡単のため，$\triangle_{A_t}^{\mathcal{F}}$ を $\triangle_t^{\mathcal{F}}$ と略記する．条件 (C-I) によれば $\dfrac{\partial \mathcal{F}}{\partial y_i} > 0$ なので，$\triangle_t^{\mathcal{F}}$ は楕円型作用素になる．$\triangle^{\mathcal{F}} : \Gamma^{\infty}(\pi_M^*(T^{(r,s)}M))$
$\longrightarrow \Gamma^{\infty}(\pi_M^*(T^{(r,s)}M))$ を

$$(\triangle^{\mathcal{F}} S)_{(p,t)} = (\triangle_t^{\mathcal{F}} S_{(\cdot,t)})_p \quad ((p,t) \in M \times [0,T))$$

によって定義する．

命題 3.2.1 の証明を模倣して，誘導リーマン計量の族 $\{g_t\}_{t \in [0,T)}$ に対する次の発展方程式が導かれる．

命題 7.2.2. $\{g_t\}_{t \in [0,T)}$ は次の発展方程式を満たす：

$$\frac{\partial g}{\partial t} = -2\mathcal{F}_M(\mathcal{A}_t) h_t^S.$$

命題 3.2.3 の証明を模倣して，$\{dv_t\}_{t \in [0,T)}$ に対する次の発展方程式が導かれる．

命題 7.2.3. $\{dv_t\}_{t \in [0,T)}$ は，次の発展方程式を満たす：

$$\frac{\partial\, dv}{\partial t} = -\mathcal{F}_M(\mathcal{A}_t) \mathcal{H}_t\, dv.$$

命題 3.2.6 の証明を模倣して，$\{\boldsymbol{N}_t\}_{t \in [0,T)}$ に対する次の発展方程式が導かれる．

命題 7.2.4. $\{\boldsymbol{N}_t\}_{t \in [0,T)}$ は，次の発展方程式を満たす：

$$\frac{\partial \boldsymbol{N}}{\partial t} = F_*(\operatorname{grad} \mathcal{F}_M(\mathcal{A}_t))$$

が成り立つ．

いくつか記号を用意する．$\widetilde{R}^T \in \Gamma^{\infty}(\pi_M^*(T^{(1,3)}M))$ を

$$(\widetilde{R}^T)_{(p,t)}(\boldsymbol{v}_1, \boldsymbol{v}_2)\boldsymbol{v}_3$$
$$:= (f_t)_*^{-1}\left(\left(\widetilde{R}_{f_t(p)}((f_t)_*(\boldsymbol{v}_1), (f_t)_*(\boldsymbol{v}_2))(f_t)_*(\boldsymbol{v}_3)\right)_{(f_t)_*(T_pM)}\right)$$
$$(\boldsymbol{v}_1, \boldsymbol{v}_2, \boldsymbol{v}_3 \in T_pM)$$

によって定義し，$\widetilde{R}(\boldsymbol{N})^T \in \Gamma^\infty(\pi_M^*(T^{(1,1)}M))$ を

$$\widetilde{R}(\boldsymbol{N})_{(p,t)}^T(\boldsymbol{v}) := (f_t)_*^{-1}\left(\widetilde{R}(\boldsymbol{v}, (\boldsymbol{N}_t)_p)(\boldsymbol{N}_t)_p\right) \quad (\boldsymbol{v} \in T_pM)$$

によって定義する．ここで，$(\cdot)_{(f_t)_*(T_pM)}$ は $(\cdot)$ の $(f_t)_*(T_pM)$ 成分を表す．

命題 3.2.5 の証明を模倣して，$\{h_t^S\}_{t\in[0,T)}$ に対する次の発展方程式が導かれる．

命題 7.2.5. $\{h_t^S\}_{t\in[0,T)}$ は，次の発展方程式を満たす：

$$\left(\frac{\partial h^S}{\partial t}\right)_{(p,t)}(\boldsymbol{X}, \boldsymbol{Y})$$
$$= (\Delta_t^{\mathcal{F}} h_t^S)_p(\boldsymbol{X}, \boldsymbol{Y}) + (\widehat{\nabla} d\mathcal{F}_p)_{(\mathcal{A}_t)_p}(\nabla_{\boldsymbol{X}}^t \mathcal{A}_t, \nabla_{\boldsymbol{Y}}^t \mathcal{A}_t)$$
$$+ \mathrm{Tr}_{(\mathcal{A}_t)_p}^{\mathcal{F}}((\mathcal{A}_t)_p^2)(h_t^S)_p(\boldsymbol{X}, \boldsymbol{Y}) - (\alpha+1)\mathcal{F}_M(\mathcal{A}_t)(p)(h_t^S)_p(\mathcal{A}_t\boldsymbol{X}, \boldsymbol{Y})$$
$$+ (1-\alpha)\mathcal{F}_M(\mathcal{A}_t)(p)g_t(\widetilde{R}(\boldsymbol{N})_t^T(\boldsymbol{X}), \boldsymbol{Y}) + 2\mathrm{Tr}_{(\mathcal{A}_t)_p}^{\mathcal{F}}(\widetilde{R}_t^T(\mathcal{A}_t(\cdot), \boldsymbol{X})\boldsymbol{Y})$$
$$- \mathrm{Tr}_{(\mathcal{A}_t)_p}^{\mathcal{F}}(\widetilde{R}_t^T(\cdot, \boldsymbol{Y})\mathcal{A}_t(\boldsymbol{X})) - \mathrm{Tr}_{(\mathcal{A}_t)_p}^{\mathcal{F}}(\widetilde{R}_t^T(\cdot, \boldsymbol{X})\mathcal{A}_t(\boldsymbol{Y}))$$
$$+ h^S(\boldsymbol{X}, \boldsymbol{Y})\mathrm{Tr}_{(\mathcal{A}_t)_p}^{\mathcal{F}}((\widetilde{R}(\boldsymbol{N})_t^T)_p) + \mathrm{Tr}_{(\mathcal{A}_t)_p}^{\mathcal{F}}((\widetilde{\nabla}\widetilde{R}^N)_t^T)^{\sharp_1}(\boldsymbol{X}, \boldsymbol{Y}, \cdot))$$
$$- \mathrm{Tr}_{(\mathcal{A}_t)_p}^{\mathcal{F}}((\widetilde{\nabla}\widetilde{R}^N)_t^T(\cdot, \boldsymbol{Y}, \boldsymbol{X}))$$
$$((p,t) \in M \times [0,T), \ \boldsymbol{X}, \boldsymbol{Y} \in T_pM).$$

ここで，$\widetilde{R}(\boldsymbol{N})_t^T$ は

$$\widetilde{R}(\boldsymbol{N})_t^T(\boldsymbol{X}) := (f_t)_*^{-1}\left((\widetilde{R}((f_t)_*(\boldsymbol{X}), \boldsymbol{N}_t)\boldsymbol{N}_t)_{(f_t)_*(TM)}\right) \quad (\boldsymbol{X} \in TM)$$

($(\cdot)_{(f_t)_*(TM)}$ は $(\cdot)$ の $(f_t)_*(TM)$ 成分を表す) によって定義される M 上の $(1,1)$ 次テンソル場であり，$(\widetilde{\nabla}\widetilde{R}^N)_t^T$ は

$$(\widetilde{\nabla}\widetilde{R}^N)^T_t(\boldsymbol{X},\boldsymbol{Y},\boldsymbol{Z},\boldsymbol{W})$$
$$:= \widetilde{g}((\widetilde{\nabla}_{(f_t)_*(\boldsymbol{W})}\widetilde{R})((f_t)_*(\boldsymbol{X}),(f_t)_*(\boldsymbol{Y}))(f_t)_*(\boldsymbol{Z}),\boldsymbol{N}_t)$$
$$(\boldsymbol{X},\boldsymbol{Y},\boldsymbol{Z},\boldsymbol{W}\in TM)$$

によって定義される M 上の $(0,4)$ 次テンソル場であり，$(\widetilde{\nabla}\widetilde{R}^N)^T_t$ は

$$(\widetilde{\nabla}\widetilde{R}^N)^T_t(\boldsymbol{X},\boldsymbol{Y},\boldsymbol{Z})$$
$$:= (\widetilde{\nabla}_{(f_t)_*(\boldsymbol{Z})}\widetilde{R})((f_t)_*(\boldsymbol{X}),(f_t)_*(\boldsymbol{Y}))\boldsymbol{N}_t \quad (\boldsymbol{X},\boldsymbol{Y},\boldsymbol{Z}\in TM)$$

で定義される $T^{(0,3)}M \otimes f_t^*T\widetilde{M}$ の切断である．

命題 7.2.2 と命題 7.2.5 における発展方程式から，$\{\mathcal{A}_t\}_{t\in[0,T)}$ に対する次の発展方程式が導かれる．

命題 7.2.6. $\{\mathcal{A}_t\}_{t\in[0,T)}$ は，次の発展方程式を満たす：

$$\left(\frac{\partial \mathcal{A}}{\partial t}\right)_{(p,t)}(\boldsymbol{X})$$
$$= (\Delta_t^{\mathcal{F}}\mathcal{A}_t)_p(\boldsymbol{X}) + (\widehat{\nabla}d\mathcal{F}_p)_{(\mathcal{A}_t)_p}(\nabla^t_{\boldsymbol{X}}\mathcal{A}_t, \nabla^t_{\cdot}\mathcal{A}_t)^{\sharp}$$
$$+ \text{Tr}^{\mathcal{F}}_{(\mathcal{A}_t)_p}((\mathcal{A}_t)^2_p)(\mathcal{A}_t)_p(\boldsymbol{X})$$
$$- (\alpha-1)\mathcal{F}_M(\mathcal{A}_t)(p)(\mathcal{A}_t)^2_p(\boldsymbol{X}) + (1-\alpha)\mathcal{F}_M(\mathcal{A}_t)(p)\widetilde{R}(\boldsymbol{N})^T_t(\boldsymbol{X})$$
$$+ 2\left(\text{Tr}^{\mathcal{F}}_{(\mathcal{A}_t)_p}(\bullet \mapsto \widetilde{R}^T_t(\mathcal{A}_t(\bullet),\boldsymbol{X})\cdot)\right)^{\sharp} - \left(\text{Tr}^{\mathcal{F}}_{(\mathcal{A}_t)_p}(\bullet \mapsto \widetilde{R}^T_t(\bullet,\cdot)\mathcal{A}_t(\boldsymbol{X}))\right)^{\sharp}$$
$$- \left(\text{Tr}^{\mathcal{F}}_{(\mathcal{A}_t)_p}(\bullet \mapsto \widetilde{R}^T_t(\bullet,\boldsymbol{X})\mathcal{A}_t(\cdot))\right)^{\sharp} + \text{Tr}^{\mathcal{F}}_{(\mathcal{A}_t)_p}((\widetilde{R}(\boldsymbol{N})^T_t)_p)\mathcal{A}_t(\boldsymbol{X})$$
$$+ \left(\text{Tr}^{\mathcal{F}}_{(\mathcal{A}_t)_p}(\bullet \mapsto ((\widetilde{\nabla}\widetilde{R}^N)^T_t)^{\sharp_1}(\boldsymbol{X},\cdot,\bullet))\right)^{\sharp}$$
$$- \left(\text{Tr}^{\mathcal{F}}_{(\mathcal{A}_t)_p}(\bullet \mapsto (\widetilde{\nabla}\widetilde{R}^N)^T_t(\bullet,\cdot,\boldsymbol{X}))\right)^{\sharp}$$
$$((p,t)\in M\times[0,T),\ \boldsymbol{X}\in T_pM).$$

命題 7.2.5 における $\{h^S_t\}_{t\in[0,T)}$ に対する発展方程式から，$\{\mathcal{H}_t\}_{t\in[0,T)}$ に対する次の発展方程式が導かれる．

補題 7.2.7. $\{\mathcal{H}_t\}_{t\in[0,T)}$ は，次の発展方程式を満たす：

$$\left(\frac{\partial \mathcal{H}_t}{\partial t}\right)_{(p,t)}$$
$$= (\triangle_t^{\mathcal{F}} \mathcal{H}_t)_p + \mathrm{Tr}_{g_t}^{\bullet}(\widehat{\nabla} dF_p)_{(\mathcal{A}_t)_p}(\nabla_{\bullet}^t \mathcal{A}_t, \nabla_{\bullet}^t \mathcal{A}_t)$$
$$+ (\mathcal{H}_t)_p \, \mathrm{Tr}_{(\mathcal{A}_t)_p}^{\mathcal{F}}((\mathcal{A}_t)_p^2) - (\alpha-1)\mathcal{F}_M(\mathcal{A}_t)(p)\|(\mathcal{A}_t)_p\|^2$$
$$+ (1-\alpha)\mathcal{F}_M(\mathcal{A}_t)(p) \cdot \mathrm{Tr}\,(\widetilde{R}(\boldsymbol{N})_t^T)_p$$
$$+ 2\mathrm{Tr}_{(\mathcal{A}_t)_p}^{\mathcal{F}}(\mathrm{Tr}_{g_t}^{\bullet} \widetilde{R}_t^T(\mathcal{A}_t(\cdot),\bullet)\bullet) - 2\mathrm{Tr}_{(\mathcal{A}_t)_p}^{\mathcal{F}}(\mathrm{Tr}_{g_t}^{\bullet} \widetilde{R}_t^T(\cdot,\bullet)\mathcal{A}_t(\bullet))$$
$$+ (\mathcal{H}_t)_p \cdot \mathrm{Tr}_{(\mathcal{A}_t)_p}^{\mathcal{F}}((\widetilde{R}(\boldsymbol{N})_t^T)_p) + \mathrm{Tr}_{(\mathcal{A}_t)_p}^F(\mathrm{Tr}_{g_t}^{\bullet}((\widetilde{\nabla} \widetilde{R}^N)_t^T)^{\sharp_1}(\bullet,\bullet,\cdot))$$
$$- \mathrm{Tr}_{(\mathcal{A}_t)_p}^F(\mathrm{Tr}_{g_t}^{\bullet}(\widetilde{\nabla} \widetilde{R}^N)_t^T(\cdot,\bullet,\bullet))$$

$$((p,t) \in M \times [0,T)). \tag{7.2.8}$$

特に，$\mathcal{F} = \mathcal{F}_{1,-1}$ の場合，つまり $\{f_t\}_{t\in[0,T)}$ が逆平均曲率流の場合を考える．この場合，任意の $S \in \Gamma^{\infty}(\pi_M^*(T^{(1,1)}M))$ に対し，

$$\mathrm{Tr}_{\mathcal{A}_t}^{\mathcal{F}_{1,-1}} S_t = \frac{1}{\mathcal{H}_t^2}\,\mathrm{Tr}\,S_t, \quad \Delta_{\mathcal{A}_t}^{\mathcal{F}_{1,-1}} S_t = \frac{1}{\mathcal{H}_t^2}\,\Delta_t S$$

が成り立つので，命題 7.2.2–7.2.7 における発展方程式は次のように書き換えられる．

命題 7.2.8. $\{f_t\}_{t\in[0,T)}$ が逆平均曲率流の場合，次の発展方程式が成り立つ：

(i) $\dfrac{\partial g}{\partial t} = \dfrac{2}{\mathcal{H}_t}\,h_t^S$.

(ii) $\dfrac{\partial \, dv}{\partial t} = dv_t$.

(iii) $\dfrac{\partial \boldsymbol{N}}{\partial t} = \dfrac{1}{\mathcal{H}_t^2}\,(f_t)_*(\mathrm{grad}\,\mathcal{H}_t)$.

(iv) 任意の $(p,t) \in M \times [0,T)$ と任意の $\boldsymbol{X}, \boldsymbol{Y} \in T_pM$ に対し，次式が成り立つ：

$$\left(\frac{\partial h^S}{\partial t}\right)_{(p,t)}(\boldsymbol{X},\boldsymbol{Y})$$
$$= \frac{1}{(\mathcal{H}_t)_p^2}(\Delta_t h_t^S)_p(\boldsymbol{X},\boldsymbol{Y}) - \frac{2}{(\mathcal{H}_t)_p^3}(d\mathcal{H}_t)_p(\boldsymbol{X})\cdot(d\mathcal{H}_t)_p(\boldsymbol{Y})$$
$$+ \frac{1}{(\mathcal{H}_t)_p^2}\|(\mathcal{A}_t)_p\|^2\cdot(h_t^S)_p(\boldsymbol{X},\boldsymbol{Y}) - \frac{2}{(\mathcal{H}_t)_p}g_t((\widetilde{R}(\boldsymbol{N})_t^T)_p(\boldsymbol{X}),\boldsymbol{Y})$$
$$+ \frac{2}{(\mathcal{H}_t)_p^2}\operatorname{Tr}((\widetilde{R}_t^T)_p((\mathcal{A}_t)_p(\cdot),\boldsymbol{X})\boldsymbol{Y}) - \frac{1}{(\mathcal{H}_t)_p^2}\operatorname{Tr}(\widetilde{R}_t^T)_p(\cdot,\boldsymbol{Y})\mathcal{A}_t(\boldsymbol{X}))$$
$$- \frac{1}{(\mathcal{H}_t)_p^2}\operatorname{Tr}((\widetilde{R}_t^T)_p(\cdot,\boldsymbol{X})\mathcal{A}_t(\boldsymbol{Y})) + \frac{1}{(\mathcal{H}_t)_p^2}\operatorname{Tr}((\widetilde{R}(\boldsymbol{N})_t^T)_p)\,(h_t^S)_p(\boldsymbol{X},\boldsymbol{Y})$$
$$+ \frac{1}{(\mathcal{H}_t)_p^2}\operatorname{Tr}((\widetilde{\nabla}\widetilde{R}^N)_t^T)_p^{\sharp_1}(\boldsymbol{X},\boldsymbol{Y},\cdot)) - \frac{1}{(\mathcal{H}_t)_p^2}\operatorname{Tr}((\widetilde{\nabla}\widetilde{R}^N)_t^T(\cdot,\boldsymbol{Y},\boldsymbol{X})).$$

(v) 任意の $(p,t) \in M \times [0,T)$ と任意の $\boldsymbol{X} \in T_pM$ に対し，次式が成り立つ：

$$\left(\frac{\partial \mathcal{A}}{\partial t}\right)_{(p,t)}(\boldsymbol{X})$$
$$= \frac{1}{(\mathcal{H}_t)_p^2}(\Delta_t \mathcal{A}_t)_p(\boldsymbol{X}) - \frac{2}{(\mathcal{H}_t)_p^3}(d\mathcal{H}_t)_p(\boldsymbol{X})(\operatorname{grad}_{g_t}\mathcal{H}_t)_p$$
$$+ \frac{1}{(\mathcal{H}_t)_p^2}\|(\mathcal{A}_t)_p\|^2\cdot(\mathcal{A}_t)_p(\boldsymbol{X}) - \frac{2}{(\mathcal{H}_t)_p}(\widetilde{R}(\boldsymbol{N})_t^T)_p(\boldsymbol{X})$$
$$+ \frac{2}{(\mathcal{H}_t)_p^2}\left(\operatorname{Tr}(\bullet \mapsto \widetilde{R}_t^T(\mathcal{A}_t(\bullet),\boldsymbol{X})\cdot)\right)^{\sharp}$$
$$- \frac{1}{(\mathcal{H}_t)_p^2}\left(\operatorname{Tr}(\bullet \mapsto \widetilde{R}_t^T(\bullet,\cdot)\mathcal{A}_t(\boldsymbol{X}))\right)^{\sharp}$$
$$- \frac{1}{(\mathcal{H}_t)_p^2}\left(\operatorname{Tr}(\bullet \mapsto \widetilde{R}_t^T(\bullet,\boldsymbol{X})\mathcal{A}_t(\cdot))\right)^{\sharp} + \frac{1}{(\mathcal{H}_t)_p^2}\operatorname{Tr}((\widetilde{R}(\boldsymbol{N})_t^T)_p)\,\mathcal{A}_t(\boldsymbol{X})$$
$$+ \frac{1}{(\mathcal{H}_t)_p^2}\left(\operatorname{Tr}(\bullet \mapsto ((\widetilde{\nabla}\widetilde{R}^N)_t^T)^{\sharp_1}(\boldsymbol{X},\cdot,\bullet))\right)^{\sharp}$$
$$- \frac{1}{(\mathcal{H}_t)_p^2}\left(\operatorname{Tr}(\bullet \mapsto (\widetilde{\nabla}\widetilde{R}^N)_t^T(\bullet,\cdot,\boldsymbol{X}))\right)^{\sharp}.$$

(vi) $\dfrac{\partial \mathcal{H}}{\partial t} = \dfrac{1}{\mathcal{H}_t^2}\Delta_t\,\mathcal{H}_t - \dfrac{2}{\mathcal{H}_t^3}\|\mathrm{grad}_{g_t}\mathcal{H}_t\|^2 + \dfrac{1}{\mathcal{H}_t}\|\mathcal{A}_t\|^2$

$\qquad\qquad - \dfrac{2}{\mathcal{H}_t}\,\mathrm{Tr}\,\widetilde{R}(\boldsymbol{N})_t^T + \dfrac{2}{\mathcal{H}_t^2}\,\mathrm{Tr}(\mathrm{Tr}_{g_t}^\bullet \widetilde{R}_t^T(\mathcal{A}_t(\cdot),\bullet)\bullet)$

$\qquad\qquad - \dfrac{1}{\mathcal{H}_t^2}\,\mathrm{Tr}(\mathrm{Tr}_{g_t}^\bullet\,\widetilde{R}_t^T(\cdot,\bullet)\mathcal{A}_t(\bullet)) - \dfrac{1}{\mathcal{H}_t^2}\,\mathrm{Tr}(\mathrm{Tr}_{g_t}^\bullet\,\widetilde{R}_t^T(\cdot,\bullet)\mathcal{A}_t(\bullet))$

$\qquad\qquad + \dfrac{1}{\mathcal{H}_t^2}\,\mathrm{Tr}(\widetilde{R}(\boldsymbol{N})_t^T)\,\mathcal{H}_t + \dfrac{1}{\mathcal{H}_t^2}\,\mathrm{Tr}(\mathrm{Tr}_{g_t}^\bullet((\widetilde{\nabla}\widetilde{R}^N)_t^T)^{\sharp_1}(\bullet,\bullet,\cdot))$

$\qquad\qquad - \dfrac{1}{\mathcal{H}_t^2}\,\mathrm{Tr}(\mathrm{Tr}_{g_t}^\bullet((\widetilde{\nabla}\widetilde{R}^N)_t^T(\cdot,\bullet,\bullet)).$

7.3 Penrose予想と逆平均曲率流

この節において，G. Huisken と T. Ilmanen ([HI1]) による逆平均曲率流を用いたリーマン Penrose 不等式の証明の概略について述べる．最初に，**一般相対性理論**における Penrose 予想について説明する．一般相対性理論では，時空はアインシュタインの重力場方程式を満たすローレンツ計量を備えた 4 次元ローレンツ多様体として定義される．これは，以下に述べる漸近的平坦とよばれるものになる．例えば，static かつ回転対称な**ブラックホール (black hole)** をモデリングする時空の（ブラックホールの）外領域は，**アインシュタインの重力場方程式**の **Schwarzshild 解 (Schwarzshild solution)** とよばれるローレンツ計量を備えた漸近的平坦な 4 次元ローレンツ多様体である．

Penrose 予想を述べるための準備をする．まず，4 次元ローレンツ多様体の漸近的平坦性の定義を述べる．そのために，まずは 3 次元リーマン多様体の漸近的平坦性の定義から始める．(M,g) を 3 次元リーマン多様体とする．M のあるコンパクト閉領域 K に対し，$M\setminus K$ から $\mathbb{R}^3\setminus K'$ ($K':\mathbb{R}^3$ の $o=(0,0,0)$ を含むあるコンパクト閉領域) への C^∞ 同型写像 φ で，次の条件を満たすようなものが存在するとする:

(AP) $\varphi=(x_1,x_2,x_3)$ とし，$g_{ij}:=g\left(\dfrac{\partial}{\partial x_i},\dfrac{\partial}{\partial x_j}\right)$ とするとき，ある正の定数 c に対し

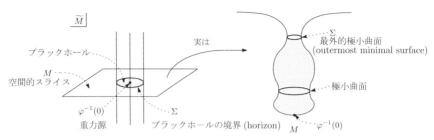

図 7.3.1　漸近的平坦なローレンツ多様体

$$p \in M \setminus K \quad \Rightarrow \quad |g_{ij}(p) - \delta_{ij}| \leq \frac{c}{\sqrt{\sum_{i=1}^{3} x_i(p)^2}},$$

$$\left| \left(\frac{\partial g_{ij}}{\partial x_k} \right)_p \right| \leq \frac{c}{\sum_{i=1}^{3} x_i(p)^2}.$$

このとき，(M,g) は**漸近的平坦 (asymptotic flat)** であるという．4次元ローレンツ多様体 $(\widetilde{M}, \widetilde{g})$ 内の空間的超曲面で各時間的曲線と1点でのみ交わるものを**コーシー超曲面 (Cauchy hypersurface)** という．コーシー超曲面で標準的（例えば，全測地的）なものを $(\widetilde{M}, \widetilde{g})$ の**空間的スライス**という．$(\widetilde{M}, \widetilde{g})$ の空間的スライスが漸近的平坦であるとき，$(\widetilde{M}, \widetilde{g})$ は**漸近的平坦 (asymptotic flat)** であるとよばれる．4次元ローレンツ多様体 $(\widetilde{M}, \widetilde{g})$ が漸近的平坦の場合，その空間的スライス内の極小曲面で基点＝重力源（上述の記号で $\varphi^{-1}(o)$ のこと）からみて最も外に位置するようなものは，**最外的極小曲面 (outermost minimal surface)** とよばれる．これはブラックホールの地平線 (horizon) と解釈される．

次に，漸近的平坦な4次元ローレンツ多様体の ADM 質量の定義を述べる．$(\widetilde{M}, \widetilde{g})$ を漸近的平坦な4次元ローレンツ多様体とし，(M,g) を $(\widetilde{M}, \widetilde{g})$ 内の空間的スライスとする．(M,g) は漸近的平坦なので，条件 (AP) を満たすような C^∞ 同型写像 $\varphi : M \setminus K \to \mathbb{R}^3 \setminus K'$ が存在する．$m_{\mathrm{ADM}}(M,g)$ を

$$m_{\mathrm{ADM}}(M,g) := \lim_{r \to \infty} \frac{1}{16\pi} \int_{\varphi^{-1}(\partial B_r(0)_{g_{\mathrm{E}}})} \sum_{i,j=1}^{3} \left(\frac{\partial g_{ii}}{\partial x_j} - \frac{\partial g_{ij}}{\partial x_i} \right) \boldsymbol{n}^j \, dv_{\iota_r^* g_{\mathrm{E}}}$$

によって定義する．ここで，$B_r(0)_{g_{\mathrm{E}}}$ は $\mathbb{R}^3$ の原点 0 を中心とするユークリッド計量 g_{E} に関する半径 r の測地球体を表し，ι_r は，$B_r(0)_{g_{\mathrm{E}}}$ から $\mathbb{R}^3$ への包

7.3 Penrose 予想と逆平均曲率流　　285

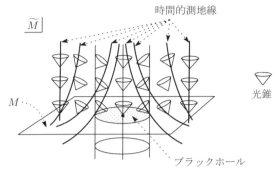

図 7.3.2 漸近的平坦なローレンツ多様体上の時間的測地線
時間的測地線は1度ブラックホールに入るとブラックホールから抜け出せない．

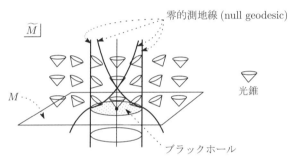

図 7.3.3 漸近的平坦なローレンツ多様体上の零的測地線
零的測地線は1度ブラックホールに入るとブラックホールから抜け出せない．

含写像を表す．また，n^i は，測地球面 $\varphi^{-1}(\partial B_r(0)_{g_E})$ の外側向きの単位法ベクトル場 $\bm{n}$ の成分（つまり，$\bm{n} = \sum_{i=1}^{3} n^i \frac{\partial}{\partial x_i}$）を表す．$m_{\mathrm{ADM}}(M, g)$ は (M, g) の **ADM 質量** (**ADM mass**) とよばれると同時に，$(\widetilde{M}, \widetilde{g})$ の **ADM 質量**ともよばれる．この概念は，R. Arnowitt, S. Deser と C. Minster ([ADM]) によって導入された．上述の定義からわかるように，$m_{\mathrm{ADM}}(M, g)$ は $p \in M$ が無限遠に移動するにしたがって，g の曲率が 0 に近づいていく度合の弱さを表している（特に，g がユークリッド計量の場合，$m_{\mathrm{ADM}}(M, g) = 0$ となる）．

　$(\widetilde{M}, \widetilde{g})$ を漸近的平坦な m 次元ローレンツ多様体とし，大域的に定義された時間的単位ベクトル場 $\bm{t}$ が与えられている（つまり，time-oriented されている）とする．E を $(\widetilde{M}, \widetilde{g})$ のアインシュタインテンソル，つまり

$$E := \widetilde{\mathrm{Ric}} - \frac{\widetilde{S}}{m}\widetilde{g}$$

($\widetilde{\mathrm{Ric}}$ は $\widetilde{g}$ のリッチテンソル，$\widetilde{S}$ は $\widetilde{g}$ のスカラー曲率) として，任意の未来方向の時間的ベクトル $\boldsymbol{v}, \boldsymbol{w}$ に対し $E(\boldsymbol{v}, \boldsymbol{w}) \geq 0$ が成り立つとき，$(\widetilde{M}, \widetilde{g})$ は**支配的エネルギー条件** (dominant energy condition) を満たしているという．ここで，時間的ベクトル $\boldsymbol{v}$ が未来方向であるとは，$\widetilde{g}(\boldsymbol{v}, \boldsymbol{t}) \leq 0$ であることを意味する．

Penrose 予想 $(\widetilde{M}, \widetilde{g})$ を漸近的平坦な 4 次元ローレンツ多様体で支配的エネルギー条件を満たすようなものとし，Σ を $(\widetilde{M}, \widetilde{g})$ 内のある空間的スライス内の最外的極小曲面とする．このとき，

$$16\pi m_{\mathrm{ADM}}^2 \geq \mathrm{Vol}(\Sigma, g_\Sigma)$$

が成り立つ．ここで，m_{ADM} は $(\widetilde{M}, \widetilde{g})$ の ADM 質量を表し，g_Σ は Σ 上の誘導計量を表す．

次に，G. Huisken と T. Ilmanen により逆平均曲率流を用いて示されたリーマン Penrose 不等式について述べることにする．まず，Schwarzshild 解の定義を述べておく．Schwarzshild 解とは，次式によって定義される $\mathbb{R}^4 \setminus \{0\}$ 上のローレンツ計量 g_{ss} のことである：

$$g_{ss} := -\left(\frac{1 - \frac{m}{2r}}{1 + \frac{m}{2r}}\right)^2 dx_1^2 + \left(1 + \frac{m}{2r}\right)^4 g_{\mathbb{E}}.$$

ここで，r は $\sqrt{\sum_{i=1}^{4} x_i^2}$ を表し，$g_{\mathbb{E}}$ は $\sum_{i=2}^{4} dx_i^2$ を表す．Schwarzshild 時空 $(\mathbb{R}^4 \setminus \{0\}, g_{ss})$ は漸近的平坦であり，その (全測地的) 空間的スライスは，リーマン計量 $g_{sss} := \left(1 + \frac{m}{2r}\right)^4 g_{\mathbb{E}}$ を備えた 3 次元リーマン多様体 $(\mathbb{R}^3 \setminus \{0\}, g_{sss})$ として与えられる．これは，**空間的 Schwarzshild 多様体** (spatial Schwarzshild manifold) とよばれる．空間的 Schwarzshild 多様体 $(\mathbb{R}^3 \setminus \{0\}, g_{sss})$ において，$\partial B_{\frac{m_{\mathrm{ADM}}}{2}}(0)_{g_{\mathbb{E}}}$ は $(\mathbb{R}^3 \setminus \{0\}, g_{sss})$ の最外的極小曲面であり，その面積は $16\pi m_{\mathrm{ADM}}^2$ となる．また，$\partial B_{\frac{m_{\mathrm{ADM}}}{2}}(0)_{g_{\mathbb{E}}}$ を固定点集合とする $(\mathbb{R}^3 \setminus \{0\}, g_{sss})$ の等長変換が存在する．

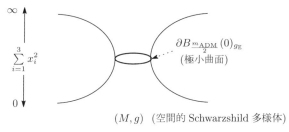

図 7.3.4 Schwarzshild 時空の空間的スライス

G. Huisken と T. Ilmanen ([HI]) は，次の事実を示した．

定理 7.3.1 (リーマン Penrose 不等式). (M, g) をコンパクトかつ極小な境界をもつ漸近的平坦な3次元リーマン多様体で，次の3条件を満たすようなものとする：

(i) $S \geq 0$,

(ii) ある正の定数 c に対し，$\mathrm{Ric}_p \geq -\dfrac{c}{\sum_{i=1}^{3} x_i(p)^2} g_p$ $(\forall p \in M)$,

(iii) (M, g) は境界 ∂M 以外に極小曲面をもたない．

ここで，S, Ric は各々，(M, g) のスカラー曲率，リッチ曲を表す．このとき，次の不等式が成り立つ：

$$m_{\mathrm{ADM}} \geq \sqrt{\frac{\mathrm{Vol}(\partial M, g_{\partial M})}{16\pi}}.$$

ここで，$g_{\partial M}$ は ∂M に誘導される計量を表す．等号成立は，(M, g) が空間的 Schwarzshild 多様体の場合，かつ，そのときに限る．

注意 (i) この不等式は，$p \in M$ が無限遠に移動するにしたがって，g の曲率が 0 に近づいていく度合の弱さを下から評価する式である．

(ii) この定理における (M, g) は，Penrose 予想の主張における空間的スライス (M, g) の最外的極小曲面を境界とする外部領域を意味している（図 7.3.5 参照）．

定理 7.3.1 の証明の概略を述べることにする．そのために，まず，Hawking

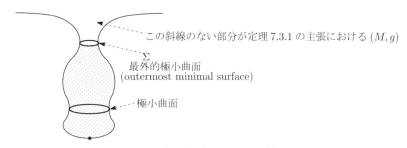

図 7.3.5 Penrose 予想の主張と定理 7.3.1 の主張の関係

の擬局所的質量の定義を述べる. Σ を 3 次元リーマン多様体 (M, g) 内の (超) 曲面とし, g_Σ を Σ 上の誘導計量とし, $\mathcal{H}_\Sigma$ を Σ の平均曲率とする. $m_\mathrm{H}(\Sigma)$ を

$$m_\mathrm{H}(\Sigma) := \sqrt{\frac{\mathrm{Vol}(\Sigma, g_\Sigma)}{(16\pi)^3}} \times \left(16\pi - \int_\Sigma \mathcal{H}_\Sigma^2 \, dv_{g_\Sigma} \right)$$

によって定義する. この量を Σ の **Hawking の擬局所的質量 (Hawking quasi-local mass)** という. 逆平均曲率流方程式は, 任意の C^∞ 級コンパクト超曲面に対し, それを初期データとしてもつ短時間における C^∞ 級の解 (古典解) をもつとは限らない. そこで, G. Huisken と T. Ilmanen は, 逆平均曲率流方程式の弱解を (考えているリーマン多様体の) ある種の開集合の族 $\{D_t\}_{t>0}$ として定義した ([HI], 第 1 節の 365, 368 ページを参照). 実質的には, D_t の境界の族 $\{\Sigma_t := \partial D_t\}_{t>0}$ が逆平均曲率流を与えることになるので, $\{D_t\}_{t>0}$ よりも $\{\Sigma_t\}_{t>0}$ を逆平均曲率流方程式の弱解とよぶことにする.

注意 [HI] の Lemma 2.4 によれば, 平均凸な C^∞ 級コンパクト超曲面に対しては, それを初期データとしてもつ逆平均曲率流方程式の C^∞ 級の解が短時間において存在することが示されることを注意しておく. この事実は, 逆平均曲率流の上述の弱解で, 平均凸な超曲面を発するものの短時間における存在を示し, さらに, その弱解の正則性を示すことにより導かれる.

定理 7.3.1 の証明の流れ コンパクトかつ極小な境界 ∂M を発する逆平均曲率流の弱解を $\{\Sigma_t\}_{t \in (0, \infty)}$ とする. このとき, **Geroch の単調性定理** ([HI]

の Lemma 5.8 を参照）により，

$$t_1 \leq t_2 \implies m_{\mathrm{H}}(\Sigma_{t_1}) \leq m_{\mathrm{H}}(\Sigma_{t_2})$$

が成り立つことが示される．一方，[HI] の Lemma 7.4（漸近的比較定理）によれば，

$$\lim_{t \to \infty} m_{\mathrm{H}}(\Sigma_t) \leq m_{\mathrm{ADM}}(M, g)$$

が示される．したがって，

$$\sqrt{\frac{\mathrm{Vol}(\partial M, g_{\partial M})}{16\pi}} = m_{\mathrm{H}}(\partial M) \leq m_{\mathrm{ADM}}(M, g)$$

が導かれる． □

8 ラグランジュ平均曲率流
CHAPTER

A. Strominger, S. T. Yau と E. Zaslov ([SYZ]) の予想（これは，**ミラー対称性 (Mirror symmetry)** を特殊ラグランジュトーラスを用いて論ずるものである）によれば，Calabi-Yau 多様体内の特殊ラグランジュ部分多様体の存在性を示すことは重要な問題である．この章において，主に，この問題への平均曲率流を用いたアプローチについて解説する．

最初に，K. Smoczyk ([Smo1]) によって示された平均曲率流に沿うラグランジュ性保存性定理，および，その証明の概略について述べる．この定理は，Calabi-Yau 多様体内のコンパクトラグランジュ部分多様体を発する平均曲率流に沿って，ラグランジュ性が保存されることを主張するものである．この定理により，Calabi-Yau 多様体内のコンパクトラグランジュ部分多様体を発する平均曲率流は，ラグランジュ平均曲率流とよばれるようになった．

次に，R. P. Thomas と S. T. Yau ([TY]) の予想「Calabi-Yau 多様体内のある安定性条件を満たすラグランジュ部分多様体を発する平均曲率流は無限時間まで存在し，無限時間で特殊ラグランジュ部分多様体に収束する」を紹介する．この予想が肯定的に解決されれば，特殊ラグランジュ部分多様体の存在性問題は，その安定性条件を満たすラグランジュ部分多様体の存在性問題に還元される．さらに，概 Calabi-Yau 多様体内の一般化されたラグランジュ平均曲率流の概念の定義を述べ，その流れの短時間における存在性定理の証明の概略を述べる．

8.1 Calabi-Yau 多様体と特殊ラグランジュ部分多様体

$2n$ 次元リーマン多様体 (M, g) は，そのホロノミー群が $SU(n)$ の部分群であるとき，**Calabi-Yau 多様体 (Calabi-Yau manifold)** とよばれる．ケー

ラー多様体が Calabi-Yau であるための必要十分条件は，リッチ平坦であることが知られている．(M, J, g) をケーラー多様体とし，ω をそのケーラー形式とする．M 上の零点をもたない n 次正則微分形式 Ω が存在する（つまり，階数 1 の正則ベクトルバンドル $\wedge^{n,0}((TM^{\mathbb{C}})^*)$ が自明バンドルである）とき，(M, J, g) は**概 Calabi-Yau 多様体 (almost Calabi-Yau manifold)** とよばれる．特に，(ω, Ω) がある正の定数 c に対し

$$\omega^n = (-1)^{n(n-1)/2}(\sqrt{-1})^n c(\Omega \wedge \overline{\Omega})$$

を満たすならば，(M, J, ω) はリッチ平坦になり，それゆえ，Calabi-Yau 多様体になる．ここで，$\overline{\Omega}$ は Ω の共役を表す．このとき，必要ならば Ω を適当に正の定数倍したものにすり替えることにより，上述の式において $c = \frac{n!}{2^n}$ としてよい．以下，(M, J, g) が Calabi-Yau 多様体であるとき，零点をもたない n 次正則微分形式 Ω はそのようにとる．つまり，次式を満たすようにとる：

$$\omega^n = (-1)^{n(n-1)/2} n! \left(\frac{\sqrt{-1}}{2}\right)^n \Omega \wedge \overline{\Omega}. \tag{8.1.1}$$

$(M, J, g, \omega, \Omega)$ を $2n$ 次元 Calabi-Yau 多様体とし，L を $(M, J, g, \omega, \Omega)$ 内の f によってはめ込まれた n 次元ラグランジュ部分多様体とする．このとき，ある写像 $\theta : L \to S^1 = \mathbb{R}/\pi\mathbb{Z}$ に対し

$$f^*\Omega = e^{-\sqrt{-1}\theta} dv_{f^*g}$$

が成り立つことが示される．この関数 θ は，L の**フェイズ関数 (phase function)** または**ラグランジュ角 (Lagrangian angle)** とよばれる．$\mathbb{R}$ から $\mathbb{R}/\pi\mathbb{Z}$ への被覆写像を π と表す．一般に，$\pi \circ \widetilde{\theta}_L = \theta$ となる実数値関数 $\widetilde{\theta}_L$ は存在するとは限らないが，θ の外微分 $d\theta$ は（L 全体で）定義される．$d\theta$ は L 上の 1 次微分形式であるが，完全形式であるとは限らず，完全形式になることと上述の関数 $\widetilde{\theta}_L$ が存在することは同値である．$d\theta$ の属するド・ラームコホモロジー類 $[d\theta]$ ($\in H^1_{DR}(L)$) を L の**マスロフ類 (Maslov class)** という．特に θ が定数になるとき，L はフェイズ θ の**特殊ラグランジュ部分多様体 (special Lagrangian submanifold)** という．

β を n 次元 C^∞ 級リーマン多様体 (M, g) 上の C^∞ 級の k 次微分形式とする．任意の $p \in M$ と任意の $\Pi \in G_k(T_pM)$ に対し，$(e_1, \ldots, e_k)$ を Π の正

規直交基底として $\beta(\boldsymbol{e}_1,\ldots,\boldsymbol{e}_k) \leq 1$ が成り立つとき，β は**キャリブレーション (calibration)** とよばれる．L を (M,g) 内の f によってはめ込まれた向き付けられた k 次元部分多様体とする．任意の $p \in L$ に対し，$(\boldsymbol{e}_1,\ldots,\boldsymbol{e}_k)$ を T_pL の誘導計量に関する L の向きと適合する正規直交基底として

$$\beta_{f(p)}(f_{*p}(\boldsymbol{e}_1),\ldots,f_{*p}(\boldsymbol{e}_k)) = 1$$

が成り立つとき，L を β によって**キャリブレートされた部分多様体 (calibrated submanifold)** という．

注意 グラスマン幾何学の視点からキャリブレートされた部分多様体を眺めることにする．V を n 次元実ベクトル空間とし，$G_k^+(V)$ を V の向き付けられた k 次元部分ベクトル空間全体のなす集合とする．ここで，$1 \leq k \leq n-1$ とする．$G_k^+(V)$ は，ある自然に定義される C^ω 構造のもと，$k(n-k)$ 次元 C^ω 多様体になる．M を n 次元 C^∞ 級多様体とするとき，自然な射影 $\pi: G_k^+(TM) := \coprod_{p \in M} G_k^+(T_pM) \to M$ は $G_k^+(TM)$ 上の自然に定義される C^∞ 構造により C^∞ 級ファイバーバンドルになる．Σ を $G_k^+(TM)$ の部分集合とする．このとき，M 内の向き付けられた k 次元部分多様体 $f: (L, O) \hookrightarrow M$ で，各 $p \in L$ に対し $(df_p(T_pL), df_p(O_p))$ が Σ に属するとき，$f: (L, O) \hookrightarrow M$ を **Σ 部分多様体 (Σ-submanifold)** という．様々な $\Sigma \subset G_k^+(TM)$ に対し，Σ 部分多様体を研究する学問を総称して**グラスマン幾何学 (Grassmann geometry)** という．上述の β に対し，$\Sigma_\beta \subset G_k(TM)$ を

$$\Sigma_\beta := \{\Pi \in G_k^+(TM) \,|\, \beta_{\pi(\Pi)}(\bar{\boldsymbol{e}}_1,\ldots,\bar{\boldsymbol{e}}_k) = 1$$
$$((\bar{\boldsymbol{e}}_1,\ldots,\bar{\boldsymbol{e}}_k): \Pi \text{ の正規直交基底で } \Pi \text{ の向きと適合するもの})\}$$

によって定めると，β によってキャリブレートされた部分多様体は Σ_β 部分多様体として捉えることができる．

$(M, J, g, \omega, \Omega)$ を Calabi-Yau 多様体とし，(実) 定数 θ を用いて n 次微分形式 $\mathrm{Re}(e^{\sqrt{-1}\theta}\Omega)$ を定義すると，これは (M,g) のキャリブレーションになり，$\mathrm{Re}(e^{\sqrt{-1}\theta}\Omega)$ によってキャリブレートされた部分多様体はフェイズ θ の特殊ラグランジュ部分多様体になる．f によってはめ込まれた $(M, J, g, \omega, \Omega)$ 内

のラグランジュ部分多様体 L の属するホモロジー類 $[L] \in H_n(M)$ に対し，$\int_L f^*\Omega (\in \mathbb{C})$ の偏角 $\arg(\int_L f^*\Omega)$ を $[L]$ のフェイズの平均化された**コホモロジー的測度** (chomological measure) といい，$\phi([L])$ と表す．$[L]$ が特殊ラグランジュ部分多様体 L_s を含んでいる場合，$\phi([L])$ は L_s のフェイズに等しくなる．$f^*\Omega$ の虚数部 $\mu := \mathrm{Im}\, f^*\Omega$ は L の n 次外積バンドル $\wedge^n T^*L$ の C^∞ 級切断を与える．この切断 μ を L の**モーメント写像** (moment map) という．

8.2 平均曲率流に沿うラグランジュ性保存性定理

この節において，K. Smoczyk ([Smo1]) によって示された Calabi-Yau 多様体内のラグランジュ部分多様体を発する平均曲率流に沿うラグランジュ性保存性定理の証明の概略を述べる．

L を n 次元多様体，$(\widetilde{M}, \widetilde{J}, \widetilde{g}, \widetilde{\omega}, \widetilde{\Omega})$ を $2n$ 次元 Calabi-Yau 多様体とし，f を L から $\widetilde{M}$ へのはめ込み写像とする．L 上の誘導計量を g で表し，$g, \widetilde{g}$ のリーマン接続を各々，$\nabla, \widetilde{\nabla}$ で表し，$g, \widetilde{g}$ の曲率テンソル場を各々，$R, \widetilde{R}$ で表す．また，$f^*\widetilde{\omega}$ を ω で表し，L の第 2 基本形式，形テンソル場，法接続を各々，$h, A, \nabla^\perp$ で表す．$T^*L \otimes T^\perp L$ の C^∞ 切断 $J^\perp$ を

$$J_p^\perp(\boldsymbol{X}) := (\widetilde{J}_{f(p)}(f_{*p}(\boldsymbol{X})))^\perp \quad (p \in L, \ \boldsymbol{X} \in T_pL)$$

によって定義し，L 上の $(1,1)$ 次テンソル場 J^T を

$$J_p^T(\boldsymbol{X}) := f_{*p}^{-1}((\widetilde{J}_{f(p)}(f_{*p}(\boldsymbol{X})))^T) \quad (p \in L, \ \boldsymbol{X} \in T_pL)$$

により定め，L 上の対称 2 次共変テンソル場 η を

$$\eta_p(\boldsymbol{X}, \boldsymbol{Y}) := \widetilde{g}_{f(p)}(J_{f(p)}^\perp(\boldsymbol{X}), J_{f(p)}^\perp(\boldsymbol{Y})) \quad (p \in L, \ \boldsymbol{X}, \boldsymbol{Y} \in T_pL)$$

によって定義する．ここで，$(\widetilde{J}_{f(p)}(f_{*p}(\boldsymbol{X})))^T, (\widetilde{J}_{f(p)}(f_{*p}(\boldsymbol{X})))^\perp$ は各々，$\widetilde{J}_{f(p)}(f_{*p}(\boldsymbol{X}))$ の接成分，法成分を表す．また，$(T^\perp L)^* \otimes T^\perp L$ の C^∞ 切断 $\widehat{J}^\perp$ を

$$\widehat{J}_p^\perp(\xi) := (\widetilde{J}_{f(p)}(\xi))^\perp \quad (p \in L, \ \xi \in T_p^\perp L)$$

によって定め，$(T^\perp L)^* \otimes TL$ の C^∞ 切断 $\widehat{J}^T$ を

$$\widehat{J}_p^T(\xi) := f_{*p}^{-1}((\widetilde{J}_{f(p)}(\xi))^T) \quad (p \in L,\ \xi \in T_p^\perp L)$$

で定義する．さらに，L 上の 3 次共変テンソル場 α を

$$\alpha_p(\boldsymbol{X}_1, \boldsymbol{X}_2, \boldsymbol{X}_3)$$
$$:= g_p(\boldsymbol{X}_1, \widehat{J}_p^T(h_p(\boldsymbol{X}_2, \boldsymbol{X}_3))) \quad (p \in M,\ \boldsymbol{X}_1, \boldsymbol{X}_2, \boldsymbol{X}_3 \in T_pL),$$

L 上の 4 次共変テンソル場 $\widetilde{R}_J$ を

$$(\widetilde{R}_J)_p(\boldsymbol{X}_1, \boldsymbol{X}_2, \boldsymbol{X}_3, \boldsymbol{X}_4)$$
$$:= \widetilde{g}_{f(p)}((\widetilde{R})_{f(p)}(f_{*p}(\boldsymbol{X}_1), f_{*p}(\boldsymbol{X}_2))f_{*p}(\boldsymbol{X}_3), J_p^\perp(\boldsymbol{X}_4))$$
$$(p \in L,\quad \boldsymbol{X}_1, \ldots, \boldsymbol{X}_4 \in T_pL)$$

によって定義する．

以下のいくつかの証明において，任意に固定した点 $p \in L$ に対し，p を基点とする L の正規局所チャート $(U, \varphi = (x_1, \ldots, x_n))$ をとる．そのとき，$\dfrac{\partial}{\partial x_i}$ を ∂_i と略記することにする．また，$(df(\partial_1), \ldots, df(\partial_n))$ を U を含む $\widetilde{M}$ における近傍 $\widetilde{U}$ 上に 1 次独立性を保ったまま拡張する必要がある場合，その拡張したものを $(\widetilde{\partial}_1, \ldots, \widetilde{\partial}_n)$ と記すことにする．命題 2.5.6 により

$$(\nabla_{\partial_i} \partial_j)_p = 0_p \tag{8.2.1}$$

が成り立つことを注意しておく．

最初に，α に関する次の補題を準備する．

補題 8.2.1. 任意の $p \in L$ と任意の $\boldsymbol{X}_1, \boldsymbol{X}_2, \boldsymbol{X}_3 \in T_pL$ に対し，次の関係式が成り立つ．

(i) $\alpha_p(\boldsymbol{X}_1, \boldsymbol{X}_2, \boldsymbol{X}_3) = \alpha_p(\boldsymbol{X}_1, \boldsymbol{X}_3, \boldsymbol{X}_2)$．

(ii) $\alpha_p(\boldsymbol{X}_1, \boldsymbol{X}_2, \boldsymbol{X}_3) = \alpha_p(\boldsymbol{X}_3, \boldsymbol{X}_1, \boldsymbol{X}_2) + (\nabla_{\boldsymbol{X}_2}\omega)_p(\boldsymbol{X}_1, \boldsymbol{X}_3)$．

証明 (i) の関係式は，h の対称性から直接導かれる．

(ii) の関係式を示すことにする．$p \in L$ を任意にとり，p を基点とする L の正規局所チャート $(U, \varphi = (x_1, \ldots, x_n))$ をとる．ガウスの方程式，$\widetilde{\nabla}\widetilde{J} = 0$，

および $[\widetilde{\partial}_{x_i}, \widetilde{\partial}_{x_i}] = 0$ を用いて

$$\alpha_p((\partial_i)_p, (\partial_j)_p, (\partial_k)_p) = (\nabla_{(\partial_j)_p}\omega)((\partial_i)_p, (\partial_k)_p) + \alpha_p((\partial_k)_p, (\partial_j)_p, (\partial_i)_p)$$

が導かれる．したがって，一般に (ii) の関係式が成り立つことがわかる． □

次に，$\nabla\nabla\omega$ に関する次の補題を準備する．

補題 8.2.2. 任意の $p \in L$ と任意の $\boldsymbol{X}_1, \ldots, \boldsymbol{X}_4 \in T_pL$ に対し，次の関係式が成り立つ：

$$(\nabla_{\boldsymbol{X}_1}\nabla_{\boldsymbol{X}_2}\omega)_p(\boldsymbol{X}_3, \boldsymbol{X}_4) - (\nabla_{\boldsymbol{X}_3}\nabla_{\boldsymbol{X}_2}\omega)_p(\boldsymbol{X}_1, \boldsymbol{X}_4)$$
$$= -(\nabla_{\boldsymbol{X}_2}\nabla_{\boldsymbol{X}_4}\omega)_p(\boldsymbol{X}_1, \boldsymbol{X}_3) + \omega_p(R_p(\boldsymbol{X}_3, \boldsymbol{X}_1)\boldsymbol{X}_2, \boldsymbol{X}_4)$$
$$+ \omega_p(R_p(\boldsymbol{X}_2, \boldsymbol{X}_3)\boldsymbol{X}_4, \boldsymbol{X}_1) + \omega_p(R_p(\boldsymbol{X}_1, \boldsymbol{X}_2)\boldsymbol{X}_4, \boldsymbol{X}_3).$$

証明 $p \in M$ を任意にとり，p を基点とする正規局所チャート $(U, \varphi = (x_1, \ldots, x_n))$ をとる．リッチの恒等式（命題 2.4.3），$d\omega = 0$, $(\nabla_{\partial_i}\partial_j)_p = 0$ および第 1 ビアンキ（命題 2.4.1, (ii)）を用いて，

$$(\nabla_{(\partial_i)_p}\nabla_{(\partial_j)_p}\omega)((\partial_k)_p, (\partial_l)_p)$$
$$= (\nabla_{(\partial_k)_p}\nabla_{(\partial_j)_p}\omega)((\partial_i)_p, (\partial_l)_p) - (\nabla_{(\partial_j)_p}\nabla_{(\partial_l)_p}\omega)((\partial_i)_p, (\partial_k)_p)$$
$$+ \omega_p(R_p((\partial_k)_p.(\partial_i)_p)(\partial_j)_p, (\partial_l)_p) + \omega_p(R_p((\partial_j)_p, (\partial_k)_p)(\partial_l)_p, (\partial_i)_p)$$
$$+ \omega_p(R_p((\partial_i)_p, (\partial_j)_p)(\partial_l)_p, (\partial_k)_p)$$

が導かれる．したがって，一般に主張におけるような関係式が成り立つことがわかる． □

さらに，次の補題を準備する．

補題 8.2.3. 任意の $p \in L$ と任意の $\boldsymbol{X}, \boldsymbol{X}_1, \ldots, \boldsymbol{X}_4 \in T_pL$ に対し，次の関係式が成り立つ：

8.2 平均曲率流に沿うラグランジュ性保存性定理　297

$$h_p(\boldsymbol{X}_1, \boldsymbol{X}_2) = -\sum_{k=1}^{n}\sum_{l=1}^{n} \alpha_p((\partial_k)_p, \boldsymbol{X}_1, \boldsymbol{X}_2)\, \eta^{kl}(p)\, J_p^\perp((\partial_l)_p), \tag{8.2.2}$$

$$J_p^T(\boldsymbol{X}) = \omega(\cdot, \boldsymbol{X})^\sharp, \tag{8.2.3}$$

$$\widehat{J}_p^\perp(J_p^\perp(\boldsymbol{X})) = -J_p^\perp(\omega(\cdot, \boldsymbol{X})^\sharp), \tag{8.2.4}$$

$$(\overline{\nabla}_{\boldsymbol{X}_1} J^\perp)(\boldsymbol{X}_2) = \widetilde{J}_{f(p)}(h_p(\boldsymbol{X}_1, \boldsymbol{X}_2)) - h_p(\boldsymbol{X}_1, \omega(\cdot, \boldsymbol{X}_2)^\sharp), \tag{8.2.5}$$

$$\begin{aligned}
&(\nabla_{\boldsymbol{X}_1}\alpha)(\boldsymbol{X}_2, \boldsymbol{X}_3, \boldsymbol{X}_4) - (\nabla_{\boldsymbol{X}_3}\alpha)(\boldsymbol{X}_2, \boldsymbol{X}_1, \boldsymbol{X}_4)\\
&= -\sum_{j_1=1}^{n}\sum_{j_2=1}^{n} \eta^{j_1 j_2}(p) \Big(\alpha_p(\omega_p(\cdot, (\partial_{x_{j_1}})_p)^\sharp, \boldsymbol{X}_1, \boldsymbol{X}_2) \cdot \alpha_p((\partial_{x_{j_2}})_p, \boldsymbol{X}_3, \boldsymbol{X}_4)\\
&\quad - \alpha_p(\omega_p(\cdot, (\partial_{x_{j_1}})_p)^\sharp, \boldsymbol{X}_3, \boldsymbol{X}_2) \cdot \alpha_p((\partial_{x_{j_2}})_p, \boldsymbol{X}_1, \boldsymbol{X}_4)\Big)\\
&\quad + \sum_{j_1=1}^{n}\sum_{j_2=1}^{n} \eta^{j_1 j_2}(p) \Big(\alpha_p((\partial_{x_{j_1}})_p, \boldsymbol{X}_1, \omega_p(\cdot, \boldsymbol{X}_2)^\sharp) \cdot \alpha_p((\partial_{x_{j_2}})_p, \boldsymbol{X}_3, \boldsymbol{X}_4)\\
&\quad - \alpha_p((\partial_{x_{j_1}})_p, \boldsymbol{X}_3, \omega_p(\cdot, \boldsymbol{X}_2)^\sharp) \cdot \alpha_p((\partial_{x_{j_2}})_p, \boldsymbol{X}_1, \boldsymbol{X}_4)\Big)\\
&\quad - \widetilde{g}_{f(p)}(\widetilde{R}_{f(p)}(f_{*p}(\boldsymbol{X}_1), f_{*p}(\boldsymbol{X}_3))f_{*p}(\boldsymbol{X}_4), J_p^\perp \boldsymbol{X}_2), \tag{8.2.6}
\end{aligned}$$

$$\begin{aligned}
&\widetilde{g}_{f(p)}(\widetilde{R}_{f(p)}(f_{*p}(\boldsymbol{X}_1), f_{*p}(\boldsymbol{X}_2))f_{*p}(\boldsymbol{X}_3), f_{*p}(\boldsymbol{X}_4))\\
&= g_p(R_p(\boldsymbol{X}_1, \boldsymbol{X}_2)\boldsymbol{X}_3, \boldsymbol{X}_4)\\
&\quad + \sum_{i=1}^{n}\sum_{j=1}^{n} \eta^{ij}\left(\alpha_p((\partial_i)_p, \boldsymbol{X}_1, \boldsymbol{X}_3) \cdot \alpha_p((\partial_j)_p, \boldsymbol{X}_2, \boldsymbol{X}_4)\right.\\
&\quad \left. - \alpha_p((\partial_i)_p, \boldsymbol{X}_1, \boldsymbol{X}_4) \cdot \alpha_p((\partial_j)_p, \boldsymbol{X}_2, \boldsymbol{X}_3)\right). \tag{8.2.7}
\end{aligned}$$

ここで $(\cdot)_T$ は, $(\cdot)$ の接成分に f_{*p}^{-1} を作用させたものを表し, $(\cdot)_\perp$ は, $(\cdot)$ の法成分を表す. また, 行列 $(g^{ij}(p))$ は行列 $(g_{ij}(p)) = (g_p((\partial_i)_p, (\partial_j)_p))$ の逆行列を表し, 行列 $(\eta^{ij}(p))$ は行列 $(\eta_{ij}(p)) = (\eta_p((\partial_i)_p, (\partial_j)_p))$ の逆行列を表す.

証明 $p \in M$ を任意にとり, p を基点とする正規局所チャート $(U, \varphi =$

$(x_1,\ldots,x_n))$ をとる．$(J_p^\perp((\partial_{x_1})_p),\ldots,J_p^\perp((\partial_{x_n})_p))$ は法空間 $T_p^\perp L$ の基底なので，

$$h_p(\boldsymbol{X}_1,\boldsymbol{X}_2) = \sum_{i=1}^n \sum_{j=1}^n \widetilde{g}_{f(p)}(h_p(\boldsymbol{X}_1,\boldsymbol{X}_2), J_p^\perp((\partial_i)_p))\, \eta^{ij}(p)\, J_p^\perp((\partial_j)_p)$$

$$= -\sum_{k=1}^n \sum_{l=1}^n \alpha_p((\partial_i)_p, \boldsymbol{X}_1, \boldsymbol{X}_2)\, \eta^{ij}(p)\, J_p^\perp((\partial_j)_p)$$

をえる．このように，式 (8.2.2) が導かれる．式 (8.2.3) は次のように容易に示される：

$$f_{*p}(J_p^T(\boldsymbol{X})) = \sum_{i=1}^n \sum_{j=1}^n g_p(J_p^T(\boldsymbol{X}),(\partial_i)_p) g^{ij}(p) (\partial_j)_p$$

$$= \sum_{i=1}^n \sum_{j=1}^n \omega_p((\partial_i)_p, \boldsymbol{X}) g^{ij}(p) (\partial_j)_p = \omega_p(\cdot,\boldsymbol{X})^\sharp.$$

式 (8.2.4) は式 (8.2.3) を用いて次のように示される：

$$\widehat{J}_p^\perp(J_p^\perp(\boldsymbol{X})) = \left(\widetilde{J}_{f(p)}(\widetilde{J}_{f(p)}(\boldsymbol{X}) - (\widetilde{J}_{f(p)}(\boldsymbol{X}))_T)\right)_\perp = -J_p^\perp(\omega_p(\cdot,\boldsymbol{X})^\sharp).$$

次に，式 (8.2.5) を示す．式 (8.2.1), (8.2.3) を用いて，

$$(\overline{\nabla}_{(\partial_i)_p} J^\perp)((\partial_j)_p) = \nabla^\perp_{(\partial_i)_p}(J^\perp(\partial_j))$$

$$= (\widetilde{\nabla}_{(\partial_i)_p}(\widetilde{J}(\partial_j) - (\widetilde{J}(\partial_j))_T))_\perp$$

$$= \widetilde{J}_{f(p)}(h_p((\partial_i)_p,(\partial_j)_p)) - h_p((\partial_i)_p, \omega_p(\cdot,(\partial_j)_p)^\sharp)$$

が示される．よって一般に，式 (8.2.5) が成り立つことがわかる．次に，式 (8.2.6) を示す．式 (8.2.1) とコダッチの方程式（定理 2.11.2）を用いて，

$$(\nabla_{(\partial_i)_p}\alpha)((\partial_j)_p,(\partial_k)_p,(\partial_l)_p) - (\nabla_{(\partial_k)_p}\alpha)((\partial_j)_p,(\partial_i)_p,(\partial_l)_p)$$

$$= -\widetilde{g}_{f(p)}((\overline{\nabla}_{(\partial_i)_p} J^\perp)((\partial_j)_p), h_p((\partial_k)_p,(\partial_l)_p))$$

$$+ \widetilde{g}_{f(p)}((\overline{\nabla}_{(\partial_k)_p} J^\perp)((\partial_j)_p), h_p((\partial_i)_p,(\partial_l)_p))$$

$$- \widetilde{g}_{f(p)}(\widetilde{R}_{f(p)}((\partial_i)_p),(\partial_k)_p)(\partial_l)_p, J_p^\perp((\partial_j)_p))$$

が導かれる．この関係式と式 (8.2.5) から式 (8.2.6) の $\boldsymbol{X}_1,\ldots,\boldsymbol{X}_4$ を $(\partial_i)_p$,

$(\partial_j)_p, (\partial_k)_p, (\partial_l)_p$ に変えた式が導かれる．したがって，一般に式 (8.2.6) が成り立つことがわかる．式 (8.2.7) は，ガウスの方程式（定理 2.11.1）と式 (8.2.2) から直接導かれる． □

命題 8.2.4. 任意の $p \in L$ と任意の $\boldsymbol{X}, \boldsymbol{X}_1, \ldots, \boldsymbol{X}_4 \in T_pL$ に対し，次の関係式が成り立つ：

$$(\nabla_{\boldsymbol{X}_1}\alpha)(\boldsymbol{X}_2, \boldsymbol{X}_3, \boldsymbol{X}_4) - (\nabla_{\boldsymbol{X}_2}\alpha)(\boldsymbol{X}_1, \boldsymbol{X}_3, \boldsymbol{X}_4)$$
$$= -\widetilde{g}_{f(p)}(\widetilde{R}_{f(p)}(f_{*p}(\boldsymbol{X}_1), f_{*p}(\boldsymbol{X}_2))f_{*p}(\boldsymbol{X}_3), J_p^{\perp}(\boldsymbol{X}_4))$$
$$+ \widetilde{g}_{f(p)}(\widetilde{R}_{f(p)}(f_{*p}(\boldsymbol{X}_1), f_{*p}(\boldsymbol{X}_2))\omega_p(\cdot, \boldsymbol{X}_4)^{\sharp}, \boldsymbol{X}_3)$$
$$- (\nabla_{\boldsymbol{X}_3}\nabla_{\boldsymbol{X}_4}\omega)(\boldsymbol{X}_1, \boldsymbol{X}_2) + \omega_p(R_p(\boldsymbol{X}_3, \boldsymbol{X}_2)\boldsymbol{X}_4, \boldsymbol{X}_1)$$
$$+ \omega_p(R_p(\boldsymbol{X}_1, \boldsymbol{X}_3)\boldsymbol{X}_4, \boldsymbol{X}_2)$$
$$- \sum_{i=1}^{n}\sum_{j=1}^{n} \eta^{ij}(p) \Big\{ \alpha_p(\omega_p(\cdot, (\partial_i)_p)^{\sharp}, \boldsymbol{X}_1, \boldsymbol{X}_4) \cdot \alpha_p((\partial_j)_p, \boldsymbol{X}_2, \boldsymbol{X}_3)$$
$$- \alpha_p(\omega_p(\cdot, (\partial_i)_p)^{\sharp}, \boldsymbol{X}_2, \boldsymbol{X}_4) \cdot \alpha_p((\partial_j)_p, \boldsymbol{X}_1, \boldsymbol{X}_3) \Big\}.$$

証明 補題 8.2.1 の (ii) を用いて，

$$(\nabla_{(\partial_i)_p}\alpha)((\partial_j)_p, (\partial_k)_p, (\partial_l)_p) - (\nabla_{(\partial_j)_p}\alpha)((\partial_i)_p, (\partial_k)_p, (\partial_l)_p)$$
$$= (\partial_i)_p \left(\alpha(\partial_l, \partial_k, \partial_j) + (\nabla_{\partial_k}\omega)(\partial_j, \partial_l)\right)$$
$$- (\partial_j)_p \left(\alpha(\partial_l, \partial_k, \partial_i) + (\nabla_{\partial_k}\omega)(\partial_i, \partial_l)\right)$$
$$= \left\{(\nabla_{(\partial_i)_p}\alpha)((\partial_l)_p, (\partial_j)_p, (\partial_k)_p) - (\nabla_{(\partial_j)_p}\alpha)((\partial_l)_p, (\partial_i)_p, (\partial_k)_p)\right\}$$
$$+ \left\{(\nabla_{(\partial_i)_p}\nabla_{(\partial_k)_p}\omega)((\partial_j)_p, (\partial_l)_p) - (\nabla_{(\partial_j)_p}\nabla_{(\partial_k)_p}\omega)((\partial_i)_p, (\partial_l)_p)\right\}$$

をえる．この右辺に，補題 8.2.2 の関係式と式 (8.2.6) を代入して，さらに，式 (8.2.7) を用いることにより，求めるべき関係式（$\boldsymbol{X}_1 = (\partial_i)_p$, $\boldsymbol{X}_2 = (\partial_j)_p$, $\boldsymbol{X}_3 = (\partial_k)_p$, $\boldsymbol{X}_4 = (\partial_l)_p$ の場合）が導かれる． □

$f : L \hookrightarrow (\widetilde{M}, \widetilde{J}, \widetilde{g}, \widetilde{\omega}, \widetilde{\Omega})$ をラグランジュはめ込み写像とし，$\{f_t\}_{t \in [0,T)}$ を f を発する平均曲率流とする．f_t に対する諸量を

$$g_t, h_t, A_t, H_t, \nabla^t, J_t^T, J_t^\perp, \widehat{J}_t^T, \widehat{J}_t^\perp, \eta_t, \alpha_t, \omega_t$$

等で表す.次の発展方程式は,命題 3.2.1 と命題 3.2.3 から導かれる.

命題 8.2.5.

(i) $\{g_t\}_{t\in[0,T)}$ は次の発展方程式を満たす：

$$\left(\frac{\partial g}{\partial t}\right)_p (\boldsymbol{X}_1, \boldsymbol{X}_2)$$
$$= -2 \sum_{i=1}^n \sum_{j=1}^n (\alpha_t)_p((\partial_i)_p, \boldsymbol{X}_1, \boldsymbol{X}_2) \cdot (g_t)_p((\widehat{J}_t^T)_p((H_t)_p), (\partial_j)_p) \cdot \eta_t^{ij}(p)$$

$$(\boldsymbol{X}_1, \boldsymbol{X}_2 \in T_p L).$$

(ii) dv_t を g_t のリーマン体積要素とする.$\{dv_t\}_{t\in[0,T)}$ は次の発展方程式を満たす：

$$\left(\frac{\partial dv}{\partial t}\right)_{(p,t)} = \left(-\sum_{i=1}^n \sum_{j=1}^n (g_t)_p((\widehat{J}_t^T)_p((H_t)_p), (\partial_i)_p)\right.$$
$$\left. \times (g_t)_p((\widehat{J}_t^T)_p((H_t)_p), (\partial_j)_p) \cdot \eta_t^{ij}(p)\right)(dv_t)_p.$$

(iii) $\{\omega_t\}_{t\in[0,T)}$ は次の発展方程式を満たす：

$$\left(\frac{\partial \omega}{\partial t}\right)_p (\boldsymbol{X}_1, \boldsymbol{X}_2) = (d(\omega_H)_t)_p(\boldsymbol{X}_1, \boldsymbol{X}_2) \quad (\boldsymbol{X}_1, \boldsymbol{X}_2 \in T_p L).$$

ここで,$(\omega_H)_t$ は次式によって定義される L 上の C^∞ 級の 1 次微分形式を表す：

$$((\omega_H)_t)_p(\boldsymbol{X}) := \widetilde{\omega}_{f_t(p)}((H_t)_p, (f_t)_{*p}(\boldsymbol{X})) \quad (p \in L, \ \boldsymbol{X} \in T_p L).$$

証明 式 (8.2.2) (f_t に対するもの) を用いて,

$$(H_t)_p = -\sum_{i=1}^n \sum_{j=1}^n (g_t)_p((\widehat{J}_t^T)_p((H_t)_p), (\partial_i)_p) \eta_t^{ij}(p) J_t^\perp((\partial_j)_p) \qquad (8.2.8)$$

が示される.一方,命題 3.2.1 によれば

$$\left(\frac{\partial g}{\partial t}\right)_{(p,t)}(\boldsymbol{X}_1,\boldsymbol{X}_2) = -2\widetilde{g}_{f(t)}((h_t)_p(\boldsymbol{X}_1,\boldsymbol{X}_2),(H_t)_p)$$

が成り立つ. 式 (8.2.2), (8.2.8) (f_t に対するもの) をこれに代入することにより, (i) の発展方程式をえる.

命題 3.2.3 によれば,
$$\left(\frac{\partial\,dv}{\partial t}\right)_{(p,t)} = -\widetilde{g}_{f_t(p)}((H_t)_p,(H_t)_p)\,(dv_t)_p$$

が成り立つ. 式 (8.2.8) をこの式に代入することにより, (ii) の発展方程式をえる.

∂_i を 3.2 節で述べたように $\pi_M^*(TM)$ の切断に拡張したものを $\overline{\partial_i}$ と表す. $[\partial_t,\overline{\partial_i}] = 0$ および $\widetilde{\nabla}\widetilde{J} = 0$ に注意して,

$$\begin{aligned}
\left(\frac{\partial \omega}{\partial t}\right)_{(p,t)}&((\partial_i)_p,(\partial_j)_p) = \left.\frac{\partial}{\partial t}\right|_{(p,t)}\omega(\overline{\partial_i},\overline{\partial_i})\\
&= \left.\frac{\partial}{\partial t}\right|_{(p,t)}\widetilde{\omega}(F_*(\overline{\partial_i}),F_*(\overline{\partial_i}))\\
&= \widetilde{\omega}_{f_t(p)}\left(\left.\frac{\partial F_*(\overline{\partial_i})}{\partial t}\right|_{(p,t)},(f_t)_{*p}((\partial_j)_p)\right)\\
&\quad + \widetilde{\omega}_{f_t(p)}\left((f_t)_{*p}((\partial_i)_p),\left.\frac{\partial F_*(\overline{\partial_j})}{\partial t}\right|_{(p,t)}\right)\\
&= \widetilde{\omega}_{f_t(p)}\left(\widetilde{\nabla}^{f_t}_{(\partial_i)_p}\left(F_*\left(\frac{\partial}{\partial t}\right)\right),(f_t)_{*p}((\partial_j)_p)\right)\\
&\quad + \widetilde{\omega}_{f_t(p)}\left((f_t)_{*p}((\partial_i)_p),\widetilde{\nabla}^{f_t}_{(\partial_j)_p}\left(F_*\left(\frac{\partial}{\partial t}\right)\right)\right)\\
&= \widetilde{\omega}_{f_t(p)}\left(\widetilde{\nabla}^{f_t}_{(\partial_i)_p}H_t,(f_t)_{*p}((\partial_j)_p)\right) + \widetilde{\omega}_{f_t(p)}\left((f_t)_{*p}((\partial_i)_p),\widetilde{\nabla}^{f_t}_{(\partial_j)_p}H_t\right)\\
&= \partial_i|_p(\widetilde{\omega}(H_t,(f_t)_*(\partial_j))) - \partial_j|_p(\widetilde{\omega}(H_t,(f_t)_*(\partial_i))\\
&= \partial_i|_p(\omega_H)_t(\partial_j) - \partial_j|_p(\omega_H)_t(\partial_i)\\
&= (d(\omega_H)_t)_p((\partial_i)_p,(\partial_j)_p)
\end{aligned}$$

をえる. したがって, 一般に (iii) の発展方程式が成り立つことがわかる. □

命題 8.2.4 の (i), (iii), および命題 8.2.5 を用いて, 次の発展方程式が導かれる.

命題 8.2.6. $\{\|\omega_t\|^2\}_{t\in[0,T)}$ は次の発展方程式を満たす：

$$\left(\frac{\partial \|\omega\|^2}{\partial t}\right)_{(p,t)}$$
$$= (\Delta_t \|\omega_t\|^2)(p) - 2\|\nabla^t \omega_t\|^2(p)$$
$$+ 2 \sum_{1\le i,j,k,l,a,b\le n} \widetilde{g}_{f_t(p)} \left(\widetilde{R}_{f_t(p)}((f_t)_{*p}((\partial_i)_p), (f_t)_{*p}((\partial_j)_p)(f_t)_{*p}((\partial_a)_p),\right.$$
$$\left.(J_t^\perp)_p((\partial_b)_p)\right) \times (\omega_t)_p((\partial_k)_p, (\partial_l)_p) \cdot g_t^{ik}(p) \, g_t^{jl}(p) g_t^{ab}(p)$$
$$- 2 \sum_{1\le i,j,k,l,a,b\le n} (g_t)_p \left((\widetilde{R}_t^T)_p((\partial_i)_p, (\partial_j)_p)(J_t^T)_p((\partial_a)_p), (\partial_b)_p\right)$$
$$\times (\omega_t)_p((\partial_k)_p, (\partial_l)_p) \cdot g_t^{ik}(p) \, g_t^{jl}(p) g_t^{ab}(p)$$
$$+ 4 (\text{Ric}_t)_p((\partial_i)_p, (J_t^T)_p(\partial_j)_p) \cdot (\omega_t)_p((\partial_k)_p, (\partial_l)_p) \cdot g_t^{jk}(p) g_t^{il}(p)$$
$$+ 4 (\alpha_t)_p((\partial_k)_p, (J_t^T)_p((\partial_i)_p), (J_t^T)_p((\partial_j)_p)) \cdot ((\omega_H)_t)_p((\partial_l)_p)$$
$$\times g_t^{ij}(p) \eta_t^{kl}(p)$$
$$+ 2 \left\{(\alpha_t)_p((J_t^T)_p((\partial_c)_p), (\partial_i)_p, (\partial_a)_p) \cdot (\alpha_t)_p((\partial_d)_p, (\partial_j)_p, (\partial_b)_p)\right.$$
$$\left.- (\alpha_t)_p((J_t^T)_p((\partial_c)_p), (\partial_j)_p, (\partial_a)_p) \cdot (\alpha_t)_p((\partial_d)_p, (\partial_i)_p, (\partial_b)_p)\right\}$$
$$\times (\omega_t)_p((\partial_k)_p, (\partial_l)_p) \cdot g_t^{ik}(p) g_t^{jl}(p) g_t^{ab}(p) \eta_t^{cd}(p) \qquad (p \in L).$$

ここで $\widetilde{R}_t^T$ は，7.2 節で定義した $\pi_M^*(T^{(1,3)}M)$ の切断（ここでは，$M = L$）を表す．

証明 単純計算により，

$$\left(\frac{\partial \|\omega\|^2}{\partial t}\right)_{(p,t)}$$
$$= \frac{\partial}{\partial t}\bigg|_{(p,t)} \left(\sum_{1\le i,j,k,l\le n} \omega_t(\partial_i, \partial_j) \omega_t(\partial_k, \partial_l) \cdot g_t^{ik} g_t^{jl}\right)$$
$$= 2 \sum_{1\le i,j,k,l\le n} \left(\frac{\partial \omega}{\partial t}\right)_p ((\partial_i)_p, (\partial_j)_p) \cdot (\omega_t)_p((\partial_k)_p, (\partial_l)_p) \cdot g_t^{ik}(p) \, g_t^{jl}(p)$$
$$+ 2 \sum_{1\le i,j,k,l\le n} (\omega_t)_p((\partial_i)_p, (\partial_j)_p) \cdot (\omega_t)_p((\partial_k)_p, (\partial_l)_p) \cdot \left(\frac{\partial g_t^{ik}}{\partial t}\right)_{(p,t)} \cdot g_t^{jl}(p)$$

8.2 平均曲率流に沿うラグランジュ性保存性定理

$$
\begin{aligned}
&= 2 \sum_{1 \leq i,j,k,l \leq n} \left(\frac{\partial \omega}{\partial t}\right)_p ((\partial_i)_p, (\partial_j)_p) \, (\omega_t)_p((\partial_k)_p, (\partial_l)_p) \, g_t^{ik}(p) \, g_t^{jl}(p) \\
&\quad + 2 \sum_{1 \leq i,j,k,l,a,b \leq n} (\omega_t)_p((\partial_i)_p, (\partial_j)_p) \cdot (\omega_t)_p((\partial_k)_p, (\partial_l)_p) \cdot \left(\frac{\partial g_{ab}}{\partial t}\right)_{(p,t)} \\
&\quad \times g_t^{ia}(p) \, g_t^{bk}(p) \, g_t^{jl}(p)
\end{aligned}
$$

をえる．この式の右辺に命題 8.2.5 の (i), (iii) における発展方程式を代入して，

$$
\begin{aligned}
&\left(\frac{\partial \|\omega\|^2}{\partial t}\right)_p \\
&= 2 \sum_{1 \leq i,j,k,l \leq n} (d(\omega_H)_t)_p((\partial_i)_p, (\partial_j)_p) \cdot (\omega_t)_p((\partial_k)_p, (\partial_l)_p) \cdot g_t^{ik}(p) \, g_t^{jl}(p) \\
&\quad + 4 \sum_{1 \leq i,j,k,l,a,b,c,d \leq n} (\omega_t)_p((\partial_i)_p, (\partial_j)_p) \cdot (\omega_t)_p((\partial_k)_p, (\partial_l)_p) \\
&\quad \times (\alpha_t)_p((\partial_c)_p, (\partial_a)_p, (\partial_b)_p) \cdot ((\omega_H)_t)_p((\partial_d)_p) \\
&\quad \times g_t^{ia}(p) \, g_t^{bk}(p) \, g_t^{jl}(p) \eta_t^{cd}(p)
\end{aligned}
\tag{8.2.9}
$$

をえる．一方，α_t, $(\omega_H)_t$ の定義によれば

$$
(\alpha_t)_p(\boldsymbol{X}, (\partial_i)_p, (\partial_j)_p) g_t^{ij}(p) = -((\omega_H)_t)_p(\boldsymbol{X})
\tag{8.2.10}
$$

となる．この関係式と命題 8.2.4 を用いて，

$$
\begin{aligned}
&(d(\omega_H)_t)_p(\boldsymbol{X}_1, \boldsymbol{X}_2) = (\nabla^t_{\boldsymbol{X}_1}(\omega_H)_t)(\boldsymbol{X}_2) - (\nabla^t_{\boldsymbol{X}_2}(\omega_H)_t)(\boldsymbol{X}_1) \\
&= (\Delta_t \omega_t)_p(\boldsymbol{X}_1, \boldsymbol{X}_2) + (\mathrm{Ric}_t)_p((J_t)_p(\boldsymbol{X}_1), \boldsymbol{X}_2) - (\mathrm{Ric}_t)_p(\boldsymbol{X}_1, (J_t)_p(\boldsymbol{X}_2)) \\
&\quad + \widetilde{g}_{f_t(p)}(\widetilde{R}_{f_t(p)}((f_t)_{*p}(\boldsymbol{X}_1), (f_t)_{*p}(\boldsymbol{X}_2))(f_t)_{*p}((\partial_k)_p), (J_t^\perp)_p((\partial_l)_p)) g_t^{kl}(p) \\
&\quad - (g_t)_p((\widetilde{R}_t^T)_p(\boldsymbol{X}_1, \boldsymbol{X}_2)(\omega_t)_p(\cdot, (\partial_k)_p)^\sharp, (\partial_l)_p) g_t^{kl}(p) \\
&\quad + \sum_{1 \leq i,j,k,l \leq n} \eta_t^{ij}(p) g_t^{kl}(p) \Big\{ (\alpha_t)_p((\omega_t)_p(\cdot, (\partial_i)_p)^\sharp, \\
&\qquad \boldsymbol{X}_1, (\partial_k)_p) \cdot (\alpha_t)_p((\partial_j)_p, \boldsymbol{X}_2, (\partial_l)_p) \\
&\qquad - (\alpha_t)_p((\omega_t)_p(\cdot, (\partial_i)_p)^\sharp, \boldsymbol{X}_2, (\partial_k)_p) \cdot (\alpha_t)_p((\partial_j)_p, \boldsymbol{X}_1, (\partial_l)_p) \Big\}
\end{aligned}
$$

が示される．この式を式 (8.2.9) に代入して，求めるべき発展方程式が導かれる．　□

ここで，つぎの補題を準備する．

補題 8.2.7. $\pi_L^*(T^{(0,2)}L)$ の任意の切断 S に対し，

$$\sum_{1\leq i,j,k,l,a,b\leq n} \omega_t(\partial_i,\partial_j)\cdot\omega_t(\partial_k,\partial_l)\cdot S(\partial_a,\partial_b)\cdot g_t^{ia}g_t^{jl}g_t^{bk}$$
$$\leq \frac{1}{2}(1+n\|S\|^2)\|\omega_t\|^2$$

が成り立つ．

この補題は，簡単な計算により示される（[Smo1] の Proposition 1.8 の証明を参照）．命題 8.2.6 と補題 8.2.7 を用いて，次の事実が示される．

命題 8.2.8. L がコンパクトであるとし，T_1 を，任意の $t \in [0,T_1]$ に対し $\|J_t^\perp\| > 0$ となるような $(0,T)$ の元とする．このとき，

$$n, \max_{t\in[0,T_1]}\max_L \eta_t, \max_{t\in[0,T_1]}\max_L \|\alpha_t\|,$$
$$\max_{t\in[0,T_1]}\max_L \|R_t^T\|, \max_{t\in[0,T_1]}\max_{f_t(L)} \|\widetilde{R}\| \quad (8.2.11)$$

のみに依存するある正の定数 C に対し，

$$\frac{\partial\|\omega\|^2}{\partial t} \leq \Delta_t\|\omega_t\|^2 + C\|\omega_t\|^2 \quad (0\leq t\leq T_1)$$

が成り立つ．

証明 $t \in [0,T_1]$ とする．式 (8.2.3) によれば，

$$(J_t^T)_p(\boldsymbol{X}) = (\omega_t)_p(\cdot,\boldsymbol{X})^\sharp \quad (\boldsymbol{X}\in T_pL) \quad (8.2.12)$$

が成り立つ．命題 8.2.6 における発展方程式，命題 8.2.7，および式 (8.2.12) を用いて，式 (8.2.11) における諸量にのみ依存するある正の定数 C_1 に対し，

8.2 平均曲率流に沿うラグランジュ性保存性定理

$$\left(\frac{\partial \|\omega\|^2}{\partial t}\right)_{(p,t)}$$

$$\leq (\Delta_t \|\omega_t\|^2)(p) + C_1 \cdot \|\omega_t\|^2$$

$$+ 2 \sum_{1 \leq i,j,k,l,a,b \leq n} \widetilde{g}_{f_t(p)} \Big(\widetilde{R}_{f_t(p)}((f_t)_{*p}((\partial_i)_p), (f_t)_{*p}((\partial_j)_p)(f_t)_{*p}((\partial_a)_p),$$

$$(J_t^\perp)_p((\partial_b)_p) \Big) \times (\omega_t)_p((\partial_k)_p, (\partial_l)_p) \cdot g_t^{ik}(p)\, g_t^{jl}(p) g_t^{ab}(p) \qquad (8.2.13)$$

が成り立つことが示される．さらに，$\widetilde{\mathrm{Ric}} = 0$，$\widetilde{R}(\boldsymbol{X},\boldsymbol{Y}) \circ \widetilde{J} = \widetilde{J} \circ \widetilde{R}(\boldsymbol{X},\boldsymbol{Y})$ $(\boldsymbol{X},\boldsymbol{Y} \in TL)$，第1ビアンキの恒等式（命題 2.4.1, (ii)）を用いて，式 (8.2.13) の右辺の最終項は次のように表されることが示される：

$$2 \sum_{1 \leq i,j,k,l,a,b \leq n} \widetilde{g}_{f_t(p)} \Big(\widetilde{R}_{f_t(p)}((f_t)_{*p}((\partial_i)_p), (f_t)_{*p}((\partial_j)_p)(f_t)_{*p}((\partial_a)_p),$$

$$(J_t^\perp)_p((\partial_b)_p) \Big) \cdot (\omega_t)_p((\partial_k)_p, (\partial_l)_p) \cdot g_t^{ik}(p)\, g_t^{jl}(p) g_t^{ab}(p)$$

$$= \sum_{1 \leq i,j,k,l,a,b \leq n} (\omega_t)_p((\partial_i)_p, (\partial_j)_p) \cdot (\omega_t)_p((\partial_k)_p, (\partial_l)_p) \cdot (\widehat{S}_t)_p((\partial_a)_p, (\partial_b)_p)$$

$$\cdot g_t^{ia}(p)\, g_t^{jl}(p) g_t^{bk}(p) + \sum_{1 \leq i,j,k,a,b \leq n} \frac{(\beta_i)_t(p)}{1-(\beta_i)_t(p)}$$

$$\times (\omega_t)_p((\partial_j)_p, (\partial_k)_p) \cdot ((S_i)_t)_p((\partial_a)_p, (\partial_b)_p) \cdot g_t^{ja}(p)\, g_t^{kb}(p)$$

（[Smo1] の Proposition 1.8 の証明を参照）．ここで，$(\beta_i)_t$ $(i=1,\ldots,n)$ は

$$(\beta_i)_t := \sum_{j=1}^n \sum_{k=1}^n \omega_t(\partial_i, \partial_j) \cdot \omega_t(\partial_i, \partial_k) g_t^{jk} \cdot \frac{1}{(g_t)_{ii}}$$

によって定義される L 上の関数であり，$\widehat{S}_t$, $(S_i)_t$ は α_t, η_t, R_t, $\widetilde{R}$ を用いて定義される L 上のある $(0,2)$ 次テンソル場を表す．ここで，$(\beta_i)_t \leq 1$ であり，$((\beta_i)_t)_p = 1$ となるのは，$(J_t^\perp)_p = 0$ の場合である．それゆえ，$t \in [0, T_1]$ なので，$(\beta_i)_t < 1$ となることを注意しておく．式 (8.2.13) の右辺の最終項は，式 (8.2.11) における諸量，および $\max_{t \in [0,T_1]} \max_L \|(\beta_i)_t\|$ (<1) にのみ依存するある正の定数 C_2 に対し，$C_2 \|\omega_t\|^2$ 以下であることがわかる．したがって，

$$\left(\frac{\partial \|\omega\|^2}{\partial t}\right)_{(p,t)} \leq (\Delta_t \|\omega_t\|^2)(p) + (C_1 + C_2) \cdot \|\omega_t\|^2$$

をえる. □

命題 8.2.8 を用いて，次の Calabi-Yau 多様体内の平均曲率流に沿うラグランジュ性保存性定理を示すことにする．

定理 8.2.9. $f: L \hookrightarrow (\widetilde{M}, \widetilde{J}, \widetilde{g}, \widetilde{\omega}, \widetilde{\Omega})$ をラグランジュはめ込み写像とし，$\{f_t\}_{t \in [0,T)}$ を f を発する平均曲率流とする．L はコンパクトであると仮定する．このとき，すべての $t \in [0, T)$ に対し，f_t はラグランジュはめ込みになる．

証明 関数 $\rho_t : [0, T) \to \mathbb{R}$ を

$$\rho(t) := \max_L \|\omega_t\|^2 \quad (t \in [0, T))$$

によって定義する．これは区分的に C^∞ 級になる．簡単のため，ρ が C^∞ 級の場合を考える．T_1 を命題 8.2.8 の主張におけるような $(0, T)$ の元とする．このとき，命題 8.2.8 より，

$$\frac{d\rho}{dt} \leq C\rho(t) \quad (t \in [0, T_1])$$

が成り立つ．それゆえ，

$$\rho(t) \leq C\rho(0)e^{Ct} \quad (t \in [0, T_1])$$

が導かれる．f はラグランジュはめ込み写像なので，$\omega_0 = 0$，つまり，$\rho(0) = 0$ となる．したがって，

$$\rho(t) = 0 \quad (t \in [0, T_1])$$

をえる．それゆえ，すべての $t \in [0, T_1]$ に対し，f_t はラグランジュはめ込み写像である．仮に $T_1 < T$ とすると，上述の事実より，すべての $t \in [0, T_1)$ に対し，f_t がラグランジュはめ込み写像になる．それゆえ，すべての $t \in [0, T_1)$ に対し，$\|J_t^\perp\| = 1$ となる．よって，連続性により $\|J_{T_1}^\perp\| = 1$ となることが

わかる．さらにこの事実から，十分小さな $\varepsilon > 0$ に対し，$\|J_t^{\perp}\| > 0$ ($t \in [0, T_1 + \varepsilon]$) が成り立つことが導かれる．これは，$T_1$ の定義に反する．したがって，$T_1 = T$ が導かれ，定理の主張が示される． □

8.3 Thomas-Yau 予想

この節において，最初にラグランジュ変形とハミルトン変形の定義を述べる．

(M, ω) を $2n$ 次元シンプレクティック多様体とし，L を f によってはめ込まれたラグランジュ部分多様体とする．$\{f_t : L \hookrightarrow M\}_{t \in [0,T)}$ を $f_0 = f$ となる C^∞ はめ込み写像の C^∞ 族とし，$V_t := \frac{\partial f_t}{\partial t}$ とおく．L 上の 1 次微分形式 α_{V_t} を

$$(\alpha_{V_t})_p(\boldsymbol{v}) := \omega(V_t, (f_t)_{*p}(\boldsymbol{v})) \quad (p \in L, \ \boldsymbol{v} \in T_pL)$$

によって定義する．すべての $t \in [0, T)$ に対し α_{V_t} が閉微分形式であるとき，$\{f_t : L \hookrightarrow M\}_{t \in [0,T)}$ は**ラグランジュ変形 (Lagrangian deformation)** とよばれる．ここで，すべての $t \in [0, T)$ に対し α_{V_t} が閉微分形式であることと，すべての $t \in [0, T)$ に対し f_t がラグランジュはめ込み写像であることは同値であることを注意しておく．特に，すべての $t \in [0, T)$ に対し α_{V_t} が完全微分形式であるとき，$\{f_t : L \hookrightarrow M\}_{t \in [0,T)}$ は**ハミルトン変形 (Hamiltonian deformation)** とよばれる．2 つのラグランジュはめ込み写像 $f_i : L \hookrightarrow M$ ($i = 1, 2$) に対し，f_0 と f_1 をつなぐハミルトン変形が存在するとき，f_0 と f_1 は**ハミルトンアイソトピック (Hamiltonian isotopic)** であるという．

次に，ラグランジュ連結和の定義を述べる．$f_i : L_i \hookrightarrow M$ ($i = 1, 2$) を $2n$ 次元シンプレクティック多様体 (M, ω) 内のラグランジュ部分多様体で，その像 $f_1(L_1)$ と $f_2(L_2)$ が有限個の点で横断的に交わるようなものとする．簡単のため，交点の個数が 1 つの場合に，これらのラグランジュ連結和の定義を述べることにする．交点の個数が一般個数（有限個）の場合は，以下の操作を有限回行えばよい．$f_1(L_1)$ と $f_2(L_2)$ の交点を p とする．p のまわりの Darboux 局所チャート $(U, \varphi = (x_1, y_1, \ldots, x_n, y_n))$ （つまり，$\varphi^*(\sum_{i=1}^n (dx_i \wedge dy_i)) = \omega|_U$ を満たす局所チャート）で，

$$\varphi(f_1(L_1) \cap U) = \{(x_1, y_1, \ldots, x_n, y_n) \,|\, y_i = \tan b \cdot x_i \ (i = 1, \ldots, n)\},$$
$$\varphi(f_2(L_2) \cap U) = \{(x_1, y_1, \ldots, x_n, y_n) \,|\, y_1 = \cdots = y_n = 0\}$$

となるようなものをとる．$(x_1, y_1, \ldots, x_n, y_n) \in \mathbb{R}^{2n}$ と $(x_1 + \sqrt{-1}y_1, \ldots, x_n + \sqrt{-1}y_n) \in \mathbb{C}^n$ の同一視のもと，φ を $\mathbb{C}^n$ への写像とみなす．区分的に C^∞ 級の曲線 $\gamma : (-\infty, \infty) \to \mathbb{C}$ に対し，L_γ^U を

$$L_\gamma^U := \varphi^{-1}\left(\left\{\gamma(s)(x_1, \ldots, x_n) \,(\in \mathbb{C}^n) \,\middle|\, s \in [-1, 1], \sum_{i=1}^n x_i^2 = r^2 \right\} \cap \varphi(U)\right)$$

によって定義する．ここで，r は

$$\left\{(x_1, 0, x_2, 0, \ldots, x_n, 0) \,\middle|\, \sum_{i=1}^n x_i^2 \leq r^2\right\} \subset \varphi(U)$$

となるような小さな正の数とする．$\gamma_1 : (-\infty, \infty) \to \mathbb{C}$ を $\gamma_1(s) = e^{\sqrt{-1}b} s$ によって定義し，$\gamma_2 : (-\infty, \infty) \to \mathbb{C}$ を $\gamma_2(s) = s$ によって定義する．このとき，$L_{\gamma_1}^U \subset f_1(L_1) \cap U$, $L_{\gamma_2}^U \subset f_2(L_2) \cap U$ となる．ε を十分小さい正の数とし，$\gamma_1 \sharp \gamma_2 : (-\infty, \infty) \to \mathbb{C}$ を 2 条件

$$(\gamma_1 \sharp \gamma_2)(s) = \begin{cases} \gamma_1(-s) & (s \in (-\infty, -\varepsilon]) \\ \gamma_2(s) & (s \in [\varepsilon, \infty)) \end{cases}$$

および

　　"$(\gamma_1 \sharp \gamma_2)|_{(-\varepsilon, \varepsilon)}$ は V 字 $\gamma_1([0, \infty)) \cup \gamma_2([0, \infty))$ のつくる凸領域に
　　含まれる凸曲線である"

を満たすような $\gamma_1^{-1} \cdot \gamma_2$ を近似する C^∞ 曲線とする（図 8.3.1 参照）．$L_1 \sharp L_2$ を

$$L_1 \sharp L_2 := (f_1(L_1) \setminus L_{\gamma_1}^U) \cup (L_{\gamma_1 \sharp \gamma_2}^U) \cup (f_2(L_2) \setminus L_{\gamma_2}^U)$$

によって定義する．このとき，$L_1 \sharp L_2$ は，はめ込まれたラグランジュ部分多様体になる．これを，ラグランジュ部分多様体 L_1 と L_2 の**ラグランジュ連結和** (Lagrangian connected sum) という．

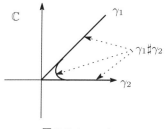

図 8.3.1 $\gamma_1 \sharp \gamma_2$

次に，概キャリブレートされたラグランジュ部分多様体の定義を述べる．$(M, J, g, \omega, \Omega)$ を $2n$ 次元 Calabi-Yau 多様体とし，$f : L \hookrightarrow M$ をラグランジュはめ込み写像とする．L のマスロフ類が 0 であり，L のラグランジュ角の値域の幅が 2π よりも小さい場合，L は**概キャリブレートされている** (**almost calibrated**) という．

以上の準備のもとに，Thomas-Yau の 2 つの安定性条件を述べる．$(M, J, g, \omega, \Omega)$ を $2n$ 次元 Calabi-Yau 多様体とし，L を $(M, J, g, \omega, \Omega)$ 内の f によってはめ込まれた概キャリブレートされたラグランジュ部分多様体で $\phi([L]) = 0$ を満たすようなものとする．ここで $\phi([L])$ は，$[L]$ のフェイズの平均化されたコホモロジー的測度を表す．Thomas-Yau の 2 つの安定性条件は次のように定義される．

(**安定性条件 1**)　L は 2 つの概キャリブレートされたラグランジュ部分多様体 $f_i : L_i \hookrightarrow M$ ($i = 1, 2$) のラグランジュ連結和 $L_1 \sharp L_2$ とハミルトンアイソトピックであり，

$$[\min\{\phi([L_1]), \phi([L_2])\}, \max\{\phi([L_1]), \phi([L_2])\}] \not\subset \left(\inf_L \theta, \sup_L \theta\right)$$

が成り立つ．ここで，θ は L のラグランジュ角を表す．

(**安定性条件 2**)　L は 2 つの概キャリブレートされたラグランジュ部分多様体 L_1, L_2 のラグランジュ連結和 $L_1 \sharp L_2$ とハミルトンアイソトピックであり，

$$\mathrm{Vol}_{f^*g}(L) \leq \int_{L_1} e^{-\sqrt{-1}\phi([L_1])} f_1^* \Omega + \int_{L_2} e^{-\sqrt{-1}\phi([L_2])} f_2^* \Omega$$

が成り立つ．

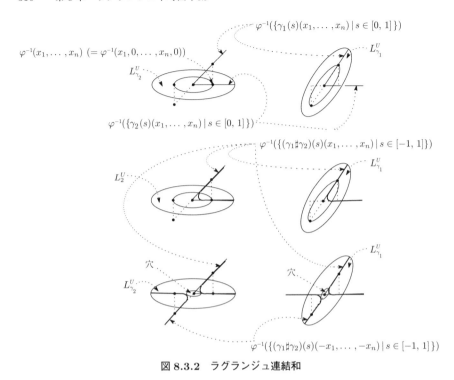

図 8.3.2 ラグランジュ連結和

以上の準備のもとに，Thomas-Yau 予想を述べることにする．

Thomas-Yau 予想 ([TY]) L を $(M, J, g, \omega, \Omega)$ 内の概キャリブレートされたラグランジュ部分多様体で $\phi([L]) = 0$ を満たすようなものとする．L が上述の安定性条件 1 または 2 を満たすならば，L を発する平均曲率流は無限時間まで存在し，$t \to \infty$ のとき，ある特殊ラグランジュ部分多様体 L_∞ に収束する．さらに，L と L_∞ はハミルトンアイソトピックである．

Mu-Tao Wang は，より一般に次の主張が成り立つと予想した．

Wang 予想 ([Wa]) L を $(M, J, g, \omega, \Omega)$ 内の埋め込まれたラグランジュ部分多様体でマスロフ類が 0 になるようなものとする．このとき，L を発する平均曲率流は無限時間まで存在し，$t \to \infty$ のとき，ある特殊ラグランジュ部分多様体 L_∞ に収束する．さらに，L と L_∞ はハミルトンアイソトピックである．

この予想に関して，A. Neves ([N]) は次の事実を示した．

定理 8.3.1. L を 4 次元 Calabi-Yau 多様体 $(M, J, g, \omega, \Omega)$ 内の埋め込まれたラグランジュ部分多様体とする．このとき，L にハミルトンアイソトピックなラグランジュ部分多様体 $\widehat{L}$ で，$\widehat{L}$ を発する平均曲率流が有限時間で特異空間に発展するものが存在する．

この結果により，Wang 予想は次のように否定的に解決される．定理 8.3.1 の主張における L として特殊ラグランジュ部分多様体をとると，このマスロフ類は 0 なので，それとハミルトンアイソトピックな主張における $\widehat{L}$ のマスロフ類も 0 になる．しかしながら，$\widehat{L}$ を発する平均曲率流は有限時間で特異空間に発展する．したがって，$\widehat{L}$ は Wang の予想に対する反例を与えることになる．

8.4 概 Calabi-Yau 多様体内の一般化されたラグランジュ平均曲率流

$(M, J, g, \omega, \Omega)$ を $2n$ 次元概 Calabi-Yau 多様体とし，M 上の C^∞ 関数 ψ を

$$e^{2n\psi} \omega^n = (-1)^{n(n-1)/2} n! \left(\frac{\sqrt{-1}}{2}\right)^n \Omega \wedge \overline{\Omega} \tag{8.4.1}$$

によって定義する．$(M, J, g, \omega, \Omega)$ が Calabi-Yau 多様体の場合，$\psi = 0$ であることを注意しておく．f によってはめ込まれた $(M, J, g, \omega, \Omega)$ 内の部分多様体 L に対し，法ベクトル場 H_ψ を

$$(H_\psi)_p := H_p - n((\mathrm{grad}_g \psi)_{f(p)})_\perp \quad (p \in L)$$

によって定義する．ここで，$(\cdot)_\perp$ は $(\cdot)$ の $f(L)$ の法成分を表す．この法ベクトル場は，L の**一般化された平均曲率ベクトル場** (generalized mean curvature vector field) とよばれる．この概念は，T. Behrndt ([Beh]) によって導入された．また，L 上の 1 次微分形式 α_{H_ψ} を

$$(\alpha_{H_\psi})_p(\boldsymbol{v}) := \omega_{f(p)}((H_\psi)_p, f_{*p}(\boldsymbol{v})) \quad (p \in L, \; \boldsymbol{v} \in T_p L)$$

によって定義する．この 1 次微分形式は，L の**一般化された平均曲率形式** (generalized mean curvature form) とよばれる．一般に，L の法ベクト

ル場 ξ に対し，L 上の C^∞ 級 1 次微分形式 α_ξ を

$$(\alpha_\xi)_p(\boldsymbol{v}) := \omega_{f(p)}(\xi, f_{*p}(\boldsymbol{v})) \quad (p \in L, \ \boldsymbol{v} \in T_p L)$$

によって定義する．L がラグランジュ部分多様体の場合を考える．このとき，Calabi-Yau 多様体内の場合と同様に，ラグランジュ角とマスロフ類が次のように定義される．ある写像 $\theta : L \to S^1 = \mathbb{R}/\pi\mathbb{Z}$ に対し，

$$f^*\Omega = e^{\sqrt{-1}\theta + n(\psi \circ f)} dv_{f^*g}$$

が成り立つことが示される．この関数 θ は，L の**フェイズ関数** (phase function) または，**ラグランジュ角** (Lagrangian angle) とよばれる．$\mathbb{R}$ から $\mathbb{R}/\pi\mathbb{Z}$ への被覆写像を π と表す．一般に，$\pi \circ \widetilde{\theta}_L = \theta$ となる実数値関数 $\widetilde{\theta}_L$ は存在するとは限らないが，θ の外微分 $d\theta$ が定義される．$d\theta$ は，L 上の 1 次微分形式であるが完全形式であるとは限らず，完全形式になることと上述の関数 $\widetilde{\theta}_L$ が存在することは同値である．$d\theta$ の属するド・ラームコホモロジー類 $[d\theta]$ ($\in H^1_{DR}(L)$) を L の**マスロフ類** (Maslov class) という．α_{H_ψ} と $d\theta$ の間には，$\alpha_{H_\psi} = -d(d\theta)$ という関係が成り立つ．特に，フェイズ関数 θ が定数である場合，L は**特殊ラグランジュ部分多様体** (special Lagrangian submanifold) とよばれる．

次に，一般化されたラグランジュ平均曲率流の定義を述べる．$(M, J, g, \omega, \Omega)$ を $2n$ 次元概 Calabi-Yau 多様体とし，ψ を上述の関数とする．$f_0 : L \hookrightarrow M$ を C^∞ 級ラグランジュはめ込み写像とし，$\{f_t : L \hookrightarrow M\}_{t \in (0, T)}$ を C^∞ 級ラグランジュはめ込み写像の C^∞ 級族とする．$\{f_t\}_{t \in (0, T)}$ が

$$\begin{cases} \left(\dfrac{\partial F}{\partial t}\right)_\perp = H_\psi \\ \lim_{t \to 0} f_t(p) = f_0(p) \quad (p \in L) \end{cases} \tag{8.4.2}$$

を満たすとき，$\{f_t\}_{t \in (0, T)}$ を f_0 を発する**一般化されたラグランジュ平均曲率流** (generalized Lagrangian mean curvature flow) という．ここで，$\left(\dfrac{\partial F}{\partial t}\right)_\perp$ は $\dfrac{\partial F}{\partial t}$ の $T^\perp f_t(L)$ 成分を表す．

T. Behrndt ([Beh]) は，この流れに関して次の短時間存在性定理を示した．

8.4 概 Calabi-Yau 多様体内の一般化されたラグランジュ平均曲率流　313

定理 8.4.1. $f_0 : L \hookrightarrow M$ を C^∞ 級ラグランジュはめ込み写像とし，L はコンパクトであるとする．このとき，ある $T > 0$ に対し，f_0 を発する一般化されたラグランジュ平均曲率流 $\{f_t\}_{t \in (0,T)}$ が存在する．

この定理の証明の概略を述べることにする．この定理の証明とは関係ないが，次の事実が成り立つことを注意しておく．

命題 8.4.2. $\{f_t\}_{t \in (0,T)}$ を f_0 を発する一般化されたラグランジュ平均曲率流とする．このとき，L の C^∞ 同型写像の C^∞ 族 $\{\Phi_t\}_{t \in (0,T)}$ で，$\Phi_0 = \mathrm{id}_L$，および $\{\widehat{f_t} := f_t \circ \Phi_t\}_{t \in (0,T)}$ が

$$\frac{\partial \widehat{F}}{\partial t} = (\widehat{H}_\psi)_t \tag{8.4.3}$$

を満たすようなものが存在する．ここで $(\widehat{H}_\psi)_t$ は，$\widehat{f_t}$ の一般化された平均曲率ベクトル場を表す．

証明 L の C^∞ 同型写像の C^∞ 族 $\{\Phi_t\}_{t \in (0,T)}$ で $\Phi_0 = \mathrm{id}_L$，および

$$dF_t\left(\frac{\partial \Phi}{\partial t}\right) = -\left(\frac{\partial F}{\partial t}\right)_T$$

を満たすようなものとする．ここで $\left(\frac{\partial F}{\partial t}\right)_T$ は，$\frac{\partial F}{\partial t}$ の $(f_t)_*(TL)$ 成分を表す．このような C^∞ 族 $\{\Phi_t\}_{t \in (0,T)}$ の存在は，L がコンパクトなので，Picard-Lindelöf の定理（[Lang, XIV, §3] 参照）により保証される．このとき，$\{\widehat{f_t} := f_t \circ \Phi_t\}_{t \in (0,T)}$ が式 (8.4.3) を満たすことをチェックするのは容易である． □

f_0 のラグランジュ角，およびマスロフ類を，各々，$\theta(f_0)$，$\mu(f_0)$ で表す．C^∞ 写像 $\alpha_0 : L \to \mathbb{R}/\pi\mathbb{Z}$ で $d\alpha_0 \in \mu(f_0)$ となるようなものをとり，$\beta_0 := d\alpha_0$ とおく．また，ラグランジュ部分多様体 $f_0(L)$ のラグランジュ近傍 (U, φ) をとる．このとき，L 上の $(C^\infty$ 級) 閉 1 次微分形式の C^0 級族 $\{\eta_s\}_{s \in (-\varepsilon, \varepsilon)}$ で $\eta_0 = 0$ となり，かつ $\eta_s(L) \subset \varphi^{-1}(U)$ $(s \in (-\varepsilon, \varepsilon))$ となるようなものに対し，L 上の C^∞ 級関数の C^0 級族 $\{\Theta(\varphi \circ \eta_s)\}_{s \in (-\varepsilon, \varepsilon)}$ を次のように定義する．η_s は閉 1 次微分形式なので，命題 2.17.3 によれば，$\varphi \circ \eta_s$ はラグランジュはめ込み写像になる．このラグランジュはめ込み写像 $\varphi \circ \eta_s$ のラグランジュ角を

$\theta(\varphi \circ \eta_s) : L \to \mathbb{R}/\pi\mathbb{Z}$ として，各 $\theta(\varphi \circ \eta_s) - \alpha_0 : L \to \mathbb{R}/\pi\mathbb{Z}$ は $\mathbb{R}$ への C^∞ 級リフトを許容し，しかも，それらのリフトが C^0 級族になるようにとれることが示される．このような C^∞ 級リフトの C^0 級族は，本質的に一意に定まる．この C^0 級族を $\{\Theta(\varphi \circ \eta_s)\}_{s \in (-\varepsilon, \varepsilon)}$ と表す．

L 上の C^∞ 関数族 $\{u_t\}_{t \in (0,T)}$ に対する次の非線形微分方程式を考える：

$$\begin{cases} \dfrac{\partial u}{\partial t} = \Theta(\varphi \circ (du_t + t\beta_0)) \\ \lim_{t \to +0} u_t(p) = 0 \quad (p \in L). \end{cases} \tag{8.4.4}$$

この非線形微分方程式に関して，次の事実が示される．

命題 8.4.3. $\{u_t\}_{t \in (0,T)}$ が式 (8.4.4) を満たすならば，

$$\{f_t := \varphi \circ (du_t + t\beta_0)\}_{t \in (0,T)}$$

は f_0 を発する一般化された平均曲率流になる．

証明 f_t と $\alpha_{(\frac{\partial F}{\partial t})_\perp}$ の定義，および，f_t がラグランジュはめ込み写像であるという事実から，$\boldsymbol{v} \in T_p L$ に対し

$$\begin{aligned}
\left(\alpha_{(\frac{\partial F}{\partial t})_\perp}\right)_p (\boldsymbol{v}) &= \omega_{f_t(p)} \left(\left(\frac{\partial F}{\partial t}\right)_{(p,t)}, (f_t)_{*p}(\boldsymbol{v}) \right) \\
&= \omega_{f_t(p)} \left(d\varphi_{(du_t + t\beta_0)_p} \left(d\left(\frac{\partial u}{\partial t}\right)_{(p,t)} + (\beta_0)_p \right), (f_t)_{*p}(\boldsymbol{v}) \right) \\
&= \widehat{\omega}_{(du_t + t\beta_0)_p} \left(d\left(\frac{\partial u}{\partial t}\right)_{(p,t)} + (\beta_0)_p, (du_t + t\beta_0)_{*p}(\boldsymbol{v}) \right) \\
&= -d\lambda_{(du_t + t\beta_0)_p} \left(d\left(\frac{\partial u}{\partial t}\right)_{(p,t)} + (\beta_0)_p, (du_t + t\beta_0)_{*p}(\boldsymbol{v}) \right)
\end{aligned} \tag{8.4.5}$$

をえる．ここで，$\widehat{\omega} (= -d\lambda)$ は，2.17 節で述べた余接バンドル T^*L の標準的シンプレクティック形式を表す．さらに，命題 2.3.5，および

$$\lambda \left(\frac{\partial}{\partial t} (du_t + t\beta_0) \right) = \lambda \left(\left[\frac{\partial}{\partial t} (du_t + t\beta_0), \cdot \right] \right) = 0$$

8.4 概 Calabi-Yau 多様体内の一般化されたラグランジュ平均曲率流　315

を用いて，式 (8.4.5) の最終辺が $-\left(d\left(\dfrac{\partial u}{\partial t}\right)+\beta_0\right)_p(\boldsymbol{v})$ に等しくなることが示される．それゆえ，

$$\left(\alpha_{(\frac{\partial F}{\partial t})_\perp}\right)_p(\boldsymbol{v}) = -\left(d\left(\frac{\partial u}{\partial t}\right)+\beta_0\right)_p(\boldsymbol{v}) \tag{8.4.6}$$

をえる．さらに，$\{u_t\}_{t\in(0,T)}$ が式 (8.4.4) を満たすことから，

$$\begin{aligned}
-\left(d\left(\frac{\partial u}{\partial t}\right)+\beta_0\right)_p(\boldsymbol{v}) &= -(d(\Theta(\varphi\circ(du_t+t\beta_0)))+\beta_0)_p(\boldsymbol{v})\\
&= -(d(\theta(\varphi\circ(du_t+t\beta_0))-\alpha_0)+\beta_0)_p(\boldsymbol{v})\\
&= -d(\theta(\varphi\circ(du_t+t\beta_0)))_p(\boldsymbol{v})\\
&= (\alpha_{(H_\psi)_t})_p(\boldsymbol{v})
\end{aligned}$$

が示される．それゆえ，

$$\left(\alpha_{(\frac{\partial F}{\partial t})_\perp}\right)_p(\boldsymbol{v}) = (\alpha_{(H_\psi)_t})_p(\boldsymbol{v})$$

をえる．p と $\boldsymbol{v}$ の任意性から，

$$\left(\frac{\partial F}{\partial t}\right)_\perp = (H_\psi)_t.$$

つまり，$\{f_t\}_{t\in(0,T)}$ は f_0 を発する一般化された平均曲率流であることが示される． □

$$\begin{aligned}
\mathcal{D} := \{u\in C^\infty(L\times(0,T)) \,|\, & p\mapsto \lim_{t\to +0}u(p,t)\ (p\in L) \text{ は連続},\\
& \bigcup_{t\in(0,T)}(du_t+t\beta_0)(L)\subset \varphi^{-1}(U)\}
\end{aligned}$$

とおき，微分作用素 $\mathcal{P}:\mathcal{D}\to C^\infty(L\times(0,T))$ を

$$\mathcal{P}(u) := \frac{\partial u}{\partial t}-\Theta(\varphi\circ(du_t+t\beta_0)) \quad (u\in\mathcal{D}) \tag{8.4.7}$$

によって定義する．この微分作用素をバナッハ空間の間の微分作用素に拡張することにする．そのために，いくつかの関数空間を定義する．$C^{k,l}(L\times(0,T))$ $(l\geq 2k)$ を

$$C^{k,l}(L\times(0,T)) := \bigcap_{i=0}^{k} C^i((0,T), C^{l-2i}(L))$$

によって定義し，この関数空間上のノルム $\|\cdot\|_{C^{k,l}}$ を

$$\|u\|_{C^{k,l}} := \sum_{(i,j)\in S_{k,l}} \sup_{(p,t)M\times(0,T)} \left|\frac{\partial^i}{\partial t^i}(\nabla^j u)(p,t)\right|$$

によって定義する．ここで，$S_{k,l}$ は次のように定義される集合を表す：

$$S_{k,l} := \sum_{i=1}^{k} \{(i,j) \,|\, 1\le j\le l-2i\}.$$

このとき，$(C^{k,l}(M\times(0,T)), \|\cdot\|_{C^{k,l}})$ はバナッハ空間になる．また，$W^{k,l,q}(M\times(0,T))$ $(l\ge 2k,\ q\ge 1)$ を

$$W^{k,l,q}(M\times(0,T)) := \bigcap_{i=0}^{k} W^{i,q}((0,T), W^{l-2i,q}(L))$$

によって定義し，この関数空間上のノルム $\|\cdot\|_{W^{k,l,q}}$ を

$$\|u\|_{W^{k,l,q}} := \left(\sum_{(i,j)\in S_{k,l}} \int_0^T \left(\int_L \left|\frac{\partial^i}{\partial t^i}(\nabla^j u)(p,t)\right|^q dv_{g_t}\right) dt\right)^{\frac{1}{q}}$$

によって定義する．このとき，$(W^{k,l,q}(L\times(0,T)), \|\cdot\|_{W^{k,l,q}})$ はバナッハ空間になる．$\mathcal{D}^{1,k,q}$ $(k-\frac{n}{q}>2,\ q>1)$ を

$$\mathcal{D}^{1,k,q} = \left\{ u \in W^{1,k,q}(L\times(0,T)) \,\Big|\, \bigcup_{t\in(0,T)} (du_t + t\beta_0)(L) \subset \varphi^{-1}(U) \right\}$$

によって定義する．$k-\frac{n}{q}>2$ なので，ソボレフの埋め込み定理（命題3.6.5）により，$u\in\mathcal{D}^{1,k,q}$ とするとき，ほとんどすべての $t\in(0,T)$ に対し，$u_t\in C^2(L)$ となる．それゆえ，$\dfrac{\partial u}{\partial t} - \Theta(\varphi\circ(du_t+t\beta_0))$ が定義される．さらに，次の事実が成り立つ．

命題 8.4.4. $u\in\mathcal{D}^{1,k,q}$ とする．ここで，$k\ge 6,\ q>\max\{1,\frac{2n+4}{k-2}\}$ とする．このとき，

8.4 概 Calabi-Yau 多様体内の一般化されたラグランジュ平均曲率流

$$\frac{\partial u}{\partial t} - \Theta(\varphi \circ (du_t + t\beta_0)) \in W^{0,k-2,q}(L \times (0,T))$$

が成り立ち，

$$\widetilde{\mathcal{P}}(u) := \frac{\partial u}{\partial t} - \Theta(\varphi \circ (du_t + t\beta_0)) \quad (u \in \mathcal{D}^{1,k,q})$$

によって定義される写像 $\widetilde{\mathcal{P}} : \mathcal{D}^{1,k,q} \to W^{0,k-2,q}(L \times (0,T))$ は，バナッハ多様体間の写像として C^∞ 級になる．

この証明については，[Beh] の 5.3 節を参照のこと．$\widetilde{\mathcal{D}}^{1,k,q}$ を

$$\widetilde{\mathcal{D}}^{1,k,q} := \{u \in \mathcal{D}^{1,k,q} \mid \lim_{t \to +0} u(\cdot, t) = 0\}$$

によって定義し，

$$\widetilde{W}^{1,k,q}(L \times (0,T)) := T_0 \widetilde{\mathcal{D}}^{1,k,q} (\subset W^{1,k,q}(L \times (0,T)))$$

とおく．C^∞ 級写像 $\widetilde{\mathcal{P}} : \widetilde{\mathcal{D}}^{1,k,q} \to W^{0,k-2,q}(L \times (0,T))$ の 0 における線形化（つまり，微分）

$$d\widetilde{\mathcal{P}}_0 : T_0 \widetilde{\mathcal{D}}^{1,k,q} \to T_{\widetilde{\mathcal{P}}(0)} W^{0,k-2,q}(L \times (0,T))$$

を考える．$\widetilde{\mathcal{D}^{1,k,q}}$ は $\widetilde{W}^{1,k,q}(L \times (0,T))$ の開集合なので，$T_0 \widetilde{\mathcal{D}}^{1,k,q}$ は $T_0 \widetilde{W}^{1,k,q}(L \times (0,T)) = \widetilde{W}^{1,k,q}(L \times (0,T))$ と同一視され，$T_{\widetilde{\mathcal{P}}(0)} W^{0,k-2,q}(L \times (0,T))$ は $W^{0,k-2,q}(L \times (0,T))$ と同一視される．よって，$d\widetilde{\mathcal{P}}_0$ は $\widetilde{W}^{1,k,q}(L \times (0,T))$ から $W^{0,k-2,q}(L \times (0,T))$ への線形作用素とみなされる．$d\widetilde{\mathcal{P}}_0$ に関して次の事実が成り立つ．

命題 8.4.5. $d\widetilde{\mathcal{P}}_0$ はバナッハ空間の間の同型写像になる．

この証明については，[Beh] の Proposition 5.7 の証明を参照のこと．この命題とバナッハ多様体間の写像に対する逆写像定理（定理 3.7.1）を用いて，式 (8.4.4) の正則性の低い解の存在性について，次の定理を導くことができる．

定理 8.4.6. $k \geq 6$，$q > \max\{1, \frac{2n+4}{k-2}\}$ とする．ある十分小さな $T_0 > 0$ に対し，式 (8.4.4) を満たす $u \in \widetilde{W}^{1,k,q}(L \times (0,T_0))$ が存在する．

証明 命題 8.4.5 により，$d\widetilde{\mathcal{P}_0}$ はバナッハ空間の間の同型写像なので，定理 3.7.1 により，$\widetilde{\mathcal{P}}$ は 0 の $\widetilde{W}^{1,k,q}(L\times(0,T))$ におけるある開近傍 W_1 から，$\mathcal{P}(0)$ の $W^{0,k-2,q}(L\times(0,T))$ におけるある開近傍 W_2 への C^∞ 同型写像を与える．$w_\tau : L\times(0,T) \to \mathbb{R}$ を

$$w_\tau(p,t) := \begin{cases} 0 & ((p,t) \in L\times(0,\tau)) \\ \mathcal{P}(0) & ((p,t) \in L\times[\tau,T)) \end{cases}$$

によって定義する．τ が十分小さいとき，w_τ は $\mathcal{P}(0)$ の十分近くにあるので，W_2 に属する．それゆえ，$\mathcal{P}(u) = w_\tau$ となる $u \in \widetilde{W}^{1,k,q}(L\times(0,T))$ がただ 1 つ存在する．w_τ の定義から，$L\times(0,\tau)$ 上で $\mathcal{P}(u) = 0$ となることがわかる．一方，$u \in \widetilde{W}^{1,k,q}(L\times(0,T))$ なので，$\lim_{t\to +0} u(\cdot,t) = 0$ となる．したがって，$\{u_t\}_{t\in(0,\tau)}$ は式 (8.4.4) を満たす． □

さらに，この正則性の低い解の正則性に関して次の事実が成り立つ．

命題 8.4.7. 定理 8.4.6 における式 (8.4.4) の正則性の低い解 $u \in W^{1,k,q}(L\times(0,T_0))$ は C^∞ 級の解である．

この証明については，[Beh] の Proposition 5.9 の証明を参照のこと．

定理 8.4.1 の証明 定理 8.4.6 の主張における $\widetilde{\mathcal{P}}(u) = 0$ の正則性の低い解 u $(= \{u_t\}_{t\in(0,T_0)})$ は，命題 8.4.7 により，実は式 (8.4.4) の C^∞ 級解である．さらに，命題 8.4.3 により，$\{f_t := \varphi \circ (du_t + t\beta_0)\}_{t\in(0,T_0)}$ は f_0 を発する一般化された平均曲率流になることがわかる． □

9 手術付きリッチ流を用いた幾何化予想の解決
CHAPTER

G. Perelman ([Pe]) は，Hamilton プログラムに沿ってポアンカレ予想，より一般に **Thurston の幾何化予想** を解決するために，向き付けられた 3 次元閉多様体を発する手術付きリッチ流を定義した．この章において，この流れの構成法，および，この流れを用いて Thurston の幾何化予想がどのように解決されたのかについて解説する．

9.1 Gromov-Hausdorff 収束と Hamilton 収束

距離空間 $(X_1, d_1), (X_2, d_2)$ に対し，(X_1, d_1) から (X_2, d_2) への写像 f で

$$d_2(f(x), f(y)) = d_1(x, y) \quad (x, y \in X) \tag{9.1.1}$$

を満たすものを，(X_1, d_1) から (X_2, d_2) への **等距離写像** (distance-preserving map) または，**等距離埋め込み写像** (distance-preserving embedding) という．これは単射になることが容易に示される．さらに，等距離写像 f が全射（それゆえ，全単射）であるとき，f を (X_1, d_1) から (X_2, d_2) への**等距離同型写像** (distance-preserving isomorphism) または**等長写像** (**isometry**) という．以下，全射でない等距離写像を，等距離埋め込み写像とよぶことにする．(X_1, d_1) から (X_2, d_2) への等距離同型写像の全体を $\mathrm{Isom}((X_1, d_1), (X_2, d_2))$ と表し，(X_1, d_1) から (X_2, d_2) への等距離埋め込み写像の全体を $\mathrm{Emb}_{d.p.}((X_1, d_1), (X_2, d_2))$ と表す．(X_1, d_1) から (X_2, d_2) への等距離同型写像が存在するとき，(X_1, d_1) と (X_2, d_2) は**等長** (**isometric**) であるという．距離空間 (X, d) と等長な距離空間の全体を，(X, d) の**等長類** (**isometric class**) という．以下，(X, d) の等長類を $[(X, d)]$ で表すことにする．$\widetilde{\mathcal{M}}$ を距離空間全体のなす集合，$\widetilde{\mathcal{M}}_K$ をコンパクト距離空間全体のなす集合

とし，$\mathcal{M}$ を距離空間の等長類全体のなす集合，$\mathcal{M}_K$ をコンパクト距離空間の等長類全体のなす集合とする．$\mathcal{M}_K$ には，Gromov-Hausdorff 距離とよばれる距離関数が定義される．この節では，Gromov-Hausdorff 距離関数の定義，および，この距離関数についての基本的事実について述べる．最初に，Hausdorff 距離関数を定義する．距離空間 (Y, d_Y) を 1 つ固定する．(Y, d_Y) のコンパクト部分集合全体のなす空間を $\widetilde{\mathcal{M}}_{K,Y}$ で表すことにする．$d_{H,(Y,d_Y)}$: $\widetilde{\mathcal{M}}_{K,Y} \times \widetilde{\mathcal{M}}_{K,Y} \to \mathbb{R}$ を

$$d_{H,(Y,d_Y)}(K_1, K_2) := \inf\{\varepsilon > 0 \mid K_2 \subset B(K_1, \varepsilon) \text{ かつ } K_1 \subset B(K_2, \varepsilon)\}$$
$$(K_1, K_2 \in \widetilde{\mathcal{M}}_{K,Y})$$

によって定義する．ここで，$B(K_i, \varepsilon)$ は K_i の ε 近傍，つまり

$$\{x \in Y \mid d_Y(x, K_i) := \inf_{y \in K_i} d_Y(x, y) < \varepsilon\}$$

を表す．$d_{H,(Y,d_Y)}$ は $\widetilde{\mathcal{M}}_{K,Y}$ 上の距離関数になり，**Hausdorff 距離関数** (**Hausdorff distance function**) とよばれる．関数 $d_{GH} : \mathcal{M}_K \times \mathcal{M}_K \to \mathbb{R}$ を

$$d_{GH}([(X_1, d_1)], [(X_2, d_2)])$$
$$:= \inf_{(Y,d_Y) \in \widetilde{\mathcal{M}}} \inf\{d_{H,(Y,d_Y)}(f_1(X_1), f_2(X_2)) \mid f_i \in \mathrm{Emb}_{d.p.}((X_i, d_i), (Y, d_Y)) \ (i = 1, 2)\}$$

によって定義する．d_{GH} は $\mathcal{M}_K$ 上の距離関数になり，**Gromov-Hausdorff 距離関数** (**Gromov-Hausdorff distance function**) とよばれる．この距離空間 $(\mathcal{M}_K, d_{GH})$ は完備距離空間になることが示される．$\mathcal{M}_K$ 内の列 $\{[(X_i, d_i)]\}_{i=1}^{\infty}$ が d_{GH} に関して $[(X, d)]$ に収束するとき，コンパクト距離空間の列 $\{(X_i, d_i)\}_{i=1}^{\infty}$ は (X, d) に **Gromov-Hausdorff 収束する** (**Gromov-Hausdorff converge**) という．

リーマン多様体 (M_1, g_1), (M_2, g_2) に対し，(M_1, g_1) から (M_2, g_2) への C^{∞} 級同型写像 f で $f^*g_2 = g_1$ を満たすものを，(M_1, g_1) から (M_2, g_2) への**等長写像**という．f が (M_1, g_1) から (M_2, g_2) への等長写像であることと，f が (M_1, d_{g_1}) から (M_2, d_{g_2}) への等距離同型写像であることは同値である．

注意 f が (M_1, g_1) から (M_2, g_2) への等長埋め込み写像であることと，f が (M_1, d_{g_1}) から (M_2, d_{g_2}) への等距離埋め込み写像であることは同値ではない．実際，f が (M_1, d_{g_1}) から (M_2, d_{g_2}) への等距離埋め込み写像であるならば，

それは (M_1, g_1) から (M_2, g_2) への全測地的等長埋め込み写像でなければならない．このように，リーマン部分多様体幾何学的には，等距離埋め込み写像は特殊な等長埋め込み写像である．

(M_1, g_1) から (M_2, g_2) への等長写像の全体を $\mathrm{Isom}((M_1, g_1), (M_2, g_2))$ と表す．(M_1, g_1) から (M_2, g_2) への等長写像が存在するとき，(M_1, g_1) と (M_2, g_2) は**等長**であるという．リーマン多様体 (M, g) と等長なリーマン多様体の全体を，(M, g) の**等長類**という．以下，(M, g) の等長類を $[(M, g)]$ で表すことにする．

$\widetilde{\mathcal{RM}}$ をリーマン多様体全体のなす集合，$\widetilde{\mathcal{RM}}_K$ をコンパクトリーマン多様体全体のなす集合とし，$\mathcal{RM}$ をリーマン多様体の等長類全体のなす集合，$\mathcal{RM}_K$ をコンパクトリーマン多様体の等長類全体のなす集合とする．各 $(M, g) \in \widetilde{\mathcal{RM}}$ に $(M, d_g) \in \widetilde{\mathcal{M}}$ を対応させる対応により，$\widetilde{\mathcal{RM}}$ は $\widetilde{\mathcal{M}}$ の中に自然に埋め込むことができる．同じく，各 $[(M, g)] \in \mathcal{RM}$ に $[(M, d_g)] \in \mathcal{M}$ を対応させる対応により，$\mathcal{RM}$ は $\mathcal{M}$ の中に自然に埋め込むことができる．それゆえ，$\mathcal{RM}_K$ は $\mathcal{M}_K$ の中に自然に埋め込める．以下，この自然な埋め込みにより，$\mathcal{RM}_K$ を $\mathcal{M}_K$ の部分集合とみなす．それゆえ，$\mathcal{RM}_K$ は，$d_{GH}|_{\mathcal{RM}_K \times \mathcal{RM}_K}$ により距離空間になる．$d_{GH}|_{\mathcal{RM}_K \times \mathcal{RM}_K}$ を d_{GH} と略記する．$\mathcal{RM}_K$ 内の列 $\{[(M_i, g_i)]\}_{i=1}^\infty$ が d_{GH} に関して $[(M, g)]$ に収束するとき，コンパクトリーマン多様体の列 $\{(M_i, g_i)\}_{i=1}^\infty$ は (M, g) に **Gromov-Hausdorff 収束する**という．

コンパクトリーマン多様体の列の Gromov-Hausdorff 収束に関する重要な定理を 2 つ紹介する．

定理 9.1.1 ([Gro]). コンパクトリーマン多様体の列 $\{(M_i, g_i)\}_{i=1}^\infty$ が次の 2 条件を満たしているとする：

(i) $\sup_i \mathrm{diam}(M_i, g_i) < \infty$.
(ii) $\inf_{i \in \mathbb{N}} \min \{Ric_i(v, v) \,|\, v \text{ は } g_i(v, v) = 1 \text{ となる } TM_i \text{ の元} \} > -\infty$
（Ric_i は g_i のリッチテンソル場）．

このとき，$\{[(M_i, g_i)]\}_{i=1}^\infty$ は Gromov-Hausdorff 収束するような部分列をもつ．

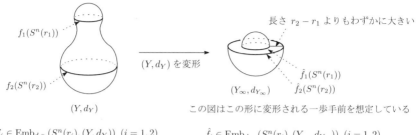

図 9.1.1 Gromov-Hausdorff 距離の例

定理 9.1.2 ([CC1-3]). n 次元コンパクトリーマン多様体の列 $\{(M_i, g_i)\}_{i=1}^{\infty}$ が次の条件を満たしているとする:

$$\inf_{i \in \mathbb{N}} \min \{Ric_i(v,v) \mid v \in TM_i \text{ s.t. } g_i(v,v) = 1\} > -\infty.$$

このとき, $\{[(M_i, g_i)]\}_{i=1}^{\infty}$ がある n 次元コンパクトリーマン多様体 (M, g) の等長類 $[(M, g)]$ に Gromov-Hausdorff 収束するならば, 十分大きな i に対し, M_i と M は C^{∞} 同相である.

次に, (コンパクトとは限らない) 基点付き測度距離空間の同型類全体のなす集合を考える. 以下, この集合を $\mathcal{MM}$ と表す. まず, 基点付き測度距離空間の定義, および, それらの同型性の定義を述べる. 集合 X 上の距離関数 d, X 上の測度 μ と X の基点 O の 4 つ組 (X, d, μ, O) を**基点付き測度距離空間 (pointed measure space)** という. 以下, 基点付き測度距離空間 (X, d, μ, O) は, すべて固有, つまり, 距離空間 (X, d) の任意の有界閉集合がコンパクトになるようなものとする. 2 つの基点付き測度距離空間 (X_1, d_1, μ_1, O_1) と (X_2, d_2, μ_2, O_2) が**同型 (isomorphic)** であるとは, (X_1, d_1) から (X_2, d_2) への等距離写像 f で $f(O_1) = O_2$, および $f_\sharp \mu_1 = \mu_2$ (つまり, (X_2, μ_2) の任意の可測集合 A に対し, $\mu_1(f^{-1}(A)) = \mu_2(A)$ が成り立つ) を満たすようなものが存在することをいう. 例えば, リーマン多様体 (M, g) と $O \in M$ に対し, (M, d_g, dv_g, O) は基点付き測度距離空間になり, (M, d_g, dv_g, O) が固有であることと (M, g) が完備であることは同値である. 1987 年, 深谷賢治

9.1 Gromov-Hausdorff 収束と Hamilton 収束

氏 [Fu] によって導入された基点付き測度距離空間の列の Gromov-Hausdorff 収束性の定義を述べる. $\{(X_i, d_i, \mu_i, O_i)\}_{i=1}^{\infty}$ を基点付き測度距離空間の列とし, (X, d, μ, O) を基点付き測度距離空間とする. $\lim_{i \to \infty} \varepsilon_i = 0$ となる正の数の列 $\{\varepsilon_i\}_{i=1}^{\infty}$, $\lim_{i \to \infty} r_i = \infty$ となる正の数の列 $\{r_i\}_{i=1}^{\infty}$, および Borel 写像 $\phi_i : B_{O_i}(r_i) \to B_O(r_i)$ の列 $\{\phi_i\}_{i=1}^{\infty}$ (ここで, $B_{O_i}(r_i)$ は O_i の (X_i, d_i) における r_i-閉近傍を表し, $B_O(r_i)$ は O の (X, d) における r_i-閉近傍を表す) で次の 4 条件を満たすものが存在するとする:

(i) 任意の i と任意の $p_1, p_2 \in B_{O_i}(r_i)$ に対し,

$$|d_i(p_1, p_2) - d(\phi_i(p_1), \phi_i(p_2))| < \varepsilon_i$$

が成り立つ.

(ii) 任意の i に対し, $B_O(r_i) \subset B_{\phi_i(B_{O_i}(r_i))}(\varepsilon_i)$ が成り立つ.

(iii) $\lim_{i \to \infty} d(\phi_i(O_i), O) = 0$ が成り立つ.

(iv) 任意の $r > 0$, および $\lim_{i \to \infty} \phi_i(q_i) = q$ を満たす任意の点列 $\{q_i\}_{i=1}^{\infty}$ に対し, $\lim_{i \to \infty} \mu_i(B_{q_i}(r)) = \mu(B_q(r))$ が成り立つ.

このとき, $\{(X_i, d_i, \mu_i, O_i)\}_{i=1}^{\infty}$ は (X, d, μ, O) に **Gromov-Hausdorff 収束する**という.

深谷賢治氏は次の事実を示した.

定理 9.1.3 ([Fu]). $\mathcal{MM}$ 上の距離関数で, その距離位相に関する点列の収束性が上述の Gromov-Hausdorff 収束性と一致するようなものが一意的に存在する.

上述の基点付き測度距離空間の列の Gromov-Hausdorff 収束性の定義をモチベーションとして, 1995 年, R. S. Hamilton ([Ham4]) はマーキング付き完備リーマン多様体の列の収束性を定義した. 本書では, この収束性を Hamilton 収束とよぶことにする. **マーキング付き完備リーマン多様体 (marked complete Riemannian manifold)** とは, C^{∞} 多様体 M, M の完備リーマン計量 g, M の基点 O, M の O における接空間の正規直交基底 E の 4 組 (M, g, O, E) のことである. 3 組 (M, g, O) は, **基点付き完備リーマン多様体**

とよばれる.

私たちが必要とするのは基点付き完備リーマン多様体の列の Hamilton 収束性なので, Hamilton のマーキング付き完備リーマン多様体の列の Hamilton 収束性の定義に従って, 基点付き完備リーマン多様体の列の Hamilton 収束性の定義を述べることにする. 基点付き完備リーマン多様体の列 $\{(M_i, g_i, O_i)\}_{i=1}^{\infty}$ と基点付き完備リーマン多様体 (M, g, O) に対し, 次が成り立つとする:

M の開集合の列 $\{U_i\}_{i=1}^{\infty}$, M_i の開集合 V_i の列 $\{V_i\}_{i=1}^{\infty}$, および C^{∞} 同型写像 $\phi_i : U_i \to V_i$ で $\phi_i(O) = O_i$ となるようなものの列 $\{\phi_i\}_{i=1}^{\infty}$ で, 次の条件を満たすようなものが存在する:

$\forall K : M$ のコンパクト集合, $\exists i_K \in \mathbb{N}$

s.t. $\begin{cases} \bullet\ K \subset U_i\ (\forall i \geq i_K) \\ \bullet\ \{\phi_i^* g_i|_K\}_{i=i_K}^{\infty}\ \text{が}\ C^{\infty}\ \text{位相に関して}\ g|_K\ \text{に収束する}. \end{cases}$

このとき, 基点付き完備リーマン多様体の列 $\{(M_i, g_i, O_i)\}_{i=1}^{\infty}$ は (M, g, O) に **Hamilton 収束する**という. 明らかに, 列 $\{(M_i, g_i, O_i)\}_{i=1}^{\infty}$ が (M, g, O) に Hamilton 収束するならば, 基点付き測度距離空間の列 $\{(M_i, d_{g_i}, dv_{g_i}, O_i)\}_{i=1}^{\infty}$ は (M, d_g, dv_g, O) に Gromov-Hausdorff 収束する.

次に, Hamilton ([Ham4]) のマーキング付き完備リーマン多様体の C^{∞} 族の列の Hamilton 収束性の定義に従って, 基点付き完備リーマン多様体の C^{∞} 族の列の Hamilton 収束性の定義を述べることにする. $\{g_t\}_{t \in [\alpha, \beta]}$ を C^{∞} 多様体 M 上の完備なリーマン計量の C^{∞} 族, O を M の基点とするとき, $(M, \{g_t\}_{t \in (\alpha, \beta)}, O)$ を**基点付き完備リーマン多様体の C^{∞} 族**という. 特に, $\{g_t\}_{t \in (\alpha, \beta)}$ がリッチ流である場合, $(M, \{g_t\}_{t \in (\alpha, \beta)}, O)$ を**基点付き完備リッチ流 (complete pointed Ricci flow)** という. 基点付き完備リーマン多様体の C^{∞} 族の列 $\{(M_i, \{(g_i)_t\}_{t \in (\alpha, \beta)}, O_i)\}_{i=1}^{\infty}$ と基点付き完備リーマン多様体の C^{∞} 族 $(M, \{g_t\}_{t \in (\alpha, \beta)}, O)$ に対し, 次が成り立つとする:

M の開集合の列 $\{U_i\}_{i=1}^{\infty}$, M_i の開集合 V_i の列 $\{V_i\}_{i=1}^{\infty}$, および $\phi_i(O) = O_i$ となるような C^{∞} 同型写像 $\phi_i : U_i \to V_i$ の列 $\{\phi_i\}_{i=1}^{\infty}$ で, 次の条件を満たすものが存在する:

$\forall K : M$ のコンパクト集合, $\exists i_K \in \mathbb{N}$

s.t.
- $K \subset U_i$ ($\forall i \geq i_K$)
- 任意の閉区間 I ($\subset (-\alpha, \beta)$) に対し,
$$\phi_i^* g_i : (p, t) \mapsto (\phi_i^*(g_i)_t)_p \quad ((p, t) \in M \times (\alpha, \beta))$$
の $K \times I$ への制限の列 $\{\phi_i^* g_i|_{K \times I}\}_{i=1}^\infty$ が
$$g : (p, t) \mapsto (g_t)_p \quad ((p, t) \in M \times (\alpha, \beta))$$
の $K \times I$ への制限 $g|_{K \times I}$ に C^∞ 位相に関して収束する.

このとき, $\{(M_i, \{(g_i)_t\}_{t \in (\alpha, \beta)}, O_i)\}_{i=1}^\infty$ は $(M, \{g_t\}_{t \in (\alpha, \beta)}, O)$ に **Hamilton 収束する**という. 特に, 基点付き完備リッチ流の列の Hamilton 収束性が定義される.

一般に, 複数個の基点をもつリーマン多様体の C^∞ 族の列の Hamilton 収束性が定義される. つまり, k 個の基点をもつ完備リーマン多様体の C^∞ 族の列 $\{(M_i, \{(g_i)_t\}_{t \in (\alpha, \beta)}, \{O_{i,j}\}_{j=1}^k)\}_{i=1}^\infty$ と, k 個の基点をもつ完備リーマン多様体の C^∞ 族 $(M, \{g_t\}_{t \in (\alpha, \beta)}, \{O_j\}_{j=1}^k)$ に対し, 次が成り立つとき, $\{(M_i, \{(g_i)_t\}_{t \in (\alpha, \beta)}, \{O_{i,j}\}_{j=1}^k)\}_{i=1}^\infty$ は $(M, \{g_t\}_{t \in (\alpha, \beta)}, \{O_j\}_{j=1}^k)$ に Hamilton 収束するという:

"M の開集合の列 $\{U_i\}_{i=1}^\infty$, M_i の開集合 V_i の列 $\{V_i\}_{i=1}^\infty$, および C^∞ 同型写像 $\phi_i : U_i \to V_i$ で $\phi_i(O_j) = O_{i,j}$ ($j = 1, \ldots, k$) となるようなものの列 $\{\phi_i\}_{i=1}^\infty$ であって, 上述と同様の条件を満たすものが存在する."

特に, 複数個の基点をもつ完備リッチ流の列の Hamilton 収束性が定義される. 手術付きリッチ流を構成する上で, この複数個の基点をもつ完備リッチ流の列の Hamilton 収束性の概念が必要となる.

9.2 Hamilton のコンパクト性定理と Perelman の非局所崩壊性定理

1.4 節で, ポアンカレ予想, より一般に Thurston の幾何化予想のリッチ流の概念を用いた証明 (Hamilton プログラムに沿った証明) の概略を説明した. この節において, Hamilton プログラムに沿った証明において重要である

"Hamilton のコンパクト性定理" と "Perelman の非局所崩壊性定理" について述べることにする.

Hamilton のコンパクト性定理とは, 次の基点付き完備リッチ流の列の Hamilton 収束性に関するコンパクト性定理のことである.

定理 9.2.1 ([Ham4, Theorem 1.2]). 基点付き完備リッチ流の列 $\{(M_i, \{(g_i)_t\}_{t \in (\alpha, \beta)}, O_i)\}_{i=1}^{\infty}$ $(-\infty \leq \alpha < 0 < \beta \leq \infty)$ が次の 2 条件を満たしているとする:

(i) $\sup_{i \in \mathbb{N}} \sup_{M \times (-\alpha, \beta)} \|R_i\| < \infty$. ここで, R_i は $(g_i)_t$ の曲率テンソル場 $(R_i)_t$ を用いて定義される $\pi_{M_i}^*(T^{(1,3)}M_i)$ の切断を表す.

(ii) $\inf_{i \in \mathbb{N}} \mathrm{inj}_{O_i}(M_i, (g_i)_0) > 0$.

このとき, 列 $\{(M_i, \{(g_i)_t\}_{t \in (\alpha, \beta)}, O_i)\}_{i=1}^{\infty}$ の部分列で, ある基点付き完備リッチ流 $(M, \{g_t\}_{t \in (\alpha, \beta)}, O)$ に Hamilton 収束するようなものが存在する. さらに, この極限流に関して次の 2 つの事実が成り立つ:

$$\sup_{M \times (-\alpha, \beta)} \|R\| \leq \sup_{i \in \mathbb{N}} \sup_{M \times (-\alpha, \beta)} \|R_i\|. \tag{9.2.1}$$

ここで, R は, g_t の曲率テンソル場 R_t を用いて定義される $\pi_M^*(T^{(1,3)}M)$ の切断を表す:

$$\mathrm{inj}_O(M, g_0) \geq \inf_{i \in \mathbb{N}} \mathrm{inj}_{O_i}(M_i, (g_i)_0). \tag{9.2.2}$$

この定理の主張は, 上述の条件 (i), (ii) を満たす基点付き完備リッチ流全体からなる集合の距離関数で点列の収束性が Hamilton 収束性と一致するようなものが存在するとすれば, その距離空間が点列コンパクト, それゆえ, コンパクトであることを意味するので, コンパクト性定理とよばれる.

次に, G. Perelman によって示された非局所崩壊性定理について述べることにする. この定理は, リッチ流に沿って**曲率が爆発する寸前で, 曲率が大きな点を中心とする小さい半径 (その点における曲率の大きさに準じて小さくとる) の測地球の体積をその小さな半径の次元乗で割った値が, ある正の定数で下から押さえられる**ことを主張するものである.

まず, リッチ流の局所崩壊性の定義を述べることにする. $\{g_t\}_{t \in [0, T)}$ を n

次元 C^∞ 多様体 M 上のリッチ流とする. $B_p(r)_t$ を p を中心とする半径 r の (M, g_t) 上の測地球とする. また, $r > 0$ と $t \in [0, T)$ に対し, $(D_r)_t (\subset M)$ を

$$(D_r)_t := \left\{ p \in M \ \middle| \ \|(R_t)_p\| \leq \frac{1}{r^2} \right\}$$

によって定義する. ここで, R_t は g_t の曲率テンソル場を表す. T に収束する時間列 $\{t_i\}_{i=1}^\infty$ と正の数列 $\{r_i\}_{i=1}^\infty$ と M 上の点列 $\{p_i\}_{i=1}^\infty$ で, 次の3条件を満たすものが存在するとする:

(i) $\{t_i r_i^2\}_{i=1}^\infty$ は有界である.
(ii) 各 i に対し, $B_{p_i}(r_i)_{t_i} \subset (D_{r_i})_{t_i}$ が成り立つ.
(iii) $\displaystyle\lim_{i \to \infty} \frac{\mathrm{Vol}(B_{p_i}(r_i)_{t_i})}{r_i^n} = 0$.

このとき, リッチ流 $\{g_t\}_{t \in [0, T)}$ は**局所崩壊**する (**local collapse**) という.

次に, 測地球の $\kappa \ (> 0)$-非崩壊性の定義を述べることにする. (M, g) を n 次元リーマン多様体とし, 各 $r > 0$ に対し, $D_r (\subset M)$ を

$$D_r := \left\{ p \in M \ \middle| \ \|R_p\| \leq \frac{1}{r^2} \right\}$$

によって定義する. ここで, R は g の曲率テンソル場を表す. $B_p(r)$ を (M, g) 上の p を中心とする半径 r の測地球で D_r に含まれるものとする. $\dfrac{\mathrm{Vol}(B_p(r))}{r^n} < \kappa$ であるとき, $B_p(r)$ は **κ-崩壊する** (**κ-collapse**) といい, $\dfrac{\mathrm{Vol}(B_p(r))}{r^n} \geq \kappa$ であるとき, $B_p(r)$ は **κ-非崩壊である** (**κ-noncollapse**) という. r_0 を正の数とする. 各 $r \in (0, r_0)$ に対し, D_r に含まれる各測地球 $B_p(r)$ が κ-非崩壊であるとき, g (または (M, g)) は**スケール r_0 で κ-非崩壊である**という.

G. Perelman は, 次の非局所崩壊性定理を証明した.

定理 9.2.2 ([Pe1, Section 4]). n 次元閉多様体 M 上のリーマン計量 g を発するリッチ流の崩壊時間が有限時間 T であるとする. このとき, ある $\kappa > 0$ に対し, $g_t \ (t \in [0, T))$ はスケール $\sqrt{T}$ で κ-非崩壊となる.

(i) $(M, g_0) = S^3(1)$

非局所崩壊

(ii) $(M, g_0) = S^2(1) \times \mathbb{E}^1$

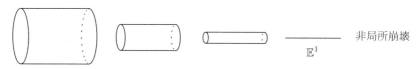
非局所崩壊
$\mathbb{E}^1$

(iii) $(M, g_0) = {}_\rho S^2(1) \times (-\infty, 0]$ ($R_{ic_0} > 0$ となるワープ積)

局所崩壊

図 **9.2.1** リッチ流の局所崩壊性

(M, g_t) の変形の様子.
(i) $\|R_t\|$ は M 上で一定であり, $r_t := \|R_t\|^{-\frac{1}{2}}$ として
$$(D_r)_t = \begin{cases} \emptyset & (r > r_t) \\ M & (r \leq r_t). \end{cases} \quad \text{また} \lim_{t \to T} \frac{\text{Vol}(B_p(r_t)_t)}{r_t^3} > 0.$$

(ii) $\|R_t\|$ は M 上で一定であり, $r_t := \|R_t\|^{-\frac{1}{2}}$ として
$$(D_r)_t = \begin{cases} \emptyset & (r > r_t) \\ M & (r \leq r_t). \end{cases} \quad \text{また} \lim_{t \to T} \frac{\text{Vol}(B_p(r_t)_t)}{r_t^3} > 0.$$

(iii) $\sup_M \|R_t\| < \infty$ であり, この上限の $-\frac{1}{2}$ 乗を r_t として
$$(D_{r_t})_t = M. \text{ また,} \lim_{t \to T} \frac{\text{Vol}(B_p(r_t)_t)}{r_t^3} = 0.$$

次に, Cheeger の定理を述べることにする.

9.2 Hamilton のコンパクト性定理と Perelman の非局所崩壊性定理

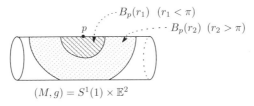

図 9.2.2 測地球の κ-非崩壊性

$$\begin{cases} B_p(r) \text{ は } \dfrac{4\pi}{3}\text{-非崩壊} & (r \leq \pi) \\ B_p(r) \text{ は } \dfrac{4\pi}{3}\text{-崩壊} & (r > \pi) \end{cases}$$

よって，$S^1(1) \times \mathbb{E}^2$ はスケール π で $\dfrac{4\pi}{3}$-非崩壊である．

定理 9.2.3 ([Ch]). 任意の 3 以上の自然数 n と任意の正の数 K_0, V_0 に対し，次の条件を満たす n, K_0, V_0 のみに依存する正の数 $i_0(n, K_0, V_0)$ が存在する：

"n 次元閉リーマン多様体 (M, g) が $\|R\| \leq K_0$，および，$\mathrm{Vol}(B_p(1)) \geq V_0$ ($p \in M$) を満たしているならば，$\mathrm{inj}(M, g) \geq i_0(n, K_0, V_0)$ が成り立つ．"

リーマン計量の C^∞ の流れ $\{g_t\}_{t \in [0,T)}$ と，$t_0 \in (0, T)$ と正の数 λ に対し，

$$\widehat{g}_\tau := \lambda \cdot g_{\lambda^{-1}\tau + t_0} \quad (\tau \in [-\lambda t_0, \lambda(T - t_0)))$$

によって定義される C^∞ 級の流れ $\{\widehat{g}_\tau\}_{\tau \in [-\lambda t_0, \lambda(T-t_0))}$ を，$\{g_t\}_{t \in [0,T)}$ を t_0 においてスケール λ により**放物型スケーリング拡大した流れ**という．

リッチ流方程式の解 $\{g_t\}_{t \in I}$ で，$I = (-\infty, 0]$ であるようなものを，**古代解 (ancient solution)** という．リッチ流方程式は弱放物型偏微分方程式なので，与えられた C^∞ 級リーマン計量 g に対し，g を発するマイナス時間方向へのリッチ流方程式の解の短時間存在性でさえ示されないので，g を発するリッチ流方程式の古代解が存在するということは，g が特殊なよいリーマン計量であることを意味する．

定理 9.2.1-9.2.3 を用いて，次の事実が導かれる．

定理 9.2.4 ([Pe1, Corollary 4.2]). $\{g_t\}_{t \in [0,T)}$ を n (≥ 3) 次元閉多様体 M 上のリッチ流とする．$\{(p_i, t_i)\}_{i=1}^\infty$ を次の 3 条件を満たすような点列とする：

330 第 9 章 手術付きリッチ流を用いた幾何化予想の解決

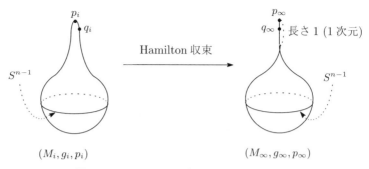

図 9.2.3 Cheeger の定理と Hamilton 収束

$(K_i)_0 := \max_{M_i} \|R_i\| \geq \|(R_i)_{q_i}\| \to \infty \ (i \to \infty)$
　　　　　　　　　　　　　　　　　　(R_i は (M_i, g_i) の曲率テンソル場)
$(V_i)_0 := \inf_{p \in M_i} \mathrm{Vol}_{g_i}(B_p(1)) = \mathrm{Vol}_{g_i}(B_{p_i}(1)) \to 0$
$\mathrm{inj}_{q_i}(M_i, g_i) \to 0 \ (i \to \infty)$

(i) $\lim_{i \to \infty} t_i = T$.
(ii) $\lim_{i \to \infty} \|(R_{t_i})_{p_i}\| = \infty$.
(iii) $\sup_{i \in \mathbb{N}} \max_{(p,t) \in M \times [0, t_i]} \dfrac{\|(R_t)_p\|}{\|(R_{t_i})_{p_i}\|} < \infty$.

このとき，$\{g_t\}_{t \in [0,T)}$ を t_i においてスケール $\lambda_i := \|(R_{t_i})_{p_i}\|$ により放物型スケーリング拡大した流れを $\{\widehat{g}_\tau^i\}_{\tau \in [-\lambda_i t_i, \lambda_i(T-t_i))}$ として，基点付き完備リーマン多様体の列 $\{(M, \{\widehat{g}_\tau^i\}_{\tau \in [-\lambda_i t_i, \lambda_i(T-t_i))}, p_i)\}_{i=1}^\infty$ は Hamilton 収束する部分列をもち，その極限流はリッチ流方程式の古代解になる．しかも，ある正の数 κ に対し任意のスケールで κ-非崩壊になる．

証明 $\widehat{g}_\tau^i$ の曲率テンソル場を $\widehat{R}_\tau^i$ とする．このとき，

$$\sup_{i \in \mathbb{N}} \sup_{\tau \in [-\lambda_i t_i, \lambda_i(T-t_i))} \max_M \|\widehat{R}_\tau^i\| < \infty$$

が示される．一方，定理 9.2.2 と定理 9.2.3 から，

$$\inf_{i \in \mathbb{N}} \inf_{(p, \tau) \in M \times [-\lambda_i t_i, \lambda_i(T-t_i))} \mathrm{inj}_p(M, \widehat{g}_\tau^i) > 0$$

が示される．したがって，$\{(M, \{\widehat{g}_\tau^i\}_{\tau \in [-\lambda_i t_i, \lambda_i(T-t_i))}, p_i)\}_{i=1}^\infty$ が Hamilton 収束する部分列をもつことが，定理 9.2.1 により示される．さらに，その極限流がリッチ流方程式の古代解になり，しかも，ある正の数 κ に対し任意のスケ

ールで κ-非崩壊になることが示される. □

9.3 古代 κ 解とリッチソリトン

この節において，リッチ流方程式の古代 κ 解 ($\kappa > 0$) とよばれる古代解の定義を述べ，Perelman による古代 κ 解の構造定理を紹介する．

最初に，リッチ流方程式の古代 κ 解 ($\kappa > 0$) の定義を述べる．リッチ流方程式の古代解 $\{g_t\}_{t \in (-\infty, 0]}$ で次の2条件を満たすものを**古代 κ 解** (ancient κ-solution) という：

(i) 各 $t \in (-\infty, 0]$ に対し，g_t は完備かつ非平坦であり，その曲率テンソル場 R_t のノルムは有界（つまり，$\max_M \|R_t\| < \infty$）であり，その曲率作用素は非負である．

(ii) 各 $t \in (-\infty, 0]$ に対し，g_t は任意のスケールで κ-非崩壊である．

次に，リッチソリトン，および勾配リッチソリトンの定義を述べる．C^∞ 多様体 M 上のリッチ流方程式の解 $\{g_t\}_{t \in I}$ で，M のある C^∞ 級リーマン計量 g^o と M の C^∞ 級の1パラメーター変換群 $\{\phi_t\}_{t \in I}$ と，ある定数 a を用いて

$$g_t := (at+1)\phi_t^* g^o \quad (t \in I)$$

と表されるものを，**リッチソリトン** (Ricci soliton) という（初期計量 $g_0 = g^o$ は**リッチソリトン計量** (Ricci soliton metric) とよばれる）．特に，$\{\phi_t\}_{t \in I}$ に付随するベクトル場 $\boldsymbol{X}$ が M 上のある C^∞ 関数 ρ の勾配ベクトル場 $\mathrm{grad}\,\rho$ に等しい場合，$\{g_t\}_{t \in I}$ を**勾配リッチソリトン** (gradient Ricci soliton) という．M 上の C^∞ 級リーマン計量全体のなす空間 $\widetilde{\mathcal{RM}}_M$ を，M の C^∞ 級同相群 $\mathrm{Diff}^\infty(M)$ と $\mathbb{R}_+$ の直積 $\mathrm{Diff}^\infty(M) \times \mathbb{R}_+$ で割ったモジュライ空間 $\mathcal{RM}_M := \widetilde{\mathcal{RM}}_M / (\mathrm{Diff}^\infty(M) \times \mathbb{R}_+)$ 上で g_t の属する同値類 $[g_t]$ は不動であることから，ソリトンという言葉が用いられる．ここで，$\mathrm{Diff}^\infty(M) \times \mathbb{R}_+$ は次のように $\widetilde{\mathcal{RM}}_M$ に自然に作用することを注意しておく：

$$(\phi, a) \cdot g := a\phi^* g \quad ((\phi, a) \in \mathrm{Diff}^\infty(M) \times \mathbb{R}_+, g \in \widetilde{\mathcal{RM}}_M).$$

特に，$a = 0$ のとき，$\{g_t\}_{t \in I}$ は**安定リッチソリトン** (steady Ricci soliton)

とよばれ，$I = (-\infty, \infty)$ となる．$a < 0$ のとき，$\{g_t\}_{t \in I}$ は **縮小リッチソリトン** (shrinking Ricci soliton) とよばれ，$I = (-\infty, -a^{-1}]$ となる．$a > 0$ のとき，$\{g_t\}_{t \in I}$ は **拡大リッチソリトン** (expanding Ricci soliton) とよばれ，$I = (-a^{-1}, \infty)$ となる．明らかに，安定ソリトンと縮小ソリトンの $(-\infty, 0]$ への制限は古代解を与える．古代 κ 解について，次の事実が G. Perelman によって示された．

命題 9.3.1 ([Pe1, Proposition 11.2]). $\{g_t\}_{t \in (-\infty, 0]}$ を M 上の古代 κ 解とし，これを $t_0 \in (-\infty, 0]$ においてスケール λ により放物型スケーリング拡大した流れを $\{g_\tau^\lambda\}_{\tau \in (-\infty, -\lambda t_0]}$ $(g_\tau^\lambda := \lambda g_{\lambda^{-1}\tau + t_0})$ とする．明らかに，$\{g_\tau^\lambda\}_{\tau \in (-\infty, -\lambda t_0]}$ も古代 κ 解であり，$\lim_{i \to \infty} \lambda_i = \infty$ となる任意の正の数列 $\{\lambda_i\}_{i=1}^\infty$ に対し，基点付き完備リッチ流の列 $\{(M, \{g_\tau^{\lambda_i}\}_{\tau \in I_\lambda}, O)\}_{i=1}^\infty$ のある部分列は，M 上のある（基点付き）非平坦な勾配縮小リッチソリトンに Hamilton 収束する．

上述の命題における（基点付き）非平坦な勾配縮小リッチソリトンを古代 κ 解の **漸近ソリトン** (asymptotic soliton) という．

3次元非コンパクト多様体上の完備かつ非平坦な勾配縮小リッチソリトンについて，次の事実が G. Perelman によって示された．

命題 9.3.2 ([Pe2, Lemma 1.2]). 3次元非コンパクト多様体 M 上の完備，非平坦，曲率有界，かつ κ-非崩壊な勾配縮小リッチソリトンで断面曲率が正であるようなものは存在しない．

この事実を用いて，次を導くことができる．

命題 9.3.3. 3次元非コンパクト多様体 M 上の完備，非平坦，曲率有界，かつ κ-非崩壊な勾配縮小リッチソリトンで断面曲率が非負であるようなものは，標準シリンダー解（つまり，シリンダー $S^2(1) \times \mathbb{E}^1$ を発するリッチ流），または，その $\mathbb{Z}_2$ 商 $(S^2(1) \times \mathbb{E}^1)/\mathbb{Z}_2$ を発するリッチ流のいずれかである．

次に，n 次元リーマン多様体 (M, g) の (ε, k) ネック，および (ε, k) 半ネックという概念を定義する．シリンダー $S^{n-1} \times \mathbb{R}$ 上の直積計量で各スライス $S^{n-1} \times \{\cdot\}$ を半径 r の球面とするようなものを $g_{\text{can}, r}$ と表す．以下，I_L は

9.3 古代 κ 解とリッチソリトン 333

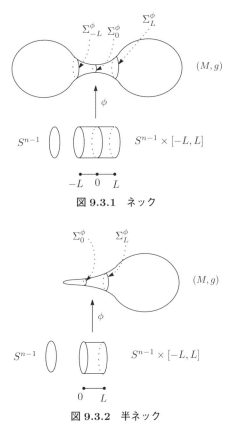

図 9.3.1 ネック

図 9.3.2 半ネック

$[-L, L]$ または $[0, L]$ を表すことにする．その制限 $g_{\mathrm{can},r}|_{S^{n-1} \times I_L}$ を $g_{\mathrm{can},r,L}$ と表す．$S^{n-1} \times I_L$ から M への C^∞ 埋め込み写像 ϕ が存在するとし，その像を N_ϕ と表す．スライス $S^{n-1} \times \{s\}$ から $S^{n-1} \times I_L$ への包含写像を ι_s とし，$\widetilde{r} : I_L \to \mathbb{R}$ を

$$\widetilde{r}(s) := \frac{\int_{S^{n-1}(1) \times \{s\}} dv_{(\phi \circ \iota_s)^* g}}{\int_{S^{n-1}(1)} dv_{\iota_s^* g_{\mathrm{can},1}}} \quad (s \in I_L)$$

によって定義する．この関数を ϕ（あるいは N_ϕ）の**平均半径関数** (mean radius function) という．$\widetilde{r}$ の平均値を r_ϕ と表す．$\phi^* g$ が

$$\frac{1}{r_\phi^2} \|\phi^* g - g_{\mathrm{can},r_\phi,L}\|_{C^k} < \varepsilon$$

および
$$\left|\frac{d^i}{ds^i}\log \widetilde{r}(s)\right|\leq \varepsilon \quad (i=1,\ldots,k)$$

を満たしているとする．このとき，$I_L = [-L, L]$ の場合，N_ϕ を**長さ $2L$ の (ε, k) ネック** ((ε, k)-neck)，$\phi(S^{n-1}\times\{0\})$ 上の点を**長さ $2L$ の (ε, k) ネックの中心**といい，$\Sigma_s^\phi := \phi(S^{n-1}\times\{s\})$ ($s\in I_L$) をこのネックのスライスという．また，$I_L = [0, L]$ の場合，N_ϕ を**長さ L の (ε, k) 半ネック** ((ε, k)-half neck)，$\phi(S^{n-1}\times\{0\})$ 上の点を**長さ L の (ε, k) 半ネックの中心**といい，$\Sigma_s^\phi := \phi(S^{n-1}\times\{s\})$ ($s\in I_L$) をこの半ネックのスライスという．

次に，$\dim M = 3$ の場合に M 上の古代解の ε ネックの中心という概念を定義する．$\{g_t\}_{t\in(-\infty,0]}$ を 3 次元多様体 M 上の古代解とする．$t=0$ で $S^{n-1}\times \mathbb{R}$ 上の標準計量 $g_{\mathrm{can},1}$ であるようなリッチ流方程式の古代解を $\{(g_{\mathrm{can},1}^a)_t\}_{t\in(-\infty,0]}$ と表す．$\varepsilon > 0$ を固定する．$p_0\in M$ をとり，$\lambda := (S_0)_{p_0}$ とおく．ここで，S_0 は g_0 のスカラー曲率を表す．以下，$I_{1/\sqrt{\varepsilon}}$ は，$[-\frac{1}{\sqrt{\varepsilon}}, \frac{1}{\sqrt{\varepsilon}}]$，または，$[0, \frac{1}{\sqrt{\varepsilon}}]$ を表す．$S^{n-1}\times I_{1/\sqrt{\varepsilon}}$ から M への C^∞ 埋め込み写像 ϕ で $p_0 \in \phi(S^{n-1}(1)\times\{0\})$ を満たすようなものが存在するとする．ϕ の像を N_ϕ とおく．$\{g_t|_{N_\phi}\}_{t\in(-(\varepsilon\lambda)^{-1},0]}$ を 0 においてスケール λ により放物型スケーリング拡大した流れ $\{\widehat{g}_\tau^\lambda\}_{\tau\in(-\varepsilon^{-1},0]}$ ($\widehat{g}_\tau^\lambda := \lambda g_{\lambda^{-1}\tau}|_{N_\phi}$) を考える．$\phi$ が条件
$$\left\|\phi^*\widehat{g}^\lambda - g_{\mathrm{can},1,\frac{1}{\sqrt{\varepsilon}}}^a\Big|_{(S^{n-1}\times I_{1/\sqrt{\varepsilon}})\times(-\frac{1}{\varepsilon},0]}\right\|_{C^{[\frac{1}{\varepsilon}]+1}} < \varepsilon$$

を満たすとする．このとき，$I_{1/\sqrt{\varepsilon}} = [-\frac{1}{\sqrt{\varepsilon}}, \frac{1}{\sqrt{\varepsilon}}]$ の場合には，N_ϕ を**古代解 $\{g_t\}_{t\in(-\infty,0]}$ の ε ネック**といい，$\phi(S^{n-1}\times\{0\})$ 上の各点を**古代解 $\{g_t\}_{t\in(-\infty,0]}$ の ε ネックの中心**という．また，$I_{1/\sqrt{\varepsilon}} = [0, \frac{1}{\sqrt{\varepsilon}}]$ の場合には，N_ϕ を**古代解 $\{g_t\}_{t\in(-\infty,0]}$ の ε 半ネック**といい，$\phi(S^{n-1}\times\{0\})$ 上の各点を**古代解 $\{g_t\}_{t\in(-\infty,0]}$ の ε 半ネックの中心**という．

同様に，リッチ流 $\{g_t\}_{t\in[0,T)}$ と $t_0\in(0,T)$ に対し，流れ $\{g_t\}_{t\in(0,t_0]}$ の ε ネック，ε 半ネック，および，それらの中心が定義される．ただし，ε は $t_0 - \frac{1}{\varepsilon(S_{t_0})_{p_0}} \geq 0$ を満たすようにとる．これらを，**リッチ流 $\{g_t\}_{t\in[0,T)}$ の t_0 における ε ネック**，**リッチ流 $\{g_t\}_{t\in[0,T)}$ の t_0 における ε 半ネック**とよぶことにする．

3次元多様体上の古代 κ 解の初期計量について，次の構造定理が G. Perelman によって示された．

命題 9.3.4 ([Pe1, Corollary 11.8]). $\{g_t\}_{t \in (-\infty, 0]}$ を 3 次元多様体 M 上の古代 κ 解とし，任意の $\varepsilon > 0$ に対し，M_ε を ε ネックの中心でも ε 半ネックの中心でもない M の点全体からなる集合とする．このとき M_ε はコンパクトであり，ある κ と ε のみに依存する正の定数 $C(\kappa, \varepsilon)$ と，ある $p_0 \in \partial M_\varepsilon$ に対し，次の 2 つの事実が成り立つ：

(i) M_ε の各連結成分の g_0 に関する直径は $\dfrac{C(\kappa, \varepsilon)}{\sqrt{(R_0)_{p_0}}}$ 以下である．

(ii) M_ε 上で

$$\frac{(S_0)_{p_0}}{C(\kappa, \varepsilon)} \leq S_0 \leq C(\kappa, \varepsilon) \cdot (S_0)_{p_0}$$

が成り立つ．ここで，S_0 は g_0 のスカラー曲率を表す．

命題 9.3.1, 9.3.3, 9.3.4 から，次の古代 κ 解の分類定理が導かれる．

定理 9.3.5 (古代 κ 解の分類). 非平坦 3 次元古代 κ 解 $\{g_t\}_t$（基礎多様体は M とする）は，次のいずれかである：

(i) M は $S^2 \times \mathbb{R}$ に C^∞ 同相で，$\{g_t\}_t$ は標準シリンダー $S^2 \times \mathbb{R}$ を発するリッチ流である．

(ii) M は $S^2 \times \mathbb{R}$ の商 $\mathbb{R}P^2 \widetilde{\times} \mathbb{R}$ に C^∞ 同相で，$\{g_t\}_t$ は標準シリンダー $S^2 \times \mathbb{R}$ のリーマン商 $\mathbb{R}P^2 \widetilde{\times} \mathbb{R}$ を発するリッチ流である．

(iii) M は S^3 または，その商 S^3/Γ（Γ : 離散群）に C^∞ 同相で，$\{g_t\}_t$ は標準球面 S^3 または，そのリーマン商 S^3/Γ を発するリッチ流である．

(iv) M は $\mathbb{R}^3$ と同相で，$\{g_t\}_t$ の漸近ソリトンは標準シリンダー $S^2 \times \mathbb{R}$ を発するリッチ流である．

(v) M は S^3, $\mathbb{R}P^3$ または $\mathbb{R}P^3 \sharp \mathbb{R}P^3$ と同相で，$\{g_t\}_t$ の漸近ソリトンは標準シリンダー $S^2 \times \mathbb{R}$ を発するリッチ流である．

(vi) M は $\mathbb{R}P^3$ または $\mathbb{R}P^3 \sharp \mathbb{R}P^3$ と同相で，$\{g_t\}_t$ の漸近ソリトンは標準シリンダー $S^2 \times \mathbb{R}$ のリーマン商 $\mathbb{R}P^2 \widetilde{\times} \mathbb{R}$ を発するリッチ流である．

9.4 曲率が爆発する部分の近傍の構造

この節において，最初に Perelman の標準近傍定理について述べる．この定理は，3 次元多様体上のリッチ流に沿って曲率が爆発する寸前で曲率が大きい点の近傍は標準的な構造をもつことを主張する定理である．$\phi : \mathbb{R} \to \mathbb{R}$ を単調減少関数で $\lim_{s \to \infty} \phi(s) = 0$ となるようなものとする．n 次元多様体 M 上のリッチ流 $\{g_t\}_{t \in [0,T)}$ が

$$\mathcal{R}_t \geq -\phi(S_t) \cdot S_t \cdot \mathrm{id}_{\Omega_2(M)} \quad (t \in [0,T))$$

を満たしているとき，$\{g_t\}_{t \in [0,T)}$ は **ϕ 概非負曲率をもつ**という．ここで，$\mathcal{R}_t$, S_t は各々，g_t の曲率作用素，スカラー曲率を表す．G. Perelman は，次の**標準近傍定理** (canonical neighborhood theorem) を示した．

定理 9.4.1 ([Pe1], Theorem 12.1)．任意に，正の数 ε, κ, T と単調減少関数 $\phi : \mathbb{R} \to \mathbb{R}$ で $\lim_{s \to \infty} \phi(s) = 0$ となるようなものをとる．このとき，ある $r_0 \in (0,T)$ に対し，次が成り立つ：

"$\{g_t\}_{t \in [0,T)}$ が 3 次元多様体 M 上の完備リッチ流で ϕ 概非負曲率をもち，各 $t \in [0,T)$ に対し，g_t は r_0 より小さい任意のスケールで κ-非崩壊であるようなものとする．このとき，$t_0 \geq r_0$, $(S_{t_0})_{p_0} \geq \dfrac{1}{r_0^2}$ を満たす任意の (p_0, t_0) に対し，p_0 は $\{g_t\}_{t \in [0,T)}$ の t_0 における ε ネックの中心である．"

次に，古代 κ 解の分類定理（定理 9.3.5），および標準近傍定理（定理 9.4.1）を用いて，リッチ流に沿って曲率が爆発する部分の近傍の詳細な構造を分析することにする．最初に，リッチ流に沿うスカラー曲率の振る舞いに関する次の 2 つの事実を準備する．

定理 9.4.2. $\{g_t\}_{t \in [0,T)}$ を閉多様体 M 上のリッチ流とし，S_t を g_t のスカラー曲率とする．$(S_{\min})_t, (S_{\max})_t$ を各々，S_t の最大値，最小値とする．このとき，次の事実が成り立つ：

(i) $(S_{\min})_t$ は単調増加である．

(ii) $(S_{\min})_0 \geq -n$ ならば,$(S_{\min})_t \geq -\frac{n}{1+2t}$ ($t \in [0,T)$) である.

(iii) $(S_{\min})_0 \geq n$ ならば,$T = \frac{1}{2}$ であり,$(S_{\min})_t \geq \frac{n}{1-2t}$ ($t \in [0,T)$) である.

注意 (ii), (iii) において,条件 $(S_{\min})_0 \geq \pm n$ を $(S_{\min})_0 \geq \pm a$ ($a > 0$) にすり替えても,類似した結論が導かれる.

定理 9.4.3 ([Ham8, Theorem 4.1]). $\{g_t\}_{t \in [0,T)}$ をコンパクト3次元多様体 M 上のリッチ流,$\mathcal{R}_t$ を g_t の曲率作用素,$(\mathcal{R}_t)_p$ の最小の固有値を $\lambda_{\min}(p,t)$ とし,$\kappa := \max\{\sup_{(p,t) \in M \times [0,T)}(-(\lambda_{\min})_{(p,t)}), 0\}$ とおく.このとき

$$S_t \geq \kappa(\log \kappa + \log(1+t) - 3) \quad (t \in [0,T))$$

が成り立つ.

向き付られた連結な3次元閉多様体 M 上のリッチ流 $\{g_t\}_{t \in [0,T)}$ に対し,Ω を

$$\Omega := \{p \in M \mid \liminf_{t \to T}(S_t)_p < \infty\}$$

によって定義し,$\rho \in (0,1)$ に対し,Ω_ρ を

$$\Omega_\rho := \{p \in M \mid \liminf_{t \to T}(S_t)_p \leq \rho^{-2}\}$$

によって定義する.このとき,上述の2つの定理,定理 9.2.4,定理 9.3.5,および定理 9.4.1 を用いて,次の事実が導かれる.

定理 9.4.4 ([Pe2, Section 3]). ある十分小さな正の数 ρ に対し,$\Omega \setminus \Omega_\rho$ の各点 p は,次のいずれかの構造をもつ近傍 W をもつ:

(i) $W = \Omega = M$ であり,それは S^3 の商 S^3/Γ (Γ は離散群) に C^∞ 同型である.

(ii) $(W, g_T|_W)$ は ε ネック,または,ε 半ネックである.ここで,ε は ρ に依存するある正の数である.

(iii) W は $\mathbb{R}^3$ と C^∞ 同型であり,その境界 ∂W の十分小さな管状近傍 W'

に対し，$(W', g_T|_{W'})$ は ε 半ネックである．ここで，ε は ρ に依存する
ある正の数である（このような W は**キャップ付き ε 半ネック** (capped
ε-half neck) とよばれる）．

この定理から，直接，次の事実が導かれる．

定理 9.4.5. ある十分小さな正の数 ρ に対し，$\Omega \setminus \Omega_\rho$ の Ω における閉包の各
連結成分 $\overline{(\Omega \setminus \Omega_\rho)}_0$ は，次のいずれかの構造をもつ（以下における ε は ρ に依
存するある正の数である）:

- (i) $\overline{(\Omega \setminus \Omega_\rho)}_0 = M$ であり，それは S^3 の商 S^3/Γ（Γ は離散群）に C^∞ 同型である．
- (ii) $\overline{(\Omega \setminus \Omega_\rho)}_0$ は ε ネックを含み，$S^2 \times [0,1]$ に C^∞ 同型である（このような連結成分は **ε チューブ** (ε-tube) とよばれる）．
- (iii) $\overline{(\Omega \setminus \Omega_\rho)}_0$ は ε キャップを含み，3 次元球体 B^3 に C^∞ 同型である（このような連結成分は**キャップ付き ε ネック** (capped ε-neck) とよばれる）．
- (iv) $\overline{(\Omega \setminus \Omega_\rho)}_0$ は ε ネックを含み，$S^2 \times [0,\infty)$ と C^∞ 同型であり，

$$\sup\{\|(\mathcal{R}_t)_p\| \mid (p,t) \in \overline{(\Omega \setminus \Omega_\rho)}_0 \times [0,T)\} = \infty$$

となる（このような連結成分は **ε ホーン** (ε-horn) とよばれる）．
- (v) $\overline{(\Omega \setminus \Omega_\rho)}_0$ は ε ネックを含み，$S^2 \times (-\infty,\infty)$ と C^∞ 同型であり，

$$\sup\{\|(\mathcal{R}_t)_p\| \mid (p,t) \in \overline{(\Omega \setminus \Omega_\rho)}_0 \times [0,T)\} = \infty$$

となる（このような連結成分は**ダブル ε ホーン** (double ε-horn) とよばれる）．

この定理の内容の図解に関しては，図 9.6.1 を参照のこと．

9.5　ネック，および半ネックの手術

この節において，R. S. Hamilton ([Ham7]) によって定義された (ε, k) ネック，および (ε, k) 半ネックの手術を定義する．最初に，標準キャップを定義する．g_{can} を $\mathbb{E}^n$ 上の完備な $O(n)$ 不変な正のスカラー曲率をもつ計量で，十分

9.5 ネック,および半ネックの手術 339

大きな正の数 r に対し $(\mathbb{E}^n \setminus B_o(r), g_{\mathrm{can}}|_{\mathbb{R}^n \setminus B_o(r)})$ 上で標準シリンダー計量をもつシリンダー $S^{n-1}(1) \times (0, \infty)$ と等長であるようなものとする ($B_o(r)$ は $\mathbb{E}^n$ の原点 o を中心とする半径 r の測地球体を表す).このとき,$(\mathbb{R}^n, g_{\mathrm{can}})$ を**標準的キャップ** (canonical cap) という.N_ϕ を n 次元リーマン多様体 (M, g) 内の長さ $2L$ の (ε, k) ネック,または,長さ L の (ε, k) 半ネックとする.$\phi : S^{n-1} \times I_L \to (M, g)$ が次の 5 条件を満たしているとする:

(N1) 各 $s \in I_L$ に対し,$\Sigma^\phi_s := \phi(S^{n-1} \times \{s\})$ は (M, g) 内の一定の平均曲率をもつ超曲面である.

(N2) 各 $s \in I_L$ に対し,$\mathrm{id}_{S^{n-1} \times \{s\}} : (S^{n-1} \times \{s\}, \iota_s^* g_{\mathrm{can}, r_\phi}) \to (S^{n-1} \times \{s\}, (\phi \circ \iota_s)^* g)$ は調和写像である.ここで,r_ϕ は 9.3 節で述べた ϕ の平均半径関数の平均を表す.

(N3) 任意の $s_1, s_2 \in I_L$ ($s_1 < s_2$) に対し,次式が成り立つ:
$$\mathrm{Vol}(S^{n-1} \times [s_1, s_2], \phi^* g) = \mathrm{Vol}(S^{n-1}(1)) \cdot \int_{s_1}^{s_2} \tilde{r}(s)^{n-1} ds.$$

(N4) $\boldsymbol{N}$ を $(S^{n-1} \times I_L, \phi^* g)$ 内の超曲面 $S^{n-1} \times \{s\}$ の単位法ベクトル場とする.任意の $(S^{n-1} \times \{s\}, g_{\mathrm{can}, r_\phi})$ 上のキリングベクトル場 $\boldsymbol{X}$ に対し,次式が成り立つ:
$$\int_{S^{n-1} \times \{s\}} g_{\mathrm{can}, 1}(\boldsymbol{N}, \boldsymbol{X}) dv_{g_{\mathrm{can}, 1}} = 0.$$

(N5) $n = 3$ の場合,ベクトル空間 $\mathbb{R}^3 \times \{s\}$ ($= \mathbb{R}^3$) のリーマン測度 $dv_{(\phi \circ \iota_s)^* g}$ を備えた部分集合 $S^2 \times \{s\}$ の重心
$$p_G \left(\underset{\mathrm{def}}{\Longleftrightarrow} \overrightarrow{op_G} = \int_{p \in S^2} \overrightarrow{op}(dv_{(\phi \circ \iota_s)^* g})_{(p, s)} \right)$$
は o に等しい.ここで,o は S^2 ($\subset \mathbb{R}^3$) の中心を表す.

このとき,$I_L = [-L, L]$ の場合には,ϕ を**標準的にパラメーター付けされた長さ $2L$ の (ε, k) ネック**,または,ネック N_ϕ の**標準的パラメーター付け**という.$I_L = [0, L]$ の場合には,ϕ を**標準的にパラメーター付けされた長さ L の (ε, k) 半ネック**,または,ネック N_ϕ の**標準的パラメーター付け**という (これらの概念は,R. S. Hamilton ([Ham7]) によって定義された).

このとき,**標準的にパラメーター付けされたネック** (normal parametrized neck) の存在性に関して次の事実が成り立つ．

定理 9.5.1 ([Ham7, Corollary 2.3])． 任意に $\delta > 0$, $\varepsilon' > 0$, および自然数 k' をとり固定する．このとき，ある $\varepsilon > 0$ とある自然数 k に対し，次の主張が成り立つ：

"N_ϕ が長さが 3δ 以上の (ε, k) ネックであるならば，標準的にパラメーター付けされた (ε', k') ネック $\widehat{\phi}$ で，$\widehat{\phi}$ の定義域から ϕ の定義域のある閉領域への C^∞ 同型写像 Ψ で $\phi \circ \Psi = \widehat{\phi}$ となり，かつ，$\partial N_{\widehat{\phi}}$ と ∂N_ϕ の距離が δ 以上であるようなものをとることができる．"

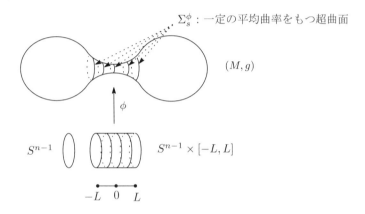

$\phi|_{S^{n-1} \times \{s\}} : S^{n-1} \times \{s\} \to \Sigma_s^\phi$ 調和写像

図 9.5.1 標準的にパラメーター付けされたネック

標準的にパラメーター付けされた半ネック (normal parametrized harf-neck) の存在性に関しても，同様な事実が成り立つ．

N_ϕ を極大な長さ $2L$ の標準的 (ε, k) ネック，または，極大な長さ L の標準的 (ε, k) 半ネックとする．$B \in (0, \frac{5L}{2})$ をとる．C^∞ 関数 $u : [\frac{L}{4}, \frac{3L}{4}] \to \mathbb{R}$ を

$$u(s) := \widetilde{r}(0) \cdot \exp\left(-\frac{B}{\frac{3L}{4} - s}\right)$$

によって定義する．$\widetilde{\phi}(S^{n-1} \times [\frac{L}{4}, \frac{3L}{4}])$ 上のリーマン計量 $\widetilde{g}$ を

$$\widetilde{g}_{\phi(p,s)} := e^{-2u(s)} g_{\phi(p,s)} \qquad \left((p, s) \in S^{n-1} \times \left[\frac{L}{4}, \frac{3L}{4}\right]\right)$$

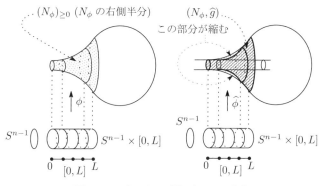

図 9.5.2 ネックの手術（ステップ I）

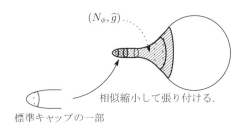

図 9.5.3 ネックの手術（ステップ II）

によって定義する．さらに，C^∞ 関数 $\varphi : [0, L] \to \mathbb{R}$ で，$\varphi|_{[0, \frac{L}{4}]} = 0$，$\varphi|_{[\frac{L}{2}, L]} = 1$，および $\varphi|_{[\frac{L}{4}, \frac{L}{2}]}$ が増加関数になるようなものをとり，$\widehat{\phi}(S^{n-1} \times [0, L])$ 上のリーマン計量 $\widehat{g}$ を

$$\widehat{g}_{\phi(p,s)} := \varphi(s)\widetilde{g}_{\phi(p,s)} + (1 - \varphi(s))g_{\mathrm{can},\widetilde{r}(0)} \qquad ((p,s) \in S^{n-1} \times [0, L])$$

によって定義する．標準キャップの一部をスケール $\widetilde{r}(0)$ で相似縮小したものをリーマン多様体 $(\phi(S^{n-1} \times [0, L]), \widehat{g})$ の境界 $\phi(S^{n-1} \times \{0\})$ に沿って張り付けることにより，n 次元（閉）球体に C^∞ 同型な境界付き閉リーマン多様体がえられる．この変形作業を**ネック（または，半ネック）の手術 (surgery of a neck (or a half-neck))**，または，より正確に**ネック（または，半ネック）の (L, B) 手術**という．

9.6　手術付きリッチ流の構成と幾何化予想の解決

この節において，9.5 節で述べた曲率が爆発する部分の近傍の構造定理（定

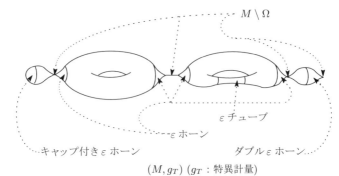

図 9.6.1 　有限時間でリッチ流が崩壊した瞬間

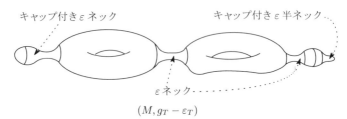

図 9.6.2 　リッチ流が崩壊する寸前（手術前）

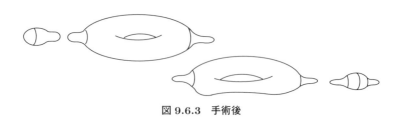

図 9.6.3 　手術後

理 9.4.5)，および，前節で述べたネック（または，半ネック）の手術を用いて，向き付られた 3 次元閉リーマン多様体を発する手術付きリッチ流を定義する．

$\{g_t\}_{t \in [0,T)}$ を 3 次元閉多様体 M 上のリッチ流とし，Ω, Ω_ρ を 9.5 節で述べたように定義する．ε_T を十分小さな正の数で，$(M \setminus \Omega_\rho, g_{T-\varepsilon_T})$ の各連結成分が，ネック，またはキャップ付きネック，またはキャップ付きネックとネックの張り合わせになるようにとる（図 9.6.2 を参照）．$(M \setminus \Omega, g_{T-\varepsilon_T})$ 内の連結成分のうち $(\Omega, g_T|_\Omega)$ のホーンの部分を含むものに対し，その連結成分

内で**適切に**ネック（または，半ネック）をとり，そのネック部（または，半ネック部）を**適切な** (L,B) を選んで (L,B) 手術することにより，C^∞ リーマン多様体 $(M, g_{T-\varepsilon_T})$ から新たな C^∞ 閉リーマン多様体 (M_2, g^2) がえられる．ここで，M_2 は連結であるとは限らないことを注意しておく．

$(\Omega, g_T|_\Omega)$ は，定理 9.4.2, 9.4.3 の主張における曲率評価 $(t=T)$ を満たす．ε_T を十分小さくとり，かつ $(M \setminus \Omega, g_{T-\varepsilon_T})$ 内の連結成分のうち $(\Omega, g_T|_\Omega)$ のホーンの部分を含むものに対し，その連結成分内で**適切に**ネック（または，半ネック）をとった上でそのネック部（または，半ネック部）を**適切な** (L,B) を選んで (L,B) 手術したことにより，(M_2, g^2) も定理 9.4.2, 9.4.3 の主張における曲率評価 $(t=T)$ を満たすことが示される．以下，$M_1 := M$, $g^1 := g$, $T_1 := T - \varepsilon_T$, $T_0 := 0$ とおく．M_2 の連結成分の1つを改めて M_2 と表す．M_2 のリーマン計量 g^2 を発するリッチ流を $\{g_t^2\}_{t \in [T_1, T_2']}$ と表す $(g_{T_1}^2 = g^2)$．このリッチ流に対し，$\varepsilon_{T_2'}$ を十分小さくとり，C^∞ リーマン多様体 $(M, g_{T_2' - \varepsilon_{T_2'}}^2)$ に同様な手術を施すことにより，新たな C^∞ 閉リーマン多様体 (M_3, g^3) がえられる．

$T_2 := T_2' - \varepsilon_{T_2'}$ とおく．以下，同じ手術を繰り返していくことにより，崩壊寸前で止めたリッチ流の列 $(M_i, \{g_t^i\}_{t \in [T_{i-1}, T_i]})$ $(i = 1, 2, \ldots)$ がえられる（手術するごとに連結成分が増えていくので，この列は複数個定義される）．この崩壊寸前で止めたリッチ流の列の有限族を**手術付きリッチ流** (**Ricci flow with surgery**) とよぶ．元の向き付け可能な3次元閉多様体 M は，上述の手術を有限回行うことにより，有限個の連結成分に分かれる．G. Perelman は，次の事実が成り立つことを示した．

定理 9.6.1 ([Pe2, Section 7])．　各手術において，**適切に**ネック（または，半ネック）をとり，そのネック部（または，半ネック部）を**適切な** (L,B) を選んで (L,B) 手術することにより，有限回の手術後，各連結成分はいくつかの**圧縮不可能な**トーラスに沿って，いくつかの完備体積有限双曲多様体とグラフ多様体に分解されるようなものになる．

M_i が上述の手術によりいくつかの連結成分に分かれる場合，明らかに M_i はそれらの連結成分の連結和になる．さらに，**グラフ多様体**はいくつかの既約なグラフ多様体の連結和になり，既約なグラフ多様体はいくつかの圧縮不可

なトーラスに沿って，いくつかの**ザイフェルト多様体**に分解されることが知られている．したがって，向き付け可能な 3 次元閉多様体 M は，**球面分解**と**トーラス分解**を有限回行うことにより，いくつかの**双曲多様体**といくつかのザイフェルト多様体に分解されることが示される．これらの事実，およびザイフェルト多様体の分類定理から，Thurston の幾何化予想が解決される．

10 外在的手術付き平均曲率流

CHAPTER

　1997 年，R. S. Hamilton ([Ham7]) は，正のイソトロピック曲率をもつ 4 次元閉リーマン多様体で本質的な圧縮不可能な超曲面を許容しない空間を発する手術付きリッチ流を定義し，その手術付き流れの存在性を示すことにより，その空間のトポロジーを調べた．その後，2009 年に G. Huisken と C. Sinestrari ([HuSi2]) は，上述の Hamilton の研究をモチベーションとして $\mathbb{E}^{n+1}$ ($n \geq 3$) 内の 2 凸閉超曲面を発する外在的手術付き平均曲率流の概念を定義した．さらに，ある追加条件のもとで，有限回の手術の後，その流れに沿って各連結成分（手術するごとに連結成分が増えていく可能性がある）が球面 S^n または $S^{n-1} \times S^1$ に C^∞ 同型であり，ゆえに，その 2 凸超曲面はいくつかの $S^{n-1} \times S^1$ の連結和に C^∞ 同型であることを示した．この章において，Huisken-Sinestrari によるこの研究について解説する．

10.1　超曲面ネック

　この節おいて，G. Huisken と C. Sinestrari [HuSi2] によって導入された超曲面ネック（または，超曲面半ネック），および標準的超曲面ネック（または，標準的超曲面半ネック）という概念の定義を述べる．以下，I_L は $[-L, L]$ または $[0, L]$ を表す．f を n (≥ 3) 次元多様体 M から $(n+1)$ 次元リーマン多様体 $(\widetilde{M}, \widetilde{g})$ へのはめ込み写像とし，$g, \mathcal{A}$ をその誘導計量，形作用素とする．また，$\overline{\mathcal{A}}$ を $\mathbb{E}^{n+1}$ 内の超曲面（シリンダー）$S^{n-1}(1) \times I_L$ の形作用素とする．C^∞ 埋め込み写像 $\phi : S^{n-1} \times I_L \to (M, g)$ の像 N_ϕ が長さ $2L$ の (ε, k) ネック（または，長さ L の (ε, k) 半ネック）を与えるとし，$\widetilde{r}$ をその平均半径関数，r_ϕ を $\widetilde{r}$ の平均値とする．ϕ が次の条件を満たしているとする：

$$\|r_\phi \phi^* \mathcal{A} - \overline{\mathcal{A}}\| \leq \varepsilon, \quad \left\|\frac{1}{r^{i+1}}\nabla^i \mathcal{A}\right\| \leq \varepsilon \quad (i=1,\ldots,k).$$

このとき，$I_L = [-L, L]$ の場合には，N_ϕ（または ϕ）を**長さ $2L$ の (ε, k) 超曲面ネック**（(ε, k)-hypersurface neck）といい，$\phi(S^{n-1} \times \{0\})$ 上の点を**長さ $2L$ の (ε, k) 超曲面ネックの中心**（the center of (ε, k)-hypersurface neck）という．また，$I_L = [0, L]$ の場合には，N_ϕ（または ϕ）を**長さ L の (ε, k) 超曲面半ネック**（(ε, k)-hypersurface half neck）といい，$\phi(S^{n-1} \times \{0\})$ 上の点を**長さ L の (ε, k) 超曲面半ネックの中心**（the center of (ε, k)-hypersurface half neck）という．また，$\Sigma_s^\phi := \phi(S^{n-1} \times \{s\})$（$s \in [-L, L]$）をこの**超曲面ネック（または，超曲面半ネック）のスライス**（slice of a hypersurface neck (or a hypersurface half neck)）という．Huisken と Sinestrari は，この概念を $(\widetilde{M}, \widetilde{g}) = \mathbb{E}^{n+1}$ の場合に定義した．N_ϕ を長さ $2L$ の (ε, k) 超曲面ネック，または，長さ L の (ε, k) 超曲面半ネックとする．ϕ がさらに，9.5 節における 5 条件 (N1)-(N5) を満たしているとする．このとき，$I_L = [-L, L]$ の場合には，ϕ を**標準的にパラメーター付けされた長さ $2L$ の (ε, k) 超曲面ネック**（normal parametrized (ε, k)-hypersurface neck），または，**超曲面ネック N_ϕ の標準的パラメーター付け**（normal parametrization）という．また，$I_L = [0, L]$ の場合には，ϕ を**標準的にパラメーター付けされた長さ L の (ε, k) 超曲面半ネック**（normal parametrized (ε, k)-hypersurface half neck），または，**超曲面半ネック N_ϕ の標準的パラメーター付け**という．

以下，$(\widetilde{M}, \widetilde{g}) = \mathbb{E}^{n+1}$ の場合を考える．このとき，**標準的にパラメーター付けされた超曲面ネックの存在性**に関して次の事実が成り立つ．

定理 10.1.1 ([HuSi2, Theorem 3.12])．任意に $\delta > 0, \varepsilon' > 0$，および自然数 k' をとり固定する．このとき，ある $\varepsilon > 0$ とある自然数 k に対し，次の主張が成り立つ：

"N_ϕ が，長さが 3δ 以上の (ε, k) 超曲面ネックであるならば，標準的にパラメーター付けされた (ε', k') 超曲面ネック $\widehat{\phi}$ で，$\widehat{\phi}$ の定義域から ϕ の定義域への C^∞ 同型写像 Ψ で $\phi \circ \Psi = \widehat{\phi}$ となり，かつ，$\partial N_{\widehat{\phi}}$ と ∂N_ϕ の距離が δ 以上であるようなものをとることができる．"

10.2 超曲面ネックの外在的手術

$\phi: S^{n-1} \times I_L \to (M, g)$ を長さ $2L$ の**標準的 (ε, k) 超曲面ネック**,または,長さ L の標準的 (ε, k) 超曲面半ネックとする.スライス Σ_0^ϕ の $\mathbb{E}^{n+1}$ における重心を p_G とし,Σ_0^ϕ の N_ϕ における単位法ベクトル場 $\boldsymbol{N}$ の平均ベクトル

$$\int_{\Sigma_0^\phi} \boldsymbol{N}\, dv_{\iota_0^* g_\mathbb{E}} \ (\in \mathbb{R}^{n+1})$$

を $\boldsymbol{v}$ とする.p_G を通り,$\boldsymbol{v}$ を接ベクトルにもつ $\mathbb{R}^{n+1}$ 内のアフィン直線を軸とする半径 $\widetilde{r}(0)$ のシリンダーを C とする.ここで,$\widetilde{r}$ は N_ϕ の平均半径関数を表す.$\phi_C: S^{n-1} \times \mathbb{R} \to C$ を C の**標準的 $(0, \infty)$ 超曲面ネック**とする(これは一意に定まる).ここで,$(0, \infty)$ 超曲面ネックとは,どんな小さな ε と,どんなに大きな k に対しても ϕ_C が (ε, k) 超曲面ネックになることを意味する.$B \in (0, \frac{5L}{2})$ と $\tau \in (0, 1)$ をとる.C^∞ 関数 $u: [\frac{L}{4}, \frac{3L}{4}] \to \mathbb{R}$ を

$$u(s) := \widetilde{r}(0) \cdot \exp\left(-\frac{B}{\frac{3L}{4} - s}\right)$$

によって定義する.ν を $M\, (\subset \mathbb{E}^{n+1})$ の内側向きの単位法ベクトル場とする.C^∞ 写像 $\widetilde{\phi}: S^{n-1} \times [\frac{L}{4}, \frac{3L}{4}] \to \mathbb{E}^{n+1}$ を

$$\widetilde{\phi}(p, s) := \phi(p, s) - \tau \cdot u(s) \nu_{(p, s)} \quad \left((p, s) \in S^{n-1} \times \left[\frac{L}{4}, \frac{3L}{4}\right]\right)$$

によって定義する.さらに,C^∞ 関数 $\varphi: [0, L] \to \mathbb{R}$ で,$\varphi|_{[0, \frac{L}{4}]} = 0$,$\varphi|_{[\frac{L}{2}, L]} = 1$,および $\varphi|_{[\frac{L}{4}, \frac{L}{2}]}$ が増加関数になるようなものをとり,C^∞ 写像 $\widehat{\phi}: S^{n-1} \times [0, L] \to \mathbb{E}^{n+1}$ を

$$\widehat{\phi}(p, s) := \varphi(s) \widetilde{\phi}(p, s) + (1 - \varphi(s)) \phi_C(p, s) \quad ((p, s) \in S^{n-1} \times [0, L])$$

によって定義する.この像を $N_{\widehat{\phi}}$ と表す.標準キャップの一部をスケール $\widetilde{r}(0)$ で相似縮小して $N_{\widehat{\phi}}$ の境界に沿って $N_{\widehat{\phi}}$ に張り付けることにより,超曲面ネック N_ϕ の右側半分からネックの中心部の近傍を変形してキャップで閉じた $\mathbb{E}^{n+1}$ 内の新たな閉超曲面がえられる.超曲面ネック N_ϕ の左側半分からも同様に $\mathbb{E}^{n+1}$ 内の新たな閉超曲面がえられる.この変形作業を**超曲面ネックの外在的手術** (extrinsic surgery of hypersurface neck),または,**超曲面ネ**

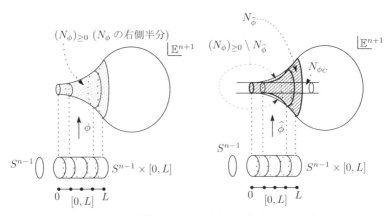

図 10.2.1　超曲面ネックの外在的手術（ステップ I）

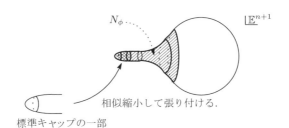

図 10.2.2　超曲面ネックの外在的手術（ステップ II）

ックの外在的 (L, B) 手術という.

10.3　2 凸閉超曲面を発する外在的手術付き平均曲率流

(M, g) を f によってはめ込まれた $(n+1)$ 次元ユークリッド空間 $\mathbb{E}^{n+1}$ 内のリーマン超曲面とし，$\lambda_1, \ldots, \lambda_n$ を次の 2 条件を満たすような M 上の C^0 関数とする：

(i) 各 $p \in M$ に対し，$\{\lambda_i(p) \,|\, i = 1, \ldots, n\}$ は (M, g) の p における主曲率の全体を与える.

(ii) 各 $p \in M$ に対し，$\lambda_1(p) \leq \lambda_2(p) \leq \cdots \leq \lambda_n(p)$ が成り立つ.

これらを (M, g) の**主曲率関数** (principal curvature function) とよぶことにする．各 $p \in M$ に対し，$\lambda_1(p) + \lambda_2(p) > 0$ が成り立つとき，(M, g) を **2 凸**

10.3 2凸閉超曲面を発する外在的手術付き平均曲率流

超曲面 (**2 凸-convex hypersurface**) という．正の定数 $\mathcal{R}_0$, α_i ($i=0,1,2$) に対し，次の 4 条件を満たす $\mathbb{E}^{n+1}$ 内の閉超曲面を考える：

(i) $\|\mathcal{A}\| \leq \dfrac{1}{\mathcal{R}_0}$. (ii) $\lambda_1 + \lambda_2 \geq \alpha_0 \mathcal{H}$.

(iii) $\mathcal{H} \geq \dfrac{\alpha_1}{\mathcal{R}_0}$. (iv) $\mathrm{Vol}(M,g) \leq \alpha_2 \mathcal{R}_0^n$.

この 4 条件を満たす $\mathbb{E}^{n+1}$ 内の閉 2 凸超曲面全体からなるクラスを $\mathcal{C}(\mathcal{R}_0, \alpha_1, \alpha_2, \alpha_3)$ と表す．このとき，次の事実が成り立つ．

命題 10.3.1 ([HuSi2, Proposition 2.6-(iii)])．$f \in \mathcal{C}(\mathcal{R}_0, \alpha_1, \alpha_2, \alpha_3)$ とし，$\{f_t\}_{t \in [0,T)}$ を f を発する平均曲率流とする．このとき，すべての $t \in [0,T)$ に対し，f_t は $\mathcal{C}(\mathcal{R}_0, \alpha_1, \alpha_2, \alpha_3)$ に属し続ける．

$f(: M \hookrightarrow \mathbb{E}^{n+1}) \in \mathcal{C}(\mathcal{R}_0, \alpha_1, \alpha_2, \alpha_3)$ とし，$\{f_t\}_{t \in [0,T)}$ ($T < \infty$) を f を発する平均曲率流とし，$\mathcal{H}_t$ を f_t の平均曲率とする．C_i ($i=1,2,3$) を $\frac{1}{\mathcal{R}_0} < C_1 < C_2 < C_3$ を満たす定数とし，これらの定数に対し次のような手術を考える．T_1 を

$$\max_{t \in [0,T_1]} \max_{p \in M} (\mathcal{H}_t)_p = C_3$$

を満たす $[0,T)$ の最小元とする．$t \to T$ のときに $f_t(M)$ が崩壊する部分の近傍が，T_1 時において $f_{T_1}(M)$ の超曲面ネック，または，超曲面半ネックの中心になるとする（C_3 を十分大きくとれば，このようになり，T_1 は T に十分近い値になる）．さらに，これらの超曲面ネック，または，超曲面半ネックの中心を通るスライス上で $\frac{C_1}{2} \leq \mathcal{H}_{T_1} \leq C_1$ が成り立つとする（(C_1, C_3) のとり方をコントロールすることにより，これは可能である）．これらの各超曲面ネック，または，超曲面半ネックを適切な (L_1, B_1) を選択し，外在的 (L_1, B_1) 手術をする．その結果えられるリーマン超曲面を $f_2 : M_2 \hookrightarrow \mathbb{E}^{n+1}$ とする．(L_1, B_1) を適切に選択することにより，このリーマン超曲面の平均曲率 $\mathcal{H}^2$ が $\mathcal{H}^2 \leq C_2$ を満たすようにすることができる．便宜上，このような外在的手術を (C_1, C_2, C_3) **外在的手術**とよぶことにする．また便宜上，$(f_1)_t := f_t$ とおく．$f_2(M_2)$ の連結成分の 1 つを改めて $f_2(M_2)$ と表す．$\{(f_2)_t\}_{t \in [T_1, T_2')}$ を f_2 を発する平均曲率流とする ($(f_2)_{T_1} = f_2$)．再び，これに (C_1, C_2, C_3) 外在的

手術を施す.

$$\max_{t \in [T_1, T_2]} \max_{p \in M_2} (\mathcal{H}_t^2)_p = C_3$$

を満たす $[T_1, T_2']$ の最小元は T_2 で表すことにする.以下,この操作を繰り返していくことにより,崩壊寸前で止めた平均曲率流の列 $\{(f_i)_t\}_{t \in [T_{i-1}, T_i]}$ ($i = 1, 2, \ldots$) がえられる.手術するごとに連結成分が増えていくので,この列は複数個定義される.本書では,便宜上,このように構成される崩壊寸前で止めた平均曲率流の列を (C_1, C_2, C_3) **外在的手術付き平均曲率流 (mean curvature flow with extrinsic surgery)** とよぶことにする.

G. Huisken と C. Sinestrari は,この (C_1, C_2, C_3) 外在的手術付き平均曲率流に関して,次の結果を示した.

定理 10.3.2 ([HuSi2, Theorem 8.1]). $f (: M \hookrightarrow \mathbb{E}^{n+1}) \in \mathcal{C}(\mathcal{R}_0, \alpha_1, \alpha_2, \alpha_3)$ とする.このとき,$\dfrac{1}{\mathcal{R}_0} < C_1 < C_2 < C_3$ を満たすある定数 C_i ($i = 1, 2, 3$) に対し,次が成り立つ:

"$f(M)$ は有限回の (C_1, C_2, C_3) 外在的手術後,各連結成分が S^n または $S^1 \times S^{n-1}$ に C^∞ 同型になるようなものになる."

この定理から,直接,次の事実が導かれる.

系 10.3.3. $\mathbb{E}^{n+1}$ ($n \geq 4$) 内の 2 凸閉超曲面は,いくつかの $S^1 \times S^{n-1}$ の連結和に C^∞ 同型である.

参考文献

[An1] B. Andrews, Contraction of convex hypersurfaces in Euclidean space, Calc. Var. **2** (1994), 151-171.

[An2] B. Andrews, Contraction of convex hypersurfaces in Riemannian spaces, J. Differential Geom. **39** (1994), 407-431.

[An3] B. Andrews, Harnack inequalities for evolving hypersurfaces, Math. Z. **217** (1994), 179-197.

[An4] B. Andrews, Pinching estimates and motion of hypersurfaces by the curvature functions, J. reine angew. Math. **608** (2007), 17-33.

[An5] B. Andrews, Moving surfaces by non-concave curvature functions, Calc. Var. **39** (2010), 649-657.

[AB] B. Andrews and C. Baker, The mean curvature flow of pinched submanifolds to spheres, J. Differential Geom. **85** (2010), 357-395.

[AM] B. Andrews and J. A. McCoy, Convex hypersurfaces with pinched principal curvatures and flow of convex hypersurfaces by high powers of curvature, Trans. Amer. Math. Soc. **364** (2012), 3427-3447.

[ADM] R. Arnowitt, S. Deser and C. Misner, Coordinate invarinance and energy expressions in generel relativity, Phys. Rev. **122** (1961), 997-1006.

[At1] M. Athanassenas, Volume-preserving mean curvature flow of rotationally symmetric surfaces, Comment. Math. Helv. **72** (1997), 52-66.

[At2] M. Athanassenas, Behaviour of singularities of the rotationally symmetric, volume-preserving mean curvature flow, Calc. Var. **17** (2003), 1-16.

[Ba] C. Baker, The mean curvature flow of submanifolds of high codimension, Doctoral thesis, (arXiv:math.DG/1104.4409v1, 2011).

[Beh] T. Behrndt, Generalized Lagrangian mean curvature flow in almost Calabi-Yau manifolds, Doctoral thesis, 1983.

[BM] A. Borisenko and V. Miquel, Comparison theorems on convex hypersurfaces in Hadamard manifolds, Ann. Glob. Anal. Geom. 21 (2002), 191-202.

[Bra] K. Brakke, *The Motion of a Surface by its Mean Curvature.* Mathematical notes 20, Princeton University Press, Princeton (1978).

[BH] S. Brendle and G. Huisken, Mean curvature flow with surgery of mean convex surfaces in $\mathbb{R}^3$, Invent. Math. **203** (2016), 615-654.

[CM1] E. Cabezas-Rivas and V. Miquel, Volume preserving mean curvature flow in the hyperbolic space, Indiana Univ. Math. J. **56** (2007), 2061-2086.

[CM2] E. Cabezas-Rivas and V. Miquel, Volume-preserving mean curvature flow of revolution hypersurfaces in a rotationally symmetric space, Math. Z. **261** (2009), 489–510.

[CM3] E. Cabezas-Rivas and V. Miquel, Volume-preserving mean curvature flow of revolution hypersurfaces between two equidistants, Calc. Var. **43** (2012), 185–210.

[CS] E. Cabezas-Rivas and C. Sinestrari, Volume-preserving flow by powers of the mth mean curvature, Calc. Var. **38** (2010) 441-469.

[CZ] H. D. Cao and X. P. Zhu, A complete proof of the Poincarè and geometrization conjectures-Application of the Hamilton-Perelman theory of the Ricci flow, Asian J. Math. **10** (2006) 165-492.

[Ch] J. Cheeger, Finiteness theorems of Riemannian manifolds, Amer. J. Math. **92** (1970), 61-74.

[CC1] J. Cheeger and T. H. Colding, On the structure of spaces with Ricci curvature bounded below. I, J. Differential Geom. **45** (1997), 406–480.

[CC2] J. Cheeger and T. H. Colding, On the structure of spaces with Ricci curvature bounded below. II, J. Differential Geom. **54** (2000), 13–35.

[CC3] J. Cheeger and T. H. Colding, On the structure of spaces with Ricci curvature bounded below. III, J. Differential Geom. **54** (2000), 37–74.

[CGG1] Y. -G. Chen, Y. Giga and S. Goto, Uniqueness and existence of viscocity solutions of generalized mean curvature flow equations, Proc. Japan Acad. Ser. A **65** (1989), 207-210.

[CGG2] Y. -G. Chen, Y. Giga and S. Goto, Uniqueness and existence of viscocity solutions of generalized mean curvature flow equations, J. Differential Geom. **33** (1991), 749-786.

[doC] M. P. do Carmo, Riemannian Geometry, Birkhäuser, 1992.

[EH] K. Ecker and G. Huisken, Interior estimates for hypersurfaces moving by mean curvature, Invent. Math. **105** (1991), 547–569.

[E] N. Edelen, Convexity estimates for mean curvature flow with free boundary, Adv. in Math. **294** (2016), 1–36.

[ES1] L. C. Evans and J. Spruck, Motion of level sets by mean curvature I, J. Differential Geom. **33** (1991), 635-681.

[ES2] L. C. Evans and J. Spruck, Motion of level sets by mean curvature II, Trans. Amer. Math. Soc. **330** (1992), 321-332.

[ES3] L. C. Evans and J. Spruck, Motion of level sets by mean curvature III, J. Geom. Anal. **2** (1992), 121-150.

[ES4] L. C. Evans and J. Spruck, Motion of level sets by mean curvature IV, J. Geom. Anal. **5** (1995), 77-114.

[Fed] H. Federer, *Geometric Measure Theory*, Springer, New York (1969).

[Fr] M. Freedman, A fake of $S^3 \times \mathbb{R}$, Ann. of Math. **110** (1979), 177-201.
[Fu] K. Fukaya, Collapsing of Riemannian manifolds and eigenvalues of Laplace operator, Invent. Math. **87** (1987), 517-547.
[Ge1] C. Gerhart, *Curvature Problems*, Series in Geometry and Topology, **39**, International Press 2006.
[Ge2] C. Gerhart, Inverse curvature flows in hyperbolic space, J. Differential Geom. **89** (2011), 487-527.
[Gi] Y. Giga, *Surface Evolution Equations*. Level Set Approach, Monographs in Mathematics. **99**, Birkhäuser, Basel (2006).
[Gra] M. A. Grayson, Shortening embedded curves, Ann. of Math. **129** (1989), 71-111.
[Gro] M. Gromov, Metric structures for Riemannian and non-Riemannian spaces, Birkhauser, 1998.
[Fu] K. Fukaya, Shortening embedded curves, Ann. of Math. **129** (1989), 71-111.
[Ham1] R. S. Hamilton, Three manifolds with positive Ricci curvature, J. Differential Geom. **17** (1982), 255-306.
[Ham2] R. S. Hamilton, Four-manifolds with positive curvature operator, J. Differential Geom. **24** (1986), 153-179.
[Ham3] R. S. Hamilton, The Harnack estimate for the Ricci flow, J. Differential Geom. **37** (1993), 225-243.
[Ham4] R. S. Hamilton, A compactness property for solutions of the Ricci flow, Amer. J. Math. **117** (1995), 545-572.
[Ham5] R. S. Hamilton, *The Formation of Singularities in the Ricci Flow*, Surveys in Differential Geometry, 1995 Vol. 2, International Press.
[Ham6] R. S. Hamilton, Harnack estimate for the mean curvature flow, J. Differential Geom. **41** (1995), 215-226.
[Ham7] R. S. Hamilton, Four-manifolds with positive isotropic curvature, Comm. Anal. Geom. **5** (1997), 1-92.
[Ham8] R. S. Hamilton, Non-singular solutions of the Ricci flow on three manifolds, Comm. Anal. Geom. **7** (1999), 695-729.
[Har] D. Hartley, Motion by mixed volume preserving curvature functions near spheres, Pacific J. Math. **274** (2015), 437-450.
[HK] R. Haslhofer and B. Kleiner, Mean curvature flow of mean convex hypersurfaces, Duke Math. J. **166** (2017), 1591-1626.
[服部] 服部晶夫, 多様体 (岩波全書), 岩波書店, 1989.
[He] S. Helgason, *Differential Geometry, Lie Groups and Symmetric Spaces*, Academic Press, New York, 1978.
[HoSp] D. Hoffman and J. Spruck, Sobolev and isoperimetric inequalities for

Riemannian submanifolds, Comm. Pure Appl. Math. **27** (1974), 715-727.
[Hu1] G. Huisken, Flow by mean curvature of convex surfaces into spheres, J. Differential Geom. **20** (1984), 237-266.
[Hu2] G. Huisken, Contracting convex hypersurfaces in Riemannian manifolds by their mean curvature, Invent. Math. **84** (1986), 463-480.
[Hu3] G. Huisken, Deforming hypersurfaces of the sphere by their mean curvature, Math. Z. **195** (1987), 205-219.
[Hu4] G. Huisken, The volume preserving mean curvature flow, J. reine angew. Math. **382** (1987), 35-48.
[Hu5] G. Huisken, Asymptotic behavior for singularities of the mean curvature flow, J. Differential Geom. **31** (1990), 285-299.
[HI1] G. Huisken and T. Ilmanen, The inverse mean curvature flow and the Riemannian Penrose inequality, J. Differential Geom. **59** (2001), 353-437.
[HI2] G. Huisken and T. Ilmanen, Higher regularity of the inverse mean curvature flow, J. Differential Geom. **80** (2008), 433-451.
[HP] G. Huisken and A. Polden, *Geometric Evolution Equations for Hypersurfaces, Calculus of Variations and Geometric Evolution Problems*, CIME Lectures at Cetraro of 1966 (S. Hildebrandt and M. Struwe, eds.) Springer, 1999.
[HuSi1] G. Huisken and C. Sinestrari, Mean curvature flow singularities of mean convex surfaces, Calc. Var. **8** (1999), 1-14.
[HuSi2] G. Huisken and C. Sinestrari, Mean curvature flow with surgeries of two-convex hypersurfaces, Invent. Math. **175** (2009), 137-221.
[J1] D. Joyce, *Riemannian Holonomy Groups and Calibrated Geometry*, Oxford Graduate Texts in Mathematics, **12** Oxford University Press, Oxford, 2007.
[加須栄] 加須栄篤, リーマン幾何学 (数学レクチャーノート基礎編 2), 培風館, 2001.
[KaTo] K. Kasai and Y. Tonegawa, A general regularity theory for general mean curvature flow, Calc. Var. **50** (2014), 1-68.
[KoNo] S. Kobayashi and K. Nomizu, *Foundations of Differential Geometry*, Vol. I, II, Interscience (Wiley), New York, 1963.
[Ko1] N. Koike, Tubes of non-constant radius in symmetric spaces, Kyushu J. Math. **56** (2002) 267-291.
[Ko2] N. Koike, Submanifold geometries in a symmetric space of non-compact type and a pseudo-Hilbert space, Kyushu J. Math. **58** (2004), 167-202.
[Ko3] N. Koike, Complex equifocal submanifolds and infinite dimensional anti-Kaehlerian isoparametric submanifolds, Tokyo J. Math. **28** (2005), 201-247.
[Ko4] N. Koike, Collapse of the mean curvature flow for equifocal submanifolds,

Asian J. Math. **15** (2011) 101-128.

[Ko5] N. Koike, Collapse of the mean curvature flow for isoparametric submanifolds in non-compact symmetric spaces, Kodai Math. J. **37** (2014) 355-382.

[Ko6] N. Koike, 対称空間内の等焦部分多様体と無限次元幾何, 数学 **67** (2015), 26-54

[Ko7] N. Koike, Volume-preserving mean curvature flow for tubes in rank one symmetric spaces of non-compact type, Calc. Var. **56** (2017), 66 (51pages).

[Ko8] N. Koike, The mean curvature flow for invariant hypersurfaces in a Hilbert space with an almost free group action, Asian J. Math. **21** (2017) 953-980.

[Ko9] N. Koike, Regularized mean curvature flow for invariant hypersurfaces in a Hilbert space and its application to gauge theory, arXiv:math. DG/1811.03441v1.

[Ko10] N. Koike, Gromov-Hausdorff-like distance function defined in the aspect of Riemannian submanifold theory arXiv:math. DG/1809.07962v2.

[KMU] N. Koike, Y. Mizumura and N. Uenoyama, Mean curvature flow for pinched submanifolds in rank one symmetric spaces, arXiv:math.DG/1703.00202v4.

[KS] N. Koike and Y. Sakai, The inverse mean curvature flow in rank one symmetric spaces of non-compact type, Kyushu J. Math. **69** (2015), 259-284.

[Lang] S. Lang, *Real and Functional Analysis*, Graduate Texts in Mathematics, **142** Springer-Verlag, New York, 1993.

[Lange] J. Langer, A compactness theorem for surfaces with L^p-bounded second fundamental form, Math. Ann. **270** (1985), 223-234.

[LL] A. M. Li and J. Li, An intrinsic rigidity theorem for minimal submanifold in a sphere, Arch Math (Basel). **58** (1992) no.6, 582-594.

[LT] X. Liu and C. L. Terng, The mean curvature flow for isoparametric submanifolds, Duke Math. J. **147** (2009), 157-179.

[LXZ] K. Liu, H. Xu and E. Zhao, Mean curvature flow of higher codimension in Riemannian manifolds, arXiv:math.DG/1204.0107v1, 2012.

[LXYZ] K. Liu, H. Xu, F. Ye and E. Zhao, Mean curvature flow of higher codimension in hyperbolic spaces, Comm. Anal. Geom. **21** (2013), 651-669.

[松島] 松島与三, 多様体入門 (数学選書 (5)), 裳華房, 1965.

[松本] 松本幸夫, 多様体の基礎 (基礎数学 5), 東京大学出版会, 1988.

[Mc] J. A. McCoy, Mixed volume preserving curvature flows, Calc. Var. **24** (2005), 131-154.

[MS] J. H. Michael and L. M. Simon, Sobolev and mean-value inequalities on generalized submanifolds of $\mathbb{R}^n$, Comm. Pure Appl. Math., **26** (1973),

361-379.

[MT] M. Mizuno and Y. Tonegawa, Convergence of the Allen-Cahn equation with Neumann boundary conditions, SIAM J. Math. Anal. **47** (2015), 1906-1932.

[村上] 村上信吾, 多様体 (共立数学講座 19), 共立出版, 1989.

[M] S. B. Myers, Riemannian manifolds with positive mean curvature, Duke Math. J. **8** (1941), 401-404.

[西川] 西川青季, 幾何学的変分問題 (現代数学の基礎 28), 岩波書店, 1997.

[N] A. Neves, Finite time singularities for Lagrangian mean curvature flow, Ann of Math. **177** (2013), 1029-1076.

[野水] 野水克己, 現代微分幾何学入門 (基礎数学選書 25), 裳華房, 1981.

[落合] 落合卓四郎, 微分幾何学入門 上, 下 (基礎数学 9, 10), 東京大学出版会, 1991, 1993.

[Pac] T. Pacini, Mean curvature flow, orbits, moment maps, Trans Amer Math Soc. **355** (2003) No. **8**, 3343-3357.

[Pe1] G. Perelman, The entropy formula for the Ricci flow and its geometric applications, arXiv.math.DG/0211159v1 (2002).

[Pe2] G. Perelman, Ricci flow with surgery on three manifolds, arXiv.math.DG/0303109v1 (2003).

[Pe3] G. Perelman, Finite extinction time to the solutions to the Ricci flow on certain three manifolds, arXiv.math.DG/0307245v1 (2003).

[Pi1] G. Pipoli, Mean curvature flow of pinched submanifolds in positively curved symmetric spaces, Ph.D. thesis Sapienza-University in Roma, 2014.

[Pi2] G. Pipoli, Mean curvature flow and Riemannian submersions, Geom. Dedicata **184** (2016), 67-81.

[Pi3] G. Pipoli, Inverse mean curvature flow in quaternionic hyperbolic space, Rend. Lin. Mat. Appl. **29** (2018), 153-171.

[Pi4] G. Pipoli, Inverse mean curvature flow in complex hyperbolic space, to appear in Ann. Sci. de l'ENS.

[PiB] G. Pipoli and M. C. Bertini, Volume preserving non-homogeneous mean curvature flow in hyperbolic space, Diff. Geom. Appl. **54** (2017), 448-463.

[PiSi1] G. Pipoli and C. Sinestrari, Mean curvature flow of pinched submanifolds of $\mathbb{C}P^n$, Comm. Anal. Geom. **25** (2017), 799-846.

[PiSi2] G. Pipoli and C. Sinestrari, Cylindrical estimates for mean curvature flow of hypersurfaces in CROSSes, Ann. of Global Anal. Geom. **51** (2017), 179-188.

[酒井] 酒井隆, リーマン幾何学 (数学選書 11), 裳華房, 1992.

[Sch] J. Scheuer, The inverse mean curvature flow in warped cylinders of non-positive radial curvature, Adv. in Math. **306** (2017), 1130-1163.

[Shi] W. -X. Shi, Deforming the metric on complete Riemannian manifolds, J. Differential Geom. **30** (1989), 223-301.
[Sma] S. Smale, Generalized Poincaré's conjecture in domension greater than four, Ann. of Math. **74** (1961), 391-406.
[Smo1] K. Smoczyk, A canonical way to deform a Lagrangian submanifold, arXiv:math.dg-ga/9605005v2.
[Smo2] K. Smoczyk, Symmetric hypersurfaces in Riemannian manifolds contracting to Lie-Groups by their mean curvature, Calc. Var. **4** (1996) no.**2**, 155-170.
[SYZ] A. Strominger, S. -T. Yau and E. Zaslow, Mirror symmetry is T-duality, Nuclear Physics B **479** (1996), 243-259.
[Te] C. L. Terng, Isoparametric submanifolds and their Coxeter groups, J. Differential Geom. **21** (1985), 79-107.
[TT] C. L. Terng and G. Thorbergsson, Submanifold geometry in symmetric spaces, J. Differential Geom. **42** (1995), 665-718.
[TY] R. P. Thomas and S. -T. Yau, Special Lagrangians, stable bundles and mean curvature flow, Comm. Anal. Geom. **10** (2002), 1075-1113.
[Th] W. P. Thurston, *Three-dimensional Geometry and Topology*, Princeton Mathematical Series 35, Princeton University Press, Princeon, N. J., 1997.
[To] Y. Tonegawa, A second derivative Hölder estimate for weak mean curvature flow, Advances in Calculus of Variations **7** (2014), 91-138.
[Wa] M. -T. Wang, Some recent developments in Lagrangian mean curavture flows, Surveys in differential geometry. Vol. XII, Geometric flows, pp333-347.
[Wh] B. White, The size of the singular set in mean curvature flow of mean convex sets, J. Amer. Math. Soc. **13** (2000), 665-695.
[Z] X. P. Zhu, *Lectures on Mean Curvature Flows*, Studies in Advanced Math., AMS/IP, 2002.

索 引

英数字

1 パラメーター変換群　27
2 凸超曲面　348

I 型の特異点　154
II 型の特異点　154

Abresch-Langer 曲線　161
ADM 質量　285
Allen-Cahn 方程式　5
Ascoli-Arzelá の定理　139
Brakke の意味の平均曲率流　5
Busemann 関数　94
Calabi-Yau 多様体　291
Casson ハンドル　11
Cayley 射影平面　86
Cayley 双曲平面　87
Cheeger の定理　328
C^k ノルム　133
$C^{k,\alpha}$ ヘルダーノルム　134
C^r 曲線　19
C^r 構造　15
C^r 写像　18
C^r 多様体　15
C^r 同型　18
C^r 同型写像　18
C^r 微分同相　18
C^r 微分同相写像　18
C^∞ 位相　134
C^∞ 級変形　73
f に沿うベクトル場　56
Geroch の単調性定理　288
Gromov-Hausdorff 距離関数　320
Gromov-Hausdorff 収束する　320
Hamilton のコンパクト性定理　326
Hausdorff 距離関数　320
Hawking の擬局所的質量　288

Hopf ファイブレーション　87
(L, B) 手術　341
Li-Yau の不等式　169
Morrey-Sobolev の不等式　147
Osserman 多様体　92
Penrose 予想　286
Perelman の非局所崩壊性定理　326
Schwarzshild 解　283
Sobolev の埋め込み定理　147
Stampacchia の反復補題　182
Thomas-Yau 予想　310
Thurston の幾何化予想　11, 319
Wang 予想　310
Young の不等式　146

ε チューブ　338
ε ホーン　338
(ε, k) ネック　334
(ε, k) ネックの中心　334
(ε, k) 半ネック　334
κ-非崩壊である　327
κ-崩壊する　327
ϕ 概非負曲率をもつ　336

あ　行

アインシュタイン空間　44
アインシュタインの重力場方程式　283
アダマール多様体　93
圧縮不可能なトーラス　343
アフィン接続　40
アフィン接続多様体　40
アンチケーラー対称空間　82
アンチド・ジッター空間　69
安定リッチソリトン　331

イソトロピー群　79
一般化された平均曲率形式　311
一般化された平均曲率ベクトル場　311

一般化されたラグランジュ平均曲率流 312
一般相対性理論 33, 283
埋め込み写像 24

エルミート構造 59
エルミート多様体 59
鉛直分布 96

か 行

概エルミート構造 59
概エルミート多様体 59
概 Calabi-Yau 多様体 292
概キャリブレートされている 309
外在的手術 347
外在的手術付き平均曲率流 350
階数 89
外積空間 30
外積バンドル 32
回転対称な空間 266
外微分 36
外微分作用素 36
概複素構造 58
概複素多様体 58
開部分多様体 18
ガウス曲率 45
ガウス曲率流 274
ガウス曲率流方程式 274
ガウスの公式 64
ガウスの方程式 69
拡大リッチソリトン 332
加藤の不等式 263
カルタン対合 87
カルタン部分代数 90
カルタン分解 87
管状超曲面 96
完全微分形式 36
完備 28

幾何学的測度論 4
擬球面 68
擬双曲空間 68
基点付き完備リッチ流 324

基点付き完備リーマン多様体 323
基点付き測度距離空間 322
軌道 79
軌道空間 79
軌道写像 79
基本形式 60
既約 49
既約コンパクト型対称空間 81
逆写像定理 149
逆の向き 34
既約非コンパクト型対称空間 81
逆平均曲率流 273
逆平均曲率流方程式 273
キャップ付き ε ネック 338
キャップ付き ε 半ネック 338
キャリブレーション 293
キャリブレートされた部分多様体 293
球面定理 55
球面分解 344
擬ユークリッド空間 67
強凸超曲面 72
強凸閉超曲面 171
共変テンソル 29
共変テンソル場 30
共変微分 40
強放物型 105
強ホロ凸超曲面 245
極小部分多様体 64
局所座標 15
局所座標近傍 15
局所積分可能である 133
局所チャート 15, 58
局所複素座標 58
局所複素座標近傍 58
局所崩壊する 327
局所1パラメーター変換群 27
曲率関数 271
曲率作用素 44
曲率テンソル場 43, 56
曲率流 273
擬リーマン計量 32
擬リーマン沈めこみ写像 85

擬リーマン接続 42
擬リーマン部分多様体 66

空間的 Schwarzshild 多様体 286
空間的スライス 284
空間的部分多様体 66
グラスマン幾何学 293
グラスマンバンドル 45
グラフ多様体 343
クリストッフェルの記号 42

形作用素 64
形テンソル場 64
ケーラー形式 60
ケーラー構造 60
ケーラー多様体 60

交代的 29
勾配ベクトル場 9
勾配リッチソリトン 331
勾配流 10
後方型熱核 156
コーシー超曲面 284
古代解 329
古代 κ 解 331
コダッチの方程式 70
古典解 5
コホモロジー的測度 294
混在体積を保存する $\mathcal{F}$-曲率流 274
コンパクト型対称空間 82
コンパクト双対 82

さ 行

最外的極小曲面 284
最大値の原理 126
ザイフェルト多様体 344
サイモンズの恒等式 70
座標基底 21

時間大域解 5
時間的測地線 285
時間的部分多様体 66
四元数射影空間 85
四元数双曲空間 86

四元数断面曲率 85
自己交差の解消 11
自己相似解 160
指数 32
指数写像 49
沈めこみ写像 24
自然基底 21
実グラスマン多様体 17
実射影空間 17
実ベクトルバンドル 25
実ベクトルバンドルの接続 55
実リー代数 78
支配的エネルギー条件 286
弱解 5
弱微分 135
弱微分可能 135
弱放物型 108
収束定理 172
自由に作用 79
主曲率 71
主曲率関数 348
主曲率ベクトル 71
縮小リッチソリトン 332
手術 341
手術付きリッチ流 343
準線形偏微分方程式 105
商多様体 80
焦部分多様体 162
シンプレクティック群 77
シンプレクティック形式 99
シンプレクティック多様体 99
シンプレクティック同型写像 99

推移的に作用 80
随伴表現 80
水平分布 96
スカラー曲率 44
スカラー値第 2 基本形式 65
スカラー平坦 44
ストークスの定理 38
スピン群 77

正規局所チャート 51

正規直交基底 32
制限ホロノミー群 49
制限ルート空間分解 90
制限ルート系 89
正則切断 62
正則断面曲率 82
正則値 23
正則点 23
正則微分形式 61
正則ベクトルバンドル 60
正の制限ルート系 90
積多様体 18
積分可能 59
積分曲線 28
接空間 20
接続係数 41
切断 26
接ベクトル 19, 20
接ベクトルバンドル 26
漸近ソリトン 332
漸近的平坦 284
漸近同値 93
漸近同値類 93
漸近類 93
線形作用 79
全臍的 71

双曲多様体 344
測地球体 54
測地球面 54
測地線 47
測地的完備 48
測地的対称変換 81
測地変形 51
速度ベクトル 19
ソボレフ空間 136
ソボレフ不等式 142
ソリトン解 167

た 行

第1基本形式 63
第1変分公式 74
第2基本形式 57, 63

第2変分公式 74
退化次数 32
対称空間 81
対称的 29
体積汎関数 73
体積要素 35
体積を保存する $\mathcal{F}$-曲率流 275
体積を保存する平均曲率流 227
多項式型写像 128, 195
ダブル ε ホーン 338
ダルブー局所チャート 100
ダルブーの定理 100
単射半径 50
単射半径条件 220
単調性公式 156
断面曲率 45, 67

チューブ 96
超関数 134
超曲面ネック 346
超曲面ネックの外在的 (L, B) 手術 347
超曲面ネックの外在的手術 347
超曲面ネックのスライス 346
超曲面ネックの中心 346
超曲面半ネック 346
超曲面半ネックの中心 346
調和関数 58
調和写像 58
調和平均曲率流 274
調和平均曲率流方程式 274
直径 33

対合的等長変換 81
定曲率空間 45
デ・タークトリック 104
テンション場 58
テンソル 29
テンソル積空間 29
テンソル場 30
テンソルバンドル 31

等距離埋め込み写像 319
等距離写像 319

等距離同型写像　319
等径超曲面　162
等径部分多様体　162
等高面法　4
等周不等式　228
等周問題　228
等焦部分多様体　162
等長　319
等長写像　319
等長的に作用　80
等長変換群　80
等長類　319
同程度一様連続　140
同程度連続　139
特異点　153
特異リーマン葉層構造　80
特殊直交群　77
特殊ユニタリー群　77
特殊ラグランジュ部分多様体　292, 312
ド・ジッター空間　68
凸超曲面　73
トーラス分解　344
ド・ラームコホモロジー群　36
トランスレーティングソリトン　167
トレースレス部分　71

な 行

内半径　247
内部自己同型写像　77

ネックの手術　341
ネックのスライス　334
粘性解　5

ノイマン条件　252

は 行

八元数代数　86
八元数断面曲率　86
発散　38
発散定理　38
バナッハ多様体　149
ハミルトンアイソトピック　307

ハミルトン変形　307
はめ込み写像　24
半ネックのスライス　334
半ネックの中心　334
反変テンソル　29
反変テンソル場　30

引き戻し接続　57
非コンパクト型対称空間　81
非退化内積　32
左移動　77
左不変ベクトル場　78
微分形式　31
微分作用素の線形化　149
表現　79
表現空間　79
標準近傍定理　336
標準的キャップ　339
標準的 $(0,\infty)$ 超曲面ネック　347
標準的にパラメーター付けされた超曲面ネック　346
標準的にパラメーター付けされたネック　339
標準的にパラメーター付けされた半ネック　340
表面積を保存する平均曲率流　227
ヒルベルト多様体　142

ファイバー計量　136
フェイズ関数　292
フェイズフィールド法　4
複素グラスマン多様体　17
複素構造　58
複素射影空間　17, 85
複素双曲空間　85
複素多様体　58
複素等焦部分多様体　162
複素微分形式　60, 61
複素ベクトルバンドル　25
複素リー代数　78
不変部分多様体　93
ブラケット積　29
ブラックホール　283

平均曲率　65
平均曲率ベクトル場　64
平均曲率流　104
平均曲率流方程式　104
平均凸超曲面　73
平均半径関数　333
平行移動　48
平行ベクトル場　47
平坦　56
平坦な空間　45
閉微分形式　36
ベクトル場　24, 47
ヘッシアン　75
ヘルダー空間　134
ヘルダーノルム　134
ヘルダー不等式　146
変分ベクトル場　52, 73

ポアンカレ不等式　147
ポアンカレ予想　11
崩壊定理　171
法傘　268
法空間　63
方向微分　21
法指数写像　96
法接続　65
放物型　107
放物型スケーリング拡大した流れ　329
法ベクトル　63
法ベクトル場　63
法ベクトルバンドル　63
補間不等式　146
保存則をもつ平均曲率流　226
ホッジスター作用素　36
ホロ球面　94
ホロノミー群　49

ま　行

マーキング付き完備リーマン多様体　323
マスロフ類　292, 312

右移動　77
ミラー対称性　291

向き　34
向き付け可能　34
向き付けられた多様体　34
無限次元フレシェ多様体　9

モーメント写像　294

や　行

ヤコビ行列　22
ヤコビ作用素　75
ヤコビ場　51
ヤコビ方程式　51
有界曲率条件　220
誘導擬リーマン計量　66
誘導計量　62
誘導実ベクトルバンドル　56
誘導接続　57
ユークリッド空間　67

余次元　65
余微分作用素　36

ら　行

ラグランジュ角　292, 312
ラグランジュ近傍　100
ラグランジュ近傍定理　100
ラグランジュ部分多様体　100
ラグランジュ変形　307
ラグランジュ連結和　308
ラプラシアン　58
ラプラス–ド・ラーム作用素　36

リー環　78
リー群　76
リー群準同型写像　77
リー群同型　77
リー群同型写像　77
リスケールされた平均曲率流　158
理想境界　93
リー代数　78
リー代数準同型写像　78
リー代数同型　78
リー代数同型写像　78

リッチソリトン　331
リッチソリトン計量　331
リッチテンソル場　44
リッチの恒等式　46
リッチの方程式　70
リッチ平坦　44
リー微分　28
リー変換群　79
リーマン距離関数　33
リーマン計量　32
リーマン沈めこみ写像　82
リーマン接続　42
リーマン対称空間　81
リーマン体積要素　35
リーマン超曲面　65
リーマン等質空間　81

リーマン部分多様体　62
リーマンベクトルバンドル　136
リーマン Penrose 不等式　287
臨界値　23
臨界点　23

例外群　77
零的測地線　285
零ベクトル条件　129
レビ・チビタ接続　42
レベルセット法　4

ローレンツ計量　32

わ　行

ワインガルテンの公式　65

〈著者紹介〉

小池　直之（こいけ　なおゆき）

1991 年　東京理科大学大学院 理学研究科数学専攻 博士課程修了
専　　攻　微分幾何学
現　　在　東京理科大学 理学部第一部数学科 教授

平均曲率流	著　者　小池直之　ⓒ 2019
部分多様体の時間発展	発行者　南條光章
Mean Curvature Flow ―*Time Evolution of Submanifolds*―	発行所　共立出版株式会社 〒112-0006 東京都文京区小日向 4-6-19 電話番号　03-3947-2511（代表） 振替口座　00110-2-57035 www.kyoritsu-pub.co.jp
2019 年 4 月 10 日　初版 1 刷発行 2020 年 5 月 1 日　初版 2 刷発行	
	印　刷　大日本法令印刷
	製　本　加藤製本
検印廃止 NDC 414.7 ISBN 978-4-320-11376-3	一般社団法人 　自然科学書協会 　会員 Printed in Japan

|JCOPY| ＜出版者著作権管理機構委託出版物＞
本書の無断複製は著作権法上での例外を除き禁じられています．複製される場合は，そのつど事前に，出版者著作権管理機構（ＴＥＬ：03-5244-5088，ＦＡＸ：03-5244-5089，e-mail：info@jcopy.or.jp）の許諾を得てください．